石油石化职业技能培训教程

注水泵工

U0198876

（下册）

中国石油天然气集团有限公司人事部　编

石油工业出版社

内 容 提 要

本书是由中国石油天然气集团有限公司人事部统一组织编写的《石油石化职业技能培训教程》中的一本。本书包括注水泵工应掌握的高级工操作技能及相关知识、技师操作技能及相关知识，并配套了相应等级的理论知识练习题，以便于员工对知识点的理解和掌握。

本书既可用于职业技能鉴定前培训，也可用于员工岗位技术培训和自学提高。

图书在版编目（CIP）数据

注水泵工. 下册/中国石油天然气集团有限公司人
事部编. —北京:石油工业出版社,2020. 5
石油石化职业技能培训教程
ISBN 978-7-5183-3921-1

Ⅰ. ①注… Ⅱ. ①中… Ⅲ. ①注水（油气田）-技术培
训-教材 Ⅳ. ①TE357.6

中国版本图书馆 CIP 数据核字(2020)第 040617 号

出版发行:石油工业出版社
　　　　(北京安定门外安华里 2 区 1 号　　100011)
　　　　网　　址:www.petropub.com
　　　　编辑部:(010)64269289
　　　　图书营销中心:(010)64523633
经　　销:全国新华书店
印　　刷:北京晨旭印刷厂

2020 年 5 月第 1 版　　2022 年 5 月第 2 次印刷
787×1092 毫米　开本:1/16　印张:21.5
字数:550 千字

定价:75.00 元

《注水泵工》编审组

主　　编:王新宇　周秋实

参编人员(按姓氏笔画排序):

赵喜峰　郝红梅　贾淑玲

参审人员(按姓氏笔画排序):

刘学军　刘俊东　李永新　姜东华　董晖予

　　随着企业产业升级、装备技术更新改造步伐不断加快,对从业人员的素质和技能提出了新的更高要求。为适应经济发展方式转变和"四新"技术变化要求,提高石油石化企业员工队伍素质,满足职工鉴定、培训、学习需要,中国石油天然气集团有限公司人事部根据《中华人民共和国职业分类大典(2015年版)》对工种目录的调整情况,修订了石油石化职业技能等级标准。在新标准的指导下,组织对"十五""十一五""十二五"期间编写的职业技能鉴定试题库和职业技能培训教程进行了全面修订,并新开发了炼油、化工专业部分工种的试题库和教程。

　　教程的开发修订坚持以职业活动为导向,以职业技能提升为核心,以统一规范、充实完善为原则,注重内容的先进性与通用性。教程编写紧扣职业技能等级标准和鉴定要素细目表,采取理实一体化编写模式,基础知识统一编写,操作技能及相关知识按等级编写,内容范围与鉴定试题库基本保持一致。特别需要说明的是,本套教程在相应内容处标注了理论知识鉴定点的代码和名称,同时配套了相应等级的理论知识练习题,以便于员工对知识点的理解和掌握,加强了学习的针对性。**此外,为了提高学习效率,检验学习成果,本套教程为员工免费提供学习增值服务,员工通过手机登录注册后即可进行移动练习。**本套教程既可用于职业技能鉴定前培训,也可用于员工岗位技术培训和自学提高。

　　本教程分上、下两册,上册为基础知识、初级工操作技能及相关知识、中级工操作技能及相关知识,下册为高级工操作技能及相关知识、技师操作技能及相关知识。

　　本教程由大庆油田有限责任公司任主编单位,参与审核的单位有大庆油田有限责任公司、新疆油田分公司、华北油田分公司、冀东油田分公司、玉门油田分公司等,在此表示衷心感谢。

　　由于编者水平有限,书中错误、疏漏之处请广大读者提出宝贵意见。

编　者

CONTENTS 目录

第一部分　高级工操作技能及相关知识

第二部分　技师操作技能及相关知识

理论知识练习题

附　录

第一部分

高级工操作技能及相关知识

模块一　使用器具

项目一　相关知识

一、压力测量仪表

GBA001　压力表选用的技术要求

(一)压力表的选择

(1)根据工艺设备要求,选择压力表外壳直径。

① 为了便于操作和定期检查校验,工艺管网和机泵一般安装外壳直径为 100mm 的压力表。

② 受压容器(加热炉、锅炉、缓冲罐、注水泵进出口管线等)及振动较大的部位,一般安装直径为 100~150mm 的压力表。

③ 控制仪表系统一般多采用直径为 60mm 的压力表。

(2)根据所测量的工艺介质工作压力要求,选择压力表量程。

正确选择压力表的量程,对压力表安全运行、免遭损坏和延长其使用寿命,至关重要。按负荷状态的通性来说,压力表的测量范围在满量程的 1/3~2/3 之间时,其稳定性和准确性最高。

(3)压力表按使用环境和被测介质性质选择,根据环境的腐蚀性强弱、粉尘状况、机械振动、介质的腐蚀性、黏度和安装场合防爆等级来选择合适的专用仪表。

(4)对一般介质的测量,压力在-40~40kPa 时,宜选用膜盒压力表。压力在 40kPa 以上时,一般选用弹簧压力表或波纹管压力表。压力在-100kPa~2.4MPa 时,应选用压力真空表。压力在-100~0kPa 时应选用弹簧管真空表。

(5)根据工艺要求,选择压力表的测量精度。

合理选择压力表的测量精度,对提高测量准确性,减少测量误差,提高产品质量,保证安全生产,都有着很重要的意义。一般按被测压力最小值所要求的相对允差,来选择压力表的精度等级。压力表的精度应根据容器的压力等级和实际工作需要来选用。

GBA002　电接点压力表在润滑油系统中的作用

GBA003　电接点压力表的使用方法

(二)电接点压力表的使用维护及在注水系统的应用

电接点压力表比一般压力表多了一个电接点装置,能够在设备超过预定压力时自动发出信号。电接点压力表有两个装有绝缘柱的上下限控制指针,分别借助游丝的反力矩与静触点的金属杆接触,静触点可随控制指针移动,转动安在玻璃盖外面的转钮,可以把两个控制指针固定在所选定的压力表刻度上。动触点和静触点各与相应接线柱连通,彼此又互相绝缘。注水泵润滑油系统中电接点压力表与低油压保护连接。根据压力变化,动触点随压力指针移动,当动、静触点相互接触时,电路连通信号指示器就会报警。

采用电接点压力表,当测量液体压力时,取压点应取在工艺管道的下半部,与工艺管道的水平中心线成0°~45°夹角的范围内。

防爆型电接点压力表与一般电接点压力表的区别仅在于外壳不同。在使用中,当其内部的爆炸混合物因受火花和电弧的影响而发生爆炸时,所产生的热量不能顺利向外扩散,而只能沿着外壳上具有足够长的微小缝隙处缓慢地传到壳外,这时传到壳外的瞬时温度已不能点燃外界的爆炸物,从而达到防爆目的。

1. 电接点压力表的使用

(1)仪表允许使用范围:测量正压,均匀负荷不超过全量程的3/4,变动负荷不超过全量程的2/3;测量负压,可用全量程。

(2)仪表在安装前需先仔细核对型号、规格并检查铅封印装置是否完整无损。如发现型号、规格不符或封印装置受损,应查明原因后更换或重新校验、封印。

(3)在开启仪表出线盒或调整给定值范围时,需在切断电源后进行,以免发生传爆危险。

(4)仪表在正常使用的情况下,应予以定期校验。

(5)电接点压力表测量的准确性在很大程度上取决于变送器、测量管、取压部件。

(6)电接点压力表适用于测量对钢合金、钢不腐蚀的非凝固和结晶的液体、气体的压力或真空值,但不适于振动场所,避免触点烧坏,它可与继电器等配合使用,实现自动控制和报警。

2. 电接点压力表的在线检查和维护

(1)泄漏检查:检查压力表及导压管是否有泄漏,假如有泄漏应及时解决。

(2)密封检查:检查传感器表盖、接线盒的密封件O形环与密封脂是否老化失效;表盖与接线盒螺纹是否旋紧。O形环与密封脂应依据环境状况与开盖次数多少确定更换周期。

(3)接线检查:电线与接线端子压紧可靠,不准直接将导线头挠接,接线螺栓与螺孔要旋动良好,紧固力要强。对滑牙、烂牙、螺旋槽割裂、有毛刺的螺栓与螺孔要更换。缺损的螺栓要补全,接线盒内接线板腐蚀或开裂者及时予以更换。

(4)清洁检查:由于工艺操作,设备与管道保温材料脱落或聚积在传感器或挠性连接管上的物料、灰尘等杂物应及时清除,使仪表在使用过程中经常保持干燥和洁净。

3. 电接点压力表在注水系统的应用

注水泵润滑油系统中总油压表和分油压表一般采用电接点压力表来指示压力。当总油压降低到一定数值后时,备用油泵启动。当分油压降低到下限设定值时,使注水泵、电动机跳闸。

GBA005 电动压力变送器的安装要求

注水泵来水系统中低水压表一般采用电接点压力表来指示压力。当泵进口压力降低到一定数值后时,注水泵跳闸。

GBA006 使用压力变送器的注意事项

注水泵冷却水系统中低水压表也采用电接点压力表来指示压力。当冷却水压降低到一定数值后时,备用冷却水泵启动。

(三)电动压力变送器

GBA004 电动压力变送器的原理

电动压力变送器的种类、型号较多,量程范围宽,可选择的余地大。电动变送器结构紧凑,无可动部件,精确度高,维修量小,在生产过程中的应用十分广泛。

　　电动压力变送器传感室结构十分简单,主要由电阻元件基片、不锈钢外壳、金属隔膜组成。电阻基片参比侧紧贴于壳体上盖与大气相通的中心孔处。隔膜上部充满硅油。电阻元件为电阻式硅半导体传感元件,基片上 4 只硅半导体晶片以一定方位排列,组成电桥的 4 个桥臂,紧贴于绝缘基片表面上,并覆盖一层绝缘保护膜与环境隔离。

　　当被测介质压力导入传感器,介质压力通过金属膜片将压力传至传感室内的填充硅油,硅油压力升高,因电阻元件基片所处位置,上、下两侧表面所受的压力存在压差。压差的作用使传感基片产生微小变形,贴附在基片上的电阻也随之发生变化,硅电阻的变化导致桥路输出变化。桥路的输出电压经放大电路放大,并经微处理器进行信号处理后将信号转换成 4~20mA 或 1~5V 直流输出信号。变送器的输出信号与被测介质的压力值成正比。

　　1. 压力变送器的安装

　　压力测量的准确性在很大程度上取决于变送器、测量管和取压部件的正确安装。在某些场合,电动压力变送器可直接安装在工艺管道上,无须另设支架,在工艺管道上直接安装的条件是工艺过程温度和环境温度都应符合变送器使用条件要求。

　　压力取源部件在水平和倾斜工艺管道上安装时,取压点的方位应符合下列规定:

　　(1)测量气体压力时,取压点应在工艺管道的上半部。

　　(2)测量液体压力时,取压点应取在工艺管道的下半部并与工艺管道的水平中心线成 0°~45°夹角的范围内。

　　(3)测量蒸汽压力时,取压点取在工艺管道的上半部,以及下半部与工艺管道水平中心线成 0°~45°夹角的范围内。

　　(4)压力取源部件的安装位置,应选择在工艺介质流束稳定的管段。

　　(5)压力取源部件与温度取源部件在同一管段上时,压力取源部件应安装在温度取源部件的上游侧。

　　(6)压力取源部件的端部不应超出工艺设备和工艺管道的内壁。

　　(7)在垂直工艺管道上测量带有灰尘、固体颗粒或沉淀物等浑浊介质的压力时,取源部件应倾斜向上安装,与水平线的夹角应大于 30°。在水平工艺管道上宜顺流束成锐角安装。

　　(8)压力变送器安装位置应光线充足,操作和维护方便,不宜安装在振动、潮湿、高温、有腐蚀性和强磁场干扰的地方。

　　(9)压力变送器安装位置应尽可能靠近取源部件。测量低压的变送器的安装高度宜与取压点高度一致,尤其是测量液体介质和可疑性气体介质。

　　(10)测量气体介质压力时,变送器安装位置宜高于取压点,测量液体或蒸汽压力时,变送器安装位置宜低于取压点,目的在于减少排气、排液附加设施。

　　(11)压力变送器安装方式除直接安装于工艺管道上的方式外,通常为分离安装方式,可在现场制作立柱支架,采用 U 形螺栓卡设,也可采取墙板支架安装方式。无论何种安装方式,压力变送器应垂直安装,仪表接线盒的电缆入口不应朝上。

　　2. 压力变送器的使用与维护

　　1)使用

　　(1)仪表启用前,作好一切检查准备工作,需灌隔离液的仪表,将隔离液灌好,并注意将气泡排除干净。压力变送器是将被测压力转换成各种电量进行测量的。

（2）启动压力变送器时，应接通电源，预热 3min，再缓慢打开引压阀，以免压力过猛冲入仪表，损坏测量元件。

2）维护

（1）变送器在运行 6~12 个月，应进行外观检查和常规校验。

（2）校验和调整零点，进行正负迁移的场合，必须在测量初始压力下进行校验。

（3）压力变送器维护检查时，要检查阀门、接头、引压管等不得渗漏。

（4）定期检查仪表零点，计量仪表每月不少于 1 次。

（5）变送器的定检周期为 1 年，或与生产装置检修周期同步。

（6）测量有冷凝的气体或有污垢的液体的压力变送器，要定期排污，并保持仪表周围的环境清洁。

（7）经常检查保温伴热情况，防止隔离液冻、凝、汽化等。

二、流量计

GBA007 流量计的选择方法

（一）流量计的规格与选择

1. 流量计的规格

流量是集输过程中的一个重要参数，流量就是单位时间内流经某一截面的流体数量。流量可用体积流量和质量流量来表示。

流量计是指测量流体流量的仪表，它能指示和记录某瞬时流体的流量值；计量表（总量表）是指测量流体总量的仪表，它能累计某段时间间隔内流体的总量，即各瞬时流量的累加和，如流量计、煤气表等。

流量计的规格主要有公称直径、工作压力、介质温度、流量范围、准确度、介质种类、连接方式和外形尺寸等。

2. 流量计的选择

油田注水生产中所用的水计量仪表属于三级计量仪表，流量计的准确度一般在 1%~2.5% 即可满足工艺要求。

工业上常用流量计种类很多，按其被测流体状态分类，有单相流流量计和多相流流量计。按其测量原理分，大致可分为以下几类。

1）容积式流量计

容积式流量计是出现最早的一种流量计，它利用液体本身的动力推动仪表的部件转动，容积式流量仪表以固定容积为其结构特征，以在单位时间内所排出的流体次数作为计量的依据。利用仪表中某一标准体积连续地对被测介质进行称量，最后根据标准体积计量的次数，计算出流过流量计的介质的总容积。它主要用于累计流体的体积总量。这类仪表的测量精度很高，一般可以达到 ±0.5% 左右，有的还要高一些，而流体的密度和黏度变化对精度影响不大。但是，由于流体内存在转动部件，要求介质纯净、不含机械杂质，以免使转子磨损或卡住，使测量精度降低或损坏仪表。比较常见的容积式流量计有椭圆齿轮流量计、腰轮流量计、刮板流量计、活塞流量计等。

2）差压式流量计

差压式流量计即节流式流量计，是利用安装在管道中的节流装置（如孔板、喷嘴、文丘里管等），使流体流过时，产生局部收缩，在节流装置的前后形成静压差。该压差的大小与流过的流体的体积流量一一对应，利用压差计测出压差值，即间接地测出流量值。由于这类流量计的结构简单、价格便宜、使用方便，是用来测量气体、液体和蒸汽流量的常用流量仪表。

3）速度式流量计

速度式流量计采用直接或间接测量流体平均速度的方法测量流体的流量。速度式流量仪表的检测结构基于流体流动状况为基本特征。速度式流量计有靶式流量计、电磁流量计、涡轮流量计、超声波流量计、漩涡式流量计及垫式流量计等。

4）质量式流量计

质量式流量计是测量所经过的流体质量。质量式流量仪表有直接式和间接式，直接式质量流量仪表是以检测流体的密度为基本特征的。此类流量计有惯性力式质量流量计、推导式质量流量计等。这种测定方式被测流体流量不受流体的温度、压力、密度、黏度等变化的影响。

5）其他流量计

除上述几类流量计外，还有利用相关技术测量流量的流量计及激光多普勒流量计等。

水计量仪表的种类很多，各种仪表的工作原理和结构形式各不相同。可根据生产工艺的不同需要，选择不同的水计量仪表。注水站可选用准确度不低于±2.5%，流量量程较大，测量介质温度范围和压力范围较宽，使用可靠，拆装方便，易于维修的水计量仪表。例如，水平螺翼式流量计、电磁流量计、涡街流量计和插入式涡轮流量计等。注水井口和配水间可选用准确度不低于±2%，流通能力大，量程范围宽，使用可靠，拆装方便，易于维修的高压流量计。例如，垂直螺翼式高压流量计、强制涡流式注水流量计等。

（二）流量计的安装和使用要求

> GBA008 流量计的安装使用要求

1. 容积式流量计

容积式流量测量采用固定的小容积来反复计量通过流量计的流体体积。所以，容积式流量计内部必须具有构成一个标准体积的空间，通常称其为"计量空间"或"计量室"。这个空间由仪表壳的内壁和流量计转动部分一起构成。

容积式流量计的工作原理为：流体通过流量计，就会在流量计进出口之间产生一定的压力差。流量计的转动部分在这个压力差作用下将产生旋转，并将流体由入口排向出口。在这个过程中，流体一次次地充满流量计的"计量空间"，然后又不断地被送往出口。在给定流量计条件下，该计量空间的体积是确定的，只要测得转子的转动次数，就可以得到通过流量计的流体体积的累计值。

容积式流量计的种类很多，测量液体的有椭圆齿轮式、腰轮式、旋转活塞式、刮板式等；测量气体的有腰轮式、皮囊式、湿式气体计量表等。湿式气体计量表主要用来测量家用煤气或其他不溶于水的气体的体积流量总量。集输常用的有椭圆齿轮流量计、腰轮流量计、刮板流量计、旋转活塞流量计等。

1）椭圆齿轮流量计

椭圆齿轮流量计是一种测量液体总量（容积）的仪表，特别适合于测量黏度较大的纯净（无颗粒）液体的总量。其主要优点是精度高，可达±(0.3%~0.5%)，但加工复杂、成本高，而且齿轮容易磨损。

椭圆齿轮流量计的安装要求如下：

（1）椭圆齿轮流量计安装时，应在流量计的上游侧加设过滤器，滤去被测介质中的杂质。

（2）椭圆齿轮流量计宜装在水平管道上，管道应设旁路，并在仪表的上、下游侧和旁路管道上设置切断阀，以便于不停车时对过滤器进行拆卸清洗。

（3）安装仪表前，管道应清洗干净。

（4）仪表安装时应注意仪表壳体上的箭头方向，箭头方向必须与流体流向一致。

（5）仪表在水平管道上安装时，应将仪表指示刻度盘面处于垂直方位，并便于观察的方向；仪表在垂直管道上安装时，管道内流体流向应自下而上。

（6）如果被测液体内含有气体时，应在仪表前增设气体分离器。

（7）工艺管道吹扫之前必须拆卸下仪表和过滤器，吹扫合格后重装。

2）腰轮流量计

腰轮流量计又称罗茨流量计，测量流量的基本原理和椭圆齿轮流量计相同，只是轮子的形状略有不同，如图 1-1-1 所示。两个轮子不是互相啮合滚动进行接触旋转，轮子表面无牙齿，它是靠套在伸出壳体的两根轴上的齿轮啮合的，图 1-1-1 展示了轮子的转动情况。

腰轮流量计除了能测量液体流量外，还能测量大流量的气体流量。由于两个腰轮上无齿，所以对流体中的固体杂质没有椭圆齿轮流量计那样敏感。

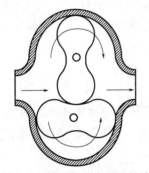

图 1-1-1　腰轮式容积流量计

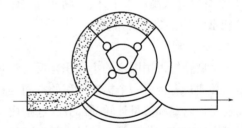

图 1-1-2　凸轮式刮板流量计

3）刮板流量计

刮板流量计也是一种常见的容积式流量计。在这种流量计的转子上装有两对可以径向内外滑动的刮板，转子在流量计进、出口差压作用之下转动，每转一周排出 4 份"计量空间"流体体积量。因此，只要测出转动次数，就可计算出排出流体的体积。

常见的凸轮式刮板流量计结构如图 1-1-2 所示。壳体内腔是一圆形空筒，转子也是一个空心圆筒形物体，径向有一定宽度，径向在各为 90° 的位置开 4 个槽，刮板可以在槽内自由滑动，四块刮板由两根连杆连接，相互垂直，在空间交叉。在每一块刮板的一端装有一个小滚珠，4 个滚珠均在一个固定凸轮上滚动使刮板时伸时缩，当相邻两刮板均伸出至壳体内壁时，就形成一"计量空间"的标准体积。刮板在计量区段运动时，只随转子旋转而不滑动，以保证其标准容积恒定。当离开计量区段时，刮板缩入槽内，流体从出口排出。同时，后一刮板又与其相邻的另一个刮板形成第二个"计量空间",同样动作。转子转动一周,排出 4 份"计量空间"体积的流体。

4)旋转活塞流量计

旋转活塞流量计又称环形活塞或摆动活塞流量计,其结构原理如图 1-1-3 所示。将一个开口的环形旋转活塞插入外圆筒的内壁和内圆筒的外壁所形成的环形区间中,在内外圆筒间有一个固定隔板,隔板左边是流量计进口,隔板右边是流量计出口。在未安装旋转活塞前,进口与出口是相通的。安装上旋转活塞后,进口与出口就被旋转活塞和隔板隔开。在流量计进出口流体差压的作用下,旋转活塞的中心轴只能绕着内圆筒沿箭头方向旋转,因此旋转活塞在环形区间中只能摆动旋转,而不是真正的旋转。

图 1-1-3(a)所示状态,由旋转活塞的外侧、外圆筒内侧以及旋转活塞的内侧和内圆筒外侧构成的空间与流量计进口相通。在进口流体压力作用下,旋转活塞沿箭头方向旋转。旋转到图 1-1-3(b)所示状态时,旋转活塞的内部空间充满流体,并与流量计进出口都不相通,形成一个密封的"斗"空间,即内侧计量室。此时旋转活塞的左右外侧分别与流量计进出口相通,在进出口流体差压作用下,旋转活塞将沿箭头方向继续旋转。到图 1-1-3(c)所示状态时,内侧计量室中的流体已开始排向流量计出口。当继续旋转到图 1-1-3(d)所示状态时,旋转活塞的外部空间充满流体,并与流量计进出口都不相通,形成另一个密封"斗"空间,即外侧计量室。此时,旋转活塞的左右内侧分别与流量计进出口相通,在进出口流体差压作用下,旋转活塞将沿箭头方向继续旋转而回到图 1-1-3(a)所示状态,并开始将外侧计量室中的流体排出流量计。

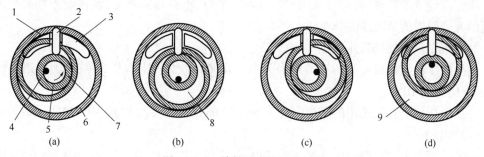

图 1-1-3　旋转活塞流量计原理

1—进口;2—固定隔板;3—出口;4—轴;5—内圆筒;6—外圆筒;7—旋转活塞;8—内侧计量室;9—外侧计量室

当旋转活塞贴着外圆筒内壁面旋转摆动一周,就有一个内侧计量室和一个外侧计量室的流体体积排向流量计出口,因此,只要将轴的旋转通过齿轮机构传递到流量计指示机构就可实现流量的计量。

旋转活塞式容积流量计具有流通能力较大的优点,它的不足是工作过程中会有一定的泄漏,所以准确度较低。

5)容积式流量计的特点及使用要求

容积式流量计的特点是精度高、量程宽(可达 10∶1)、可测小流量、受黏度等因素变化影响较小及对前面的直管段长度没有严格要求。但对于大流量的检测来说,成本高、质量大、维护不方便。

使用容积式流量计应注意以下几点：

（1）选择容积式流量计，虽然没有雷诺数的限制，但应该注意实际使用时的测量范围，必须是在此仪表的量程范围内，不能简单地按连接管尺寸去确定仪表的规格。

（2）为了保证运行部件的顺利转动，器壁与运行部件间应有一定的间隙，流体中如有尘埃颗粒会使仪表卡住，甚至损坏。为此，在流量计前必须要装过滤器（或除尘器）。

（3）由于各种原因，可能使进入流量计的液体中夹杂有少量气体，为此，应该在流量计前设置气体分离器，否则会影响仪表检测精度。

（4）用不锈钢、聚四氟乙烯等耐腐蚀材料制成的椭圆齿轮流量计，可用来测有腐蚀性的介质流量。当被测介质易凝固易结晶时，仪表应加装蒸汽夹套保温装置。

2. 节流流量计

节流流量计（标准节流装置）由节流装置、信号管路、差压计及显示仪表组成。节流流量计是应用广泛的一种流量仪表，主要是由于它结构简单、安装方便、实验数据可靠性高、不需要单独标定，其准确度可达±1%。与其配套的差压计的压差系列较全，可实现流量的指示记录、积算、远传和调节等，但安装技术要求严格，测量范围窄，压力损失大。

1）标准节流装置的适用条件

标准节流装置仅适用于圆管流，并且流体充满管道和连续地流过管道。

流体必须是牛顿流体，即作用在流体上的切向应力与由它引起的速度梯度之间存在线性关系的流体。流体流经节流装置时不应发生相变，并且流体的流量不随时间的变化而变化或变化非常缓慢，因此，不适用于脉动流和临界流的流量测量。

流体流经节流装置前，流束必须与管道轴线平行，不得有旋转流，流体的流动必须形成典型的充分发展的紊流速度分布。

2）标准节流装置的适用范围

角接取压标准孔板适用的管道内径为 50~1000mm，直径比为 0.22~0.80，雷诺数的范围为 $5\times10^3 \sim 1\times10^7$。

法兰取压标准孔板适用的管道内径为 50~750mm，直径比为 0.10~0.75，雷诺数的范围为 $1\times10^4 \sim 1\times10^7$。

标准喷嘴适用的管道内径为 50~500mm，直径比为 0.32~0.80，雷诺数的范围为 $2\times10^4 \sim 1\times10^7$。

3. 速度式流量计

1）涡轮流量计

涡轮流量计由涡轮流量变送器、前置放大器以及流量指示积算仪所组成。

涡轮流量计的变送器必须水平安装，应注意箭头指向和流体流向一致；前后直管段口径应与变送器口径一致。变送器前直管段长度应不小于 20 倍的变送器口径，后直管段长度应不小于 15 倍的变送器口径。变送器前应安装过滤器，且可安装整流器。凡测易汽化的液体时，应安装消气器，流量调节阀应置于变送器下游处，减少来自上游的流场干扰，以利于流量的稳定调节。压力表可设置在变送器的进口或出口处，温度计设置在变送器的下游处，前后直管段及连接处，不准有凸出物伸入管道内，管道与变送器要同心安装。

前置放大器信号传输电缆应采用屏蔽电缆,且不能与动力线接近,也不能平行布线,不能放在一个线管内。

在进行管道清洗时,可使清洗液通过旁路,而不让它进入涡轮流量计,以免损坏轴承。在测量低温液化气时,应除去管道和涡轮流量计内的水分和油分。

在接通电源之前,要检查布线是否正确,检查电源电压是否正常。接上电源后,当流体还未流动时,要保证前置放大器无脉冲信号输出。在启动时,首先把旁路阀全开,接着把涡轮流量计下游的阀慢慢打开,然后再慢慢打开上游阀,全开之后,再慢慢关闭旁路阀。若无旁路阀时,可徐徐打开上游阀,再慢慢打开下游阀,不要使涡轮的旋转速度过大。

涡轮叶片的磁化会对信号产生电压调制,是出现误差的原因之一,必须在组装前对涡轮完全去磁。

2)电磁流量计

要保证电磁流量计的测量精度,正确的安装使用是很重要的。一般要注意以下几点:

(1)变送器应安装在室内干燥通风处,避免安装在环境温度过高的地方,不应受强烈振动,尽量避开有强烈磁场的设备,如大电动机和变压器等。避免安装在有腐蚀性气体的场合。安装地点便于检修。这是保证变送器正常运行的环境条件。

(2)为了保证变送器测量管内充满被测介质,变送器最好垂直安装,流向自下而上,尤其对于液固两相流,必须垂直安装。若现场只允许水平安装,则必须保证两电极处在同一水平面。

(3)变送器两端应装阀门和旁路管道。电磁流量计传感器安装位置应远离强磁场,安装位附近应无动力设备或磁力启动器等。

(4)电磁流量变送器的电极所测出的几毫伏交流电势,是以变送器内液体电位为基准的。电磁流量计安装时,要求将传感器外壳、被测介质、工艺管道必须连成等电位,并接地,以消除外界干扰。不能与其他电气设备的接地线共用。

(5)为了避免干扰信号,变送器和转换器之间信号必须用屏蔽导线传输,不允许把信号电缆和电源线平行放在同一电缆钢管内。信号电缆长度一般不得超过30m。

(6)转换器安装地点应避免交、直流强磁场的振动,环境温度为-20~60℃,不含有腐蚀气体,相对湿度不大于80%。

(7)为了避免流速分布对测量的影响,流量调节阀应设置在变送器下游。对小口径变送器来说,因为电极中心到流量计进口端的距离已相当于好几倍直径 D 的长度,所以对上游直管段可以不做规定。但对大口径流量计,一般上游应有 $5D$ 以上的直管段,下游一般不做直管段要求。

3)涡街流量计

涡街流量计也称为旋涡流量计或卡门涡街流量计。涡街流量计的特点是:压力损失小,精确度较高,量程范围大,仪表工作特性不受流体压力、温度、黏度、密度的影响,也不受工艺管道口径的限制,适合于洁净气体、蒸汽和液体流量的测量。低流速和黏度高的液体不宜选用涡街流量计。

涡街流量计的传感部分结构简单，安装比较方便，只是对安装位置选择格外严格，其安装要求如下：

（1）传感器安装应选择在直管段较长、振动较小的地方，当管道振动较大时，应对管道加设固定支撑。

（2）如果管道上安装有手操阀、控制阀等，传感器安装位置应选择在阀门上游侧 $5D$ 以上的直管段上。

（3）传感器的下游直管段长度通常在 $5D$ 以上。

（4）传感器上游直管段长度依据上游管道配管条件决定，当上游管道有调节（控制）阀门时，其上游直管段长度应在 $20D$ 以上。

（5）当上游管道上有扩径管（或一个弯头）时，上游直管段长度应大于 $10D$。

（6）当上游管道上有缩径管时，上游直管段长度应不小于 $5D$。

（7）对于蒸汽、气体流量的测量，由于涡街流量计是测速式流量计，测量的示值是体积流量，其温度、压力取源部件安装位置与涡街流量计之间的间距为 $6D\sim8D$。

（8）涡街流量计与工艺管道之间的连接，无论是分体型还是一体型，一般连接方式有插入式连接、法兰式连接和夹持式连接三种方式。

（三）流量计的校验

GBA009　流量计的校验方法

油田水计量流量计属于三级计量，因此流量计均采用离线检定校验。目前常用的检定校验方法有两种：容积法和标准流量计法。

1. 容积法

容积法就是将所要检定校验的流量计安装到标准检定装置上，在稳定工作状态下，开始计时，同时记录流量计读数。流量计检定过程中，检定介质温度波动不能大于 $10\,^{\circ}\!\mathrm{C}$。当达到预定水量时，终止计时，读取标准容器的水量 V，计算出标准流量 q_{v}。反复三次，取其平均值 $\bar{q}_{\mathrm{v}}$，再与被检定校验的流量计的流量 q_{v}' 比较，从而求出被检流量计的示值误差 δ。

$$\delta = \frac{q_{\mathrm{v}}' - \bar{q}_{\mathrm{v}}}{q_{\mathrm{v}}'} \times 100\% \tag{1-1-1}$$

式中　q_{v}'——被校流量计示值；

　　　$\bar{q}_{\mathrm{v}}$——被校流量计平均示值。

2. 标准流量计法

标准流量计法是检定校验流量计的一种最简单、最经济的方法。它是将被校验的流量计与一台标准流量计进行串联，然后相互比较流量示值。采用标准流量计法检定流量计时，标准流量计可以多台串联使用，从而求出被检流量计的示值误差 δ。标准流量计的精度等级要求必须明显高于被校验流量计。校验准确度为 $\pm0.2\%$ 的流量计所选标准表的准确度应优于 $\pm0.07\%$。

$$\delta = \frac{q_{\mathrm{f}} - q_{\mathrm{s}}}{q_{\mathrm{f}}} \times 100\% \tag{1-1-2}$$

式中　q_{f}——被校流量计示值；

　　　q_{s}——标准流量计示值。

三、数字显示仪表

GBA011　数字显示仪的分类

(一)数字显示仪的分类

数字显示仪表是将模拟量用模数变换器转换成数字量,然后使用数字电路,并通过数码管显示被测参数的数值和单位。数字式显示仪表是一种以十进制数码形式显示被测量值的仪表,它可按以下方法分类:

(1)按仪表结构分类,可分为带微处理器和不带微处理器的两大类型。

(2)按输入信号形式分类,可分为电压型和频率型两类。电压型数字式显示仪表的输入信号是模拟式传感器输出的电压、电流等连续信号;频率型数字显示仪表的输入信号是数字式传感器输出的频率、脉冲、编码等离散信号。

(3)按仪表功能分类,可大致分为如下几种:

① 显示型:与各种传感器或变送器配合使用,可对工业过程中的各种工艺参数进行数字显示。

② 显示报警型:除可显示各种被测参数外,还可用作有关参数的超限报警等。

③ 显示调节型:在仪表内部配置有某种调节电路或控制机构,除具有测量、显示功能外,还可按照一定的规律将工艺参数控制在规定范围内。常用的调节规律有继电器接点输出的两位调节、三位调节、时间比例调节、连续 PID 调节等。

④ 巡回检测型:可定时地对各路信号进行巡回检测和显示。

GBA012　数字显示仪的结构

(二)数字显示仪的结构

与模拟式显示仪表相比,数字显示仪表具有读数直观方便、无读数误差、准确度高、响应速度快、易于和计算机联机进行数据处理等优点。目前,数字式显示仪表普遍采用中、大规模集成电路,线路简单,可靠性好,耐振性强,功耗低,体积小,重量轻。特别是采用模块化设计的数字式显示仪表的机芯由各种功能模块组合而成,外围电路少,配接灵活,有利于降低生产成本,便于调试和维修。

GBA013　数字显示仪的工作原理

(三)数字显示仪的工作原理

数字式显示仪表用数字显示被测参数的量值,无论何人认读,结果完全一样,克服了主观误差。数字式显示仪表基本上克服了视觉误差,因此准确率高。数字式显示仪表这种优点也常常被用到数据的自动化处理上。正是出于这种优点,使它在测量工作中受到欢迎。现在数字式显示仪表已经得到大力发展和推广,广泛使用于各类学科和国民经济部门。

数字显示仪表首先要把连续变化的模拟量转换成断续变化的数字量(A/D 转换),再上计数器(如果输入信号是数字量,则直接上计数器)、寄存器、译码器,最后在 LED 数码管上显示出来。其实,数字显示仪表大多是以电压表为主体的,大量的物理量经传感变送后转换成相对应的电信号,仪表的输入部分将这些电信号处理成常规的电压信号,所以大多数数字显示仪表的主体只是个电压表,不同点在于输入转化部分。数字式电压表测量的精度高,是因为仪表的输入阻抗高。比较型数字电压表的最大缺点是测量速度慢。

四、温度检测仪表

温度是表征物体冷热程度的物理量,是集输生产中重要的热工参数之一。温度检测仪表按工作原理分,可分为膨胀式温度计、压力式温度计、热电偶温度计、热电阻温度计和辐射高温计五类;按测量方式分,可分为接触式和非接触式两大类,前者测温元件直接与被测介质接触,这样可以使被测介质与测温元件进行充分的热交换,而达到测温目的;后者测温元件与被测介质不相接触,通过辐射或对流实现热交换来达到测温的目的。

(一)膨胀式温度计

膨胀式温度计有液体膨胀式温度计和金属膨胀式温度计。液体膨胀式温度计常见的有玻璃水银温度计和有机液体玻璃温度计。这种温度计按精度等级又分为标准、实验室、工业用三个使用等级。目前,工业上限制使用玻璃水银温度计,多使用金属膨胀式温度计作为就地温度指示仪表。

1. 液体膨胀式温度计

液体膨胀式温度计的工作原理基于被测介质的热量或冷量通过温度计外层玻璃的热传导,感温泡状容器内的液体吸收热或释放热,随着热量交换过程,液体体积具有热胀冷缩物理特性,其体积的增大或减小量与被测介质的温度变化量成正比例。

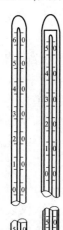
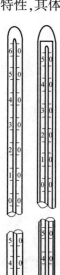

1)结构

如图 1-1-4 所示,它的下部有一个感温泡状容器,内盛工作液体,泡状容器上部为管状,管内径很细,为毛细管。当泡球内液体受热膨胀时,其液体体积的增量部分进入毛细管,在毛细管内以液柱的高度反映被测介质的温度量值。温度值为液柱面所对应的标尺刻度数值。

2)特点

(1)结构简单,线性好,使用方便和准确度高。

(2)仅供就地测量,示值不能远传。

(3)温度标尺刻度细小,读数不够清晰。

(4)不抗振,易损坏,水银外泄会产生汞蒸气,对人体有害。

(5)是导电体,在电动机械上应用受限制。

2. 金属膨胀式温度计

金属膨胀式温度计的工作原理是基于金属线长度受冷热变化的影响会发生变化的原理。

金属片或金属杆受热后其长度伸长量可用公式计算:

$$L_t = L_{t0}(1 + \alpha + t + t_0) \qquad (1-1-3)$$

式中　L_t——金属杆(或片)经热交换后,在温度为 t 时的长度;

　　　L_{t0}——金属杆(或片)在温度为 t_0 时的长度;

　　　α——金属杆(或片)在温度 t_0 至 t 间的平均线膨胀系数。

图 1-1-4　液体膨胀式温度计

金属膨胀式温度计有杆式、片式、螺旋式。其基本结构由线膨胀系数不同的两种金属组成。金属膨胀式温度计金属套管的端部应有一定自由空间。典型的双金属温度开关如图1-1-5所示,双金属片是由膨胀系数不同的两种金属片紧密黏合在一起而组成的温度传感元件,其一端固定在绝缘子上,另一端为自由端,当温度升高时,由于两片金属温度膨胀系数不同,双金属片产生弯曲变形,当温度升高到一定值,双金属片的弯曲形变量增大到使金属片1端部与金属片2触点接触,信号灯亮,显示温度已升到设定值。

杆式双金属温度计的结构及工作过程,如图1-1-6所示。其外套管和管内杆由两种不同金属组成,杆材质的线膨胀系数大于管材质的线膨胀系数,杆的下端在弹簧4的推力下与管封口端接触,杆的上端在弹簧7的拉力作用下使杠杆6与其保持接触,管上端固定在温度计外壳上。当温度上升时,由于管和杆的

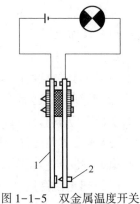

图1-1-5　双金属温度开关
1,2—金属片

线膨胀系数不同,杆的伸长量大于管的伸长量,杆的上端向上移动,推动杠杆5的一端,杠杆支点上的指针发生偏转,当温度计管内温度与被测温度平衡时,指针处在一稳定位置,指针所指示的刻度数字即被测温度值。

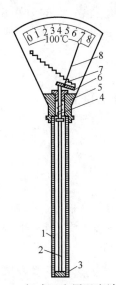

图1-1-6　杆式双金属温度计结构图
1—外套管;2—管内杆;3—封口端;
4,7—弹簧;5,6—杠杆;8—指针

为了提高双金属温度计的灵敏度,常把双金属片做成螺旋结构,螺旋金属片线度较长,其膨胀伸长量必然增大,则仪表灵敏度大大提高。

双金属温度计具有如下特点:

(1)结构简单、刻度清晰、抗振动性能好、价格便宜。

(2)量程范围较小,精确度不高,适用于对精确度要求不高的场合。

(二)压力式温度计

压力式温度计内工作物质可以是气体(氮气)、液体(甲醇、二甲苯、甘油等)或低沸点液体的饱和蒸气(氯甲烷、氯乙烷、乙醚等),分别称为气体式、液体式、蒸气式温度计。

1.压力式温度计的结构及工作原理

压力式温度计结构主要由温包、毛细管和压力表的弹簧管组成一个封闭系统。

压力式温度计测量物料温度时,其温包必须浸入被测物料之中,当温度发生变化时,温包内工作介质的压力因温度的变化而变化,其压力通过毛细管传至弹簧管,使弹簧管产生形变位移,形变位移量与温包内工作介质的压力(即被测物料的温度)有关,用压力式仪表间接测量被测物料的温度。压力式温度计既可就地测量,又可在60m之内的其他地方测量。

温包是传感部件,是与被测物料直接接触的元件,因此,温包的材质应具有较快的导热速度和能耐被测物料的腐蚀。温包材料一般选用热导率较大的材质,通常选用铜质材料,对于腐蚀性物料可选用不锈钢来制作。

毛细管是压力传导管,是由铜或钢拉制而成,为减小传递滞后和环境温度的影响,管子

外径一般很细(为1.2mm),毛细管极易被器物击损或折伤,其外面通常用金属软管或金属丝编织软管加以保护。

2.压力式温度计的使用注意事项

(1)压力式温度计的温包应全部插入被测介质中,以减小因导热而引起的误差。

(2)毛细管应远离热源或冷源,千万不能与热源或冷源接触,毛细管不应弯曲,其最小弯曲半径不应小于50mm。

(3)压力式温度计的指示部分高度位置与温包一致,否则应进行调零修正,周围环境温度应稳定,且应避免强烈振动,以保证仪表指针指示的稳定性。

(三)热电阻温度计

1.热电阻温度计的工作原理

热电阻温度计是生产过程中常用的一种温度计,常规检测系统由热电阻感温元件、显示仪表和连接导线组成。热电阻的工作原理是利用金属导体的电阻值随着温度的变化而变化这一基本特性来测量温度。其受热部分(感温元件)用细金属丝均匀地绕在绝缘材料制成的骨架上,当被测介质有温度梯度存在时,则所测得的温度是感温元件所在范围内介质层中的平均温度。制造热电阻的材料需要大的温度系数,大的电阻率,稳定的化学、物理性质及良好的复现性。铠装热电阻的优点是测量速度快,因此得到广泛应用。

2.热电阻的分类

热电阻由电阻体、引出线、绝缘套管等组成。常用工业热电阻有以下几种:

(1)铂电阻。

(2)铜电阻。

(3)其他热电阻,如铟电阻、锰电阻和碳电阻以及合金电阻等。

3.热电阻温度计的使用注意事项

(1)热电阻和测量仪表的接线有二线制、三线制和四线制之分。在使用二线制的时候,由于热电阻和电测仪表之间有导线电阻,误差较大,因此所用的导线不宜过长,采用三线制或四线制,可以基本消除导线电阻的影响。

(2)热电阻所测量的温度,是它所占空间的平均温度。为了保证热电阻温度测量结果准确性、可靠性,应将热电阻感温元件放置在被测介质的温度最高处,如果安装在管道上,则应将感温元件总长的1/2放置在最高流速的位置上。

(3)热电阻和测量仪表均应在检定合格后安装使用,并且要检查仪表面板上所标注的分度号是否与热电阻的分度号一致。

4.热电阻测温系统的故障及处理

热电阻的常见故障是热电阻的短路和断路。一般断路更常见,这是因为热电阻丝较细。断路和短路是很容易判断的,可用万用表的"×1Ω"挡,如测得的阻值小于R_0,则可能有短路的地方;若万用表指示为无穷大,则可断定电阻体已断路。电阻体短路一般较易处理,只要不影响电阻丝的长短和粗细,找到短路处进行吹干,加强绝缘即可。电阻体的断路修理必须要改变电阻丝的长短而影响电阻值,为此更换新的电阻体为好,若采用焊接修理,焊后要检验合格后才能使用。热电阻测温系统在运行中的故障及处理见表1-1-1。

表 1-1-1　热电阻测温系统的故障及处理

故障现象	原因	处理方法
显示仪表指示值比实际值低或示值不稳	保护管内有金属屑、灰尘,接线柱间脏污及热电阻短路(水滴等)	除去金属屑,清扫灰尘、水滴等,找到短路点,加强绝缘等
显示仪表指示无穷大	热电阻或引出线断路及接线端子松开等	更换电阻体,或焊接及拧紧接线螺栓等
阻值与温度关系有变化	热电阻丝材料受腐蚀变质	更换电阻体(热电阻)
显示仪表指示负值	显示仪表与热电阻接线有错,或热电阻有短路现象	改正接线,或找出短路处,加强绝缘

(四)热电偶温度计

1. 热电偶温度计的测温原理

热电偶是工业上最常用的温度检测元件之一。其测温原理是将两种不同材料的导体或半导体 A 和 B 焊接起来,构成一个闭合回路,如图 1-1-7 所示。当导体 A 和 B 的两个接点 1 和 2 之间存在温差时,两者之间便产生电动势,因而在回路中形成一定大小的电流,这种现象称为热电效应。热电偶就是利用热电效应来工作的。

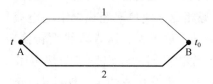

图 1-1-7　热电偶工作原理图

如图 1-1-7 所示,热电偶的一端将 A、B 两种导体焊在一起,置于温度为 t 的被测介质中,称为工作端;另一端称为自由端,放在温度为 t_0 的恒定温度下。当工作端的被测介质温度发生变化时,热电势随之发生变化,将热电势值送入显示仪表进行指示或记录,或送入计算机进行处理,即可获得温度值。热电势的值与热电偶的金属材料性质和冷热端之间的温度差有关,而与热电极的长度和直径无关。

2. 热电偶温度计的种类

常用热电偶温度计可分为标准热电偶温度计和非标准热电偶温度计两大类。所谓标准热电偶是指国家标准规定了其热电势与温度的关系、允许误差,并有统一的标准分度表的热电偶,它有与其配套的显示仪表供选用。非标准热电偶在使用范围或数量上均不及标准化热电偶,一般也没有统一的分度表,主要用于某些特殊场合的测量。热电偶温度计适用于测量高温的液体、气体和蒸气。

3. 热电偶温度计的特点

热电偶温度计具有如下特点:

(1)测量精度高,因热电偶直接与被测对象接触,不受中间介质的影响。

(2)测量范围广,常用的热电偶从 $-50 \sim 1600℃$ 均可连续测量,某些特殊热电偶最低可测到 $-269℃$(如金铁—镍铬),最高可达 $2800℃$(如钨—铼)。

（3）构造简单，使用方便。

4. 热电偶温度计的结构要求

为了保证热电偶可靠、稳定地工作，对它的结构要求如下：

（1）组成热电偶的两个热电极的焊接必须牢固。

（2）两个热电极彼此之间应很好地绝缘，以防短路。

（3）补偿导线与热电偶自由端的连接要方便可靠。

（4）保护套管应能保证热电极与有害介质充分隔离。

（五）一体化温度变送器

一体化温度变送器是油田上最常用的温度测量仪表。变送器是输出为标准信号的传感器。采用两线制一体化结构，可输出与量程范围内的温度呈线性关系的 $4\sim20mA$ 的电流信号。由于变送器模块安装紧靠感温元件，因此消除了连接导线阻值产生的误差，所以信号传输距离长。变送器模块采用全密封结构，由环氧树脂浇注，因此耐潮、耐腐、抗震、抗干扰能力强。缺点是变送器模块坏了无法进行维修。

1. 工作原理

一体化温度变送器主要由两部分组成，即热电阻和变送器模块。变送器模块内低温漂稳压管与低漂移运放构成了高稳定度稳压源，另一运放与量程微调电位器及电阻构成一个恒流源，与高稳定稳压源相配合使得流经热电阻的电流具有高稳定度。该电流经过热电阻产生的毫伏电压由差动运放放大后送入非线性转换器，使得热电阻的温度—电阻非线性曲线得到补偿。非线性转换器的输出信号与热电阻感受的温度值呈非常好的线性关系。该信号被送往运放及三极管构成的 V/I 转换器，变换成了 $4\sim20mA$ 的直流电流信号。变送器模块上有两个对零点和量程起微调作用的精密微调电位器，用于零点及量程的校正。

2. 结构及组成

一体化温度变送器在结构上只比热电阻多了一个变送器模块。一般由一体化温度变送器模块、连接导线、架装仪表和显示仪表（或工控机）等组成。

3. 故障及处理

当一体化温度变送器无输出信号或输出信号显示值不对时，首先检查一下变送器模块24V 直流电是否送上，如没有，先送上；如有，则断电，检查一下热电阻是否有故障。如热电阻无问题，则检查变送器模块。用一精密电阻箱与变送器模块连上，再送上电，检查其是否正常工作。一体化温度变送器的故障及处理见表 1-1-2。

表 1-1-2　一体化温度变送器的故障及处理

故障现象	原因	处理方法
无输出	热电阻丝短路	检查
	变送器模块坏	更换变送器模块
	变送器输出回路断线	检查接通
	线路接触不良	检查处理

续表

故障现象	原因	处理方法
输出值大	热电阻丝断路	更换热电阻
	线路连接有锈处	处理
	变送器模块故障	检查处理
	连接线路断路	查找接通
输出线性不好或抖动	产生这种现象的原因主要在变送器模块上	重新检验或更换变送器模块

（六）便携式红外测温仪

便携式红外测温仪无须接触物体即可测量物体表面的温度。它接收所测目标辐射的红外波段能量，然后计算其表面温度，也可以计算出测量过程的平均温度、最高温度、最低温度和差值，并将其在显示屏上显示出来。其数字—模拟输出可用于数据记录，对其他仪器设备或工艺控制器，也可实现温度测量值和发射率的远程显示。

便携式红外测温仪的特点如下：

（1）携带使用方便；

（2）测温范围宽；

（3）测量精度高；

（4）性能稳定。

五、百分表

GBB001　百分表的使用方法

（一）百分表与千分表的使用方法

百分表与千分表用于测量工件的形状、位置误差及位移量，也可用比较法测量工件的长度。用百分表测量工件时，长指针转一圈，测杆移动 1mm。它们是利用机械结构将被测工件的尺寸数值放大后，通过读数装置标识出来的一种测量工具。

百分表与千分表的规格见表 1-1-3。

表 1-1-3　百分表与千分表的规格

名称	测量范围，mm	分度值，mm	最大测力，N	示值总误差，μm	夹持长度，mm
大量程百分表	0~30	0.01	2.2	30	
	0~50		2.5	40	
	0~100		3.2	50	
百分表	0~3	0.01	0.5~1.5	14	
	0~5			16	
	0~10			18	
千分表	0~1,0~2	0.001	1.5		16
	0~3,0~5	0.005			11

图 1-1-8　电子数显百分表

电子数显百分表和千分表用于精密测量工件的形状及位置误差，也用于测量工件长度，其优点是读数迅速、直观。其结构如图 1-1-8 所示。电子数显百分表数字最小分度值为 0.01mm，测量范围为 0~3mm、0~5mm、0~10mm、0~25mm、0~30mm。电子数显千分表数字最小分度值为 0.001mm，测量范围为 0~5mm、0~9mm、0~10mm。

百分表刻度盘上刻有 100 个刻度，分度值为 0.01mm。表面刻度盘上共有 100 个等分格，当指针偏转 1 格时，量杆移动距离为 0.01mm。从百分表的大指针与表盘的外环可以读出毫米的小数部分，小指针与小表盘可以读出毫米的整数部分。

使用百分表、千分表时可将其装在专用表座上或磁性表座上。

1. 百分表的使用方法及注意事项

（1）百分表应固定在可靠的表架上，根据测量的需要可选择带平台的表架或万能表架。

（2）百分表应牢固地装夹在表架夹具上，如与装夹套筒紧固时，夹紧力不宜过大，以免使装夹套筒变形，卡住测杆，应检查测杆移动是否灵活，夹紧后，不可再转动百分表。

（3）用百分表测量平面时，测量头与平面成 90°，否则将产生较大的测量误差。百分表单独使用可以测量两回转零件的同心度，还可以测量零件的平直度等。

（4）测量圆柱形工件时，测杆轴线应与圆柱形工件直径方向一致。用百分表测量泵的径向偏差时，确定好下压量，手动校零合格后，盘泵 360°，表针回到原来的位置为合格。

（5）测量前必须检查百分表是否夹牢，但不能影响其灵敏度，为此可检查其重复性，即多次提拉百分表测杆略高于工件高度，放下测杆，使之与工件接触，在重复性较好的情况下，才可以进行测量。百分表常用于形状、位置误差以及小位移的长度测量。

（6）在测量时，应轻轻提起测杆，把工件移至测头下面，缓慢下降测头，使之与工件接触，不准把工件强迫推至测头，也不准急骤下降测头，以免产生瞬时冲击力，给测量带来误差。对工件进行调整时，应按上述方法操作。在测头与工件表面接触时，测杆应有 0.3~1mm 的压缩量，以保持一定的起始测量力。

（7）测量杆上不要加油，以免油污进入表内，影响表的传动机构和测杆移动的灵活性。

2. 千分表的使用方法及注意事项

（1）使用千分表时不要使测量杆移动次数过多，以免造成测量头端部过早磨损，齿轮系统过于消耗，弹簧松弛，影响千分表的精度。

（2）测量时，不要使测量杆移动的距离过大，甚至超出测量限度，否则会造成测量时压力太大，弹簧过分地伸张。

（3）千分表测杆与被测工件表面垂直，否则将产生较大的测量误差。

（4）测量时，不要把工件强迫推入测量头下，否则会损伤千分表机件。

（5）不要用千分表测量表面粗糙或有明显凹凸的工件。

（6）在测量杆移动不灵活或者发生阻塞时，不要用力推压测量头，应进行修理。

（7）测量前，将被测部位擦拭干净，不能用千分表测量不清洁的工件。

（8）测量杆上不应有任何的油脂。

3. 万能表座

万能表座用于夹持百分表、千分表，并可使其处于任意位置和角度上。表座可沿平面滑行，以方便测量工件尺寸及形位偏差。其结构如图1-1-9所示。万能表座有普通式、可微调式两种。

4. 磁性表座

磁性表座的用途与万能表座相同，利用其磁性可使表座固定于空间任意位置和角度上，更便于使用。其结构如图1-1-10所示。磁性表座里面是一个圆柱体，在其中间放置一条条形的永久磁铁或恒磁磁铁，外面底座位置是一块软磁材料（软磁材料是在较弱的磁场下，易磁化也易退磁的一种铁氧体材料），通过转动手柄，来转动里面的磁铁。当磁铁的两极（N或S）呈上下方向时，也就是磁铁的N或S极正对软磁材料底座时，底座就被磁化了，这个方向上具有强磁，所以能够用于吸住钢铁表面。而当磁铁的两极处于水平方向时，即N、S的正中间正对软磁材料底座时（长条形磁铁的正中间只有极小的磁性，可以不记），底座不会被磁化，所以此时底座上几乎没有磁力，就可以很容易地从钢铁表面取下来了。

图1-1-9　万能表座

图1-1-10　磁性表座

> GBB002　百分表的传动原理

（二）百分表的工作原理

百分表是利用精密齿条齿轮机构制成的表式通用长度测量工具。百分表是美国的B. C.艾姆斯于1890年制成的。百分表通常由测头、量杆、防震弹簧、齿条、齿轮、游丝、圆表盘及指针等组成。

百分表改变测头形状并配以相应的支架，可制成百分表的变形品种，如厚度百分表、深度百分表和内径百分表等。百分表如用杠杆代替齿条，可制成杠杆百分表和杠杆千分表，其示值范围较小，但灵敏度较高。此外，它们的测头可在一定角度内转动，能适应不同方向的测量，结构紧凑。它们适用于测量普通百分表难以测量的外圆、小孔和沟槽等的形状和位置误差。目前，国产百分表的测量范围（即测量杆的最大移动量）有三种：0~3mm、0~5mm、0~10mm。

百分表的工作原理是，将被测尺寸引起的测杆微小直线移动，经过齿轮传动放大，变为指针在刻度盘上的转动，从而读出被测尺寸的大小。百分表是利用齿条齿轮或杠杆齿轮传动，将测杆的直线位移变为指针的角位移的计量器具。百分表通过传动放大机构，将测杆的微小直线位移转变为指针的角位移。百分表为了消除齿轮啮合间隙对回程误差的影响，由片齿轮在游丝产生的扭力矩作用下，使整个传动机构中齿轮正、反转时均为单面啮合。

百分表的结构较简单，传动机构是齿轮系，外廓尺寸小，重量轻，传动机构惰性小，传动比较大，可采用圆周刻度，并且有较大的测量范围，不仅能作比较测量，也能作绝对测量。

（三）百分表的操作

1. 百分表测量径向跳动

当进行轴测的时候，以指针摆动最大数字为读数（最高点）；当测量孔的时候，以指针摆动最小数字（最低点）为读数。

检验工件的偏心度时，如果偏心距较小，把被测轴装在两顶尖之间，使百分表的测量头接触在偏心部位上（最高点），用手转动轴，百分表上指示出的最大数字和最小数字（最低点）之差的1/2就等于偏心距的实际尺寸。偏心套的偏心距也可用上述方法来测量，但必须将偏心套装在芯轴上进行测量。

偏心距较大的工件，因受到百分表测量范围的限制，就不能用上述方法测量。测量偏心距较大的工件时，把V形铁放在平板上，并把工件放在V形铁中，转动偏心轴，用百分表测量出偏心轴的最高点，找出最高点后，工件固定不动，再用百分表水平移动，测出其他各点的轴的偏心距。

2. 百分表测量机泵同轴度

机泵使用两块百分表找正，这种方法较精确。装好联轴器连接螺栓后，将联轴器找正架卡在泵或电动机半联轴器上，然后将测量径向和轴向的两块百分表对准被测联轴器，分上、下、左、右四个点进行测量，并分别从百分表上读取记录测量值。将上、下、左、右测量值分别相加，即可计算出径向偏差。用同样的方法可得出轴向偏差。找正不能一次成功，应盘动联轴器一周对测量值进行复核，两次测量值应相等。一般的注水泵误差是径向和轴向不超过 0.1mm。

当机泵轴同心状态不在要求范围内时，通过调整垫片来找正。可先将电动机完全固定好，以电动机为基准，通过增减泵的四个地脚螺栓处的垫片数量来找正。待中心校正后，拧紧机组与底座连接螺栓和联轴器螺栓。

注意：机泵地脚调整垫片不宜过多。机组试运后，还需用百分表检查一次找正的误差，并与冷态时对比，最后调整到所要求的误差范围内。

项目二 校对安装电接点压力表

一、准备工作

(一)设备

带压工艺流程 1 套、校对合格的电接点压力表 1 块。

(二)材料、工具

200mm 活动扳手 1 把、250mm 活动扳手 1 把、450mm 管钳 1 把、标准压力表 1 块、擦布 0.02kg、生料带 1 卷、通针 1 个、500V 验电笔 1 支、150mm 手钳 1 把、记录纸若干、碳素笔 1 支。

(三)人员

1 人操作,持证上岗,劳动保护用品穿戴齐全。

二、操作规程

(1)切断电接点压力表电源,验电,拆卸连接线。

(2)检查电接点压力表,记录压力值,关闭压力表取压阀门,缓慢泄压,卸电接点压力表。

(3)将标准压力表安装到原取压点上,录取压力,计算被校表误差(精度×表量程)。

(4)校对两块压力表的压力值,并准确记录。误差=标准表压力值-工作压力值。

(5)更换压力表,关闭压力表控制阀门,如有放空打开放空阀门。

(6)用手缓慢卸松压力表,边卸边轻微晃动表头泄压,待压力表指针落零后,卸掉压力表。

(7)用通针清理压力表接头孔眼内的残余物,再用擦布擦净,在表接头上顺时针缠上生料带。

(8)一手扶电接点压力表表头,一手拿压力表接头缓慢上扣,确认没有偏扣后,再用扳手上紧并连接好接线。

(9)关闭放空阀门,缓慢打开压力表控制阀门试压。

(10)待压力稳定后检查无渗漏后开大压力表控制阀门。

(11)送电,检查电接点压力表接线是否正确。

(12)检验电接点压力表上、下触点是否灵活好用。

(13)正确读取压力值并记录。

(14)清理操作现场,收拾工具、用具。

三、技术要求

(1)被校表误差=精度×表量程。

(2)误差=标准表压力值-工作压力值。

四、注意事项

（1）应关闭压力表控制阀门，禁止带压操作。

（2）拆卸和连接电接点压力表的接线时，要断开电源。

（3）要缓慢打开压力表控制阀门试压。

项目三　更换流量计

一、准备工作

（一）设备

管网模拟流程 1 套、流量计 1 块。

（二）材料、工具

黄油 0.05kg，ϕ50mm 备用垫子 2 片，记录单 1 张，碳素笔 1 支，250mm、300mm 活动扳手各 1 把，300mm 撬杠 1 根，300mm 钢板尺 1 把，放空桶 1 个，500mmF 扳手 1 把，200mm 三角刮刀 1 把，擦布 0.02kg。

（三）人员

1 人操作，持证上岗，劳动保护用品穿戴齐全。

GBA010　更换流量计的操作步骤

二、操作规程

（1）检查流程，打开旁通阀门，侧身关闭上流阀门、下流阀门。

（2）打开放空阀门放空。

（3）拆卸流量计法兰螺栓，卸下需要被更换的流量计。

（4）记录拆卸的流量计的编号、流量计的读数。

（5）用三角刮刀清理新流量计法兰面，清理流量计水纹线。

（6）记录新流量计的编号、流量计的读数。

（7）按工艺流程走向，正确安装流量计。

（8）在法兰垫子两侧抹上黄油，将垫片按要求放入法兰内。

（9）按要求对法兰两侧对角紧固螺栓，流量计安装标向与水流方向一致，调整法兰垫片，摆正位置。

（10）将余下螺栓上紧，再用上述方法紧固另一侧法兰螺栓。

（11）关闭放空阀门，打开下流阀门试压，检查各部有无渗漏现象。

（12）开大下流阀门，打开上流阀门，关闭旁通阀门。

（13）清理操作现场，收拾工具、用具。

三、技术要求

新流量计要检定合格。

四、注意事项

（1）要把流程倒运后才可操作。

（2）要打开放空阀门泄压后才可拆卸。

（3）开关阀门时要侧身、平稳操作。

项目四　用百分表测量泵轴的径向跳动

一、准备工作

（一）设备

1000mm×1500mm 水平工作台 1 个，泵轴放置架 1 副，ϕ50mm×1200mm 泵轴 1 根。

（二）材料、工具

百分表及表架 1 套、V 形铁 1 副、油壶 1 把、擦布 0.02kg、记录单 1 张、碳素笔 1 支、石笔 1 根。

（三）人员

1 人操作，持证上岗，劳动保护用品穿戴齐全。

二、操作规程

（1）检查擦拭泵轴，并把泵轴架在 V 形铁上，在 V 形铁的 V 形槽中垫铜皮，再加少许润滑油，装轴承处与 V 形铁接触为宜，并用轴颈架将一头顶住定位。

（2）根据泵轴长短将轴按联轴器、轴承处、首级叶轮和平衡盘分成 5 份（遇有键槽让开），在轴头按 0°、90°、180°、270°分成四等份，并画上标记。

（3）检查百分表：擦拭百分表、测杆及测量头，推动表杆检查百分表灵敏度和表杆有无发卡现象。

（4）把百分表装在磁力表架上。

（5）将百分表架在泵轴做记号的任一点处，使表测量头与轴上面垂直接触，下压 1～2mm，并将百分表大针调到"0"位。

（6）记下 0°点数值"0"后，将泵轴轻轻转动到 90°、180°、270°时，百分表上的读值（注意大针正负转向）为表针顺时针转读正值，若逆时针转读负值。

（7）按上述方法分别测量其他点的数值，并记录在事先准备好的记录表格中。

（8）计算最大弯曲度值和确定弯曲方向：将 0°值+180°值、90°值+270°值分别计算出来，其中的最大值为最大弯曲度值，轴最大弯曲度不大于 0.03mm 为合格。

（9）擦拭泵轴，并将泵轴放置架上吊挂好。

（10）清理操作现场，收拾工具、用具。

三、技术要求

（1）0°+180°值、90°+270°值是大值减小值。

（2）轴最大弯曲度≤0.03mm 为合格。

四、注意事项

（1）架百分表时应避开键槽的位置，以免卡坏百分表的测量杆和测量头。

（2）注意保护好泵轴的表面，不能碰出伤痕。

（3）长期保存泵轴时，应吊挂在泵轴放置架上，并要涂上防锈油。

项目五　用百分表校正低压离心泵同轴度

一、准备工作

（一）设备

离心泵机组 1 套。

（二）材料、工具

17～19mm 梅花扳手 2 把，磁力表架 1 套，ϕ20mm×500mm 撬杠 1 根，ϕ30mm×250mm 紫铜棒 1 根，擦布 0.02kg，0.05mm、0.1mm、0.2mm、0.3mm、0.5mm、1.0mm 厚的铜皮垫片各 6 片，锯条 1 根，计算器 1 个，石笔 1 支，碳素笔 1 支，记录单 1 张。

（三）人员

1 人操作，持证上岗，劳动保护用品穿戴齐全。

二、操作规程

GBB003 使用百分表的操作步骤

（1）用对称的两条螺栓将电动机和泵联轴器连接在一起。

（2）将联轴器擦干净后，把联轴器的外圆按 0°、90°、180°、270°分成四等份，同时在与 0°相对应方位的电动机端盖上找一个参照点，并用石笔做好标记。

（3）用厚度 2mm 和 3mm 的标准块初步确定两联轴器端面距离。用 150mm 钢板尺初步将两联轴器左右径向偏差调到 1mm 之内。对角将电动机地脚螺栓紧固好。

（4）装表：

① 将百分表架在泵轴上，使表测量头与轴上面垂直接触。将磁力表架（或专用表架）固定在泵联轴器的脖颈处，将表杆按径向和轴向调好。

② 检查百分表，擦洗百分表、表盘、测杆，推动表杆检查百分表灵敏度和表杆有无发卡现象。检查小针是否为 0，检查表盘和后盖，检查表杆是否灵活。

③ 架设百分表，在径向和轴向各装一块百分表。

径向：百分表触头与联轴器 0°标记处垂直，下压量为 1～3mm。

轴向：百分表触头与联轴器端面垂直（垂直点尽量与径向垂直点靠近，最好在一条直线上，最大距离小于 1mm），如果因条件限制无法做到垂直，倾斜度不得大于 15°，下压量为 1～3mm。

（5）测量：

① 转动表盘，将径向和轴向两块表大针分别调到"0"位。

② 用 F 扳手(或手)按泵的旋转方向,缓慢转动联轴器,在记录表格上(表 1-1-4)分别记下 0°、90°、180°、270°四个方位径向、轴向在百分表上显示出的数值(根据小针变化情况,确定大针所指数值的"+""﹣"号)。

③ 径向偏差值的确定:

0°值+180°值(绝对值相加),所得的值为两联轴器径向上下偏差值。0°值为 0,180°值为正,说明电动机比泵低;180°值为负值,说明电动机比泵高。

90°值+270°值(绝对值相加),所得值为两联轴器左右径向偏差值。将 90°值和 270°值进行比较,电动机向大值方向偏。

④ 轴向偏差值的确定:

0°值+180°值(绝对值相加),所得的值为两联轴器轴向上下偏差值。0°值为 0,180°值为正,说明下开口比上开口大;180°值为负,说明下开口比上开口小。

90°值+270°值(绝对值相加),所得值为两联轴器轴向左右偏差值。将 90°值和 270°值进行比较,数值大的开口大。

表 1-1-4　离心泵机组同心度的测量与调整(百分表法)记录表

方位	径向,mm	轴向,mm
0°		
90°		
180°		
270°		
0⁰+180°		
90°+270°		

(6)选垫子:

① 选垫子:根据计算结果,按照电动机两个前地脚和两个后地脚所需加垫子总厚度的数值,从制作好的紫铜皮垫子中选出,垫子总片数不得超过 3 片。

② 加垫子:松开电动机四个地脚螺栓,用撬杠将电动机前后脚撬起,将选好的紫铜皮垫子分别加入电动机四个地脚下面,垫子外露不得超过 1mm,垫子要平整无毛刺、无折叠。

(7)调整:

① 径向偏差的调整:

(a)径向上、下偏差的调整:

在电动机的四个地脚同时加(或减)垫子,其垫子厚度为径向偏差值的一半,即:

$$\Delta h = \frac{0°值+180°值}{2} \tag{1-1-4}$$

(b)径向左、右偏差的调整:

用紫铜棒敲击电动机侧面中间部位,使电动机向 90°和 180°当中小的方平行移动,移动量为 90°值+270°值的一半。

② 轴向偏差的调整:

（a）轴向上、下偏差的调整：

利用经验公式，进行计算：

$$X_1 = \frac{a-b}{D} \times L_1 \qquad\qquad (1-1-5)$$

$$X_2 = \frac{a-b}{D} \times L_2 \qquad\qquad (1-1-6)$$

式中　X_1——电动机前两个地脚垫子厚度，mm；

　　　X_2——电动机后两个地脚垫子厚度，mm；

　　　$(a-b)$——轴向 0° 和 180° 偏差值，mm；

　　　D——联轴器直径，mm；

　　　L_1——电动机联轴器端面距电动机前地脚螺栓中心距离，mm；

　　　L_2——电动机联轴器端面距电动机后地脚螺栓中心距离，mm。

（b）轴向左、右偏差的调整（用钢板尺或百分表配合）：

用紫铜棒敲击电动机的左后脚或右后脚的方法进行调整，也可以用紫铜棒敲击电动机的左后侧脚或右后侧脚的方法进行调整（后者更为方便）。移动量为偏差值的一半。

例如：左面开口大，用紫铜棒敲击电动机的左后脚或右后侧脚；右面开口大，用紫铜棒敲击电动机的右后脚或左后侧脚。

③ 综合评定：

通过上述方法可以对离心泵机组同心度的径向和轴向的偏差进行测量和调整，但不难发现对径向和轴向偏差分两次进行调整，很多操作步骤要重复进行，既浪费了时间又不便于垫子的选择。因此可以将解决径向和轴向的上下偏差所需要的垫子厚度，加在一起后综合考虑，即：

$$S_1 = \Delta h + X_1 \qquad\qquad (1-1-7)$$

$$S_2 = \Delta h + X_2 \qquad\qquad (1-1-8)$$

式中　S_1——电动机前两地脚垫子厚度，mm；

　　　S_2——电动机后两地脚垫子厚度，mm；

　　　Δh——径向垫子厚度，mm；

　　　X_1——轴向电动机前两脚垫子厚度，mm；

　　　X_2——轴向电动机后两脚垫子厚度，mm。

（8）紧固螺栓：

① 用厚度 2mm 和 3mm 的标准块，确定好两联轴器间距，并用钢板尺初调两联轴器径向偏差，在 1mm 以内为宜。

② 调整径向和轴向左右偏差：将百分表按泵的旋转方向转到 90°（或 270°），转动表盘大针调"0"，按泵旋转方向把百分表转到 270°（或 90°），此时径向和轴向百分表分别反映出径向和轴向的偏差值，根据"+""−"值，确定击打方向，进行调整，直到偏差值在规定范围内。

③ 调整径向和轴向上下偏差：将百分表按泵的旋转方向转到 180°，转动表盘大针调"0"；按泵的旋转方向再将百分表转到 0°位置，根据百分表"+""−"值确定先紧哪个地脚螺

栓。即:如果为"+"值,先紧前一个地脚螺栓(边紧边看表大针的便化,不要一次紧死),再对角紧后地脚螺栓,这样反复进行微调。在此期间再检查一次左右偏差,如果左右偏差有变化,因地脚螺栓未紧到位,左右偏差还可以进行调整。如此多次进行微调,直到符合标准为止。如果为"-"值,先紧后面一个地脚螺栓,方法同上。

(9)复测:

调整结束后复测一遍,不符合标准时,差得少可用松紧前后地脚螺栓的方法进行微调,差得太多用上述方法重新调整,直到符合标准要求为止。

(10)二次紧固:测量和调整全部合格以后,为了防止地脚螺栓紧力不够,把四条地脚螺栓对角再紧固一次。

(11)清理操作现场,收拾工具、用具。

三、技术要求

(1)低压离心泵一般以泵为基准,利用调整电动机来校对联轴器同心度,高压离心泵一般以电动机为准,利用调节泵来校对联轴器同心度。

(2)高压离心泵联轴器的同心度考虑到电动机轴瓦油膜,因此,电动机和泵的径向偏差,电动机比泵低 0.05mm 为宜。

(3)联轴器的轴间间隙:低压泵 2~4mm、高压泵 4~6mm。

(4)离心泵同轴度标准:

低压离心泵:径向允许偏差 0.10mm,轴向允许偏差 0.10mm。

高压离心泵:径向允许偏差 0.06mm,轴向允许偏差 0.06mm。

(5)几点说明:

① 正常情况:电动机比泵低,上开口比下开口大。

垫子厚度按式 1-1-7、式 1-1-8 进行计算,Δh 为正值;X_1、X_2 为正值。

在正常情况下,电动机的四个地脚加垫子,操作可以正常进行。

② 非正常情况:

(a)电动机比泵低,上开口比下开口小。

计算垫子厚度时,仍按式(1-1-7、式 1-1-8)进行计算。

因为上开口比下开口小,需要减垫子,所以 X_1 和 X_2 均为负值。此时计算垫子总厚度的公式变为:

$$S_1 = \Delta h - X_1 \tag{1-1-9}$$
$$S_2 = \Delta h - X_2 \tag{1-1-10}$$

在此情况下,会出现两种情况:当 $\Delta h > X_1$、$\Delta h > X_2$ 时,在电动机四个地脚加垫子,操作仍可进行。当 $X_1 > \Delta h$、$X_2 > \Delta h$ 时,在电动机四个地脚减垫子,此时电动机四个地脚有垫子,此操作可以继续进行;否则操作无法完成。

(b)电动机比泵高,上开口比下开口大。

计算垫子厚度时,仍按正常情况下的计算公式进行计算,即:$\Delta h=$两联器径向上下差值。

$$\Delta h = \frac{0°值 + 180°值}{2} \tag{1-1-11}$$

因为电动机比泵高，需要在电动机四个地脚减垫子，所以 Δh 为负值。此时计算垫子总厚度的公式变为：

$$S_1 = -\Delta h + X_1 \qquad (1-1-12)$$

$$S_2 = -\Delta h + X_2 \qquad (1-1-13)$$

在此情况下，会出现两种情况：当 $\Delta h < X_1$、$\Delta h < X_2$ 时，在电动机四个地脚加垫子，操作仍可继续进行。当 $\Delta h > X_1$、$\Delta h > X_2$ 时，在电动机四个地脚减垫子，此时电动机四个地脚没垫子，此操作无法完成。

（c）电动机比泵高，上开口比下开口小。

因为需要在电动机四个地脚减垫子，如果此时电动机四个地脚没垫子，不用计算，此操作无法完成。如果有垫子，可根据公式计算，最终会归结到上述三种情况。

四、注意事项

（1）塞尺与钢板尺、测量块、百分表配合使用，测量块也可单独使用。

（2）用铜棒调整时可缓慢多次调整。

项目六 测量滑动轴承间隙

一、准备工作

（一）设备

高压注水离心泵 1 台。

（二）材料、工具

30~32mm 梅花扳手 1 把、300mm 活动扳手 1 把、200mm 一字形螺钉旋具 1 把、ϕ30mm×250mm 紫铜棒 1 根、100mm 塞尺 1 把、0~25mm 外径千分尺 1 把、10mm×10mm 内六角扳手 1 件、ϕ1.0~ϕ1.5mm 细铅丝各一卷、润滑脂 1 袋、记录纸 1 张、碳素笔 1 支、擦布 0.05kg。

（三）人员

1 人操作，持证上岗，劳动保护用品穿戴齐全。

二、操作规程

（1）用内六角扳手拆卸轴头压盖。

（2）用梅花扳手或活动扳手松开上瓦盖四条螺栓，取下上瓦盖和上瓦。

（3）取轴瓦宽度 1/2 或 2/3 长的细铅丝三段，涂上少许润滑脂，分别放在下轴瓦两侧和轴顶部。

（4）放好上瓦和上瓦盖，用扳手将上瓦盖上的四条螺栓对称扭紧，要均匀地用力紧固。

（5）松开上瓦盖四条螺栓，取下上瓦盖和上瓦，将压扁的铅丝，用 0~25mm 外径千分尺测量其厚度尺寸，并做好记录。

轴顶上铅丝厚度减去轴瓦两侧铅丝厚度平均值所得的差，即为该轴瓦的顶部间隙。

标准：顶间隙为 $2d$‰，其中，d 为轴径尺寸。

（6）用塞尺测量轴瓦两侧的间隙，每侧均布测三点，塞尺深度为 20~30mm。测出的值即为轴瓦侧间隙值。

标准：侧间隙为顶间隙的 1/2 左右。

（7）调整：

① 顶部间隙的调整：

若顶部间隙小于标准规定，可用紫铜皮在瓦口加垫片的方法进行调整，也可用刮下瓦的方法进行调整。

若顶部间隙大于标准规定，可用减少瓦口垫片的方法进行调整，如无垫片可调，就需要重新挂瓦或换新瓦。

② 侧部间隙的调整：

松开瓦架螺栓，用瓦架两侧的顶丝进行调整。

左边间隙大，松开右边顶丝，紧左边顶丝；右面间隙大，松开左边顶丝，紧右边顶丝。边顶边用塞尺测量，直到两边间隙均匀为止。紧固好瓦架螺栓，固定好顶丝。

（8）组装好轴瓦，上好轴头压盖。

（9）清理操作现场，收拾工具、用具。

三、技术要求

（1）顶间隙为 $2d‰$，其中，d 为轴径尺寸，单位为 mm。

（2）侧间隙为顶间隙的 1/2 左右。

四、注意事项

（1）泵瓦盖较重，注意安全。

（2）瓦盖接触面朝上。

模块二　管理注水站

项目一　相关知识

GBC001 储水罐的结构

GBC002 储水罐运行时的注意事项

GBC003 储水罐的测定方法

一、储水罐

（一）储水罐的组成及相关要求

1. 注水站储水罐组成

外部由罐体、透光孔、清扫孔、人孔、呼吸阀、避雷器、避雷器接地极、收油管、进出口控制阀、流量计、来水压力表、静水柱压力表、液位传感器、上罐扶梯、安全护栏等组成；内部由进水管、出水管、溢流管、收油管、排污管、中心柱等组成。

2. 注水站储水罐各种配件的作用

（1）罐体：水罐主体，储水之用。采用的形式是无力矩钢结构储水罐，一种是伞形罐顶，一种是拱形罐顶。水罐高度一般为 10~12m，罐下部裙板最厚，为 7~10mm，罐顶钢板最薄，为 3~5mm。储水罐主体承受压力是 200mm H_2O，负压 50mm H_2O。

（2）透光孔：用途是透光、通风。安装在罐顶，一般安装 1 个。

（3）清扫孔：清除罐内污物。安装在水罐底部，一般安装 1~2 个。

（4）人孔：圆形，顾名思义，用于人员进入水罐检查内部情况时使用。根据水罐容积设有 1~2 个，尺寸为 500~700mm。

（5）呼吸阀：储水罐的呼吸阀是保持水罐内外气压平衡的。因为储水罐的水位经常波动，造成了储水罐上部空间空气体积变化，呼吸阀会自动排出或吸入空气保持储水罐内气压平衡，如不释放和补充这些空气会给储水罐造成严重破坏。储水罐水位上升会造成罐内气压上升，排气不及时储水罐会发生胀破、补气不及时储水罐会抽瘪的严重事故。

（6）避雷器：储水罐防止雷击的一种安全设施。安装在储水罐顶边缘，一般安装 2~3根，罐底部焊接两根接地线接入注水站的避雷接地网，注水站有四套独立的接地网，互不干扰，分有高压电（6kV）接地网、低压电（380V）接地网、仪表接地网、避雷器接地网，每年需要专业人员进行接地电阻测试，要求合格。

（7）进出口控制阀：用于储水罐调节液位之用。根据水罐液位和用途，控制进出水量，保持正常液位，维持正常生产。

（8）流量计：来水计量。根据注水泵的排量，调节来水阀门，做到水位正常，进出平衡。

（9）静水柱压力表：测量储水罐的水位。在液位传感器失灵或对其反映的数据有怀疑时，可参照此压力表进行校对，前提是该压力表是准确的。

（10）液位传感器：显示水罐液位。有就地显示及远传至值班室信号的功能，并且设定液位高低值，超出设定值时进行报警，警示岗位员工。

（11）上罐扶梯：检查水罐时使用。有直梯和盘梯两种，由于扶梯、罐顶负重有限，每次同时上罐人数不超过 5 人。

（12）安全护栏：上罐时安全防护，防止坠落。有局部防护和全部防护两种形式。

（13）进水管：水罐进水管线。为了防止罐内水倒流，进水管有一定高度，清水进罐管线高度最高，距离罐顶 0.2~0.3m，污水进罐管线高度为距离罐底 3.5m，并加以固定。

（14）出水管：水罐出水管线。水罐出水管线，一般管线中心高距离罐底 0.5m，并设有过滤网，防止大于 50mm 污物进入管线。

（15）溢流管：自压排水安全装置。形式有两种，一种是自流式，进水口向上，另一种是虹吸式，进水口向下，发生事故时起作用，如仪表失灵、进水量过大、操作者大意等。水位高于溢流管高度时，靠水位自溢出罐外，进入污水池，防止污水四流。溢流管高度低于清水进罐管线 0.2m，高于收油管 0.2m，溢流管一般不设控制阀门。

（16）收油管：收集储水罐内上浮的原油。每年要定期回收水罐上部原油，保证注水水质合格和水罐安全，收油管有两种形式：一种是简易收油装置，在罐顶低于溢流管 0.2m 部位安装一个向上喇叭口，利用水罐液位差收集原油，缺点是收油不彻底；另一种是在罐顶部安装田字形收油槽，收油比较彻底。收油管线上设有控制阀门，用以调节流量。

（17）排污管：排除罐顶污物和水罐检修时排净罐内存水，设有控制阀门，储水罐静水柱压力表安装在此部位。

（18）中心柱：水罐罐顶中心承重点，防止罐顶塌陷，采用钢管支撑。

3. 登储水罐的安全要求

（1）五级以上大风不准上罐。

（2）雷雨冰雪天气不准上罐。

（3）每次上罐不准超过 5 人。

（4）夜间先开照明后上罐。

4. 控制储水罐的相关要求

（1）控制进罐水量平稳，保持储水罐的液位高度在罐高的 25%~80% 区间运行。25% 为最低安全水位，80% 为最高安全水位。

（2）保持液位计的准确性，防止出现假液位，造成判断失误，导致发生事故。

（3）保证储水罐的呼吸孔（阀）畅通，防止储水罐抽瘪或胀裂，冬季时应将透光孔打开，以防万一。

（4）定期检查储水罐内的油厚，油厚超过标准后应及时收油，油厚不要超过 0.5m。

（5）定期检查储水罐的工艺管线、阀门、仪表，要求各管线连接良好、阀门开关灵活、性能良好，仪表工作正常。

（6）定期检查储水罐内的进水声音和储水罐振动情况，发现异常应立即检查处理。

（二）测量储水罐储水量

1. 测量步骤和计算方法

（1）用长度 30m 或 50m 的钢卷尺测量储水罐的周长。

（2）用长度 10m 或 15m 的量油尺测量储水罐垂直标高。

（3）用测厚仪测量储水罐圈板壁厚。

（4）记录好测量结果。

（5）将以上测量结果代入式 1-2-1，计算储水罐的实际储水量。

$$V = \frac{1}{4}\pi d^2 h = \frac{1}{4}\pi\left(\frac{C}{\pi}-2\delta\right)^2(0.84H-2.0) \qquad (1-2-1)$$

式中　V——储水罐储水量，m^3；

　　　d——储水罐内圈平均直径，m；

　　　h——距储水罐底 2.0m 以上的水位高度，m；

　　　D——储水罐外圈平均直径，m；

　　　δ——储水罐圈板平均厚度，m；

　　　C——储水罐外圈平均周长（$C=\pi D$），m；

　　　H——储水罐垂直标高（0.84 为大罐安全高度系数），m。

2. 技术要求

（1）测量储水罐周长时，要用钢卷尺，不得用皮尺进行测量，以免产生测量误差。检查储水罐水位时，应先关闭排污阀。使用球形浮漂检测储水罐液位时，最重要的是要保证浮漂的密度合适。使用球形浮漂测量储水罐水位时，要使浮漂浮于水面之上。

（2）由于大罐直径上粗下细，圈板壁厚由厚到薄。所以，为了提高测量精度，测量储水罐周长和壁厚时，应多取几点，然后取其平均值。

（3）上罐测量大罐标高时注意安全，防止坠落。

（4）液位自动检测仪表通过电接点压力表的检测，在显示仪表上显示出储水罐的液位高度。读数要准确，应用公式和计算要正确，单位要统一用国际单位制。根据储水罐下部压力表的显示值，可以折算出水罐水位。

（5）测定储水量时，依据现场需要，可计算总容量、安全容量和实际容量。

二、注水水质指标

GBC004 注入水与油层水的离子浓度标准

（1）悬浮物含量：悬浮物含量是注入水结垢和堵塞的重要标志。目前陆上油田动用开发的低渗透油藏在 35% 左右，而且每年新探明的石油地质储量中低渗透油层所占的比重也越来越大。这些低渗透油田的孔喉半径通常都在 $2 \sim 4\mu m$ 以下，渗透率在 $(10 \sim 50) \times 10^3 \mu m^2$。

（2）含油量：可以作为某些悬浮物（如硫化铁等）很好的胶结剂，进一步增加堵塞效果，很快使过滤器失效。

（3）溶解氧：如果注入水中硫化物含量超标，它不仅直接影响注入水对注水油套管等设施的腐蚀，而且当注入水中存在溶解的铁离子时，氧气进入系统后，就会生成不溶性的铁氧化物沉淀，从而堵塞油层。在高矿化度的含油污水中，溶解氧由 0.02mg/L 增加到 0.065mg/L，腐蚀速度约增加 5 倍，当溶解氧达到 1.0mg/L，则腐蚀速度约增加 20 倍。当溶解氧与硫化氢并存时，溶解氧又加剧硫化氢对注水金属设施的腐蚀。溶解氧是注入水产生腐蚀的一个重要因素。

（4）硫化物：油田含油污水中的硫化物（主要是 H_2S）有的是自然存在于水中的，有的是由硫酸盐还原菌（SRB）产生的。

（5）细菌总数：如果注入水中细菌总数超标，则油田含油污水中大量存在的细菌，就会引起金属腐蚀，造成油层堵塞。滤膜系数是一个综合系数，是指在特定的条件下水通过滤膜所需时间的函数。

（6）Ca^{2+}和Mg^{2+}离子：油田污水中的Ca^{2+}和Mg^{2+}离子，在一定条件下与水中的CO_3^{2-}和SO_4^{2-}离子发生化学反应，生成$CaCO_3$、$MgCO_3$或$CaSO_4$沉淀。水中的钙、镁离子在一定条件下，与酸根离子化合形成了水垢，有的随注入水注入地层，对地层形成堵塞；有的不断沉积形成水垢，牢固地附着在设备和管壁上，管线结垢，使管径收缩，降低了设备的使用寿命，注水系统效率降低，能耗增大。

（7）Fe^{2+}和Fe^{3+}离子：分析注入水与油层水离子浓度，主要分析项目为氯离子、碳酸根、碳酸氢根、硫酸根、二价硫等阴离子。

三、污水处理技术

GBC005　含油污泥的处理方法

（一）含油污泥处理技术

含油污泥是在开采、运输、炼制及含油污水处理过程中产生的含油固体废物。

含油污泥是原油开发过程中产生的重要污染之一，也是制约油田环境质量持续提高的大难题。含油污泥组成复杂，是一种极其稳定的悬浮乳状液体系，含有大量老化原油、蜡质、沥青质、胶体、固体悬浮物、细菌、盐类、酸性气体和腐蚀产物等，还包括生产过程中投加的大量絮凝剂、缓蚀剂、阻垢剂、杀菌剂等水处理剂。污泥中含油率一般在$10\% \sim 50\%$，含水率在$40\% \sim 90\%$，还含有大量恶臭有毒物质。目前我国每年产生的含油污泥总量超过$500 \times 10^4 t$。若不加以处理，不仅直接占用土地与空间，严重污染环境，而且浪费资源，在一定程度上妨碍了油田生产的发展。含油污泥的处理目的主要是除去注水系统中的悬浮物，改善注水水质和外排污水水质，同时解决由于清罐污泥对环境的污染。

含油污泥因处理难度大、处理费用高而成为困扰油田发展的一大难题。此外，各区块含油污泥成分也不相同，寻求多种处理途径彻底解决含油污泥的污染问题，对于创建环境友好型企业意义重大。随着环境法规的日益严格和完善，含油污泥无害化处理技术将引起高度重视。含油污泥的处理方法有生物处理技术、固化技术、焚烧处理技术和微波处理技术。

1. 生物处理技术

生物处理是比较有效的一种含油污泥处理技术，也是今后发展的方向之一。含油污泥均含有以石油烃类为主要有机成分的有机物。含油污泥的生物处理技术的主要原理是：微生物利用石油烃类作为碳源进行同化降解，使其最终完全矿化，转变为无害化的无机物质（CO_2和H_2O），同时增加土壤腐殖质含量。其处理方式包括地耕法、堆肥法和污泥生物反应器法等。

地耕法又称为土壤耕作法，基本原理是把污泥堆放在选定的土地上，对污泥量、水分、空气量、营养物质、pH值等进行控制和调节，使其自然发生降解作用，最后使碳氢化合物转变成二氧化碳和水，从而增加土壤中腐殖质含量。采用这种方法处理过的土地，可用于建设，更适合种植树木、牧草。

堆肥法是以前国内外被广泛采用的一种含油污泥处理方法。堆肥法是将石油工业固体废弃物与适当的松散材料相混合并成堆放置,使天然微生物降解石油烃类,从而处理石油工业废弃物的过程。堆肥法对于较高烃含量的含油污泥很适用。

生物反应器是一种能将石油工业废弃物稀释于营养介质中使之成为泥状的容器。

生物处理技术操作方便,作用持久,无二次污染(最终产物为 CO_2 和 H_2O),处理成本低,易于管理,日益受到国内外环保界的重视,并已在国外得到广泛的商业化应用。生物处理技术是含油污泥的最终处置方式,并将成为未来含油污泥无害化处理的主要方式之一。但目前仍存在着选择合适的菌种困难,处理周期长,油资源没有得到回收利用,对环烷烃、芳香烃、杂环类有机物处理效果差,以及对高含油污泥难适应等问题。

2. 固化技术

固化技术是在含油污泥中加入一定组分的固化剂,使其发生一些稳定的、不可逆的物理化学反应,固化其中的部分水分和有毒物质,并使其有一定强度,以便堆放、储存和后续处理。理想的固化产物应该具有良好的机械性能和抗浸透、抗浸出、抗干湿、抗冻、抗熔等特性。

固化处理是一种较为理想的含油污泥无害化、减量化处理技术,但固化后的污泥堆放占用了大面积土地,造成了资源的浪费,且加入有机固化剂可能带来二次污染。因此,只有将固化后的污泥进行资源再利用,才能从根本上解决污染问题。

3. 焚烧处理技术

含油污泥焚烧是将经过预先脱水浓缩预处理后的含油污泥,送至温度高达 $800\sim850℃$ 专门建立的焚烧炉中进行焚烧,经 30min 焚烧即可完毕,焚烧后的灰渣需进一步处理。

焚烧技术适用于各种成分的含油污泥,是一种较好的污泥无害化和减量化处理方式。从国内外的污泥焚烧工艺运行过程看,污泥焚烧处理的成本较高,为其他处理工艺的 $2\sim4$ 倍。

4. 微波处理技术

微波加热技术作为一项新技术已受到各学科领域的高度重视。微波是频率为 $300\sim3\times10^5$ MHz 的一种高频电磁波(波长 $1\sim1000$mm)。依靠每秒 $3\times10^8\sim3\times10^9$ 次周期变化的微波透入物料内,使分子间频繁碰撞,产生大量摩擦热,从而使物料内各部分在同一瞬间获得热能而升温。

微波加热实质是介质材料自身损耗电磁能量发热的过程,然而并不是所有物质都具有这种损耗。

微波热效应具有其他众多加热方法无法比拟的优点:

(1)加热均匀,热效率高。

(2)节省时间。

(3)经济实惠,简单方便。

(4)选择性加热。

(5)微波是节能环保无公害型能源。

GBC006 杀菌剂的选择

（二）杀菌剂选择

根据水质和细菌的种类不同,选择不同的杀菌剂。各类杀菌剂对污水的 pH 值要求很严格,如用氯气等氧化型杀菌剂时,水的 pH 值越小越好,碱性水质不宜用氯气杀菌,季铵盐类杀菌剂要求 pH 值越高越好,往往一种杀菌剂对某一种细菌有效,如果水中含有 H_2S、Fe_2O_3 和其他还原性物质含量较高时,则氯的耗量太高且水质不稳定,一般不宜用氯气杀菌。所选择的杀菌剂要与混凝剂、阻垢剂、缓蚀剂等其他助剂有良好的配伍性,即不相互降低各自的效果,并且水质要稳定。

杀菌剂在使用一段时间后,细菌往往有抗药性,杀菌效果降低,此时应改用另一种杀菌剂,因此每一种水应筛选两种杀菌剂。一种化学药剂对某一种细菌有灭杀或抑制生长繁殖作用,对于另一种细菌可能没有影响。

总之,不管使用什么杀菌剂,都要进行杀菌试验及配伍性试验。所取水样具有代表性,当水中含菌量不高时,可取回水样在一定有利于细菌繁殖的条件下进行培养,使细菌量提高时再做筛选试验。

在投加杀菌剂时,要有投药设施和投加方式,采用季铵盐类杀菌时,由于水温高易溶解,所以最好水温控制在 40~50℃,也可在室温下,但搅拌时要加温。

在滤后水经过缓冲罐后,在外输污水处理站上应设置三个投药口,即滤罐前、缓冲罐前和缓冲罐后。缓冲罐后要经常投加药剂,缓冲罐前 1~2h 投加一次,用作杀缓冲罐内的细菌,滤罐前要不定期地投加,杀滤层的细菌。

二硫氰基甲烷杀菌剂具有毒性,会产生二次污染,所以不能用作外排污水的杀菌。

(三)污水处理过程中有毒、有害物质的防护知识

一般化学药品都具有腐蚀性和毒害性,对人体非常有害,易与其他材料发生化学反应,因此使用时要做好设备的防漏、防渗、防腐工作,同时操作人员要有安全防护措施。化学危险品品种繁多,具有各自的物理、化学性质,有不少化学物品在受热、摩擦、撞击、接触火源、日光曝晒等外来因素的影响下,会引起燃烧、爆炸、腐蚀、灼伤、中毒等灾害事故。这些化学药品按其性质、形态等大致可划分为 10 类。

第一类:爆炸物品;

第二类:氧化剂;

第三类:自燃物品;

第四类:压缩气体和液化气体;

第五类:遇水燃烧物品;

第六类:易燃固体;

第七类:易燃液体;

第八类:放射性物品;

第九类:毒害物品;

第十类:腐蚀物品。

由于化学药品具有严重的腐蚀和毒害性,因此对化学药品要采取安全措施,具体如下:

(1)化学药品的库房应设在厂区的边缘及下风向。

(2)化学药品库房由专人负责,严格执行出入库制度,严禁车辆和闲杂人员入内。

(3)库房区域严禁烟火,并设有明显标志。

(4)根据药品的性质,采取相应的安全防范措施。

(5)特别危险的物品必须单独存放,遇水发生危险的药品不得堆放在露天或易受潮湿的地方。遇热分解的物品必须存放在阴凉通风的地方,必要时采取降温措施。

（6）普通物品和材料,不应放入化学危险品库内。

（7）容器包装的药品要密闭、完好、不渗漏。

（8）对性质不稳定、易分解变质的化学药品,应定期检查。

（9）装卸、搬运易燃、易爆药品,应轻拿轻放。

（10）应设有消防通信、报警装置,并保证完好。

（11）应设有足够的消防水源和配备相应的消防、医疗设备,健全安全保卫组织。

（12）应建立安全防火责任制,确保化学危险品库房的安全。

（四）测定污水中油含量（分光光度计比色法）

> GBC008 分光光度计比色法测污水中含油量的方法

（1）连接取样阀与取样胶管,并以 5~6L/min 的流速放空,畅流 3min。用分光光度计比色法测污水中的含油量时,取含油水样时要一次完成,不能重复进行或用水样洗涤取样瓶。

（2）用细口瓶取样 100mL,盖紧瓶塞。

（3）关闭取样阀,取下取样胶管。

（4）采用分光光度计比色法测污水中的含油量时,将水样移入分液漏斗中,加 1:1 盐酸 2.5~5mL。

（5）用 50mL 汽油分数次萃取水样,每次都将洗涤细口瓶后的汽油倒入分液漏斗中并振摇 1~2min。

（6）每次萃取液收集于 50mL 的比色管中,用汽油稀释到 50mL 刻度,盖紧瓶塞并摇匀,同时用量筒测量萃取后水样体积。

（7）用汽油做空白,在分光光度计上在 430nm 波长下测光密度值,在标准曲线上查出含油量。

（8）计算水中含油量。

污水中油脂可以被汽油、石油醚、三氯甲烷等有机溶剂提取。提取液的颜色深浅度与含油量浓度呈线性关系,因此可以用比色的方法进行测定。

测定水中原油含量时,若原油的质量浓度低于 10mg/L,则采用红外法、荧光法、紫外法测定。

四、离心泵的串并联特性

> GBC009 离心式注水泵串联的运行特性
>
> GBC010 离心式注水泵并联的运行特性

（一）离心泵并联特点

（1）总流量等于两泵流量之和,即 $Q=Q_1+Q_2$。

（2）总扬程等于单台泵扬程,即 $H=H_1=H_2$。

注意:离心泵并联工作时,必须是同型号泵或扬程相近的泵。离心泵的并联可以增加供水量。两台型号相同的泵并联运行时,每台泵的流量小于一台泵单独工作时的流量。离心泵并联工作时,可以通过开停水泵的台数来调整泵站的流量。两台泵并联后,流量增大,管路阻力也增大。

（二）离心泵串联特点

（1）总流量等于各泵流量,即 $Q=Q_1=Q_2$。

（2）总扬程等于两泵扬程之和，即 $H=H_1+H_2$。

注意：串联就是将两台或两台以上的排量基本相同的泵首尾连接起来。离心泵串联工作时，必须是同型号泵或流量相近的泵。两台同型号的离心泵串联工作时，每台泵的扬程和流量也是相同的。两台泵串联工作时，要求两台泵的流量相同。串联的目的是增加压力。

五、泵效的测定

离心泵的泵效测定方法有两种：一种是热力学法（温差法）；另一种是流量法。

（一）温差法

温差法又称为热平衡法。它的原理是能量转换的原理，即液体在泵内的各种损失都转化为热能。这些热能又以液体温度升高的形式表现出来，可以用温度计测量泵出口与进口温度差来反映泵内的损失大小，即反映泵效的高低。

（二）流量法

流量法测泵效是用计量仪表求出泵的流量，然后再用电工仪表测出电动机输出功率并计算泵效。

六、电动机效率

输出功率总是小于输入功率的，这是因为电动机运行时，内部总有一定的功率损耗，这些损耗包括绕组的铜（或铝）损耗、铁芯的铁损耗以及各种其他损耗。按能量守恒定则，输入功率等于损耗功率与输出功率之和。因此，输出功率总是小于输入功率的，或者说电动机的效率是小于 1 的。当负载在额定负载的 0.7~1.0 倍范围内，效率最高，运行最经济。

（一）注水电动机效率

1. 电动机效率的概念

电动机效率是指电动机的输出功率与轴功率之比。

> GBC015　注水泵电动机的效率计算公式

> GBC016　提高电动机效率的途径

电动机从电源吸取的有功功率，称为电动机的输入功率或轴功率，用 $N_{轴}$ 表示；而电动机转轴上输出的机械功率，称为输出功率或有效功率，用 $N_{有}$ 表示。输出功率 $N_{有}$ 和输入功率 $N_{轴}$ 之比，称为效率，常用符号 η 表示。电动机效率一般根据铭牌取 0.92~0.95。选择电动机时，其功率应为泵轴功率的 1.2~1.4 倍。

2. 电动机效率的计算方法

当采用测量法时，电动机效率按式 1-2-2 计算：

$$\eta_1 = \frac{\sqrt{3}\,IU\cos\phi - P_0 - 3I^2R - K\sqrt{3}\,IU\cos\phi}{\sqrt{3}\,IU\cos\phi} \times 100\% \qquad (1-2-2)$$

式中　η_1——电动机效率，%；

　　　P_0——电动机空载功率，kW；

　　　I——电动机线电流，A；

　　　U——电动机线电压，kV；

　　　$\cos\phi$——电动机功率因数；

　　　R——电动机定子直流电阻，Ω；

K——损耗系数,随电动机杂散耗、转子铜耗功率的增大而增加;常用的 2 极 1000～2250kW 电动机的 K 值为 0.009～0.011,一般可取 0.01。

3. 提高电动机效率的主要措施

(1)合理选用电动机,采用高效节能电动机。高效电动机采用先进的制造工艺,有效地减少了电动机的各类损耗、提高了电动机的输出效率,可降低用电单耗,对于长期使用的电动机具有良好的经济效益。提高机泵效率是节能降耗的一个途径。

(2)运用新技术、新工艺和新方法,对旧电动机进行技术改造,与电动机生产厂家协作,努力减少转子和定子损耗,制作高效节能电动机。

(3)选用电动机时要使功率和负荷匹配合理,减少功率损耗。为了提高注水系统效率,在注水泵选型时,要依据注水泵及配套电动机的性能样本。

(4)逐步淘汰更新耗能大、效率低的电动机。降低电动机温升,采取有效的外冷却方式,降低温度可使定子及转子绕组阻抗降低,从而降低定子铜耗及转子铜耗,提高电动机输出功率,提高效率。不同类型的泵,产生的效率不同,其耗电量有明显的差别。

(5)采用变频及节能控制技术。通过变频器对电动机的转速、负载实施调节可使电动机工作在高效区域;节能控制技术可通过软件设定对电动机进行最小能耗控制,可通过开环、闭环控制使电动机运行过程中,根据给定的参数不断进行调节,平稳地工作在高效区域。

（二）注水管网效率

GBC017 管网效率的计算公式

GBC018 管网的压力损失

注水管网效率与注水系统效率有着密切的关系,注水管网效率的高低,体现在从注水泵出口到注水井口之间管线的压力损失的大小。如果其压力损失小,则注水管网效率就高,注水系统效率就高;反之,如果其压力损失大,则注水管网效率就低,注水系统效率也就低。注水管网效率的高低,直接影响到系统效率的大小。

1. 管网效率的概念

注水管网效率是指注水管网内有效输出功率与输入功率比值的百分数。管网系统包括枝状管网、环状管网。注水管线压力损失主要包括注水泵出口阀门节流损失、管网的阻力损失和配水间的节流损失。

(1)泵出口阀门的节流损失也就是人们常说的泵管压差。造成注水泵管压差过大的原因有:受油田开发调整方案的影响,注水井的注入量大于注水泵的流量,使管网压力降低;受生产管理的制约,注水井在开关井、洗井作业时,没有与注水站取得联系,整个注水系统内的注水泵没有进行适时调整。

(2)管网阻力损失的大小与管径的选择、管线的长度、管网附件的数量及管网的结垢程度等因素有关。注水管线的压力损失与管线长度有关。管线越长,压力损失越大,管线越短,压力损失越小。

(3)配水间引起的节流损失很大。由于各注水井所需要的注水压力不同,因此需要在配水间用阀门来调节注入水量,因而造成了配水间的节流损失。体现注水管线压力损耗的主要参数是管网压力。当管道流量大时,阻力大,压力损失大。

2. 管网效率的计算方法

将所测得的注水泵的出口压力及流量、注水井口压力及流量等参数代入管网效率计算公式,即可得注水系统的管网效率。

（1）管网效率的计算公式：

$$\eta=\frac{p_{31}q_{\mathrm{v1j}}+p_{32}q_{\mathrm{v2j}}+\cdots+p_{3n}q_{\mathrm{vnj}}}{p_{21}q_{\mathrm{v1p}}+p_{22}q_{\mathrm{v2p}}+\cdots+p_{2n}q_{\mathrm{vnp}}} \tag{1-2-3}$$

式中　p_{31}——1 号注水井注水压力，MPa；

　　　p_{32}——2 号注水井注水压力，MPa；

　　　p_{3n}——n 号注水井注水压力，MPa；

　　　p_{21}——1 号注水泵注水压力，MPa；

　　　p_{22}——2 号注水泵注水压力，MPa；

　　　p_{2n}——n 号注水泵注水压力，MPa；

　　　q_{v1j}——1 号注水井注水量，m³/d；

　　　q_{v2j}——2 号注水井注水量，m³/d；

　　　q_{vnj}——n 号注水井注水量，m³/d；

　　　q_{v1p}——1 号注水泵输水量，m³/d；

　　　q_{v2p}——2 号注水泵输水量，m³/d；

　　　q_{vnp}——n 号注水泵输水量，m³/d。

（2）管网效率的实用计算公式：

$$\eta=\frac{p}{p+\Delta p}\times\frac{q}{q+\Delta q} \tag{1-2-4}$$

式中　p——注水井口平均压力，MPa；

　　　Δp——管网及阀件节流损失，MPa；

　　　q——注水井口平均注入水量，m³/h；

　　　Δq——管网漏失水量，m³/h。

当管网漏失水量 $\Delta q=0$ 时，则公式可变为：

$$\eta_{管}=\frac{p}{p+\Delta p}\times100\% \tag{1-2-5}$$

七、注水站设计规范

GBD001　注水站地面布局设计应符合的规定

（一）站场

注水站的选址应符合下列规定：

（1）注水站的管辖范围应满足油田总体规划要求，并应符合交通、供电、供水及通信便利的要求。

（2）注水站宜设在所辖注水系统负荷中心和注水压力较高或有特定要求的地区。

（3）站址宜选在地势较高或缓坡地区，宜避开河滩、沼泽、局部低洼地或可能遭受水淹地区。对山区、丘陵及沙漠地区还应注意合理利用地形。

（4）站址应少占或不占耕地、林地，注重保护生态环境。

（5）注水站宜与变电所、水处理站及原油脱水站联合建站。

注水站平面布置应符合下列规定：

(1)站内平面布置应紧凑合理,节约用地。根据规划发展的要求,场区可留有扩建余地或在泵房内预留机泵扩建位置。

(2)冷却塔宜布置在注水站边缘,并处于全年最大频率风向的下风侧。

(3)多座储水罐成排布置时,罐中心宜在一条直线上。

(4)储水罐罐基础顶面中心标高,不宜低于注水泵房室内地坪标高。

(5)注水站与变电所合建时,应符合下列规定：

① 变电所的主控室和高压开关室应靠近注水泵房。

② 变电所应位于站场边缘。

注水站宜设置下列建(构)筑物及设施：

(1)注水泵房,内设注水泵机组、高压阀组。

(2)储水罐。

(3)辅助房间,包括配电室、值班室、化验室、维修间及库房。

(4)废水回收设施。

（二）工艺流程

GBD002 注水站工艺流程设计应符合的规定

(1)注水站工艺流程应满足来水计量、储存、升压、水量分配的要求。

(2)注水站应根据区块或层位水量、水质、压力的要求,采用混注或分质、分压注水流程。

(3)溶解氧为主要腐蚀因素的注水站宜采用密闭流程。

(4)来水稳定的小型注水设施可不设储水罐。

(5)注水泵机组的选择、运行和调速应符合下列规定：

① 选用的注水泵应符合高效节能及长周期平稳运转的要求。

② 应根据注入水水质,合理选择注水泵过流部件材质。在累计运行 10000h 内,泵效下降不应大于 1%。

③ 当注水站不设调速装置且站外高压管网未与其他注水站连通时,注水泵设计宜选择不同排量的泵型组合。

④ 离心式注水泵的运行特性应与管网总阻力特性相匹配。离心式注水泵注水的泵管压差宜控制在 0.5MPa 以下。

⑤ 可选用成熟可靠的高效大排量往复式注水泵替代中小型低效离心式注水泵。

⑥ 当往复式注水泵机组电动机配电为低压时,泵机组宜采用变频调速技术;配电为高压时,泵机组可采用其他成熟可靠的调速技术。

(6)注水站应根据注水泵机组的运行条件设置润滑油系统和冷却水系统。

（三）注水站应有的保护

GBD003 注水站应有的保护

(1)离心式注水泵、注水电动机、润滑油系统、冷却水系统,应设有运行参数监测及超限报警和连锁停机功能,并应具有下列保护功能：

① 注水泵入口压力检测、过低保护。

② 注水泵单机组润滑油供给压力检测、过低保护。

③ 注水泵轴承温度检测、超温保护。

④ 注水电动机轴承温度检测、超温保护。

⑤ 注水泵出口水温检测、超温保护。

⑥ 注水电动机定子风温检测、超温保护。

⑦ 润滑油站供油压力检测、过低保护。

⑧ 润滑油站油箱高低液位报警。

⑨ 冷却水供给压力检测、过低保护。

（2）往复式注水泵应具有下列保护功能：

① 泵入口压力检测、过低保护。

② 泵出口压力检测、超限保护。

③ 泵液力端润滑油系统的油压、温度和油箱油位的超限保护。

④ 往复式注水泵宜设喂水泵。

（四）注水泵房

（1）注水泵房的布置应符合下列规定：

① 注水泵机组的布置应满足设备的运行、维护、安装和检修的要求。

② 注水泵机组间突出部分净距应满足泵整体装拆搬运的要求。

③ 注水泵电动机非轴伸端与泵房墙壁间距离，应满足电动机转子装拆搬运的要求。

④ 室内润滑油设备、冷却水设备的布置宜与注水泵机组相协调。

⑤ 注水泵房主通道宽度不宜小于 1.5m。

⑥ 泵房地坪至屋盖底部的净高，应满足下列规定：

（a）不设桥吊的注水泵房净高不宜大于 4.2m。

（b）设有桥吊的注水泵房净高值应计算确定，不宜小于 6.0m。

⑦ 泵房通往室外的门不应少于 2 个，其中 1 个应能满足运输最大设备的要求。

⑧ 辅助房间宜设置在注水泵房一端，且应与注水泵房总体布置相协调。

⑨ 泵房与值班室相通的门、窗应按隔音门、隔音窗设计。泵房内值班室、配电室应按防噪声要求设计，并应符合现行国家标准《工业企业噪声控制设计规范》（GB/T 50087—2013）的有关规定。

（2）注水泵宜设备用泵，离心泵每运行 1~4 台时，可备用 1 台；往复泵每运行 1~3 台时，可备用 1 台。同时注入多种水质时，可共用备用泵。采用橇装形式的注水泵可不设用泵。

（3）离心泵进出水管道设计应符合下列规定：

① 泵进水管应有来水截断阀、流量计、过滤器、偏心大小头和压力表。

② 泵进水管流量计的精确度宜为 1.0 级。

③ 泵吸水管流速宜符合下列规定：

（a）直径小于 250mm 时，流速宜为 0.8~1.2m/s。

（b）直径不小于 250mm 时，流速宜为 1.0~1.5m/s。

④ 泵出水管应有排气阀、止回阀、回流阀、调节阀、出水截断阀和压力表。

⑤ 泵出水管直径不应小于泵出口直径，流速不宜大于 3.0m/s。

（4）往复泵进出水管道设计应符合下列规定：

GBD004 注水站注水泵房设计应符合的规定

① 泵进水管应有来水截断阀和压力表,宜设管道过滤器。

② 泵进水管流速不宜大于 1.0m/s。

③ 泵出水管应有压力缓冲器、安全阀、止回阀、回流阀、截断阀和压力表。

④ 泵出水管直径不应小于泵出口直径,流速不宜大于 2.0m/s。

⑤ 泵进口水管段应采取防振措施。

（5）大中型注水泵泵房内应设有起重设备,起吊质量离心泵按单泵泵体质量计,往复泵按拆卸中最重部件计,起吊设备的选用应符合下列规定:

① 起吊质量不大于 3t,可设移动吊架类的起吊行走简易吊具。

② 起吊质量大于 3t,可设桥式手动吊车。

③ 桥吊两侧行走轨道的一端应设置检修直爬梯。

（6）润滑油供给系统设置应符合下列规定:

① 满足供油、过滤、冷却、回油的要求。

② 离心泵注水站宜采用集中稀油润滑系统。

③ 往复泵注水站可采用单个机组独立的润滑系统。

④ 配有高压电动机的机组,润滑油供给系统应设置事故油箱或油罐。

⑤ 设高位油箱或油罐时,油箱或油罐高度应满足注水电动机惰走时供油压力,油箱或油罐有效容积不应小于注水电动机惰走时间内的供油量。

（7）冷却水系统设置应符合下列规定:

① 应满足计量、加药、过滤、补水、排污的要求。

② 应根据注水站所在地区情况选择闭式或开式循环冷却水流程,风沙较大地区采用闭式循环冷却水流程。

③ 冷却水计量表的精确度宜为 2.0 级。

④ 冷却水泵应设备用泵 1 台。

（8）滩海陆采油田注水站管道安装应符合现行行业标准《滩海结构物上管网设计与施工技术规范》(SY/T 4086—2012)中的有关规定。

（五）储水罐

GBD005 注水站储水罐设计应符合的规定

（1）注水站设储水罐时,应按不同水质设置水罐。当注水来水为单一水质时,宜设 2 座;为两种以上水质时,宜设 3 座。储水罐总有效容积可按注水站 4~6h 设计水量计算。

（2）滩海陆采油田注水站储水罐可设 1 座。

（3）储水罐宜采用立式拱顶罐,每座水罐应设有梯子、透光孔、通气孔、人孔、清扫孔。顶部应设封闭式护栏。

（4）注水用清水与污水严禁进入同一储水罐。当清水与污水两罐出水管相连通时,清水罐进水管口高度必须高于污水罐溢流液位 0.3m 以上。

（5）储水罐进出水管端口应在罐内两侧相对布置。

（6）储水罐应有液位检测与报警,高报警液位宜在距罐壁顶 0.5~1.0m 处,低报警液位宜在罐出水管中心上方 1.0~1.5m 处。

（7）罐间阀组设计应符合下列规定:

① 不同水质的注水来水应分别计量,计量表的精确度为 1.0 级。

② 管道低架敷设时,应设钢平台。

③ 室内设喂水泵时,应留有设备检修的通道。

(8)储存含油污水的储水罐,罐顶宜设有浮油回收设施。

(9)需密闭隔氧的储水罐,宜采用浮床(浮盘)隔氧措施。

(六)注水管道和管阀

> GBD006　注水站注水管道设计应符合的规定

1. 注水管道的设计

(1)注水干管、支干管宜采用钢管。单井支管应根据介质、参数条件、运行维护要求和敷设条件经技术经济比选后确定选用金属或非金属管道。

(2)注水工程非金属管道设计,应符合现行行业标准《非金属管道设计、施工及验收规范》(SY/T 6769.1—2010~SY/T 6769.4—2012)的有关规定。

(3)注水管道所用钢管、管道组件的选择,应根据设计压力、设计温度、介质特性经技术经济比选后确定。

(4)钢质注水管道管件的选用应符合现行行业标准的有关规定,并应选用标准件。

(5)滩海陆采油田注水管道设计应符合现行行业标准《滩海结构物上管网设计与施工技术规范》(SY/T 4086—2012)的有关规定。

2. 注水管道敷设

> GBD007　注水站注水管道敷设应符合的规定

(1)注水管道敷设应符合下列规定:

① 注水管道宜埋地敷设。通过低洼地时,敷设方式应通过技术经济对比确定,位于沼泽、季节性积水地区、沙漠和戈壁荒原地区以及山地丘陵、黄土高原沟壑地区及其他特殊地段的注水管道,可视具体情况采用埋地、管堤、地面敷设或架空敷设。

② 地上敷设的注水管道应根据当地气候条件,确定是否采取防冻保温措施。

③ 站外注水管道严禁从建(构)筑物基础下方穿过。

④ 与建(构)筑物净距不应小于5m;当特殊情况小于5m时,注水管道应采取增强保护措施。

⑤ 注水管道可沿油田专用公路路肩敷设。

⑥ 注水管道与铁路平行敷设时,管道中心距铁路用地范围边界不宜小于3m。

⑦ 注水管道沙漠地区埋地敷设时,应采取固沙措施。

⑧ 滩海地区站外管道宜沿滩涂道路的管沟敷设。当敷设在道路以外时,应采取相应的稳管措施。

⑨ 滩海陆采油田滩涂区域内的管道采用架空敷设时,管架应采用浅基础钢管架或桩基础管架,荷载计算应附加冰载荷或波浪载荷。

(2)注水管道穿、跨越铁路、公路、水渠和河流的工程设计,应符合现行国家标准《油气输送管道穿越工程设计规范》(GB 50423—2013)和《油气输送管道跨越工程设计标准》(GB/T 50459—2017)的有关规定。

(3)注水管道截断阀设置应符合下列规定:

> GBD008　注水站注水管阀设计应符合的规定

① 辖6~10口注水井或2~3个多井配水间的注水干线两端宜设截断阀。

② 滩海地区站外管道串接多个平台(井台)时,应在各平台(井台)分支处下游的干管

上设截断阀。

③ 高压管道截断阀宜地面安装。

(4)钢质注水干管、支干管在管道起点、折点、终点，以及每隔 0.5km 处宜设管道标志桩。

GBD009 注水站供配电设计应符合的规定

（七）公用工程

1. 供配电

(1)负荷分级宜符合下列规定：

① 6(10)kV 的注水站、聚合物配制站宜按二级负荷供电。

② 0.4kV 电动机的注水站、聚合物注入站、注配间、增压间宜按三级负荷供电。

(2)供电宜符合下列规定：

① 二级负荷宜采用两回线路供电。当采用两回线路供电确有困难时，在工艺上设有停电安全措施或有备用电源时，可用一回线路供电。

② 宜采用单回路单变压器供电，与油田其他站相邻布置时，也可与其他负荷共用变压器。

(3)电源应符合下列规定：

① 采用 6(10)kV 电动机的注水站宜设置 110(35)kV/6(10)kV 变电所或 6(10)kV 开闭所，该变、配电所可同时为油气田其他站负荷供电。

② 注入站场供电电压应根据电源条件、用电负荷分布情况、油田其他站场布置情况综合确定。

(4)站内变压器的选择应符合下列规定：

① 有两个电源时，宜选用两台变压器，单台容量应能满足全部二级负荷的供电。仅有一个电源时，宜选用一台变压器，变压器容量应满足全部计算负荷配电。

② 变压器单台容量不宜大于 1600kV·A。

(5)各类站场均应设置无功补偿装置，补偿后的功率因数不宜低于 0.9。

(6)滩海陆采油田配电应符合现行行业标准《滩海石油工程电气技术规范》(SY/T 4089—1995)及《滩海石油工程发电设施技术规范》(SY/T 4090—1995)的有关规定。

GBD010 注水站仪表设计应符合的规定

2. 仪表及监控

(1)油田注水工程仪表及监控设计应符合现行国家标准《油气田及管道工程计算机控制系统设计规范》(GB/T 50823—2013)和《油气田及管道工程仪表控制系统设计规范》(GB/T 50892—2013)的有关规定。

(2)容纳聚合物溶液的容器应设置用于连续指示报警的液位检测仪表及高低报警或连锁的液位开关。

(3)油田注水工程的仪表选型应符合下列规定：

① 对黏稠、易堵、腐蚀的测量介质，应选用与介质性质相适应的仪表或采取隔离措施。

② 流量仪表的信号传输宜采用串行通信方式。

③ 与聚合物接触的检测仪表、控制阀，不应使用铝、铜、铁及其他对聚合物产生降解作用的材料，宜采用不锈钢、聚四氟乙烯及其他不对聚合物产生降解作用的材料。

④ 聚合物熟化罐及储罐液位的连续检测，宜采用非接触式物位仪表、射频导纳仪表或带毛细管和远传法兰的静压式变送器。报警限值检测，可采用音叉式液位开关、超声波液位开关或其他适用于高黏度介质的液位开关。

⑤ 熟化罐或聚合物储罐进出口的控制阀,宜选蝶阀。其材质应为不锈钢或带内衬的碳钢阀。

⑥ 用于聚合物溶液调节的阀门应采用低剪切形式的阀门。

⑦ 压力仪表宜采用二线制、总线或无线压力变送器。

⑧ 聚合物水溶液的流量检测宜采用电磁流量计。

⑨ 橇装设备上的仪表设计应符合有关规定。

(4)油田注水工程的橇装或成套设备配套的控制系统应具有开放标准的通信接口。

(5)油田注水工程的仪表安装设计宜符合下列规定:

① 仪表自控阀门宜避免安装在振动场合;不可避免时,应采取耐振、抗振措施。

② 安装在高压、振动场合的压力仪表宜采用对焊或卡套式引压管安装,引压管路的设计压力的安全系数应按 4∶1 选取。引压管路应以 0.5m 的间隔加以固定。

③ 非接触式液位测量仪表户外安装时,应采取避免结霜的措施。

④ 插入式液位仪表应在容器内部做好固定。

⑤ 室外电缆敷设宜采用直埋方式;室内电缆敷设宜采用电缆桥架方式。

⑥ 仪表与工艺的接口宜采用法兰连接。

⑦ 控制室内的机柜、操作台应远离强电磁干扰。

⑧ 与电力控制柜相连的开关量信号宜采用继电器隔离。

(6)滩海陆采油田注水站仪表监控的设计应符合下列规定:

① 滩海陆采油田注水站仪表控制系统的设计和仪表及计算机控制系统的供电、供气及接地设计,应符合现行行业标准《滩海石油工程仪表与自动控制技术规范》(SY/T 0310—1996)的有关规定。

② 滩海陆采油田注水站无人驻守时,站区、厂房和泵房内应设视频、火灾监视系统;关键运行参数(包括流量、压力、浓度)应采取自动控制;重要机泵设备除应设置现场连锁保护外,还应设远程停机控制系统。

(7)滩海陆采油田注水站选用的检测仪表应考虑海洋性大气环境的影响,应满足防腐、防潮、防盐雾和防霉菌的要求。

3. 采暖与通风

> GBD011 注水站采暖设计应符合的规定

(1)站场内建筑的暖通设计,应符合现行国家标准《工业建筑供暖通风与空气调节设计规范》(GB 50019—2015)的有关规定。

(2)站场内各类房间的冬季采暖室内计算温度,宜符合表 1-2-1 的规定。

表 1-2-1　站场内各类房间的冬季采暖室内计算温度

房间名称	室温,℃
配电室	5~8
注水泵房、配水间、注配间、增压间、库房、水罐阀室、聚合物配制间、料库、加药间	5~12
维修间	10~14
值班室、化验室、更衣室	18

（3）采暖热媒宜优先采用热水，系统形式宜为同程式。

（4）对于远离集中热源的独立建筑宜采用电采暖。

（5）放置电力、自控仪表盘柜的场所，宜采用电采暖。

（6）站场内房间的通风方式及换气次数，宜符合表1-2-2的规定。

表1-2-2　站场内房间的通风方式及换气次数

厂房名称	通风要求	通风方式	换气次数
聚合物配制间、料库	排除有害气体	有组织的自然通风或机械通风或联合通风	6~8h
加药间	排除有害气体	机械通风	6~8h

（7）化验室通风应采用局部排风，应设置具有耐腐蚀性能的通风柜，通风柜的吸入速度宜为0.4~0.5m/s。

（8）放散粉尘的生产工艺过程，设备本体应采用机械除尘或静电除尘。

（9）滩海陆采油田注水站采用采暖通风达不到室内温度、湿度及洁净度的要求时，应设置空气调节装置。

4. 站场道路

GBD012　注水站站场道路设计应符合的规定

（1）站场道路的设计应满足生产管理、维修维护和消防时通车的需要。站场内道路的路面宽度，可按表1-2-3选用。每个站场可根据生产规模和交通运输的需要，全部或部分设置各类道路。注水站或注入站只设单行车道时，应设回车道。

表1-2-3　站场内道路的路面宽度

道路级别	注水站、配制站，m	注入站，m
注水站、配制站进出站路和站内主要道路	4.6	—
配制站、注水站中各单元之间的道路及注入站的进站路和站内主要道路	4	4
厂房、车间出入的道路	4	4
人行道	1.2	1

注：公路型进站路的路肩宽度宜为1.0m或1.5m，受地形限制的困难路段可减为0.5m或0.75m。

（2）进站路宜采用公路型道路，站内路宜采用城市型道路。

（3）配制站道路宜采用高级路面，注水站、注入站道路可采用次高级路面，消防路宜采用砂石路面或混凝土连锁型路面、砖路面。注水站与转油站或变电所联合建站时道路可采用高级路面。

（4）站场内道路计算行车速度宜为15km/h。进站路计算行车速度可为20km/h。

（5）站场内道路最小圆曲线半径，当行驶单辆汽车时，不应小于15m，当行驶拖挂车时，不应小于20m。纵坡不宜大于6%，竖向高差大的路段不应大于8%。相邻纵坡差不大于2%的站场内道路变坡点及厂房出入口道路可不设竖曲线。站场内道路可不设超高或加宽。交叉口路面内边缘转弯半径宜为9~12m。

（6）站场内的道路的停车视距不应小于15m，会车视距不应小于30m。

（7）配置站汽车装卸场地宜采用水泥混凝土场地，场地坡度宜为0.5%~1.0%。

5. 防腐保温及阴极保护

（1）埋地钢质管道的防腐及阴极保护设计应符合现行国家标准《钢质管道外腐蚀控制规范》（GB/T 21447—2018）和《埋地钢质管道阴极保护技术规范》GB/T 21448—2017）的有关规定。

GBD013　注水站防腐设计应符合的规定

（2）钢质立式储罐的防腐设计应符合现行行业标准《钢质储罐液体涂料内防腐层技术标准》（SY/T 0319—2012）和《钢制储罐外防腐层技术标准》（SY/T 0320—2010）的有关规定。

（3）钢质立式储罐的内外壁阴极保护设计应符合国家现行标准《钢质石油储罐防腐蚀工程技术标准》（GB/T 50393—2017）和《钢质水罐内壁阴极保护技术规范》（SY/T 6536—2012）的有关规定。

（4）钢质储罐、容器、管道及附件与聚合物水溶液相接触的表面，应选取内涂层防腐措施。

（5）储罐及管道保温应符合现行国家标准《工业设备及管道绝热工程设计规范》（GB 50264—2013）的有关规定。

（6）站场埋地管道及立式储罐宜联合采用区域性阴极保护。

（7）阴极保护区域与非保护区域之间的绝缘应符合现行国家标准《埋地钢质管道阴极保护技术规范》（GB/T 21448—2017）的有关规定，在绝缘装置处应采取防高压电涌或强电冲击保护。

（8）当储罐或站场埋地设施实施阴极保护时，与阴极保护有电连接的电力系统接地装置不应采用比碳钢电位正的接地材料。

（9）要求保温的法兰、阀门、人孔需要拆卸检修的部位，可制成金属或非金属盒式保温结构。

（10）处于直流电气化铁路、阴极保护系统及其他直流干扰源附近的管道，应按现行国家有关标准的有关规定进行直流调查测试及排流设计。

（11）当埋地管道与电气化铁路、110kV 及以上高压交流输电线路距离小于 1000m 时，应根据现行国家标准《埋地钢质管道交流干扰防护技术标准》（GB/T 50698—2011）的有关规定确定干扰防护措施。

（12）滩海陆采油田防腐工程设计应符合现行行业标准《滩海石油工程外防腐技术规范》（SY/T 4091—2016）的有关规定。

（13）滩海陆采油田保温工程设计应符合现行行业标准《滩海石油工程保温技术规范》（SY/T 4092—1995）的有关规定。

八、机械制图

GBD014　剖视图的形成

GBD015　剖视图的画法

（一）剖视图

用视图表达机件的内部结构时，图中会出现许多虚线，影响了图形的清晰性，既不利于看图，又不利于标注尺寸。为了清晰地表达它的内部结构，国家标准规定用剖视的方法来解决机件内部结构的表达问题。

1. 剖视图的形成、画法及标注

1）剖视图的形成

假想用剖切面剖开机件，将处在观察者与剖切面之间的部分移去，而将其余部分向投影面投射所得的图形，称为剖视图，简称剖视。

2）剖面符号

在剖视图中，剖切面与机件接触部分称为剖面区域。为了在剖视图上区分剖面和其他表面，应在剖面上画出剖面符号（也称剖面线），见表 1-2-4。

表 1-2-4　剖面符号（摘自 GB/T 4457.5—2013）

材料名称	剖面符号	材料名称	剖面符号
金属材料 （已有规定剖面符号者除外）		木质胶合板 （不分层数）	
非金属材料 （已有规定剖面符号者除外）		基础周围的泥土	
转子、电枢、变压器和 电抗器等的叠钢片		混凝土	
线圈绕组元件		钢筋混凝土	
型砂、填砂、粉末冶金、砂轮、 陶瓷刀片、硬质合金、刀片等		砖	
玻璃及供观察 用的其他透明材料		格网 （筛网、过滤网等）	
木材	纵断面		液体	
	横断面		

注：（1）剖面符号仅表示材料的类别，材料的名称和代号必须另行注明。

（2）叠钢片的剖面线方向应与束装叠钢片的方向一致。

（3）液面用细实线绘制。

机件的材料不相同，采用的剖面符号也不相同。画金属材料的剖面符号时，应遵守下列规定：

（1）国标规定用简明易画的平行细实线作为剖面符号，且特称为剖面线。

（2）同一机件的零件图中的剖面线，应画成间隔相等、方向相同且为与水平方向成 45°（向左、向右倾斜均可）的细实线，如图 1-2-1 所示。

3）画剖视图应注意的问题

（1）剖切机件的剖切面必须垂直于相应的投影面。

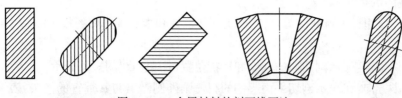

图 1-2-1　金属材料的剖面线画法

（2）画剖视图时，当机件的某一视图画成剖视图后，其他视图仍应按完整的机件画出，不应出现图 1-2-2 所示俯视图只画出一半的错误。

（3）剖切平面后方的可见轮廓线应全部画出，不能遗漏。图 1-2-2 中主视图上漏画了后一半可见轮廓线。同样，剖切平面前方已被切去部分的可见轮廓线也不应画出，图 1-2-2 中主视图多画了已剖去部分的轮廓线。

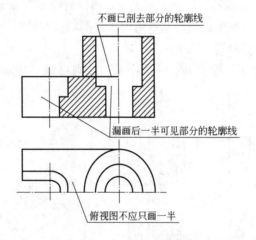

图 1-2-2　剖视图的错误画法

（4）剖视图上一般不画不可见部分的轮廓线。当需要在剖视图上表达这些结构，又能减少视图数量时，允许画出必要的虚线，如图 1-2-3 所示。

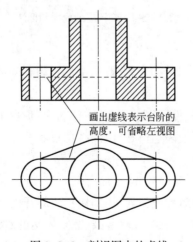

图 1-2-3　剖视图中的虚线

4）剖视图的标注

为了便于看图,在画剖视图时,应标明剖切位置和指示视图间的投影关系。剖视图有标注三要素：

（1）剖切位置：表示剖切面的起讫和转折位置（用粗实线的短画表示）。

（2）投影方向：在表示剖切平面起讫的粗短画外侧画出与其垂直的箭头,表示剖切后的投影方向。

（3）对应关系：在表示剖切平面起讫和转折位置的粗短画外侧写上相同的大写拉丁字母"×",并在相应的剖视图上方正中位置用同样的字母标注出剖视图的名称"×–×",字母一律按水平位置书写,字头朝上。

剖视图的标注方法可分为三种情况,即全标、不标和省标。

（1）全标：指上述三要素全部标出,这是基本标注规定,见图 1-2-4 中的 A–A。

（2）不标：指上述三要素均不标注。前提是必须同时满足三个条件才可以不标,即是由单一剖切面通过机件的对称平面或者基本对称平面剖切;剖视图按投影关系配置;剖视图与相应视图间没有其他图形隔开。

（3）省标：指仅满足不标条件中的后两个条件,则可以省略表示投射方向的箭头,见图 1-2-4 中的 B–B。

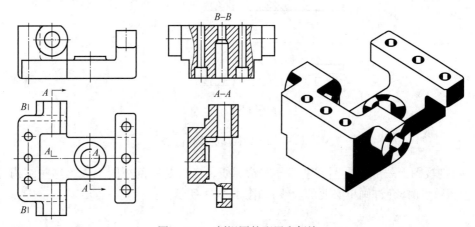

图 1-2-4　剖视图的配置和标注

2. 剖视图的种类

根剖切范围大小,剖视图可分为全剖视图、半剖视图和局部剖视图。

1）全剖视图

用剖切平面完全地剖开机件所得的剖视图,称为全剖视图。当不对称的机件的外形比较简单,或外形已在其他视图上表达清楚,内部结构形状复杂时,常采用全剖视图表达机件的内部的结构形状。

2）半剖视图

当机件具有对称平面,以对称线为界,用剖切平面剖开机件的一半所得的剖视图称为半剖视图。半剖视图适用于内外形状都比较复杂、需要表达的对称机件。

当机件的形状接近对称且不对称部分已经另有图形表达清楚时,可以画成半剖视图。

画半剖视图时应注意的问题如下：

（1）半个视图与半个剖视图的分界线应以对称中心的细点画线为界，不能画成粗实线。

（2）画对称机件的半剖视图时，机件的内部形状已经在半剖视图中表达清楚，在另一半表达外形的视图中一般不再画出细虚线。

3）局部剖视图

用剖切平面局部地剖开机件所得的剖视图称为局部剖视图。

局部剖视图主要用于当不对称机件的内、外形状均需在同一视图上兼顾表达时。

画局部剖视图应注意的问题如下：

（1）局部剖视图中，视图与剖视图部分之间应以波浪线或双折线为分界线，画波浪线时不应超出视图的轮廓线；不应与轮廓线重合或在其轮廓线的延长线上；不应穿空而过。

（2）在一个视图上，局部剖的次数不宜过多，否则会影响图形的清晰性和形体的完整性，可在较大范围内画成局部视图。

（二）零件图

1. 零件图概述

任何一台机器或部件都是由各种零件装配而成，制造机器首先要依据零件图来加工零件。零件图是制造和检验零件的重要依据。表达单个零件的结构形状、尺寸和技术要求的图样称为零件图。

2. 零件图的内容

图 1-2-5 所示是球阀中的阀芯，从图中可以看出零件图应包括以下四方面的内容。

> GBD017　零件图包含的内容

1）一组视图

用一组视图（包括视图、剖视、断面等表达方法）完整、准确、清楚、简便地表达出零件的结构形状。

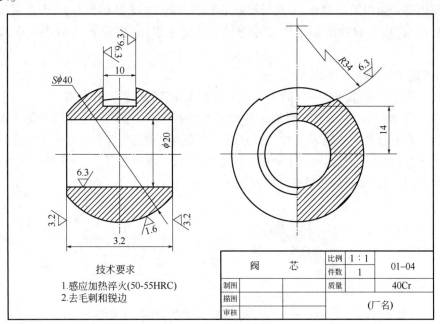

图 1-2-5　阀芯零件图

图 1-2-5 所示的阀芯，用主、左视图表达，主视图采用全剖视，左视图采用半剖视。

2）尺寸

零件图中应正确、齐全、清晰、合理地标注出表示零件各部分的形状大小和相对位置的尺寸。为零件的加工制造提供依据。

图 1-2-5 所示阀芯的主视图中标注的尺寸 $S\phi40$ 和 32 确定了阀芯的轮廓形状，中间的通孔为 $\phi20$，上部凹槽的形状和位置通过主视图中的尺寸 10 和左视图中的 $R34$、14 确定。

3）技术要求

用规定的符号、代号、标记和简要的文字将制造和检验零件时应达到的各项技术指标和要求标注出。

例如，图 1-2-5 中注出的表面粗糙度 $Ra6.3\mu m$、$Ra1.6\mu m$ 等，以及技术要求"感应加热淬火（50~55HRC）及去毛刺和锐边"。

4）标题栏

在图幅的右下角按标准格式画出标题栏，以填写零件的名称、材料、图样的编号、比例及设计、审核、批准人员的签名、日期等。

GBD018 零件图形状的表达方法

3. 零件结构形状的表达

零件图要求将零件的结构形状正确、完整、清晰地表达出来，并力求简便。要达到这些要求，首先要对零件的结构形状特点进行分析，并了解零件在机器或部件中的位置、作用及加工方法，然后灵活地选择基本视图、剖视图、断面图及其他各种表示方法。因此，合理地选择主视图和其他视图，用最少的视图、最清楚地表达零件的内外形状和结构，必须确定一个比较合理的表达方案是表示零件结构形状的关键。

1）主视图的选择

主视图是一组视图的核心，不论看图还是绘图，都从主视图开始入手，因此主视图的选择是否合理，直接影响看图和绘图是否方便。选择主视图时，应首先综合考虑以下两个方面：

（1）确定主视图中零件的安放位置。

应使主视图尽可能反映零件的主要加工位置或在机器中的工作位置。

① 零件的加工位置：是指零件在主要加工工序中的装夹位置。主视图与加工位置一致主要是为了使制造者在加工零件时看图方便。如轴、套、轮盘等零件的主要加工工序是在车床或磨床上进行的，因此，这类零件的主视图应将其轴线水平放置。如图 1-2-6 所示的轴，A 向作为主视图时，能较好地反映零件的加工位置。

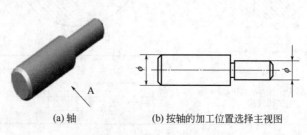

(a) 轴　　　　　　　(b) 按轴的加工位置选择主视图

图 1-2-6　轴的主视图选择

② 零件的工作位置：是指零件在机器或部件中工作时的位置。如支座、箱壳等零件，它们的结构形状比较复杂，加工工序较多，加工时的装夹位置经常变化，因此在画图时使这类零件的主视图与工作位置一致，可方便零件图与装配图直接对照。如图1-2-7所示的车床尾架体，A向作为主视图投射方向时，能较好地反映零件工作位置。

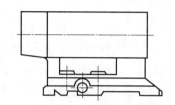

(a) 车床尾架体　　　　　　　(b) 按车床尾架体的工作位置选择主视图

图 1-2-7　车床尾架体的主视图选择

（2）确定零件主视图的投射方向。

主视图的投射方向一般应将最能反映零件结构形状和相互位置关系的方向作为主视图的投射方向。如图1-2-8所示的轴承座，分别由箭头A、B、C、D四个投射方向得到的视图如图1-2-9所示。如采用D向为主视图，虚线较多。C向与A向的视图虚实线使用情况相同，但是选用C向为主视图的话，则左视图D向会出现较多虚线，没有A向好。再比较A向与B向视图，各具特点，A所指的方向作为主视图能直接显示轴承座的结构，B向则能更明确地表达轴承座各部分轮廓特征，最终选择B向作为主视图投射方向。

2）其他视图的选择

主视图确定以后，要分析该零件在主视图上还

图 1-2-8　轴承座主视图投射方向的选择

有哪些尚未表达清楚的结构，对这些结构的表达，应以主视图为基础，选用其他视图并采用各种表达方法表达出来，使每个视图都有表达的重点，几个视图互为补充，共同完成零件结构形状的表达。在选择视图时，应优先选用基本视图和在基本视图上作适当的剖视，在充分

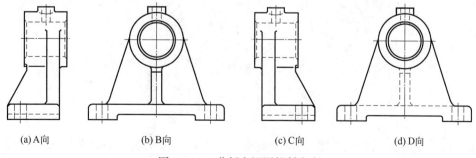

(a) A向　　　　　　(b) B向　　　　　　(c) C向　　　　　　(d) D向

图 1-2-9　分析主视图投射方向

表达清楚零件结构形状的前提下，尽量减少视图数量，力求画图和读图简便。

GBD019　零件
图尺寸标注方法

4. 零件尺寸的合理标注

零件图的尺寸是零件加工制造和检验的重要依据。在前面的内容中已详细地介绍了标注尺寸时必须满足正确、齐全、清晰的要求。在零件图中标注尺寸时，还应使标注尺寸合理。标注尺寸合理是指所标注的尺寸既要满足设计要求，又要满足加工、测量、检验等制造工艺要求。但要做到标注尺寸的合理性要求，必须具有相关的专业知识和丰富的生产实践经验。

1）合理选择尺寸基准

尺寸基准是指零件在机器中或在加工测量时用以确定其位置的一些面和线。面基准常选择零件上较大的加工面、与其他零件的接合面、零件的对称平面、重要端面和轴肩等。由于每个零件都有长宽高三个方向尺寸，因此每个方向都有一个主要尺寸基准。在同一方向上还可以有一个或几个与主要尺寸基准有尺寸联系的辅助基准。

按用途基准可分为设计基准和工艺基准。

（1）设计基准。

设计基准是以面或线来确定零件在部件中准确位置的基准。如图1-2-10所示，轴承座的底面为高度方向的尺寸基准，也是设计基准，由此标注中心孔的高度30和总高57。一根轴要用两个轴承座支撑，为了保证轴线的水平位置，两个轴孔的中心应等高。标注底板两个轴孔的定位尺寸77，以轴线作为径向（高度和宽度）尺寸的设计基准，由此标注出所有直径尺寸。

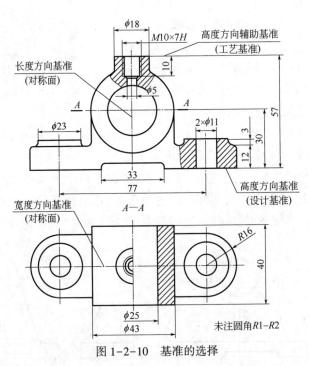

图 1-2-10　基准的选择

如图1-2-10所示的轴承座，高度方向的尺寸基准是安装面，也是最大的面；长度方向的尺寸以左右对称面为基准；宽度方向的尺寸以前后对称面为基准。线一般选择轴和孔的轴线、对称中心线等。

(2)工艺基准。

工艺基准是为便于加工和测量而选定的基准。图 1-2-10 中凸台顶面是工艺基准,再以顶面作为高度方向的辅助基准(也是工艺基准),标注顶面上螺孔的深度尺寸 10,再以轴肩作为辅助基准(工艺基准)。

2)合理标注尺寸的原则

(1)零件图上的重要尺寸必须直接注出。

GBD020　合理标注尺寸的原则

GBD021　尺寸标注常用的符号

重要尺寸是指直接影响零件在机器或部件中的工作性能和准确位置的尺寸,如零件间的配合尺寸、重要的安装尺寸、定位尺寸等。如图 1-2-11(a)所示的轴承座,轴承孔的中心高 h_1 和安装孔的间距尺寸 l_1 必须直接注出,而不应采取图 1-2-11(b)所示的主要尺寸 h_1 和 l_1 没有直接注出,要通过其他尺寸 h_2、h_3 和 l_2、l_3 间接计算得到,从而造成尺寸误差的积累。

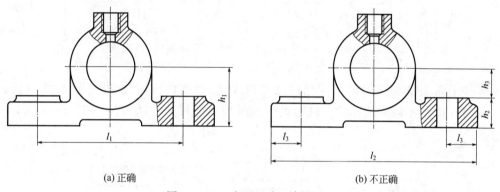

图 1-2-11　主要尺寸要直接注出

(2)避免出现封闭尺寸链。

一组首尾相连的链状尺寸称为尺寸链,如图 1-2-12(a)所示的阶梯轴上标注的长度尺寸 D、B、C。组成尺寸链的各个尺寸称为组成环,未注尺寸一环称为开口环。在标注尺寸时,应尽量避免出现图 1-2-12(b)所示标注成封闭尺寸链的情况。因为长度方向尺寸 A、B、C 首尾相连,每个组成环的尺寸在加工后都会产生误差,则尺寸 D 的误差为三个尺寸误差的总和,不能满足设计要求。所以,应选一个次要尺寸空出不注,以便所有尺寸误差积累到这一段,保证主要尺寸的精度。图 1-2-12(a)中没有标注出尺寸 A,就避免出现了标注封闭尺寸链的情况。

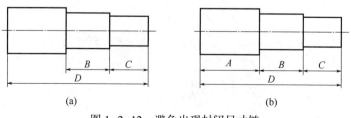

图 1-2-12　避免出现封闭尺寸链

（3）标注尺寸要便于加工和测量。

① 退刀槽和砂轮越程槽的尺寸标注。

轴套类零件上常制有退刀槽或砂轮越程槽等工艺结构，标注尺寸时应将这类结构要素的相关尺寸单独注出，并且要包括在某一段长度尺寸之内。如图 1-2-13（a）所示，图中将退刀槽这一工艺结构包括在长度 13 内，因为加工时一般应先粗车外圆到长度 13，然后再由切刀切槽，因此这种标注形式符合工艺加工要求，便于加工测量。反之，图 1-2-13（b）所示标注的则不合理。

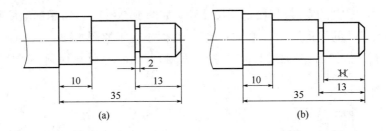

图 1-2-13　标注尺寸要便于加工测量

零件上常见结构要素的尺寸标注已经格式化，如倒角、退刀槽可按图 1-2-14（a）、图 1-2-14（b）所示的形式标注。轴套类中的越程槽的尺寸注法可按图 1-2-14（c）所示标注。

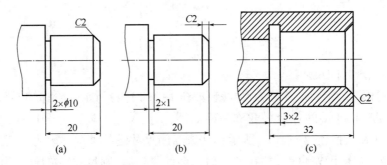

图 1-2-14　退刀槽和越程槽的尺寸标注

② 键槽深度的尺寸标注。

图 1-2-15 所示表示轴或者轮毂上键槽的深度尺寸以圆柱面素线为基准进行标注，便于测量。

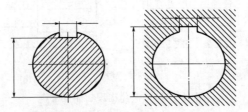

图 1-2-15　键槽深度的尺寸标注

③ 阶梯孔的尺寸标注。

如图 1-2-16 所示零件上阶梯孔的加工顺序通常是先做成小孔,再加工大孔,因此轴向尺寸的标注应从端面注出大孔的深度,以便于测量。

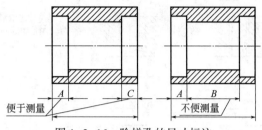

图 1-2-16　阶梯孔的尺寸标注

④ 面尺寸的标注。

毛面是指始终不进行加工的表面。标注零件上毛面尺寸时,在同一方向上,光面和毛面只能由一个尺寸联系,加工表面和非加工尺寸的标注应各自成一体,加工表面和非加工表面有且只有一个尺寸联系。如图 1-2-17(a)所示,该零件只有一个 B 为毛面与加工面之间的联系尺寸,图 1-2-17(b)中 D 尺寸则增加了加工面和毛面的联系尺寸个数,是不合理的注法。

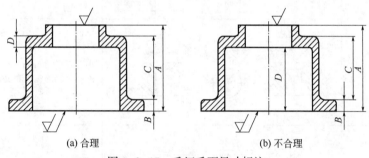

(a) 合理　　　　　　　　(b) 不合理

图 1-2-17　毛坯毛面尺寸标注

(4) 各种孔的简化注法。

零件上各种孔的尺寸,除采用普通注法外,还可采用简化注法,见表 1-2-5。标注尺寸时尽可能使用符号和缩写词,见表 1-2-6。

表 1-2-5　零件上常见孔结构要素的尺寸标注

零件结构要素		标注方法	说明
光孔	一般孔	4×φ4▽10　　4×φ4▽10　　4×φ4	光孔的深度为 10
	锥销孔	锥销孔φ5　　锥销孔φ5	锥销孔通常是在装配时两零件装在一起加工

续表

零件结构要素		标注方法	说明
螺孔	通孔	$3\times M6\text{-}7H$　$3\times M6\text{-}7H$　$3\times M6\text{-}7H$	3个均匀分布的螺孔,螺孔的公称直径为6mm
	不通孔	$3\text{-}M6\text{-}7H\,\overline{\underline{\top}}\,10$ $\overline{\underline{\top}}13$　$3\text{-}M6\text{-}7H\,\overline{\underline{\top}}10$ $\overline{\underline{\top}}13$　$3\text{-}M6\text{-}7H$ 　10　13	螺孔的深度为10,光孔的深度为13
沉孔	柱形沉孔	$4\times\phi6.4$ $\llcorner\phi12\,\overline{\underline{\top}}4.5$　$4\times\phi6.4$ $\llcorner\phi12\,\overline{\underline{\top}}4.5$　$\phi12$　4.5　$4\times\phi6.4$	小孔直径为6.4mm 大孔直径为12mm,深4.5mm
	锥形沉孔	$6\times\phi7$ $\vee\phi13\times90°$　$6\times\phi7$ $\vee\phi13\times90°$　90°　$\phi13$　$6\times\phi7$	小孔直径为6mm 锥孔大端的直径为13mm,锥角为90°
	锪平面	$4\times\phi9$ $\llcorner\phi20$　$4\times\phi9$ $\llcorner\phi20$　$\phi20$　$4\times\phi9$	小孔直径为9mm, 大孔直径为20mm,深度为1~2mm, 一般锪平到不出毛面为止

表 1-2-6　尺寸标注常用符号和缩写词

序号	符号及缩写词			序号	符号及缩写词		
	含义	现行	曾用		含义	现行	曾用
1	直径	ϕ	(未变)	9	深度	$\overline{\underline{\top}}$	深
2	半径	R	(未变)	10	沉孔或锪平	$\llcorner\lrcorner$	沉孔、锪平
3	球直径	$S\phi$	球ϕ	11	埋头孔	$\vee$	沉孔
4	球半径	$S\phi$	球R	12	弧长	⌒	(仅变注法)
5	厚度	t	厚,δ	13	斜度	∠	(未变)
6	均布	EQS	均布	14	锥镀	◁	(仅变注法)
7	45°倒角	C	$1\times45°$	15	展开长	◯	(新增)
8	正方形	□	(未变)	16	型材截面形状	GB/T 4656.1—2000	GB/T 4656—1984

3)合理标注零件尺寸的方法和步骤

标注零件尺寸之前,首先要对零件进行结构分析,了解零件的工作性能和加工测量方法,并选好尺寸基准。

齿轮轴的尺寸标注如图 1-2-18 所示。

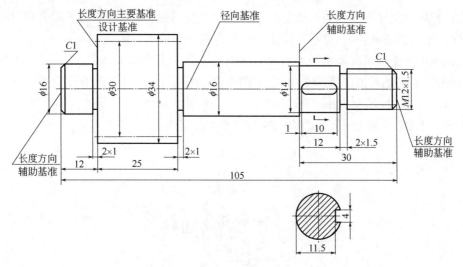

图 1-2-18　标注齿轮轴尺寸

轴是回转曲面体,其径向尺寸基准(高度和宽度方向)为回转体的轴线,由此注出轴段直径尺寸 $\phi16$、$\phi34$、$\phi16$、$\phi14$ 以及分度圆直径 $\phi30$、$M12\times1.5$ 等。齿轮左端面是长度方向主要基准,也是设计基准,25 是设计的主要尺寸,应直接注出。长度方向第一辅助基准为轴的左端面,由此注出轴的总长尺寸为 105,主要基准与辅助基准之间注出联系尺寸 12。长度方向第二辅助基准是轴的右端面,通过长度尺寸 30 得出长度方向第三辅助基准 $\phi16$ 轴段的右端面,由此注出键槽长度方向的定位尺寸 1 以及键槽长度 10。键槽的深度和宽度在断面图中注出。其他尺寸可用形体分析法来补齐。

5. 零件图上的技术要求

GBD022　零件图的技术要求

零件图中除了图形和尺寸之外,还有制造零件时应该满足的一些加工要求,一般称为"技术要求",技术要求一般用符号、代号等标记在图形上,或者用文字注写在图样的适当位置上,如表面粗糙度、尺寸公差、几何公差以及材料热处理等。

1)表面结构的图样表示法(GB/T 131—2006)

表面结构是指表面粗糙度、表面波纹度、表面缺陷、表面纹理和表面几何形状的总称。本部分内容主要介绍常用的表面粗糙度表示法。

(1)表面粗糙度的基本概念及其评定参数。

零件表面无论加工得多么光滑,将其放在放大镜或显微镜下观察,总可以看到不同程度的峰、谷凸凹不平的情况,如图 1-2-19 所示。零件表面具有的这种较小间距的峰谷所组成的微观几何形状特征,称为表面粗糙度。表面粗糙度与加工方法、使用刀具、零件材料等各种因素都有密切的关系。

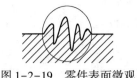

图 1-2-19　零件表面微观

表面粗糙度是评定零件表面质量的一项重要的技术指标,对于零件的配合性、耐磨性、抗腐蚀性、密封性都有影响,是零件图中必不可少的一项技术要求。

表面粗糙度常用轮廓算术平均值 Ra（单位为 μm）来作为评定参数,它是在取样长度 L 内,轮廓偏距 Y 的绝对值的算术平均值,如图 1-2-20 所示。零件表面有配合要求或有相对运动要求的表面,Ra 值要求小。Ra 值越小,表面质量就越高,加工成本也高。在满足使用要求的情况下,应尽量选用较大的 Ra 值,以降低加工成本。

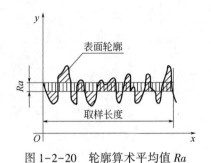

图 1-2-20　轮廓算术平均值 Ra

（2）表面粗糙度符号和代号。

标注表面结构要求时的图形符号,见表 1-2-7。

表 1-2-7　表面结构要求的图形符号

符号名称	符号	含义
基本图形符号	d'=0.35mm （d'符号线宽） H_1=5mm H_2=10.5mm	未指定工艺方法的表面,当通过一个注释解释时可单独使用
扩展图形符号		用去除材料的方法获得的表面,仅当其含义是"被加工表面"时可单独使用
		不去除材料的表面,也可用于保持上道工序形成的表面,不管这种状况是通过去除或不去除材料形成的
完整图形符号		在以上各种符号的长边上加一横线,以便于注写对表面结构的各种要求

注:表中 d'、H_1 和 H_2 的大小是当图样中尺寸数字高度选取 h=3.5mm 时,按照 GB/T 131—2006 的相关规定给定的。
　　表中 H_2 是最小值,必要时允许加大。

当图样中某个视图上构成封闭轮廓的各表面有相同的表面结构要求时,在完整图形符号上加一个圆圈,标注在封闭的轮廓线上,如图 1-2-21 所示。

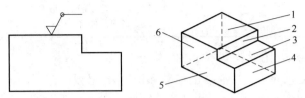

图 1-2-21　对周边有相同的表面结构要求的注法

1,2,3,4,5,6—6 个表面

在表面粗糙度符号上注写所要求的表面特征参数后,即构成表面粗糙度代号。由于 Ra 值是目前生产上最常用的一种表面粗糙度高度参数,所以在标注时可只标注高度参数的数值,省略参数前的 Ra,见表 1-2-8。常用的 Ra 值与加工方法见表 1-2-9。

表 1-2-8　表面粗糙度代号(Ra)的意义

符号	意义及说明
3.2	用任何方法获得的表面粗糙度,Ra 的上限值为 3.2μm
3.2	用去除材料的方法获得的表面粗糙度,Ra 的上限值为 3.2μm
3.2	用不去除材料的方法获得的表面粗糙度,Ra 的上限值为 3.2μm
3.2max	用去除材料的方法获得的表面粗糙度,Ra 的最大值为 3.2μm
12.5	表示所有表面具有相同的表面粗糙度,Ra 的上限值为 12.5μm

表 1-2-9　常用的表面粗糙度 Ra 值与加工方法

表面特征		示例	加工方法	适用范围
加工面	加工面	100　50　25	粗车、刨、铣、等	非接触表面:如倒角、钻孔等
	半光面	12.5　6.3　3.2	粗铰、粗磨、扩孔、精镗、精车、精铣等	精度要求不高的接触表面
	光面	1.6　0.8　0.4	铰、研、刮、精车、精磨、抛光等	高精度的重要配合表面
	最光面	0.2　0.1　0.05	研磨、镜面磨、超精磨等	重要的装饰面

表面特征	示例	加工方法	适用范围
毛坯面	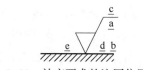	经表面清理过的铸、锻件表面、轧制件表面	不需要加工的表面

（3）表面结构要求在图形符号中的注写位置。

有关表面结构要求除了一些必要的参数和说明外，必要时应标注补充要求，包括取样长度、加工工艺、表面纹理及方向、加工余量等。这些要求在图形符号中应注写在符号所规定的位置上，如图 1-2-22 所示。

$$\frac{c}{a}$$

图 1-2-22　补充要求的注写位置(a~e)

位置 a：注写表面结构的单一要求。

位置 a 和 b：a 位置注写第一表面结构要求；b 位置注写第二表面结构要求。

位置 c：注写加工方法，如"车""磨""镀"等。

位置 d：注写表面纹理方向，如"＝""×""M"等。

位置 e：注写加工余量（单位为 mm）。

（4）表面结构代号及其注法。

① 表面粗糙度代（符）号应标注在可见轮廓线、尺寸界线、引出线或其延长线上。符号的尖端必须从材料外指向被注表面，代号中数字的方向必须与尺寸数字方向一致。对其中使用最多的代（符）号可统一标注在图样右上角，并加注"其余"两字，且高度是图形中其他代号的 1.4 倍，如图 1-2-23、图 1-2-24 所示。

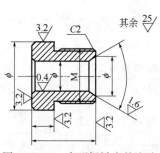

图 1-2-23　表面粗糙度的注法

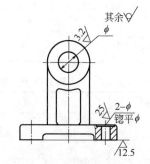

图 1-2-24　表面粗糙度的引出注法

② 在同一图样上，每一表面一般只标注一次代（符）号，并尽可能靠近有关尺寸线，除非另有说明，否则所标注的表面结构要求是对完工零件表面的要求。当位置不够时，也可用带箭头或黑点的指引线引出标注，如图 1-2-25 所示。

③ 各倾斜表面的代（符）号必须使其中心线的尖端垂直指向材料的表面并使符号的长划保持在顺（逆）时针方向旋转时一致，如图 1-2-26 所示。

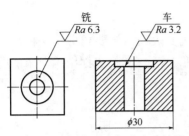

图 1-2-25 用指引线引出标注表面结构要求

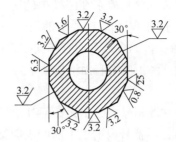

图 1-2-26 倾斜表面的表面粗糙度的注法

④ 零件上的连续表面及重复要素(孔、齿、槽等),只标注一次,如图 1-2-27 所示。

⑤ 当零件的所有表面具有相同的表面粗糙度时,其代(符)号可在图样的右上角统一标注,其符号的高度是图中其他代号的 1.4 倍,如图 1-2-28 所示。

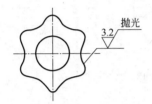

图 1-2-27 连续表面的表面粗糙度注法

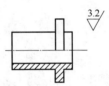

图 1-2-28 零件上所有表面粗糙度相同时的注法

⑥ 同一表面上有不同的表面粗糙度要求时,用细实线画出其分界线,注出尺寸和相应的表面粗糙度代(符)号,如图 1-2-29 所示。

⑦ 面结构要求可以标注在几何公差框格的上方,如图 1-2-30 所示。

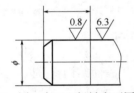

图 1-2-29 同一表面上粗糙度不同时的注法

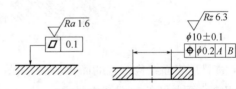

图 1-2-30 表面结构要求标注在几何公差框格的上方

⑧ 圆柱和棱柱的表面结构要求只标注一次(图 1-2-31),如果每个棱柱表面都有不同的表面结构要求,则应分别单独标注(图 1-2-32)。

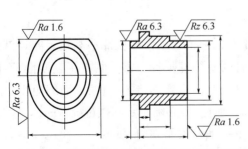

图 1-2-31 表面结构要求标注在圆柱特征的延长线上

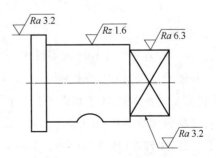

图 1-2-32 圆柱和棱柱的表面结构要求的注法

（5）表面结构要求在图样中的简化注法。

① 有相同表面结构要求的简化注法。

如果工件的多数表面有相同的表面结构要求，则其表面结构要求可统一标注在图样的标题栏附近（不同的表面结构要求应直接标注在图形中）。此时，表面结构要求的符号后面应有：

（a）在圆括号内给出无任何其他标注的基本符号，如图1-2-33（a）所示。

（b）在圆括号内给出不同的表面结构要求，如图1-2-33（b）所示。

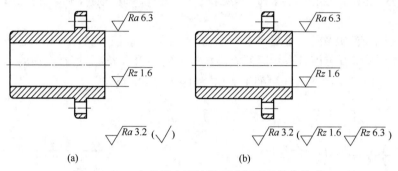

图1-2-33　大多数表面结构要求相同的简化注法

② 多个表面有共同表面结构要求的注法。

（a）用带字母的完整符号的简化注法，如图1-2-34所示。用带字母的完整符号以等式的形式，在图形或标题栏附近对有相同表面结构要求的表面进行简化标注。

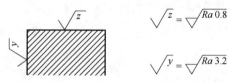

图1-2-34　在图纸空间有限时的简化注法

（b）只用表面结构符号的简化注法，如图1-2-35所示。用表面结构符号以等式的形式给出多个表面共同的表面结构要求。

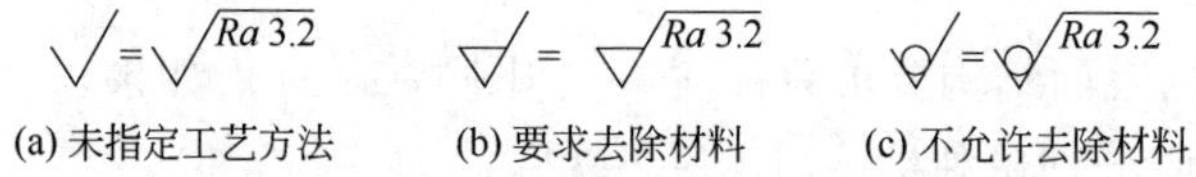

$$\sqrt{} = \sqrt{Ra\,3.2} \qquad \sqrt{} = \sqrt{Ra\,3.2} \qquad \sqrt{} = \sqrt{Ra\,3.2}$$

(a) 未指定工艺方法　　　　(b) 要求去除材料　　　　(c) 不允许去除材料

图1-2-35　多个表面结构要求的简化注法

GBD023　零件图的尺寸公差

2）极限与配合

从一批规格大小相同的零件中任取一件，不经任何挑选或修配就能顺利地装配到机器上，并能满足机器的工作性能要求，零件的这种性质称为互换性。零件具有了互换性，不仅给机器的装配和维修带来方便，而且也为大批量和专门生产创造了条件，从而缩短生产周期，提高劳动效率和经济效益。为了满足零件的互换性，就必须制定和执行统一的标注。下面介绍国家标准《极限与配合》（GB/T 1800.1~2—2009）的基本内容。

（1）尺寸公差：零件在制造过程中，由于加工或测量等因素的影响，完工后的实际尺寸总存在一定的误差。为保证零件的互换性,允许零件的实际尺寸在一个合理的范围内变动,这个尺寸的变动的范围称为尺寸公差,简称公差。下面以图1-2-36所示的圆柱孔和轴为例解释尺寸公差的有关名词。

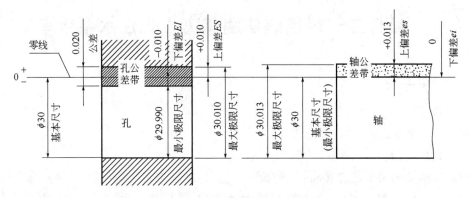

图 1-2-36　尺寸公差有关名称解释

(2)基本尺寸(公称尺寸):设计给定的尺寸,如 $\phi30$。

(3)实际尺寸:通过测量所得的尺寸。

(4)极限尺寸:允许尺寸变动的两个极限值,它以基本尺寸为基数来确定。

孔:最大极限尺寸为 30+0.010=30.010;

最小极限尺寸为 30+(-0.010)=29.990。

轴:最大极限尺寸为 30+(+0.013)=30.013;

最小极限尺寸为 30+0=30。

(5)极限偏差:极限尺寸减去基本尺寸所得的代数差,分别为上偏差和下偏差。孔的上、下偏差分别用 ES 和 EI 表示;轴的上、下偏差分别用 es 和 ei 表示。

孔:上偏差 ES=30.010-30=+0.010;

下偏差 EI=29.990-30=-0.010。

轴:上偏差 es=30.013-30=+0.013;

下偏差 ei=30-30=0。

(6)尺寸公差(简称公差):允许尺寸的变动量,即最大极限尺寸减去最小极限尺寸,或上偏差减去下偏差。尺寸公差恒为正值。

孔的公差=30.010-29.990=0.020;

或:+0.010-(-0.010)=0.020。

轴的公差=30.013-30=0.013;

或:+0.013-0=0.013。

(7)零线、公差带、公差带图:如图1-2-37所示,零线是表示基本尺寸的一条直线。零线上方为正值,下方为负值。公差带是由代表上、下偏差的两条直线所限定的一个区域。为简化起见,用公差带图表示公差带。公差带图是以放大形式画出的方框,方框的上、下两边直线

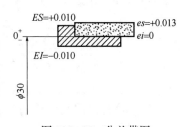

图 1-2-37　公差带图

分别表示上偏差和下偏差,方框的左右长度可根据需要任意确定。方框内画出斜线表示孔的公差带,方框内画出点表示轴的公差带。公差带由公差大小及相对零线的位置来确定。

GBC011 温差法测泵效的内容

GBC012 温差法测泵效的计算公式

项目二　用温差法测算离心式注水泵效率

一、准备工作

（一）设备

离心式注水泵机组 1 套、配套流程。

（二）材料、工具

200mm 活动扳手 1 把、250mm 活动扳手 1 把、标准压力表 2 块（精度 0.4）、标准温度计 2 支（精度 0.1）、擦布 0.02kg、生料带 1 卷、秒表 1 块、计算器 1 台、透平油 0.5kg、记录纸若干、碳素笔 1 支。

（三）人员

1 人操作,持证上岗,劳动保护用品穿戴齐全。

二、操作规程

（1）将泵的进出口压力表换上精密压力表和真空精密压力表。

（2）将标准温度计分别插入泵的进出口管线测温孔内。

（3）在泵正常运行且温度、压力、流量等参数稳定的工况下,经过 20～30min 后,同时录取进出口压力、温度等相关资料数据。

（4）将测得的数据或给定的相关数据,代入温差法计算泵效的公式,即可得到注水泵效率。

$$\eta_{\text{泵}}=\frac{\Delta p}{\Delta p+4.1868\times(\Delta T-\Delta T_{\text{s}})}\times100\% \tag{1-2-6}$$

式中　ΔT——注水泵出口、进口温差（T_2-T_1）,℃;

　　　T_1——注水泵进口水温,℃;

　　　T_2——注水泵出口水温,℃;

　　　ΔT_{s}——等熵温升修正值（查等熵温升修正值表可得）,℃;

　　　Δp——注水泵出口、进口压差（p_2-p_1）,MPa。

（5）清理操作现场,收拾工具、用具。

三、技术要求

（1）选用的精密压力表、真空压力表精度为 0.4,工作压力值应在最大量程的 1/3～2/3。

（2）温度计测温孔内应清洁干净,无脏物无堵塞,测温孔内要填满透平油。

（3）标准温度计的精度为±0.1℃,温度计插入测温孔的深度不得小于 100mm。

(4)温差法测试泵效的效率不用测试电流参数。

四、注意事项

(1)在泵正常运行且温度、压力、流量等参数稳定的工况下,进行测量。

(2)同时录取进出口压力、温度等相关资料数据。

GBC013　流量法测泵效的内容

GBC014　流量法测泵效的计算公式

项目三　用流量法测算离心式注水泵效率

一、准备工作

(一)设备

离心式注水泵机组1套、配套流程。

(二)材料、工具

200mm活动扳手1把、250mm活动扳手1把、标准压力表2块(精度0.4)、擦布0.02kg、生料带1卷、秒表1块、计算器1台、透平油0.5kg、记录纸若干、碳素笔1支。

(三)人员

1人操作,持证上岗,劳动保护用品穿戴齐全。

二、操作规程

(1)将泵的进出口换上标准压力表。

(2)电压表、电流表、流量计、压力表、电度表在检定周期内,运行灵敏可靠。

(3)在泵正常运行,且压力、流量等参数稳定的工况下,同时录取进出口压力、流量、电压、电流和电动机功率、功率因数等相关资料数据。

(4)将测量的数据或给定的相关数据,代入流量法计算泵效的公式,即可得出注水泵效。

$$\eta_{泵} = \frac{N_{有}}{N_{轴}} \times 100\% \tag{1-2-7}$$

$$N_{有} = \frac{\rho g Q H}{1000} \tag{1-2-8}$$

$$N_{轴} = \frac{\sqrt{3}\, I U \cos\phi\, \eta_{机}}{1000} \tag{1-2-9}$$

式中　ρ——液体密度,kg/m^3;

　　　g——重力加速度,m/s^2;

　　　Q——体积流量,m^3/s;

　　　H——扬程,m;

　　　$\eta_{泵}$——注水泵效,%;

　　　$N_{有}$——注水泵的有效功率,kW;

　　　$N_{轴}$——注水泵的轴功率,kW;

I——注水电动机的电流，A；

U——注水电动机电源电压，V；

$cos\phi$——功率因数（给定）；

$\eta_机$——注水电动机的效率（查表或给定），%。

（5）清理操作现场，收拾工具、用具。

三、技术要求

（1）各种测量仪器、仪表和测量工具的量程及精度等级应符合技术规范和工艺要求，校验合格，达到指示准确，灵敏可靠。

（2）选择压力表时，精度为0.4，工作压力值应在最大量程1/3~2/3；选择温度计时，精度为0.4，实际测量的温度值不超过最大刻度的90%。

（3）测量注水泵进出口压力时，安装的压力表应不渗不漏，取压阀处于全开状态，不得有节流。压力表指针若有较大波动时，应查明原因进行处理。

（4）测量注水泵进出口温度时，温度计测温孔内应清洁干净，无脏物无堵塞，并注入一定量的透平油。温度计的插入深度不得小于100mm，外露部分不超过20mm。

（5）读数要准确，应用公式和计算要正确，单位要统一。

四、注意事项

（1）在泵正常运行且温度、压力、流量等参数稳定的工况下，进行测量。

（2）要同时录取进出口压力、流量、电压、电流和电动机功率、功率因数等相关资料数据。

项目四　处理注水站紧急停电情况

一、准备工作

（一）设备

注水站工艺流程1套。

（二）材料、工具

450mm管钳1把、200mm活动扳手1把、300mm活动扳手1把、擦布0.02kg、F扳手1把、手电筒1支、试电笔1支、透平油0.5kg、记录纸或报表各1张、碳素笔1支。

（三）人员

1人操作，持证上岗，劳动保护用品穿戴齐全。

二、操作规程

（1）发现停电后应迅速关闭泵的出口阀门，防止高压水倒流使泵反转造成机泵损坏。

（2）关闭储水罐进口阀门，防止冒罐或罐内水倒流回供水系统。

（3）关闭润滑油阀门，防止润滑油系统内的油倒流回地下油箱，造成跑油。

(4)检查机组各部件有无异常,检查罐位的储存水量。

(5)及时向有关单位汇报,并与供电单位联系,了解停电原因和时间。

(6)如冬季停电时间长,要做好扫线工作。

(7)详细准确做好记录。

(8)认真检查机组,并做好启泵的准备工作。

(9)清理操作现场,收拾工具、用具。

三、注意事项

(1)发现注水站紧急停电后,要及时同供电单位取得联系,了解停电原因和时间,并向生产部门和领导汇报。

(2)处理紧急停电时,操作要果断、准确,如冬季停电时间较长时,应做好扫线工作,防止管线冻结。

(3)详细、准确做好记录,做好来电后重新启泵的各项准备工作。

项目五　测量离心式注水泵轴窜量

一、准备工作

(一)设备

离心式注水泵机组 1 台。

(二)材料、工具

0~150mm 游标卡尺(精度 0.02mm)1 把、500mm 撬杠 1 根、擦布 0.02kg、500mm F 扳手 1 把、记录单 1 张、碳素笔 1 支、石笔 1 支。

(三)人员

1 人操作,持证上岗,劳动保护用品穿戴齐全。

> GBD048　测量多级离心泵轴窜量的操作步骤

二、操作规程

(1)在联轴器的 0°和 180°位置做标记,并在泵的端盖处画参照点。

(2)用撬杠撬泵前轴套锁紧螺母处,将泵的转子移向后止点。

(3)检查、擦拭游标卡尺,校零。

(4)用游标卡尺测量两对轮间最大张口的数值,读出数值并做记录。

(5)用撬杠撬泵后轴套的锁紧螺母处,将泵的转子移到前止点,用游标卡尺测量两对轮间最小张口的数值,读出数值并做记录。用最大张口值减最小张口值所得差为第一次测得工作窜量。

(6)将联轴器按泵的旋转方向转动 180°,用上述方法复测一次。

(7)结论:两次测得的工作窜量相比,较小值为泵的工作窜量。

(8)清理操作现场,收拾工具、用具。

三、技术要求

（1）工作窜量取两次较小值。

（2）读值方法要正确。

四、注意事项

（1）使用撬杠时要注意安全。

（2）使用游标卡尺时要轻拿轻放。

（3）按泵的旋转方向转动泵轴。

项目六　测量并标注工件尺寸

一、准备工作

（一）设备

教室 1 间。

（二）材料、工具

0~150mm 游标卡尺 1 把（精度 0.02mm）、300mm 三角尺 1 套、300mm 直尺 1 把、铅笔 1 支、工件 1 个、A4 图纸 1 张。

（三）人员

1 人操作，持证上岗，劳动保护用品穿戴齐全。

二、操作规程

（1）擦净被测工件、擦净卡脚与被测工件接触表面及尺身刻度。

（2）检查游标卡尺外观有无损伤、固定螺母有无松动、主副尺零线是否对齐。

（3）测量工件外径，读值并记录，误差为±0.02mm。

（4）测量工件内径，读值并记录，误差为±0.02mm。

（5）测量工件深度，读值并记录，误差为±0.02mm。

（6）在图纸上标注工件尺寸。

（7）图面干净整洁，图线清晰。

（8）清理操作现场，收拾工具、用具。

三、技术要求

（1）测量零件尺寸时，要正确地选择基准面。基准面确定后，所有要测量的尺寸均以此为准进行测量，尽量避免尺寸的换算，减少错误。

（2）测量孔径时，采用 4 点测量法，即在零件孔的两端各测量两处。

（3）测量轴的外径时，要选择适当部位进行，以便判断零件的形状误差，对于转动部分更应注意。

四、注意事项

(1)按规定正确使用游标卡尺。

(2)标注尺寸时要正确选择标注尺寸基准,正确使用标注尺寸形式。

项目七　制作 Excel 表格

一、准备工作

(一)设备

教室 1 间。

(二)材料、工具

现场提供资料 1 份,打印纸若干,计算机 1 台,打印机 1 台。

(三)人员

1 人操作,持证上岗,劳动保护用品穿戴齐全。

二、操作规程

(1)检查机器运行状态,启动 Excel。

(2)按试题内容进行录入。

(3)按试题要求排版文档。

(4)保存、打印文件。

(5)退出 Excel。

三、技术要求

(1)会启动、关闭 Excel 程序。

(2)会设置文档页面。

四、注意事项

(1)录入时按给定的试题内容进行录入。

(2)录入完毕存指定的盘符,选择指定的打印机进行打印。

模块三　处理设备故障

项目一　相关知识

GBE001　离心式注水泵启泵后泵轴窜量过大的处理方法

一、处理机泵故障

（一）泵轴窜量过大的原因和处理方法

1. 原因

（1）定子或转子级间积累误差过大，装上平衡盘之后，没有进行适当的调整就投入运行，这是由于叶轮、挡套的尺寸精度不高或转子的组装质量不好的结果。

（2）转子反扣背帽没有拧紧，在运行中松动倒扣，使平衡盘等部件向后滑动。

（3）启泵时，平衡盘未打开，与平衡套相研磨，致使平衡盘严重磨损，窜量过大。

（4）平衡盘或平衡套材质较差，磨损较快，也会使窜量变大。

2. 处理方法

（1）提高叶轮、挡套的制造精度，提高转子组装质量，可以用缩短平衡盘前面的长度或平衡套背面加垫子的办法来调整。

（2）紧固转子背帽。

（3）检查调整平衡盘。

（4）提高平衡盘或平衡套的材质，调整平衡盘。

GBE002　离心式注水泵启泵后泵压波动的处理方法

（二）离心注水泵启泵后不出水或泵压波动的处理方法

1. 原因

（1）启泵后不出水，泵压很高，电流小，吸入压力正常。其原因是：出口阀门未打开；出口阀门闸板脱落；排出管线冻结；管压超过泵的死点扬程；泵压表、电流表指示失灵。

（2）启泵后不出水，泵压过低且泵压表指针波动。其原因是：进口阀门没打开；进口阀门闸板脱落；进口过滤器或进口管线堵塞；大罐液位过低。

（3）启泵后不出水，泵压过低，且泵压表波动大，电流小，吸入压力正常，且伴随着泵体振动、噪声大。原因是：启泵前泵内气体未放净；密封圈漏气严重；启泵时，打开出口阀门过快而造成抽空和汽蚀现象。

（4）启泵后不出水，泵压过低，电流小，吸入压力正常。其原因是泵内各部件间隙过大、磨损严重，造成级间窜水。

2. 处理方法

（1）检查出口阀门开启度，打开出口阀门；修理或更换出口阀门；汇报领导，组织人员解堵；减少同一注水干线管网的开泵台数，降低注水干线管网压力；维修泵压表、电流表。

(2)打开进口阀门,开大进口阀开启度;检修或更换进口阀门;清除进口管线及过滤器内的堵塞物;保持大罐液位。

(3)停泵,重新放净泵内空气;调整密封圈松紧度或重加密封圈;启泵时,要缓慢打开出口阀门。

(4)检修更换转子上的部件。

(三)注水泵启动后发热的原因和处理方法

GBE003　离心式注水泵启泵后泵体发热的处理方法

1. 原因

(1)整体发热,后部温度比前部略高,这是泵启动后出口阀门未打开,轴功率全部变成了热能的缘故。

(2)泵前段温度明显高于后段,这是由于启动前空气未排尽,启动时出口阀门开得过快,或大罐水位过低,泵出现抽空汽化。

(3)泵体不热,平衡机构尾盖和平衡回水管发热。这是由于平衡机构失灵或未打开,而造成平衡盘与平衡套发生严重研磨发热。

(4)密封填料处发热。原因是密封填料未加好或压得过紧;密封填料加偏;密封填料漏气,发生干磨。

2. 处理方法

(1)立即打开出口阀门,控制好泵的流量。

(2)立即停泵,控制好大罐液位,打开泵的放空阀将泵内空气排净。

(3)维修或更换平衡机构。

(4)调整密封填料松紧度或更换填料。

(四)注水泵密封填料发热的原因和处理方法

GBE004　离心式注水泵启泵后密封填料发热的处理方法

1. 原因

(1)密封填料加得过紧或压盖压得过紧。

(2)密封填料冷却水不通。

(3)水封环未加或加的位置不对,密封填料堵塞了冷却水通道。

(4)密封填料材质不好,填料压盖或水封环加偏,与轴套或背帽相摩擦。

2. 处理方法

(1)合理调整密封填料松紧度。

(2)检查打开冷却水阀门,清理冷却水管线。

(3)添加水封环。

(4)重新更换填料。

(五)离心式注水泵密封圈刺出高压水的原因和处理方法

GBE005　离心式注水泵启泵后密封填料刺高压水的处理方法

1. 原因

(1)泵后段转子上的叶轮、挡套、平衡盘、泄压套和轴套端面不平,磨损严重,造成不密封,使高压水窜入,且O形橡胶密封圈同时损坏,最后高压水从轴套中刺出。

(2)轴两端的反扣锁紧螺栓没有锁紧,或锁紧螺栓倒扣,轴向力将轴上部件的密封面拉开,造成间隙窜渗。

(3)密封圈压得过紧,密封圈与轴套摩擦发热,使轴套膨胀变形拉伸或压缩轴上部件,冷却后轴套收缩,轴上部件间产生间隙窜渗。

(4)轴套表面磨损严重,密封圈质量差、规格不合适或加入方法不对。

2. 处理方法

(1)检修或更换转子上端面磨损的部件,更换损坏的 O 形橡胶密封圈。

(2)重新上紧或更换轴两端的反扣锁紧螺栓。

(3)更换表面磨损严重的轴套、选用符合技术要求的密封圈,按正确的方法重新填加。

GBE006　离心式注水泵启泵后振动的处理方法

（六）注水泵振动的原因及处理方法

1. 原因

(1)机泵不同心或联轴器减震弹性胶圈损坏,连接螺栓松动。

(2)轴承轴瓦磨损严重,间隙过大。

(3)泵轴弯曲,转子与定子磨损。

(4)叶轮损坏或转子不平衡。

(5)平衡盘严重磨损,轴向推力过大。

(6)泵基础地脚螺栓松动。

(7)泵汽蚀抽空。

(8)泵排量控制得过大或过小。

(9)电动机振动引起泵体振动。

2. 处理方法

(1)检查调整机泵同心度,更换联轴器减震弹性胶圈,紧固联轴器连接螺栓。

(2)检修调整轴瓦间隙或更换新瓦。

(3)检修校正弯曲的泵轴。

(4)更换叶轮,进行转子的平衡试验并找平衡。

(5)研磨平衡盘磨损面或更换新盘。

(6)紧固泵基础地脚螺栓。

(7)控制好大罐液位,清除进口管线、过滤器及叶轮流道内的堵塞物,放净泵内的气体,消除汽蚀抽空。

(8)将泵控制在合理的工作点运行。

(9)单独运行电动机,处理电动机振动。

GBE007　离心式注水泵轴瓦窜油的处理方法

（七）电动机或注水泵轴瓦向外窜油的原因和处理方法

1. 原因

(1)进瓦润滑油压力过高,超过了规定值。

(2)上、下瓦紧固的螺栓松动。

(3)轴承盖石棉垫片破裂或轴承盖螺栓没有拧紧。

(4)轴瓦接触不好,间隙过大或者过小。

（5）轴瓦损坏或部分损坏。

（6）回油不畅,有堵塞现象。

（7）挡油环密封不好。

2. 处理方法

（1）调整润滑油压力。

（2）重新紧固上、下瓦紧固的螺栓。

（3）更换垫片,重新紧固轴承盖螺栓。

（4）调整轴瓦与轴间隙。

（5）更换新轴瓦。

（6）清理油管路。

（7）更换挡油密封。

（八）离心泵启泵后用异常响声原因及处理方法

1. 原因

GBE008　离心式注水泵运行中有异常响声的处理方法

（1）启泵前未放空或泵内空气未放净。

（2）叶轮、进口管线及滤网堵塞,来水不畅通,供水不足。

（3）泵进口端连接部位或密封圈密封不严、漏气。

（4）轴瓦严重磨损,间隙过大。

（5）泵的排量控制得过大或过小,引起汽蚀或憋泵。

（6）叶轮损坏,或转子不平衡引起振动。

（7）泵轴弯曲或机泵轴不同心,使转子与定子相摩擦。

（8）平衡盘严重磨损而失效,造成轴向推力过大。

（9）基础地脚螺栓固定不牢,或设计安装不合格。

（10）联轴器不规矩或连接螺栓松动,及减震胶圈损坏严重,引起不平衡和不吸振。

（11）电动机振动而引起泵振动。

（12）进出口管线支座固定不牢,管线悬空而引起振动。

（13）泵轴瓦托架松动或紧偏。

2. 处理方法

（1）首先,调整泵出口阀门开启度,合理控制泵的工作点。如果仍不能消除,必须进行停泵检查处理。

（2）打开泵出口放空阀,排净泵内空气,重新启泵。

（3）检查清除叶轮、进口管线及泵前过滤器的堵塞物。

（4）检修或更换轴瓦,并调整其间隙达到技术要求。

（5）校直泵轴或机泵,重新找同心。

（6）检修或更换平衡机构。

（7）重新调整泵轴瓦抬量达到技术要求。

（8）检查紧固连接螺栓,更换联轴器或减震胶圈。

（9）检查调整轴瓦托架紧固情况。

（10）单独运行电动机，消除振动故障。

（11）检查紧固地脚螺栓，按设计要求重新安装。

（12）检查加强管线支架。

GBE009 离心
式注水泵启动
后不出水、吸
入压力表有较
高负数的处理
方法

（九）启动后不上水、压力表无读数、吸入真空压力表有较高负压的原因及处理方法

发生这种现象是由泵吸入端阻力过大、供水不畅等原因造成的。

1. 主要原因

（1）泵进口阀门未打开或开启度不够。

（2）泵进口阀门的闸板脱落。

（3）泵前过滤器被杂物堵死。

（4）泵进口管线被杂物或淤砂堵塞。

（5）新投产试运时，泵进口阀门法兰垫没开孔。

2. 处理方法

（1）首先，全打开泵进口阀门。如果仍消除不了，应停泵，关闭进出口及储水罐出口阀门，打开泵出口放空阀门，进行泄压放空。打开泵前过滤器排污阀门，排净泵内及进口管段的存水。

（2）检修泵进口阀门。

（3）清除泵前过滤器内堵塞杂物，清洗滤网。

（4）检查、疏通、冲洗进口管线淤砂和杂物。

（5）拆卸检查进口阀门法兰垫子，进行重新开孔或更换垫子。

GBE010 离心
式注水泵启泵
后流量达不到
额定排量的处
理方法

（十）启泵后，流量达不到额定排量的原因及处理方法

1. 原因

（1）开泵数太多，来水不足。

（2）罐内积砂太多，出口管路堵塞。

（3）供水管线直径太小，阻力过大。

（4）泵前过滤器堵塞。

（5）叶轮有堵塞现象或叶轮导翼损坏。

（6）口环与叶轮、挡套、衬磨套的间隙过大。

（7）泄压套间隙过大，平衡压力过高。

（8）注水干线回压过高。

（9）流量计损坏或指示不准。

2. 处理方法

（1）调整开泵台数或更换来水管线，保证供水量。

（2）清理大罐底部和进口管线淤砂。

（3）拆洗泵前过滤器及滤网。

（4）检查处理叶轮堵塞，更换导翼。

（5）调整干线回压。

（6）检修或更换泄压套。

（7）进行三级保养作业,检修更换损坏零配件。

（8）校验或更换流量计。

（十一）离心泵不能启动或启泵后轴功率过大的原因及处理方法

1. 原因

（1）出口阀门开得太大,压力过低,排量超过铭牌规定太多,偏离工况点太多。

（2）填料压得太紧。

（3）电源电压太低,不在规定范围内。

（4）电动机与泵严重不同心,振动严重。

（5）泵内转子和定子部件摩擦严重。

（6）轴承磨损严重。

（7）平衡盘严重磨损或破裂。

（8）泄压套或平衡盘径向间隙过小,偏摆过大,运转中磨损。

（9）泵或电动机窜动量过大,轴瓦端面研磨。

（10）泵内口环等配合间隙过小或定子部分不同心。

（11）泵轴刚度太差,弯曲变形。

（12）转子抬量过高或过低,与定子摩擦严重。

2. 处理方法

（1）首先,在不停泵的情况下,调整出口阀门开启度,使泵在正常工况下运行。

（2）调整填料压盖紧固螺栓,使漏失量达到规定要求。

（3）与供电单位及生产调度联系,调整电源电压或开泵台数。

（4）如采取以上措施仍不能消除时,应停泵检查处理。

（5）检修或更换平衡盘。

（6）调整泄压套和平衡盘的径向间隙。

（7）重新进行找正、找同心。

（8）检修调整轴瓦抬量与间隙。

（9）调整电动机或泵的窜量。

（10）重新检修调整口环、叶轮的配合间隙。

（11）检查轴瓦,更换轴承。

（12）检修更换泵轴。

（13）重新找好转子抬量。

（十二）离心式注水泵启泵后轴瓦高温的原因及处理方法

1. 原因

（1）润滑油进水(润滑油呈乳白色,看窗有水珠)。

（2）润滑油加油过多或缺油,润滑油变质或油路堵塞。

（3）轴瓦磨损。

（4）机泵不同心。

（5）电动机窜轴。

（6）润滑油冷却器关闭或堵塞,造成油温过高。

GBE011　离心式注水泵不能启动或启动后轴功率过大的处理方法

GBE012　离心式注水泵启泵后轴瓦高温的处理方法

（7）润滑油温度过高。

2. 处理方法

（1）在油箱下部的排污阀进行放水,在注水电动机轴瓦放油孔进行放水,用滤油机进行过滤润滑油。

（2）补充或更换润滑油。润滑油系统压力不在规定范围内,调整润滑油泵总油压在 0.2~0.25MPa,分油压在 0.05~0.08MPa。

（3）打开轴瓦端盖,检查轴瓦磨损情况,通知维修人员刮瓦或更换。

（4）通知维修人员调整同心度。

（5）通知维修人员维修。

（6）投运冷却器,联系专业人员疏通冷却器。

（7）开大冷却水流量,降低润滑油温度。

（十三）离心式注水泵电动机不能启动的原因及处理方法

GBE013 离心式注水泵电动机不能启动的处理方法

1. 原因

（1）电源电压不在规定范围内。

（2）电动机启动按钮损坏。

（3）机泵的低油压、低水压保护动作。

（4）电动机绝缘不够。

（5）电流差动或接地保护动作。

2. 处理方法

（1）变电所与上级部门联系,调整电源电压。

（2）通知电工修复或更换电动机启动按钮。

（3）将润滑油和冷却水压力调整到规定范围。

（4）合上电动机机体加热烘干电源进线电动机加热,若还没达到要求,上报电力维修部门进行检修。

（5）上报电力维修部门进行检修。

（十四）离心式注水泵电动机运行温度过高的原因及处理方法

GBE014 离心式注水泵电动机运行温度过高的处理方法

1. 原因

（1）没有冷却水或冷却水系统不通畅。

（2）电动机运行负荷过大。

（3）电源电压过低或三相电压不平衡。

（4）周围环境温度过高。

2. 处理方法

（1）检查冷却水泵是否停运,检查冷却水管线及阀门是否畅通,检查冷却器是否堵塞。

（2）调整泵的排量,减少电动机负荷。

（3）与变电所联系调整电源三相电压。

（4）开窗通风,降低环境温度,降低电动机冷却水温度。

(十五)离心式注水泵电动机声音异常的原因及处理方法

1.原因

(1)地脚螺栓或其他连接螺栓松动。

(2)联轴器连接螺栓松动或减震胶圈磨损。

(3)润滑油油质不好或严重缺油,出现烧瓦抱轴现象。

(4)电压或电流急剧下降、升高。

(5)电动机缺相运行。

(6)联轴器与护罩相摩擦。

(7)电动机基础设计不规范。

2.处理方法

(1)紧固松动部位螺栓。

(2)检查紧固联轴器连接螺栓,检查更换联轴器减震胶圈。

(3)检查轴瓦磨损情况,更换过滤润滑油,保证油路畅通。

(4)与变电所联系,查找电压波动的原因,查找缺相的原因,并及时上报。

(5)与变电所联系,查找缺相的原因,并及时上报。

(6)停泵,处理摩擦部位。

(7)规范基础设计。

GBE015　离心式注水泵电动机声音异常的处理方法

(十六)紧急停泵的情形

当出现下列情况之一时,必须紧急停泵:

(1)由于设备运行而引起人身事故或设备着火。

(2)轴瓦温度超过规定或供油中断。

(3)机泵出现不正常的响声及剧烈振动。

(4)电动机电流突然波动±10%以上。

(5)泵出现抽空或汽蚀现象,泵压变化异常,泵段发热。

(6)电动机温度超过规定值,出现焦味或冒烟。

(7)有严重的转子移位现象。

(8)泵轴瓦进水严重,润滑油严重变色或润滑油含水过高。

(9)管压太高,泵排量很小或排不出水。

(10)泵出现严重刺水或站上注水系统管线破裂。

GBE016　离心式注水泵立即停泵的原因

(十七)柱塞泵声音异常的原因及处理方法

1.原因

(1)泵压、排量降低,并有异常振动:缸体内吸液阀片和排液阀片磨损,阀座进、排液端密封面磨损、刺伤,密封圈磨损刺穿,密封不严。

(2)储水罐液位过低,造成泵进口压力过低。

(3)进口过滤器滤网堵塞。

(4)进口阀片遇卡。

(5)泵体缸内有空气。

(6)拉杆与活塞头部的连接螺纹退出,造成柱塞敲缸(柱塞泵泵缸发出敲击声)。

GBE017　柱塞泵声音异常的处理方法

（7）排液阀片弹簧断裂（柱塞泵泵头声音异常）。

（8）十字头衬套磨损。

（9）缸体的曲轴瓦固定螺栓松动，曲轴瓦磨损严重，间隙过大。

（10）泵基础固定螺母或连接部件螺栓松动。

2. 处理方法

（1）卸开泵头，取出排液阀片和吸液阀片，进行全面检查维修，重新组装，用水试验排液阀片和吸液阀片不漏水，方可装入缸体内，然后装好泵头；更换密封圈。

（2）提高储水罐的液位。

（3）清理过滤器过滤网。

（4）更换解卡。

（5）停泵排掉空气。

（6）检查退出的拉杆螺纹与活塞头部的螺纹是否完好，更换损坏部件。

（7）打开缸体，查找到损坏的弹簧，更换损坏弹簧。

（8）更换十字头衬套。

（9）放出润滑油，打开后盖检查松动部位，紧固曲轴瓦固定螺栓或更换曲轴瓦。

（10）紧固泵基础固定螺母或连接螺栓。

| GBE018 柱塞泵高温的处理方法 |

（十八）柱塞泵高温的原因及处理方法

1. 原因

（1）润滑不良或运动部分装配不良（柱塞泵润滑油高温）。

（2）柱塞调节螺母压得太紧或密封圈装配不当（柱塞高温）。

（3）曲轴箱内润滑油不足，油使用时间太长、失效（往复泵曲轴箱温度超过70℃）。

（4）曲轴磨损。

2. 处理方法

（1）放掉润滑油，检查质量，如润滑油合格，需重新装配运动部分或更换密封圈。

（2）拆卸检查密封圈装配是否合理，调节密封圈压盖松紧程度。

（3）更换新润滑油，加到标准油量。

（4）修理或更换。

| GBE019 柱塞泵压力达不到正常值的处理方法 |

（十九）柱塞泵排出压力达不到正常值的原因和处理方法

1. 原因

（1）压力表损坏。

（2）进口滤网堵塞，进口压力下降。

（3）泵阀遇卡。

（4）溢流阀泄漏。

（5）蓄能器充气不足或胶囊损坏。

（6）泵的进排液阀、密封圈泄漏。

（7）连通阀未关闭。

（8）密封填料漏失严重。

（9）缸体内吸液阀片和排液阀片磨损，密封不严。

2. 处 理 方 法

(1)更换新压力表。

(2)清洗过滤网。

(3)更换解卡。

(4)更换溢流阀的阀杆、阀。

(5)更换胶囊或将蓄能器充足气。

(6)更换损坏的进排液阀或密封圈。

(7)关闭连通阀。

(8)检查更换密封填料。

(9)更换吸液阀片和排液阀片。

(二十)柱塞泵剧烈振动的原因及处理方法

1. 原 因

(1)进排液阀泄漏、密封圈损坏或泵体内存有气体(柱塞泵的管线振动剧烈)。

(2)泵压、排量降低,并有异常振动:缸体内吸液阀片和排液阀片磨损,密封不严。

(3)往复泵供水量不足(排水管路出现剧烈脉动)。

(4)过滤器堵塞。

(5)吸入软管直径偏小或损坏。

(6)液力端进排液阀组损坏。

(7)进往复泵水管路中有空气。

(8)泵基础固定螺母或连接部件螺栓松动。

> GBE020　柱塞泵剧烈振动的处理方法

2. 处 理 方 法

(1)研磨阀或更换失灵的进排液阀。

(2)卸开泵头,取出排液阀片和吸液阀片,进行全面检查维修,重新组装,用水试验排液阀片和吸液阀片不漏水,方可装入缸体内,然后装好泵头。

(3)加大供水量。

(4)清洗过滤器的滤网。

(5)更换吸入软管。

(6)更换进液阀组和排液阀组。

(7)排出空气。

(8)紧固泵基础固定螺母或连接部件螺栓。

二、处理辅助设备故障

> GBF001　判断润滑油进水的方法

(一)润滑油中进水的判断方法

(1)油中进水过多后在油环的拨动下,从看窗观察油液显乳白色(温度低,油中微小气泡很多时,也显乳白色);从放油孔放出来的油,可以发现油水一起流出来,如果运行时间过长,轴瓦比较热,油液就变为黄锈色或灰黑色,证明锈蚀和磨蚀较严重。

(2)强制循环的油进(含)水可以取样化验,立即得出结果。也可以在油箱下部的放油孔放油液出来看一下油中是否有水珠。

（3）润滑油进水量大，轴瓦润滑不好，温度升高。

（4）检查板框式精滤器低质滤纸，也可判断油中是否进水。

GBF002 齿轮泵打不起压力的原因

（二）油泵打不起压力的原因

（1）油箱油面低，吸不上油或吸气太多。

（2）吸油管路、法兰等处漏气严重。

（3）泵体漏气不密封。

（4）组装不合格，叶轮装反或两侧盖板间隙过大。

（5）叶轮、侧盖板磨损，间隙过大。

（6）油泵反转。

（7）回流旋塞阀门开得过大或安全阀失灵，回油量过大。

（8）出油管线穿孔或个别分油压阀门开得过大或跑油。

（9）过滤器有污物堵塞，管道不畅通。

（10）仪表损坏。

（11）油品变质严重。

GBF003 齿轮泵声音异常的原因

（三）齿轮泵声音异常的原因

（1）检查油箱油位是否过低，吸不上油。

（2）齿轮的齿向误差与齿形误差超差，会使载荷分布不均匀和传动时产生冲击，应更换高精度齿轮。

（3）齿轮泵进油管直径太小，检查流速低于 1.5m/s，也会产生振动与噪声，这时应更换成直径较大的进油管。

（4）吸油腔形成气穴现象，产生振动与噪声的原因是过滤器被脏物堵塞，或齿轮泵转速过高。这种情况应冲洗滤油器或降低转速。

（5）齿轮泵进油管中有气泡存在时，要仔细听转动部分的声音，若在连接部分加一点油，噪声变小，说明密封不好、漏气，需拧紧接头或更换密封圈接头；若在泵轴密封处或泵体泵盖接合处渗入空气，可更换油封或衬垫。

（6）电动机与油泵轴不同心，也会产生振动或噪声，要求其同轴度误差不超过 0.2mm。

项目二　判断离心式注水泵泵压突然升高或降低的原因

一、准备工作

（一）设备
离心泵配套流程 1 套。

（二）材料、工具
250mm 活动扳手 1 把、300mm 活动扳手 1 把、150mm 一字形螺钉旋具 1 把、500mm 撬杠 1 根、500mm F 扳手 1 把、擦布 0.02kg、记录纸或报表 1 张、碳素笔 1 支。

（三）人员

1 人操作,持证上岗,劳动保护用品穿戴齐全。

二、操作规程

（1）分析高压注水泵泵压突然升高或降低的原因。

（2）检查来水系统:来水管线是否畅通、来水阀门是否全开、进口阀门闸板是否脱落、进口过滤器是否堵塞。

（3）检查泵出口阀门:泵出口阀门闸板是否脱落、出口阀门开度、出口管线是否畅通。

（4）检查注水管网:检查管网压力、外网回压压力,汇报有关单位协调。

（5）清理操作现场,收拾工具、用具。

三、注意事项

（1）开关阀门平稳,侧身。

（2）启泵时,进口阀门全开。

项目三　判断处理离心式注水泵密封填料过热故障

一、准备工作

（一）设备

离心泵配套流程 1 套。

（二）材料、工具

壁纸刀 1 把、500mm F 扳手 1 把、250mm 活动扳手 1 把、300mm 活动扳手 1 把、150mm 一字形螺钉旋具 1 把、500mm 撬杠 1 根、擦布 0.02kg、150mm 钢板尺 1 把、润滑脂 0.5kg、取填料专用工具 1 把、密封填料若干。

（三）人员

1 人操作,持证上岗,劳动保护用品穿戴齐全。

二、操作规程

（1）识别密封填料过热的现象:泵密封填料函处过热、泵填料压盖过热、冷却水管过热。

（2）检查密封填料过热故障的原因:检查填料压盖的松紧度;检查填料压盖是否压偏,偏磨轴套;检查填料冷却水是否通畅;检查填料的磨损程度。

（3）排除填料过热故障:合理调整密封填料压盖松紧度,填料冒烟要松松密封填料螺栓,填料刺水要紧固螺栓。

（4）清理冷却水管路,确保冷却水通畅。

（5）重新安装填料,把新填料加入密封填料盒中,每相邻两根填料错开 90°~180°,最后一根填料开口向下,平行对称拧紧螺栓,压盖与端面平行,有调整余地,压盖压入深度不少于 5mm。

（6）清理操作现场，收拾工具、用具。

三、技术要求

（1）密封填料切口应按顺时针方向，斜度为 30°~45°，切口应齐整，无松散线头。

（2）密封填料松紧适度，压盖无偏斜，密封填料漏失量小于 30 滴/min。

四、注意事项

（1）开关阀门平稳，侧身。

（2）启泵时，进口阀门全开。

项目四 判断处理离心式注水泵温度过高故障

一、准备工作

（一）设备

离心泵配套流程 1 套。

（二）材料、工具

450mm 管钳 1 把、500mm F 扳手 1 把、250mm 活动扳手 1 把、300mm 活动扳手 1 把、150mm 一字形螺钉旋具 1 把、擦布 0.02kg、振幅仪 1 台、润滑脂 1 袋。

（三）人员

1 人操作，持证上岗，劳动保护用品穿戴齐全。

二、操作规程

（1）识别注水泵温度异常的现象：听泵的运行声音，用振幅仪检查注水泵的振动情况，轴瓦温度不超过 65℃，检查压力表的压力是否正常。

（2）分析温度异常的原因：泵运行时噪声大是发生了汽蚀；泵体温度是否超过所输送的水温；泵振动过大是地脚螺栓松动、出口管线堵塞、出口阀门开得过小；泵的各部件连接处是否有漏失；泵的平衡机构发生故障，平衡管压力是否过高、泵出口水温是否超过 45℃。

（3）排除温度过高故障：排除汽蚀，降低泵的排量、提高泵的吸入压力，紧固各地脚螺栓，紧固注水泵各连接部位，维修平衡机构。

（4）清理操作现场，收拾工具、用具。

三、技术要求

（1）轴瓦温度低于 65℃。

（2）泵体温度不超过所输送的水温。

（3）泵出口水温不超过 45℃。

四、注意事项

汽蚀严重时,立即停泵。

项目五　更换柱塞泵皮带

一、准备工作

(一)设备
柱塞泵 1 台。

(二)材料、工具
300mm 活动扳手 1 把、200mm 活动扳手 1 把、24~27mm 梅花扳手 1 把、擦布 0.02kg、皮带 1 副、1000mm 撬杠 1 根、5m 细线绳 1 根、绝缘手套 1 副。

(三)人员
1 人操作,持证上岗,劳动保护用品穿戴齐全。

二、操作规程

(1)打开连通阀门,按操作规程停泵,断开电源开关,确认无电方可操作。

(2)关闭进出口阀门,打开放空阀,悬挂"停运"标志牌。

(3)拆卸护罩,松开电动机顶丝和固定螺栓,用撬杠移动电动机使皮带松弛。

(4)摘下旧皮带。

(5)换上新皮带。

(6)用撬杠向后移动电动机,紧顶丝,检查并用细线绳调整皮带松紧度和四点一线。

(7)对角紧固电动机固定螺栓,检查皮带松紧度,安装护罩。

(8)打开进出口阀门,盘车,按操作规程启泵。

(9)关闭连通阀,挂上"运行"标志牌。

(10)清理操作现场,收拾工具、用具。

三、技术要求

(1)按泵的旋转方向盘车 3~5 圈。

(2)启泵时按要求点动启泵。

四、注意事项

(1)盘车不能手握皮带。

(2)断开、合上电源开关时,要戴绝缘手套。

(3)启泵前进出口阀门及连通阀门必须打开。

项目六　更换柱塞泵曲轴箱机油

一、准备工作

（一）设备

柱塞泵 1 台。

（二）材料、工具

300mm 活动扳手 1 把、加油桶 1 个、污油桶 1 个、机油（与泵用油要求一致，现场定）、擦布 0.5kg、柴油（现场定）、滤油纸若干、检修标志牌 1 个、绝缘手套 1 副。

（三）人员

1 人操作，持证上岗，劳动保护用品穿戴齐全。

二、操作规程

（1）打开连通阀门，按操作规程停泵，断开刀闸，确认无电方可操作。

（2）清洁加油桶，挂上检修标志牌。

（3）用擦布擦净曲轴注油口和放油孔周围的油污及杂质。

（4）打开注油口盖，再用扳手卸下放油孔丝堵，排净曲轴箱内的旧润滑油。

（5）从曲轴箱加油口注入清洗液，清洗曲轴箱，并反复用机油再冲洗。

（6）洗净曲轴箱后，拧紧放油口丝堵。

（7）擦净放油孔周围残余油滴，回收旧润滑油。

（8）核对机油标号，检查油质，新加的机油要进行过滤，用机油壶向曲轴箱内缓慢加入润滑油，油量加至油标的 1/2~2/3 为宜。

（9）用手拧紧注油口盖，并擦净周围残余油滴，摘下检修标志牌。

（10）清理操作现场，收拾工具、用具。

三、技术要求

（1）曲轴箱用机油冲洗 1~2 次。

（2）油量加至油标的 1/2~2/3 为宜。

四、注意事项

（1）更换柱塞泵曲轴箱机油时，必须停掉机泵，切断电源，确认无电后方可操作。

（2）加油时，注油口要保持清洁，防止杂质和污物带入。

（3）正确使用工具，严格按照标准操作。

（4）断开、合上电源开关时，要戴绝缘手套。

项目七 拆装柱塞泵泵阀

一、准备工作

(一)设备

3ZZ-76 柱塞泵 1 台。

(二)材料、工具

柱塞泵泵阀 1 套、取泵阀工具 1 套、300mm 活动扳手 1 把、清洗盆 1 个、清洗刷 1 个、黄油 0.01kg、橡胶密封圈 3 个、铁钩 1 把、擦布 0.02kg、放空桶 1 个、运行牌 1 个、停运牌 1 个、绝缘手套 1 副。

(三)人员

1 人操作,持证上岗,劳动保护用品穿戴齐全。

二、操作规程

(1)打开连通阀门,按操作规程停泵,断开刀闸,确认无电方可操作。

(2)关闭进出口阀门,打开放空阀,悬挂"检修"标志牌。

(3)卸顶部压盖螺栓,取下压盖,用专用工具取出阀盖、排液阀、排液阀座、支撑架、进液阀、进液阀座,并清洗干净。

(4)将新进液阀座、进液阀用专用工具放进缸体内,进液阀的孔对准进液孔,装上侧盖,对角紧固螺栓。

(5)再用专用工具将排液阀的零件依次装好,盖上顶部压盖,对角紧固各部螺栓。

(6)倒通正常流程,打开进口阀门,关闭放气阀,打开回流阀门。

(7)盘泵无卡阻,皮带轮转动灵活,合上刀闸,启泵试运。

(8)打开出口阀门,缓慢关闭回流阀,摘下检修标志牌。

(9)清理操作现场,收拾工具、用具。

三、技术要求

按操作规程启动柱塞泵。

四、注意事项

(1)正确使用工具。

(2)进出口排液阀,阀孔要对正。

(3)断开、合上电源开关时,要戴绝缘手套。

项目八　拆装齿轮泵

一、准备工作

(一)设备
齿轮泵 1 台。

(二)材料、工具
17~19mm 梅花扳手 1 把、ϕ30mm×250mm 紫铜棒 1 根、300mm 钢板尺 1 把、100mm 塞尺 1 把、0~150mm 游标卡尺（精度 0.02mm）1 把、200mm 活动扳手 1 把、150mm 三爪拉力器 1 套、70 号清洗油（汽油）3kg、50mm 毛刷 1 把、600mm×700mm 青壳纸 1 张、擦布 0.02kg。

(三)人员
1 人操作,持证上岗,劳动保护用品穿戴齐全。

二、操作规程

(1)拆泵:

① 用三爪拉力器从泵轴上取下联轴器和键。

② 用梅花扳手取下泵前后压盖螺栓,同时取下前后压盖,并保护好密封圈和轴封。

③ 取出主动齿轮和从动齿轮。

(2)清洗各零部件,并按顺序摆放在胶皮上。清洗泵盖与泵壳的端部润滑油道及轴承的润滑油槽等通道。

(3)检查泵体及齿轮有无裂纹、损伤、腐蚀等缺陷。

(4)测量各配合间隙:

① 用游标卡尺测量外壳与齿轮的径向间隙,其标准为 0.1~0.15mm。

② 用游标卡尺和深度尺测量齿轮厚度和泵壳宽度,用压铅丝法,检查泵盖与齿轮端面的轴向间隙,其标准为 0.2mm。

③ 用游标卡尺测量轴承间隙,即轴套与轴配合间隙,其标准为 0.06~0.10mm。

(5)对不合格的零部件进行修复或更换。

(6)组装:

① 将主、从动齿轮装在泵壳内。

② 在后压盖和泵壳接触面上涂润滑脂,加青壳纸垫后,将后压盖装上,并穿上螺栓,对称紧固。

③ 把键装在轴上,将联轴器装好,并用铜棒敲击到位。

④ 边紧螺栓边盘动泵轴,至转动灵活无卡阻为止。

(7)清理操作现场,收拾工具、用具。

三、技术要求

(1)外壳与齿轮的径向间隙,其标准为 0.1~0.15mm。

(2)泵盖与齿轮端面的轴向间隙,其标准为 0.2mm。

(3)轴套与轴配合间隙,其标准为 0.06~0.10mm。

四、注意事项

(1)拆卸下来的零部件,按顺序摆放好。

(2)检查各部件有无裂纹、损伤、腐蚀现象。

项目九　更换低压电动机轴承

一、准备工作

(一)设备

低压电动机 1 台。

(二)材料、工具

轴承 1 个、250mm 活动扳手 1 把、150mm 一字形螺钉旋具 1 把、0~150mm 游标卡尺(精度 0.02mm)1 把、$\phi30mm\times300mm$ 铜棒 1 根、手锤 1 把、卡簧钳 1 把、200mm 拉力器 1 个、二硫化钼 0.01kg、擦布 0.02kg、记录单 1 张、碳素笔 1 支、绝缘手套 1 副、500V 验电笔 1 只。

(三)人员

1 人操作,持证上岗,劳动保护用品穿戴齐全。

二、操作规程

(1)检查确认电动机处于断电状态。

(2)依次拆卸护罩、卡簧、风扇、轴承压盖、端盖、卡簧。

(3)用拉力器取下轴承,擦拭轴。

(4)用游标卡尺测量轴承内径 3 次,测量轴颈三次,确定符合哪种配合标准。

(5)装新轴承:

方法一:轴承和轴颈配合为过渡配合,用套管和铜棒轻轻敲击,即可装入。

方法二:轴承和轴颈配合为过盈配合,必须把轴承用铁丝拴好,放在油盆内加热后,直接套在轴上并用套管和铜棒击打到位,安装卡簧。

(6)加二硫化钼,加入量为容积的 2/3。

(7)安装端盖、风扇、卡簧、护罩。

(8)用手转动电动机,检查转动是否灵活。

(9)清理操作现场,收拾工具、用具。

三、技术要求

（1）油盆内加热轴承应加热到 80℃左右。

（2）二硫化钼应清洁，无变质，加入量为容积的 2/3。

四、注意事项

（1）装卸卡簧要用卡簧钳。

（2）拆卸轴承时，要用拉力器。

（3）断开、合上电源开关时，要戴绝缘手套。

项目十　更换法兰阀门

一、准备工作

（一）设备

模拟设备 1 套、DN50mm 阀门 1 个。

（二）材料、工具

300mm 活动扳手 1 把、250mm 活动扳手 1 把、200mm×8mm 一字形螺钉旋具 1 把、250mm 刮刀 1 把、500mm 撬杠 1 根、300mm 钢板尺 1 把、F 扳手 1 把、放空桶 1 个、DN50mm 垫片 2 块、黄油 0.05kg、擦布 0.02kg、检修标志牌 2 块。

（三）人员

1 人操作，持证上岗，劳动保护用品穿戴齐全。

二、操作规程

（1）检查流程，打开旁通阀，关闭上流阀，关闭下流阀。

（2）打开放空阀泄压，挂上检修标志牌。

（3）按技术要求卸下法兰螺栓，取下旧阀门，清理法兰面。

（4）在法兰垫子两侧抹上黄油。

（5）按工艺流程走向，正确安装阀门，将垫片按要求放入法兰内。

（6）按要求对角紧固法兰两侧螺栓，调整法兰垫片，摆正位置。

（7）将余下螺栓上紧，再用上述方法紧固另一侧法兰螺栓。

（8）关闭放空阀，打开下流阀，打开更换的阀门试压，检查各部有无渗、漏现象。

（9）开大下流阀，打开上流阀，关闭旁通阀，摘下检修标志牌。

（10）清理操作现场，收拾工具、用具。

三、技术要求

（1）垫片手柄外漏法兰 20mm。

（2）法兰垫片要对中，阀门要对中。

四、注意事项

（1）正确使用工具。

（2）开关阀门要侧身、平稳。

（3）拆卸螺栓前一定要确认无压后拆卸，严禁带压操作。

（4）对角紧固螺栓。

第二部分

技师操作技能及相关知识

模块一　管理注水泵站

项目一　相关知识

一、水质的标准

(一)注水水质的要求

注水水源必须具备水量充足、取水方便、经济合理等条件,同时还要符合下列要求:(1)性质稳定,与油层水相混时不发生反应,产生沉淀。(2)注入油层后不使黏土矿物产生水化膨胀或产生悬浮物。(3)不应携带大量悬浮物,以防堵塞注水井渗滤端面及渗流孔道。(4)对注水设备设施腐蚀性小。(5)当第一种水源水量不足,需要利用第二种水源时,必须首先进行室内配伍实验,在两种水源不发生反应,配伍性能好,对油层无伤害时,方可同时注入。

(二)水质主要控制指标

由于各油田引用或规定的注入水水质各项指标有差异,所以水质监测报告中填写数据和统计分析数据也应在所执行标准的分析方法要求范围内。重点监测来水水质指标都包括含油量、细菌含量、含铁量。

现以按《碎屑岩油藏注水水质推荐指标及分析方法》(SY/T 5329 — 2012)执行的水质监测报告结合《地表水和污水监测技术规范》(HJ/T 91—2002)、《水环境监测规范》(SL 219—2013),根据各油田污水处理工艺、产出水水性特点、处理水的难点及处理后水要达到的水质标准,要确定水质监测以下几项内容:重点监测水质指标、监测点、监测周期、监测频率。在报告中的数据填写要求如下:

(1)该方法的最低检出限:悬浮固体的含量为 0.4mg/L,含油为 2.5mg/L,Fe^{3+} 为 0.20mg/L。取样测量水中含铁量的目的是为了检测腐蚀的程度。取样测量水中含钙量的目的是为了检测形成结垢的趋势。如果发现水中 SO_4^{2-} 降低,则有可能是有 $BaSO_4$ 等沉积。检查和分析水样,最好是沿着水处理流程从水源开始,经过整个水处理系统的各个阶段直至注水井,对选定的取样点进行测量。

(2)监测结果如小于检出限时,填表时填该方法的检出限值,并在后面加"L"(如 0.001L),小于检出限的结果进行统计时,按其 1/2 值计算。在系统建成并开始注水后,要建立系统的水质监控方案,观察水处理的实际效果。

二、测算参数

(一)功率因数

在交流电路中,电压与电流之间的相位差(ϕ)的余弦称为功率因数,用符号 cosϕ 表示,在数值上,功率因数是有功功率和视在功率的比值,即 $\cos\phi = P/S$, S 为视在功率(kV·A), P 为有功功率(kW)。

功率因数的大小与电路的负荷性质有关,如白炽灯泡、电阻炉等电阻负荷的功率因数为1,一般具有电感或电容性负载的电路功率因数都小于1。功率因数是电力系统的一个重要的技术数据。功率因数是衡量电气设备效率高低的一个系数。

电感和电容不消耗有功电能,但是它们存在与电源之间交换电磁能量和电场能量,在电压正半周,它们从电源吸取电能变成磁场能(电场能),到了电压的负半周,它们又将磁场能(电场能)释放返还给电源,所以这种交换功率正负半周抵消,因此称之为"无功功率"。

如电动机,接通电源,定子线圈通电,铁芯就会形成磁场,有了磁场才有电磁感应,电动机才能工作,注水电动机的功率一般在 100~2500kW。

每种电动机系统均消耗两大功率,分别是真正的有用功及电抗性的无用功。功率因数越高,有用功率与总功率间的比率便越高,系统运行则更有效率。功率因数低,说明电路用于交变磁场转换的无功功率大,从而降低了设备的利用率,增加了线路供电损失。所以,供电部门对用电单位的功率因数有一定的标准要求。测量电动机效率时,功率因数 $\cos\phi$ 一般是查表选取或给定的。

$$\cos\phi = \frac{P}{S} \qquad (2-1-1)$$

式中　P——有功功率,kW;

　　　S——视在功率,kV·A。

在感性负载电路中,电流波形峰值在电压波形峰值之后发生。两种波形峰值的分隔可用功率因数表示。功率因数越低,则两个波形峰值分隔越大。

JBA003 注水单耗的测量

（二）注水单耗

1. 注水单耗的概念

注水单耗即注水泵的用电单耗,用单位时间内所消耗的电量除以相同时间内的注水泵所输出的水量,即为该泵的注水单耗。一般用日耗电量与日注水量的比值来表示,单位是 $(kW·h)/m^3$,也可采用温差法直接计算其注水单耗。

2. 注水单耗的测量

1)用统计方法计算注水单耗

根据各种注水生产报表得到注水系统电动机耗电量、注水泵的输出水量,分别代入注水单耗计算公式,即可得出注水单耗。

2)用测试方法测量注水单耗

(1)在注水泵机组平稳运行时,即注水电动机的电压、电流以及注水泵的压力、流量等参数稳定的工况下,同时录取电度表和流量计的读数,并开始计时,做好记录。当设定时间一到,立即同时录取电度表和流量计的读数,并终止计时,做好记录。

(2)用计时终止时刻的电度表的读数减去计时开始时的电度表的读数,即为计时时间内的耗电量。在单耗公式中,电量的取值方法是,一段时间内两次记录电表底数的差值乘以倍率。同理,用计时终止时刻的流量计的读数减去计时开始时的流量计的读数,即为计时时间内的输出量。在单耗公式中,水量的取值方法是,一段时间内两次记录水表底数的差值。

(3)将测得的耗电量与输出水量分别代入注水单耗计算公式,即可得出注水单耗。

根据耗能公式,注 $1m^3$ 水降低或升高一个大气压,就会减少或增加 0.04 度电能。

(三)注水系统效率

注水系统效率是指在油田注水地面系统范围内,有效能与输入能的比值。简单地说,就是注水系统中,电动机效率、注水泵效率、管网效率和井筒效率的综合效率。在国家企业标准中,要求一级企业的注水系统效率不小于 50%,二级企业的注水系统效率不小于 45%。注水系统中,机泵效率和管网效率的综合效率称为地面系统效率。

> JBA004 注水系统效率的计算公式

1. 计算注水系统范围内电动机的平均运行效率

(1)在注水站配电盘单泵电动机功率表上,直接录取电动机输入功率,然后将录取的电动机输入功率乘以电动机铭牌效率或实测效率,即可得出电动机的输出功率。注水系统中,电动机效率是电动机铭牌提供的。

(2)当注水站配电盘无单泵电动机功率表时,可从配电盘上录取电动机的线电流、线电压,选取适当的功率因数和电动机效率后,按电动机的输入、输出功率计算公式,计算电动机的输入和输出功率。

电动机的输入功率计算公式:

$$N_1 = \frac{\sqrt{3}\,IU\cos\phi}{1000} \qquad (2-1-2)$$

式中　N_1——电动机输入功率,kW;

　　　I——电动机线电流,A;

　　　U——电动机线电压,kV;

　　　$\cos\phi$——电动机功率因数。

电动机输出功率计算公式:

$$N_2 = N_1\eta_1 \qquad (2-1-3)$$

式中　N_2——电动机输出功率,kW;

　　　η_1——电动机效率,%。

(3)将注水系统范围内电动机的输入功率和输出功率,代入电动机平均运行效率计算公式,即可得出电动机的平均运行效率。

$$\overline{\eta_1} = \frac{N_{21}+N_{22}+\cdots+N_{2n}}{N_{11}+N_{12}+\cdots+N_{1n}} \times 100\% \qquad (2-1-4)$$

式中　$\overline{\eta_1}$——电动机平均运行效率,%;

　　　N_{11}——1 号电动机输入功率,kW;

　　　N_{12}——2 号电动机输入功率,kW;

　　　N_{1n}——n 号电动机输入功率,kW;

　　　N_{21}——1 号电动机输出功率,kW;

　　　N_{22}——2 号电动机输出功率,kW;

　　　N_{2n}——n 号电动机输出功率,kW。

2. 计算注水系统范围内注水泵的平均运行效率

(1)计算注水泵效率。采用流量法分别计算出系统内注水泵(包括柱塞泵、活塞泵、离心泵和各种增压泵）的效率。

流量法计算注水泵效率的计算公式：

$$\eta_2 = \frac{\Delta p Q_{vp}}{3.6 N_3} \times 100\% \qquad (2-1-5)$$

$$\Delta p = p_2 - p_1 \qquad (2-1-6)$$

式中　η_2——注水泵运行效率，%；

　　　N_3——注水泵运行轴功率，kW；

　　　Q_{vp}——注水泵运行流量，m^3/h；

　　　p_1——注水泵进口压力，MPa；

　　　p_2——注水泵出口压力，MPa。

（2）将注水系统范围内的注水泵效率代入注水泵平均运行效率计算公式，即可得出注水泵平均运行效率。

注水泵平均运行效率计算公式：

$$\overline{\eta_2} = \frac{N_{21}\eta_{21} + N_{22}\eta_{22} + \cdots + N_{2n}\eta_{2n}}{N_{31} + N_{32} + \cdots + N_{3n}} \times 100\% \qquad (2-1-7)$$

式中　$\overline{\eta_2}$——注水泵平均运行效率，%；

　　　N_{31}——1号注水泵运行轴功率，kW；

　　　N_{32}——2号注水泵运行轴功率，kW；

　　　N_{3n}——n号注水泵运行轴功率，kW；

　　　η_{21}——1号注水泵运行效率，%；

　　　η_{22}——2号注水泵运行效率，%；

　　　η_{2n}——n号注水泵运行效率，%。

3. 计算注水站辖区的注水系统效率

将注水电动机平均运行效率、注水泵平均运行效率和管网平均运行效率相乘，即可得出注水系统效率。

$$\eta_a = \overline{\eta_1}\ \overline{\eta_2}\ \overline{\eta_3} \qquad (2-1-8)$$

式中　η_a——注水站辖区的注水系统效率，%；

　　　$\overline{\eta_1}$——拖动注水泵的电动机平均运行效率，%；

　　　$\overline{\eta_2}$——注水泵平均运行效率，%；

　　　$\overline{\eta_3}$——注水管网平均运行效率，%。

4. 计算油田或区块内的注水系统平均效率

将油田或区块内的注水站辖区的注水系统效率，代入注水系统平均效率计算公式，即可得出油田或区块内的注水系统平均效率。

$$\eta = \frac{N_a\eta_a + N_b\eta_b + \cdots + N_n\eta_n}{N_a + N_b + \cdots + N_n} \times 100\% \qquad (2-1-9)$$

式中　η——油田或区块注水系统平均效率,%;

　　　N_a——a 站总输入功率,kW;

　　　N_b——b 站总输入功率,kW;

　　　N_n——n 站总输入功率,kW;

　　　η_a——a 站辖区的注水系统效率,%;

　　　η_b——b 站辖区的注水系统效率,%;

　　　η_n——n 站辖区的注水系统效率,%。

JBA005 提高注水系统效率的途径

5.提高注水系统效率的途径

油田注水系统是油田的耗电大户,每年耗电量占油田总用电量的 40% 左右。因此,提高注水系统效率对油田节能降耗起着非常重要的作用。注水管线的压降与管径有关,还与管线的长度成正比。提高油田注水系统效率主要有以下几种途径:

(1)合理布置注水泵站。

注水管网的压力损失主要与注水管径和注水管线长度有关。注水管径越小、长度越大,则管网压力损失越大;反之,注水管径越大、长度越小,则管网压力损失越小。因此,管线越长,压力损失越大。在设计注水站时,要根据油田开发方案,严格遵守注水设计规范要求,周密考虑,合理布局,优化设计方案,以经济合理和满足油田开发生产为目的来选择注水站站址和设计注水站规模。站址应选在注水负荷的中心,注水半径不宜过大,注水站到注水井口的压力损失应降到最低限度。

(2)合理选择注水设备。

在注水设备选型时,要依据注水泵及配套电动机的性能样本,进行认真筛选,选用低耗高效的注水泵及配套电动机。

(3)减小泵管压差。

减小泵管压差的措施:调节注水泵性能、切削叶轮直径或拆除一级叶轮,以满足不同区域对注水压力的不同需要;合理调整开泵台数,加强注水泵的运行调度;在经济上允许时,可考虑安装液力耦合器、电动机变频调速器等调速装置。

(4)降低管网压力损失。

增建复线或换大口径注水管线;清洗结垢严重的注水管线;调整注水泵站布局,缩小注水泵站管辖范围和注水半径;当不同油层所需要的注水压力相差较大时,可采取两套系统进行注水;当注水干线末端个别注水井所需注水压力较高,而注水井口回压又不能满足注水压力要求时,可采取在注水井口安装螺杆泵等增压泵进行局部增压的措施,以满足一口或多口注水井对注水压力的要求等。

三、AutoCAD 2012 教程

(一)AutoCAD 2012 基础知识

1. 安装、启动 AutoCAD 2012

1)安装 AutoCAD 2012

AutoCAD 2012 软件以光盘形式提供,光盘中有名为 SETUP. EXE 的安装文件。执行 SETUP. EXE 文件,根据弹出的窗口选择、操作即可。

2）启动 AutoCAD 2012

安装 AutoCAD 2012 后，系统会自动在 Windows 桌面上生成对应的快捷方式。双击该快捷方式，即可启动 AutoCAD 2012。与启动其他应用程序一样，也可以通过 Windows 资源管理器、Windows 任务栏按钮等启动 AutoCAD 2012。

> JBB001　Auto CAD 2012中工作界面包含的内容

2. AutoCAD 2012 经典工作界面

AutoCAD 2012 的经典工作界面由标题栏、菜单栏、各种工具栏、绘图窗口、光标、命令窗口、状态栏、坐标系图标、模型/布局选项卡和菜单浏览器等组成，如图 2-1-1 所示。

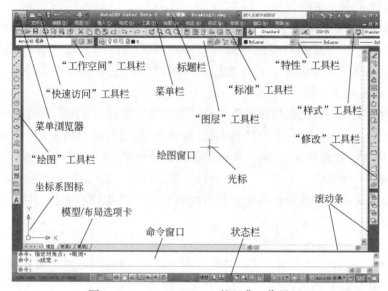

图 2-1-1　AutoCAD 2012 的经典工作界面

1）标题栏

标题栏与其他 Windows 应用程序类似，用于显示 AutoCAD 2012 的程序图标以及当前所操作图形文件的名称。

2）菜单栏

菜单栏是主菜单，可利用其执行 AutoCAD 的大部分命令。单击菜单栏中的某一项，会弹出相应的下拉菜单。

3）工具栏

AutoCAD 2012 提供了 40 多个工具栏，每一个工具栏上均有一些形象化的按钮。单击某一按钮，可以启动 AutoCAD 的对应命令。

用户可以根据需要打开或关闭任一个工具栏。方法是：在已有工具栏上右击，AutoCAD 弹出工具栏快捷菜单，通过其可实现工具栏的打开与关闭。

此外，通过选择与下拉菜单"工具""工具栏""AutoCAD"对应的子菜单命令，也可以打开 AutoCAD 的各工具栏。

4）绘图窗口

绘图窗口类似于手工绘图时的图纸，是用户用 AutoCAD 2012 绘图并显示所绘图形的区域。

5) 光标

当光标位于 AutoCAD 的绘图窗口时为十字形状,所以又称其为十字光标。十字线的交点为光标的当前位置。AutoCAD 的光标用于绘图、选择对象等操作。

6) 坐标系图标

坐标系图标通常位于绘图窗口的左下角,表示当前绘图所使用的坐标系的形式以及坐标方向等。AutoCAD 提供有世界坐标系(World Coordinate System,WCS)和用户坐标系(User Coordinate System,UCS)两种坐标系。世界坐标系为默认坐标系。

7) 命令窗口

命令窗口是 AutoCAD 显示用户从键盘键入的命令和显示 AutoCAD 提示信息的地方。默认时,AutoCAD 在命令窗口保留最后三行所执行的命令或提示信息。用户可以通过拖动窗口边框的方式改变命令窗口的大小,使其显示多于 3 行或少于 3 行的信息。

8) 状态栏

状态栏用于显示或设置当前的绘图状态。状态栏上位于左侧的一组数字反映当前光标的坐标,其余按钮从左到右分别表示当前是否启用了捕捉模式、栅格显示、正交模式、极轴追踪、对象捕捉、对象捕捉追踪、动态 UCS(用鼠标左键双击,可打开或关闭)、动态输入等功能以及是否显示线宽、当前的绘图空间等信息。

9) 模型/布局选项卡

模型/布局选项卡用于实现模型空间与图纸空间的切换。

10) 滚动条

利用水平和垂直滚动条,可以使图纸沿水平或垂直方向移动,即平移绘图窗口中显示的内容。

11) 菜单浏览器

单击菜单浏览器,AutoCAD 会将浏览器展开。

用户可通过菜单浏览器执行相应的操作。

3. AutoCAD 命令

(1) 执行 AutoCAD 命令的方式:

① 通过键盘输入命令;

② 通过菜单执行命令;

③ 通过工具栏执行命令。

(2) 重复执行命令。具体方法如下:

① 按键盘上的 Enter 键或按 Space 键;

② 使光标位于绘图窗口,右击,AutoCAD 弹出快捷菜单,并在菜单的第一行显示出重复执行上一次所执行的命令,选择此命令即可重复执行对应的命令。

在命令的执行过程中,用户可以通过按 Esc 键;或右击,从弹出的快捷菜单中选择"取消"命令的方式终止 AutoCAD 命令的执行。

4. 图形文件管理

1) 创建新图形

单击"标准"工具栏上的(新建)按钮,或选择"文件""新建"命令,即执行 NEW 命

JBB002　Auto CAD 2012中图形文件的管理方法

令,AutoCAD 弹出"选择样板"对话框。通过此对话框选择对应的样板后(初学者一般选择样板文件 acadiso. dwt 即可),单击"打开"按钮,就会以对应的样板为模板建立一个新图形,也就是新建了一个 ＊. dwg 格式的文件。

2)打开图形

单击"标准"工具栏上的(打开)按钮,或选择"文件""打开"命令,即执行 OPEN 命令,AutoCAD 弹出与前面的图类似的"选择文件"对话框,可通过此对话框确定要打开的文件并打开它。

3)保存图形

(1)用 QSAVE 命令保存图形。

单击"标准"工具栏上的(保存)按钮,或选择"文件""保存"命令,即执行 QSAVE 命令,如果当前图形没有命名保存过,AutoCAD 会弹出"图形另存为"对话框。通过该对话框指定文件的保存位置及名称后,单击"保存"按钮,即可实现保存。

如果执行 QSAVE 命令前已对当前绘制的图形命名保存过,那么执行 QSAVE 后,Auto-CAD 直接以原文件名保存图形,不再要求用户指定文件的保存位置和文件名。

(2)换名存盘。

换名存盘是指将当前绘制的图形以新文件名存盘。执行 SAVEAS 命令,AutoCAD 弹出"图形另存为"对话框,要求用户确定文件的保存位置及文件名,用户响应即可。

5. 确定点

1)绝对坐标

(1)直角坐标。

直角坐标用点的 x、y、z 坐标值表示该点,且各坐标值之间要用逗号隔开。

(2)极坐标。

极坐标用于表示二维点,其表示方法为:距离<角度。

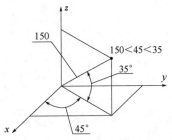

图 2-1-2　AutoCAD 2012 球坐标

(3)球坐标。

球坐标用于确定三维空间的点,它用三个参数表示一个点,即点与坐标系原点的距离 L;坐标系原点与空间点的连线在 xy 面上的投影与 x 轴正方向的夹角(简称在 xy 面内与 x 轴的夹角);坐标系原点与空间点的连线同 xy 面的夹角(简称与 xy 面的夹角),各参数之间用符号"<"隔开,即"$L<\ \ <\ \ $"。例如,150<45<35 表示一个点的球坐标,各参数的含义如图 2-1-2 所示。

(4)柱坐标。

柱坐标也是通过三个参数描述一点:即该点在 xy 面上的投影与当前坐标系原点的距离;坐标系原点与该点的连线在 xy 面上的投影同 x 轴正方向的夹角;以及该点的 z 坐标值。距离与角度之间要用符号"<"隔开,而角度与 z 坐标值之间要用逗号隔开,即"<,z"。例如,100<45,85 表示一个点的柱坐标。

2)相对坐标

相对坐标是指相对于前一坐标点的坐标。相对坐标也有直接坐标、极坐标、球坐标和柱坐标四种形式,其输入格式与绝对坐标相同,但要在输入的坐标前加前缀"@"。

6.绘图基本设置与操作

1)设置图形界限

设置图形界限类似于手工绘图时选择绘图图纸的大小,但具有更大的灵活性。选择"格式""图形界限"命令,即执行 LIMITS 命令,AutoCAD 提示:指定左下角点或[开(ON)/关(OFF)]<0.0000,0.0000>:(指定图形界限的左下角位置,直接按 Enter 键或 Space 键采用默认值)。

指定右上角点:(指定图形界限的右上角位置)。

2)设置绘图单位格式

设置绘图的长度单位、角度单位的格式以及它们的精度。

选择"格式""单位"命令,即执行 UNITS 命令,AutoCAD 弹出"图形单位"对话框。对话框中,"长度"选项组确定长度单位与精度;"角度"选项组确定角度单位与精度;还可以确定角度正方向、零度方向以及插入单位等。

3)系统变量

可以通过 AutoCAD 的系统变量控制 AutoCAD 的某些功能和工作环境。AutoCAD 的每一个系统变量有其对应的数据类型,例如整数、实数、字符串和开关类型等(开关类型变量有 On(开)或 Off(关)两个值,这两个值也可以分别用 1、0 表示)。用户可以根据需要浏览、更改系统变量的值(如果允许更改的话)。浏览、更改系统变量值的方法通常是:在命令窗口中,在"命令:"提示后输入系统变量的名称后按 Enter 键或 Space 键,AutoCAD 显示出系统变量的当前值,此时用户可根据需要输入新值(如果允许设置新值的话)。

4)绘图窗口与文本窗口的切换

使用 AutoCAD 绘图时,有时需要切换到文本窗口,以观看相关的文字信息;而有时当执行某一命令后,AutoCAD 会自动切换到文本窗口,此时又需要再转换到绘图窗口。利用功能键 F2 可实现上述切换。此外,利用 TEXTSCR 命令和 GRAPHSCR 命令也可以分别实现绘图窗口向文本窗口切换以及文本窗口向绘图窗口切换。

7.帮助

AutoCAD 2012 提供了强大的帮助功能,用户在绘图或开发过程中可以随时通过该功能得到相应的帮助。选择"帮助"菜单中的"帮助"命令,AutoCAD 弹出"帮助"窗口,用户可以通过此窗口得到相关的帮助信息,或浏览 AutoCAD 2012 的全部命令与系统变量等。选择"帮助"菜单中的"新功能专题研习"命令,AutoCAD 会打开"新功能专题研习"窗口。通过该窗口用户可以详细了解 AutoCAD 2012 的新增功能。

(二)绘制基本二维图形

1.绘制线

1)绘制直线

根据指定的端点绘制一系列直线段。命令:LINE。

单击"绘图"工具栏上的(直线)按钮,或选择"绘图""直线"命令,即执行 LINE 命令,AutoCAD 提示:第一点:(确定直线段的起始点);指定下一点或[放弃(U)]:(确定直线段的

JBB003 Auto CAD 2012中绘图格式的设置

JBB004 Auto CAD中绘制直线的方法

另一端点位置，或执行"放弃（U）"选项重新确定起始点）；指定下一点或[放弃（U）]:（可直接按 Enter 键或 Space 键结束命令，或确定直线段的另一端点位置，或执行"放弃（U）"选项取消前一次操作）；指定下一点或[闭合（C）/放弃（U）]:（可直接按 Enter 键或 Space 键结束命令，或确定直线段的另一端点位置，或执行"放弃（U）"选项取消前一次操作，或执行"闭合（C）"选项创建封闭多边形）；指定下一点或[闭合（C）/放弃（U）]:↙（也可以继续确定端点位置、执行"放弃（U）"选项、执行"闭合（C）"选项）。

执行结果：AutoCAD 绘制出连接相邻点的一系列直线段。

用 LINE 命令绘制出的一系列直线段中的每一条线段均是独立的对象。

如果单击状态栏上的 DYN 按钮，使其压下，会启动动态输入功能。启动动态输入并执行 LINE 命令后，AutoCAD 一方面在命令窗口提示"指定第一点："，同时在光标附近显示出一个提示框（称之为"工具栏提示"），工具栏提示中显示出对应的 AutoCAD 提示"指定第一点："和光标的当前坐标值。

此时用户移动光标，工具栏提示也会随着光标移动，且显示出的坐标值会动态变化，以反映光标的当前坐标值。

用户可以在工具栏提示中输入点的坐标值，而不必切换到命令行进行输入。切换到命令行的方式：

在命令窗口中，将光标放到"命令："提示的后面单击鼠标拾取键。

选择"绘图""草图设置"命令，

AutoCAD 弹出"草图设置"对话框，用户可通过该对话框进行对应的设置。

2）绘制射线

绘制沿单方向无限长的直线。射线一般用作辅助线。

选择"绘图""射线"命令，即执行 RAY 命令，AutoCAD 提示：

指定起点：（确定射线的起始点位置）。

指定通过点：（确定射线通过的任一点。确定后 AutoCAD 绘制出过起点与该点的射线）。

指定通过点：↙（也可以继续指定通过点，绘制过同一起始点的一系列射线）。

3）绘制构造线

绘制沿两个方向无限长的直线。构造线一般用作辅助线。

单击"绘图"工具栏上的（构造线）按钮，或选择"绘图""构造线"命令，即执行 XLINE 命令，AutoCAD 提示：指定点或[水平（H）/垂直（V）/角度（A）/二等分（B）/偏移（O）]:。

其中，"指定点"选项用于绘制通过指定两点的构造线。"水平"选项用于绘制通过指定点的水平构造线。"垂直"选项用于绘制通过指定点的绘制垂直构造线。"角度"选项用于绘制沿指定方向或与指定直线之间的夹角为指定角度的构造线。"二等分"选项用于绘制平分由指定 3 点所确定的角的构造线。"偏移"选项用于绘制与指定直线平行的构造线。

JBB005 Auto CAD 2012中绘制多边形的方法

2. 绘制矩形和等边多边形

1）绘制矩形

根据指定的尺寸或条件绘制矩形。命令：RECTANG。

单击"绘图"工具栏上的（矩形）按钮，或选择"绘图""矩形"命令，即执行 RECTANG 命

令,AutoCAD 提示:

指定第一个角点或[倒角(C)/标高(E)/圆角(F)/厚度(T)/宽度(W)]:。

其中,"指定第一个角点"选项要求指定矩形的一角点。执行该选项,AutoCAD 提示:

指定另一个角点或[面积(A)/尺寸(D)/旋转(R)]:。

此时可通过指定另一角点绘制矩形,通过"面积"选项根据面积绘制矩形,通过"尺寸"选项根据矩形的长和宽绘制矩形,通过"旋转"选项表示绘制按指定角度放置的矩形。

执行 RECTANG 命令时,"倒角"选项表示绘制在各角点处有倒角的矩形。"标高"选项用于确定矩形的绘图高度,即绘图面与 xy 面之间的距离。"圆角"选项确定矩形角点处的圆角半径,使所绘制矩形在各角点处按此半径绘制出圆角。"厚度"选项确定矩形的绘图厚度,使所绘制矩形具有一定的厚度。"宽度"选项确定矩形的线宽。

2)绘制正多边形

单击"绘图"工具栏上的(正多边形)按钮,或选择"绘图""正多边形"命令,即执行POLYGON 命令,AutoCAD 提示:

指定正多边形的中心点或[边(E)]:。

(1)指定正多边形的中心点。

此默认选项要求用户确定正多边形的中心点,指定后将利用多边形的假想外接圆或内切圆绘制等边多边形。执行该选项,即确定多边形的中心点后,AutoCAD 提示:

输入选项[内接于圆(I)/外切于圆(C)]:。

其中,"内接于圆"选项表示所绘制多边形将内接于假想的圆。"外切于圆"选项表示所绘制多边形将外切于假想的圆。

(2)边。

根据多边形某一条边的两个端点绘制多边形。

3.绘制曲线

1)绘制圆

单击"绘图"工具栏上的(圆)按钮,即执行 CIRCLE 命令,AutoCAD 提示:指定圆的圆心或[三点(3P)/两点(2P)/相切、相切、半径(T)]。其中,"指定圆的圆心"选项用于根据指定的圆心以及半径或直径绘制圆弧。"三点"选项根据指定的三点绘制圆。"两点"选项根据指定两点绘制圆。"相切、相切、半径"选项用于绘制与已有两对象相切,且半径为给定值的圆。

> JBB006 Auto CAD 2012中绘制曲线的方法

2)绘制圆环

选择"绘图""圆环"命令,即执行 DONUT 命令,AutoCAD 提示:

指定圆环的内径:(输入圆环的内径)。

指定圆环的外径:(输入圆环的外径)。

指定圆环的中心点或<退出>:(确定圆环的中心点位置,或按 Enter 键或 Space 键结束命令的执行)。

3)绘制圆弧

AutoCAD 提供了多种绘制圆弧的方法,可通过"圆弧"子菜单执行绘制圆弧操作。

例如,选择"绘图""圆弧""三点"命令,AutoCAD 提示:

指定圆弧的起点或[圆心（C）]：（确定圆弧的起始点位置）。

指定圆弧的第二个点或[圆心（C）/端点（E）]：（确定圆弧上的任一点）。

指定圆弧的端点：（确定圆弧的终止点位置）。

执行结果：AutoCAD 绘制出由指定三点确定的圆弧。

4）绘制椭圆和椭圆弧

单击"绘图"工具栏上的（椭圆）按钮，即执行 ELLIPSE 命令，AutoCAD 提示：

指定椭圆的轴端点或[圆弧（A）/中心点（C）]：。

其中，"指定椭圆的轴端点"选项用于根据一轴上的两个端点位置等绘制椭圆。"中心点"选项用于根据指定的椭圆中心点等绘制椭圆。"圆弧"选项用于绘制椭圆弧。

JBB007 Auto
CAD 2012中绘
制点的方法

4. 绘制点并设置

1）绘制点

执行 POINT 命令，AutoCAD 提示：

指定点：（在该提示下确定点的位置，AutoCAD 就会在该位置绘制出相应的点）。

2）设置点的样式与大小

选择"格式""点样式"命令，即执行 DDPTYPE 命令，AutoCAD 弹出"点样式"对话框，用户可通过该对话框选择自己需要的点样式。此外，还可以利用对话框中的"点大小"编辑框确定点的大小。

3）绘制定数等分点

定数等分点是指将点对象沿对象的长度或周长等间隔排列。

选择"绘图""点""定数等分"命令，即执行 DIVIDE 命令，AutoCAD 提示：

选择要定数等分的对象：（选择对应的对象）。

输入线段数目或[块（B）]：。

在此提示下直接输入等分数，即响应默认项，AutoCAD 在指定的对象上绘制出等分点。另外，利用"块（B）"选项可以在等分点处插入块。

4）绘制定距等分点

定距等分点是指将点对象在指定的对象上按指定的间隔放置。

选择"绘图""点""定距等分"命令，即执行 MEASURE 命令，AutoCAD 提示：

选择要定距等分的对象：（选择对象）。

指定线段长度或[块（B）]：。

在此提示下直接输入长度值，即执行默认项，AutoCAD 在对象上的对应位置绘制出点。同样，可以利用"点样式"对话框设置所绘制点的样式。如果在"指定线段长度或[块（B）]："提示下执行"块（B）"选项，则表示将在对象上按指定的长度插入块。

JBB008 Auto
CAD 2012中编
辑图形的方法

（三）编辑图形

1. 选择对象

（1）选择对象的方式。

当启动 AutoCAD 2012 的某一编辑命令或其他某些命令后，AutoCAD 通常会提示"选择对象："，即要求用户选择要进行操作的对象，同时把十字光标改为小方框形状（称之为拾取框），此时用户应选择对应的操作对象。常用选择对象的方式如下：

① 直接拾取。

② 选择全部对象。

③ 默认矩形窗口选择方式。

④ 矩形窗口选择方式。

⑤ 交叉矩形窗口选择方式。

⑥ 不规则窗口选择方式。

⑦ 不规则交叉窗口选择方式。

⑧ 前一个方式。

⑨ 最后一个方式。

⑩ 栏选方式。

⑪ 取消操作。

(2)去除模式。

(3)选择预览

2. 删除对象

删除指定的对象,就像是用橡皮擦除图纸上不需要的内容。命令:ERASE。

单击"修改"工具栏上的(删除)按钮,或选择"修改""删除"命令,即执行 ERASE 命令,AutoCAD 提示:

选择对象:(选择要删除的对象)。

选择对象:↙(也可以继续选择对象)。

3. 移动对象

将选中的对象从当前位置移到另一位置,即更改图形在图纸上的位置。命令:MOVE。

单击"修改"工具栏上的(移动)按钮,或选择"修改""移动"命令,即执行 MOVE 命令,AutoCAD 提示:

选择对象:(选择要移动位置的对象)。

选择对象:↙(也可以继续选择对象)。

指定基点或[位移(D)]<位移>:。

1)指定基点

确定移动基点,为默认项。执行该默认项,即指定移动基点后,AutoCAD 提示:

指定第二个点或<使用第一个点作为位移>:。

在此提示下指定一点作为位移第二点,或直接按 Enter 键或 Space 键,将第一点的各坐标分量(也可以看成为位移量)作为移动位移量移动对象。

2)位移

根据位移量移动对象。执行该选项,AutoCAD 提示:"指定位移:"。

如果在此提示下输入坐标值(直角坐标或极坐标),AutoCAD 将所选择对象按与各坐标值对应的坐标分量作为移动位移量移动对象。

4. 复制对象

复制对象指将选定的对象复制到指定位置。命令:COPY。

单击"修改"工具栏上的(复制)按钮,或选择"修改""复制"命令,即执行 COPY 命令,

AutoCAD 提示：

选择对象：(选择要复制的对象)。

选择对象：↙(也可以继续选择对象)。

指定基点或[位移(D)/模式(O)]<位移>：。

1)指定基点

确定复制基点，为默认项。执行该默认项，即指定复制基点后，AutoCAD 提示：

指定第二个点或<使用第一个点作为位移>：。

在此提示下再确定一点，AutoCAD 将所选择对象按由两点确定的位移矢量复制到指定位置；如果在该提示下直接按 Enter 键或 Space 键，AutoCAD 将第一点的各坐标分量作为位移量复制对象。

2)位移

根据位移量复制对象。执行该选项，AutoCAD 提示："指定位移："。

如果在此提示下输入坐标值(直角坐标或极坐标)，AutoCAD 将所选择对象按与各坐标值对应的坐标分量作为位移量复制对象。

3)模式(O)

确定复制模式。执行该选项，AutoCAD 提示：

输入复制模式选项[单个(S)/多个(M)]<多个>：。

其中，"单个(S)"选项表示执行 COPY 命令后只能对选择的对象执行一次复制，而"多个(M)"选项表示可以多次复制，AutoCAD 默认为"多个(M)"。

5. 旋转对象

旋转对象指将指定的对象绕指定点(称其为基点)旋转指定的角度。

单击"修改"工具栏上的(旋转)按钮，或选择"修改""旋转"命令，即执行 ROTATE 命令，AutoCAD 提示：

选择对象：(选择要旋转的对象)。

选择对象：↙(也可以继续选择对象)。

指定基点：(确定旋转基点)。

指定旋转角度或[复制(C)/参照(R)]：。

1)指定旋转角度

输入角度值，AutoCAD 会将对象绕基点转动该角度。在默认设置下，角度为正时沿逆时针方向旋转，反之沿顺时针方向旋转。

2)复制

创建出旋转对象后仍保留原对象。

3)参照(R)

以参照方式旋转对象。执行该选项，AutoCAD 提示：

指定参照角：(输入参照角度值)。

指定新角度或[点(P)]<0>：(输入新角度值，或通过"点(P)"选项指定两点来确定新角度)。

执行结果：AutoCAD 根据参照角度与新角度的值自动计算旋转角度(旋转角度＝新角

度-参照角度),然后将对象绕基点旋转该角度。

6.缩放对象

缩放对象指放大或缩小指定的对象。命令:SCALE。

单击"修改"工具栏上的(缩放)按钮,或选择"修改""缩放"命令,即执行 SCALE 命令,AutoCAD 提示:

选择对象:(选择要缩放的对象)。

选择对象:↙(也可以继续选择对象)。

指定基点:(确定基点位置)。

指定比例因子或[复制(C)/参照(R)]:。

1)指定比例因子

确定缩放比例因子,为默认项。执行该默认项,即输入比例因子后按 Enter 键或 Space 键,AutoCAD 将所选择对象根据该比例因子相对于基点缩放,且 0<比例因子<1 时缩小对象,比例因子>1 时放大对象。

2)复制(C)

创建出缩小或放大的对象后仍保留原对象。执行该选项后,根据提示指定缩放比例因子即可。

3)参照(R)

将对象按参照方式缩放。执行该选项,AutoCAD 提示:

指定参照长度:(输入参照长度的值)。

指定新的长度或[点(P)]:(输入新的长度值或通过"点(P)"选项通过指定两点来确定长度值)。

执行结果:AutoCAD 根据参照长度与新长度的值自动计算比例因子(比例因子=新长度值÷参照长度值),并进行对应的缩放。

7.偏移对象

创建同心圆、平行线或等距曲线。偏移操作又称为偏移复制。命令:OFFSET。

单击"修改"工具栏上的(偏移)按钮,或选择"修改""偏移"命令,即执行 OFFSET 命令,AutoCAD 提示:

指定偏移距离或[通过(T)/删除(E)/图层(L)]<通过>:。

1)指定偏移距离

根据偏移距离偏移复制对象。在"指定偏移距离或[通过(T)/删除(E)/图层(L)]:"提示下直接输入距离值,AutoCAD 提示:

选择要偏移的对象,或[退出(E)/放弃(U)]<退出>:(选择偏移对象)。

指定要偏移的那一侧上的点,或[退出(E)/多个(M)/放弃(U)]<退出>:(在要复制到的一侧任意确定一点。"多个(M)"选项用于实现多次偏移复制)。

选择要偏移的对象,或[退出(E)/放弃(U)]<退出>:↙(也可以继续选择对象进行偏移复制)。

2)通过

使偏移复制后得到的对象通过指定的点。

3）删除

实现偏移源对象后删除源对象。

4）图层

确定将偏移对象创建在当前图层上还是源对象所在的图层上。

8. 镜像对象

将选中的对象相对于指定的镜像线进行镜像。命令：MIRROR。

单击"修改"工具栏上的（镜像）按钮，或选择"修改""镜像"命令，即执行 MIRROR 命令，AutoCAD 提示：

选择对象：（选择要镜像的对象）。

选择对象：↙（也可以继续选择对象）。

指定镜像线的第一点：（确定镜像线上的一点）。

指定镜像线的第二点：（确定镜像线上的另一点）。

是否删除源对象？［是(Y)/否(N)]<N>：（根据需要响应即可）。

9. 阵列对象

将选中的对象进行矩形或环形多重复制。命令：ARRAY。

单击"修改"工具栏上的（阵列）按钮，或选择"修改""阵列"命令，即执行 ARRAY 命令，AutoCAD 弹出"阵列"对话框，可利用此对话框形象、直观地进行矩形或环形阵列的相关设置，并实施阵列。

1）矩形阵列

选中矩形阵列对话框中的"矩形阵列"单选按钮，利用其选择阵列对象，并设置阵列行数、列数、行间距、列间距等参数后，即可实现阵列。

2）环形阵列

选中环形阵列对话框中的"环形阵列"单选按钮，利用其选择阵列对象，并设置了阵列中心点、填充角度等参数后，即可实现阵列。

（四）线型、线宽、颜色和图层的设置

JBB009 Auto CAD 2012中图层的设置方法

1. 基本概念

1）线型

绘工程图时经常需要采用不同的线型来绘图，如虚线、中心线等。

2）线宽

工程图中不同的线型有不同的线宽要求。用 AutoCAD 绘工程图时，有 2 种确定线宽的方式。一种方法与手工绘图一样，即直接将构成图形对象的线条用不同的宽度表示；另一种方法是将有不同线宽要求的图形对象用不同颜色表示，但其绘图线宽仍采用 AutoCAD 的默认宽度，不设置具体的宽度，当通过打印机或绘图仪输出图形时，利用打印样式将不同颜色的对象设成不同的线宽，即在 AutoCAD 环境中显示的图形没有线宽，而通过绘图仪或打印机将图形输出到图纸后会反映出线宽。

3）颜色

用 AutoCAD 绘工程图时，可以将不同线型的图形对象用不同的颜色表示。

AutoCAD 2012 提供了丰富的颜色方案供用户使用，其中最常用的颜色方案是采用索引颜色,即用自然数表示颜色,共有 255 种颜色。其中 1~7 号为标准颜色,1 表示红色、2 表示黄色、3 表示绿色、4 表示青色、5 表示蓝色、6 表示洋红、7 表示白色(如果绘图背景的颜色是白色,7 号颜色显示成黑色)。

4)图层

图层具有以下特点:

(1)用户可以在一幅图中指定任意数量的图层。系统对图层数没有限制,对每一图层上的对象数也没有任何限制。

(2)每一图层有一个名称,以加以区别。当开始绘一幅新图时,AutoCAD 自动创建名为 0 的图层,这是 AutoCAD 的默认图层,其余图层需用户来定义。

(3)一般情况下,位于一个图层上的对象应该是一种绘图线型,一种绘图颜色。用户可以改变各图层的线型、颜色等特性。

(4)虽然 AutoCAD 允许用户建立多个图层,但只能在当前图层上绘图。

(5)各图层具有相同的坐标系和相同的显示缩放倍数。用户可以对位于不同图层上的对象同时进行编辑操作。

(6)用户可以对各图层进行打开、关闭、冻结、解冻、锁定与解锁等操作,以决定各图层的可见性与可操作性。

2. 线型设置

设置新绘图形的线型。命令:LINETYPE。

选择"格式""线型"命令,即执行 LINETYPE 命令,AutoCAD 弹出"线型管理器"对话框。可通过其确定绘图线型和线型比例等。

如果线型列表框中没有列出需要的线型,则应从线型库加载它。单击"加载"按钮,AutoCAD 弹出"加载或重载线型"对话框,从中可选择要加载的线型并加载。

3. 线宽设置

设置新绘图形的线宽。命令:LWEIGHT。

选择"格式""线宽"命令,即执行 LWEIGHT 命令,AutoCAD 弹出"线宽设置"对话框。

对话框中列出了 AutoCAD 2012 提供的 20 余种线宽,用户可从中在"随层""随块"或某一具体线宽之间选择。其中,"随层"表示绘图线宽始终与图形对象所在图层设置的线宽一致,这也是最常用到的设置。还可以通过此对话框进行其他设置,如单位、显示比例等。

4. 颜色设置

设置新绘图形的颜色。命令:COLOR。

选择"格式""颜色"命令,即执行 COLOR 命令,AutoCAD 弹出"选择颜色"对话框。

对话框中有"索引颜色""真彩色"和"配色系统"3 个选项卡,分别用于以不同的方式确定绘图颜色。在"索引颜色"选项卡中,用户可以将绘图颜色设为 ByLayer(随层)、ByBlock(随块)或某一具体颜色。其中,随层指所绘对象的颜色总是与对象所在图层设置的绘图颜色相一致,这是最常用到的设置。

5. 图层管理

管理图层和图层特性。命令:LAYER。

单击"图层"工具栏上的（图层特性管理器）按钮，或选择"格式""图层"命令，即执行 LAYER 命令，AutoCAD 弹出"图层特性管理器"。

用户可通过"图层特性管理器"对话框建立新图层，为图层设置线型、颜色、线宽以及其他操作等。

6. 特性工具栏

利用特性工具栏，快速、方便地设置绘图颜色、线型以及线宽。

特性工具栏的主要功能如下：

（1）"颜色控制"列表框。

该列表框用于设置绘图颜色。单击此列表框，AutoCAD 弹出下拉列表。用户可通过该列表设置绘图颜色（一般应选择"随层"），或修改当前图形的颜色。

修改图形对象颜色的方法是：首先选择图形，然后在颜色控制列表中选择对应的颜色。如果单击列表中的"选择颜色"项，AutoCAD 会弹出"选择颜色"对话框，供用户选择。

（2）"线型控制"下拉列表框。

该列表框用于设置绘图线型。单击此列表框，AutoCAD 弹出下拉列表。用户可通过该列表设置绘图线型（一般应选择"随层"），或修改当前图形的线型。

修改图形对象线型的方法是：选择对应的图形，然后在线型控制列表中选择对应的线型。如果单击列表中的"其他"选项，AutoCAD 会弹出"线型管理器"对话框，供用户选择。

（3）"线宽控制"列表框。

该列表框用于设置绘图线宽。单击此列表框，AutoCAD 弹出下拉列表。用户可通过该列表设置绘图线宽（一般应选择"随层"），或修改当前图形的线宽。

修改图形对象线宽的方法是：选择对应的图形，然后在线宽控制列表中选择对应的线宽。

四、绘制零件图基础知识

JBB010　零件
图中配合的分类

（一）零件图上的技术要求

1. 配合

公称尺寸相同并且互相接合的孔和轴公差带之间的关系称为配合。由于孔和轴的实际尺寸不同，配合后会产生间隙或过盈。孔的尺寸与相配合轴的尺寸之差为正值时是间隙，为负值时是过盈。

根据实际需要，配合分为三类：间隙配合、过渡配合、过盈配合。

（1）间隙配合：孔的实际尺寸总比轴的实际尺寸大，装配在一起后，一般来说，轴在孔中能自由转动或移动。如图 2-1-3（a）所示，孔的公差带在轴的公差带之上。间隙配合还包括最小间隙为零的配合。

（2）过渡配合：轴的实际尺寸比孔的实际尺寸时而大时而小。孔与轴装配后，轴比孔小的时候能活动，但比间隙配合稍紧；轴比孔大的时候不能活动，但比过盈配合稍松。这种介于间隙配合和过盈配合之间的配合称为过渡配合。此时，孔的公差带与轴的公差带相互重叠，如图 2-1-3（b）所示。

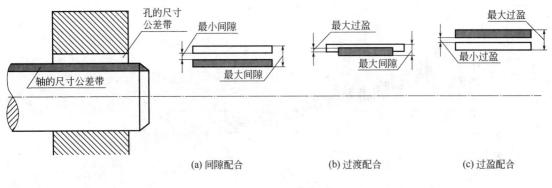

图 2-1-3 配合类别

（3）过盈配合：孔的实际尺寸一直都比轴的实际尺寸小，装配时需要用一定的外力或将孔零件加热膨胀后才能把轴装入孔中。所以，轴与孔装配后不能做相对运动。如图 2-1-3（c）所示，孔的公差带在轴的公差带之下。

2. 标准公差和基本偏差

为了满足不同的配合要求，根据国家标准规定，孔与轴的公差带由标准公差和基本偏差两个要素组成。标准公差确定公差带的大小，基本偏差确定公差带的位置。

> JBB011 零件图中标准公差与基本偏差的区别

（1）标准公差：由标准规定的任一公差。标准公差的数值由公称尺寸和公差等级来确定，其中公差等级确定尺寸的精确程度。标准公差等级代号由字母 IT 和数字组成。标准公差分为 20 个等级，依次是：IT01，IT0，IT1，…，IT18。IT 表示公差，数字表示公差等级。IT01 公差值最小，精度最高；IT18 公差值最大，精度最低。在 20 个标准公差等级中，IT01～IT11 用于配合尺寸，IT12～IT18 用于非配合尺寸。

（2）基本偏差：基本偏差是确定公差带相对于零线位置的上偏差和下偏差，通常指靠近零线的那个偏差。国家标准对孔和轴分别规定了 28 种基本偏差，孔的基本偏差用大写的拉丁字母 A～ZC 表示，轴的基本偏差用小写的拉丁字母 a～zc 表示。当公差带在零线上方时，基本偏差为下偏差；反之则为上偏差，如图 2-1-4 所示。

从基本偏差系列示意图中可以看出，孔的基本偏差从 A～H 为下偏差，从 J～ZC 为上偏差；轴的基本偏差从 a～h 为上偏差，从 j～zc 为下偏差；JS 和 js 没有基本偏差，其上、下偏差相对零线对称，分别是 +IT/2、-IT/2。基本偏差系列示意图只表示公差带的位置，不表示公差带的大小，公差带开口的一端由标准公差确定。

当基本偏差和标准公差等级确定了，孔和轴的公差带大小和位置及配合类别随之确定。基本偏差和标准公差的计算式如下：

$$ES = EI - IT \ 或 \ EI = ES - IT \tag{2-1-10}$$

$$ei = es - IT \ 或 \ es = ei - IT \tag{2-1-11}$$

（3）公差带代号：孔和轴的公差带代号由表示基本偏差代号和表示公差等级的数字组成。例如，$\phi 50H8$，H8 为孔的公差带代号，由孔的基本偏差代号 H 和公差等级代号 8 组成；$\phi 50f7$，f7 为轴的公差带代号，由轴的基本偏差代号 f 和公差等级代号 7 组成。

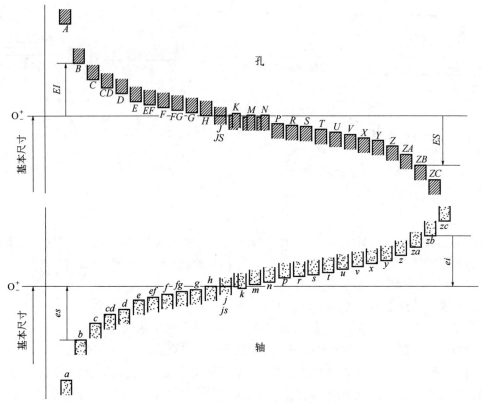

图 2-1-4　基本偏差系列示意图

3. 配合制

在制造互相配合的零件时，使其中一种零件作为基准件，它的基本偏差固定，通过改变另一个非基准件的基本偏差来获得各种不同性质的配合的制度称为配合制。根据生产实际需要国家标准规定了两种配合制。

（1）基孔制配合：基本偏差为一定的孔的公差带，与不同基本偏差的轴的公差带形成各种配合的一种制度。基孔制配合的孔称为基准孔，其基本偏差代号为 H，下极限偏差为零，即它的下极限尺寸等于公称尺寸。如图 2-1-5 所示即采用基孔制配合所得到的各种不同程度的配合。

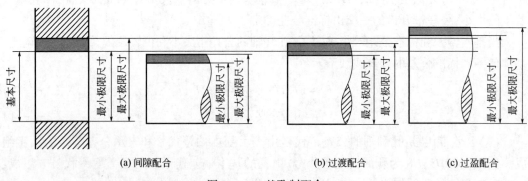

(a) 间隙配合　　　　　　　　(b) 过渡配合　　　　　　　　(c) 过盈配合

图 2-1-5　基孔制配合

（2）基轴制配合：基本偏差为一定的轴的公差带，与不同基本偏差的孔的公差带形成各种配合的一种制度。基轴制配合的轴称为基准轴，其基本偏差代号为 h，上极限偏差为零，即它的上极限尺寸等于公称尺寸。如图 2-1-6 所示即采用基轴制配合所得到的各种不同程度的配合。

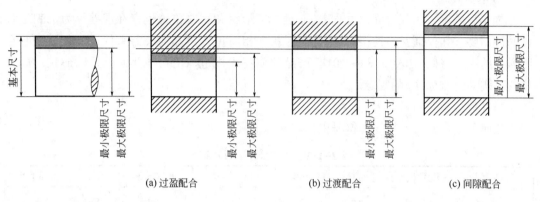

（a）过盈配合　　　　（b）过渡配合　　　　（c）间隙配合

图 2-1-6　基轴制配合

4. 极限与配合的标注

（1）在装配图上标注。在装配图上标注配合代号，采用组合式注法，如图 2-1-7（a）所示，在公称尺寸 $\phi18$ 和 $\phi14$ 后面，分别用分式表示：分子为孔的公差带代号，分母为轴的公差带代号。通常分子中含有 H 的为基孔制配合，分母中含有 h 的基轴制配合。

（2）在零件图上标注。在零件图上标注公差带代号有三种形式：

① 在孔或轴的基本尺寸后面，注出基本偏差代号和公差等级，用公称尺寸数字的同号字体书写，如图 2-1-7（b）中的 $\phi18H7$。这种形式用于大量生产的零件图上。

② 在孔或轴的公称尺寸后面，注出偏差值。上极限偏差注写在公称尺寸的右上方，下极限偏差注写在公称尺寸的同一底线上，偏差值的字号比公称尺寸数字的字号小一号，如图 2-1-7（c）中的 $\phi18^{+0.029}_{+0.018}$ 和 $\phi14^{+0.045}_{+0.016}$。如果上下极限偏差相同，而符号相反，则可简化标注，如 $\phi50\pm0.02$（小数点后的最后一位数为零时可省略不写）。若上偏差或下偏差为零，应注明"0"，且与另一偏差左侧第一位数字对齐，如 $\phi30^{+0.029}_{0}$。这种形式用于单件或小批量生产的零件图上。

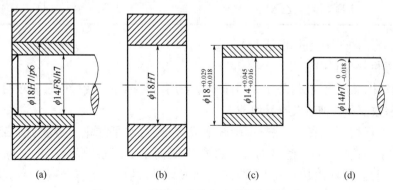

（a）　　　　　（b）　　　　　（c）　　　　　（d）

图 2-1-7　图样上公差与配合的标注方法

③ 在孔或轴的公称尺寸后面，既要注出基本偏差代号和公差等级，又要注出偏差数值（偏差值加括号），如图 2-1-7（d）所示中的 $\phi14h7\binom{0}{-0.018}$。这种形式适用于生产批量不定的零件图上。

> JBB012 零件图几何公差的标注方法

5. 几何公差及其标注

1）基本概念

加工后的零件不仅存在尺寸误差，而且几何形状和相对位置也存在误差。为了满足零件的使用要求和保证互换性，零件的几何形状和相对位置由几何公差来保证。几何公差在图样上的注法遵照 GB/T 1182—2018《产品几何技术规范（GPS）　几何公差　形状、方向、位置和跳动公差标注》的规定。

2）几何公差项目及符号

几何公差带的几何特征和符号根据国家标准规定，见表 2-1-1。

表 2-1-1　形位公差项目及符号

公差类型	几何特征	符号	有无基准	公差类型	几何特征	符号	有无基准
形状公差	直线度	一	无	位置公差	位置度	⊕	有或无
	平面度	▱	无		同心度（用于中心点）	◎	有
	圆度	○	无				有
	圆柱度	⌭	无		同轴度（用于轴线）	◎	有
	线轮廓度	⌒	无				有
	面轮廓度	⌓	无		对称度	═	有
方向公差	平行度	//	有		线轮廓度	⌒	有
	垂直度	⊥	有		面轮廓度	⌓	有
	倾斜度	∠	有		圆跳动	↗	有
	线轮廓度	⌒	有		全跳动	⌰	有
	面轮廓度	⌓	有				

3）几何公差在图样上的注法

（1）公差框格及其内容。

根据国家标准规定，几何公差在图样中应采用代号标注。代号由公差项目符号、框格、指引线、公差数值和其他有关符号组成。

几何公差框格用细实线绘制，可画两格或多格，可水平或垂直放置，框格的高度是图样中尺寸数字高度的 2 倍，框格的长度根据需要而定。框格中的数字、字母和符号与图样中的数字同高，框格内从左到右（或从上到下）填写的内容为：第一格为几何特征符号，第二格为几何公差数值及其有关符号，后边的各格为基准代号的字母及有关符号，如

图 2-1-8 所示。

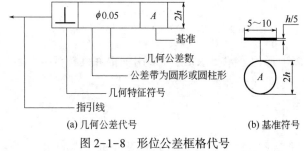

(a) 几何公差代号   (b) 基准符号

图 2-1-8 形位公差框格代号

（2）被测要素的注法。

用带箭头的指引线将被测要素与公差框格的一端相连。指引线箭头应指向公差带的宽度方向或直径方向。指引线用细实线绘制，可以不转折或转折一次（通常为垂直转折）。

指引线箭头按下列方法与被测要素相连：

① 当被测要素为线或表面时，指引线箭头应指在该要素的轮廓线或其延长线上，并应明显地与该要素的尺寸线错开，如图 2-1-9(a) 所示。

② 当被测要素为轴线、球心或中心平面时，指引线箭头应与该要素的尺寸线对齐，如图 2-1-9(b) 所示。公差值前加注 ϕ，表示给定的公差带为圆形或圆柱形。

③ 当被测要素为整体轴线或公共对称平面时，指引线箭头可直接指在轴线或对称线上，如图 2-1-9(c) 所示。

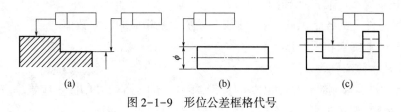

(a)   (b)   (c)

图 2-1-9 形位公差框格代号

（3）基准要素的注法。

标注位置公差的基准，要用基准代号。基准代号是细实线小圆内有大写的字母，用细实线与粗短画横线（宽度为粗实线的 2 倍，长度为 5～10mm）相连。小圆直径与框格高度相同，圆内表示基准的字母高度为字体的高度。无论基准代号在图样上的方向如何，圆圈内的字母均应水平填写，表示基准的字母也应注在公差框格内。

① 当基准要素为素线或表面时，基准代号应靠近该要素的轮廓线或其引出线标注，并应明显地与尺寸线错开，基准符号还可置于用圆点指向实际表面的参考线上。

② 当基准是轴线或中心平面或由带尺寸的要素确定的点时，基准符号、箭头应与相应要素尺寸线对齐。

③ 图 2-1-10(a) 所示为单一要素为基准时的标注；图 2-1-10(b) 所示为两个要素组成的公共基准时的标注；图 2-1-10(c) 所示为两个或三个要素组成的基准时的标注。

表示基准要素的字母要用大写的拉丁字母，为不致引起误解，字母 E、I、J、M、O、P、R、F 不采用。

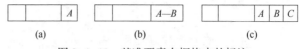

图 2-1-10　基准要素在框格中的标注

④ 同一要素有多项形位公差要求时,可采用框格并列标注,多处要素有相同的形位公差要求时,可在框格指引线上绘制多个箭头。

JBB013　零件图测绘的步骤

（二）零部件测绘

1. 零件测绘方法和步骤

（1）分析零件。了解零件的名称、类型、材料及在机器中的作用,分析零件的结构、形状和加工方法。

（2）拟定表达方案。根据零件的结构特点,按其加工位置或工作位置,确定主视图的投射方向,再按零件结构形状的复杂程度选择其他视图的表达方案。

（3）绘制零件草图。

现以球阀阀盖为例说明绘制零件草图的步骤。阀盖属于盘盖类零件,用两个视图即可表达清楚。

① 布局定位。在图纸上画出主、左视图的对称中心线和作图基准线。布置视图时,要考虑到各视图之间留出标注尺寸的位置。

② 以目测比例画出零件的内、外结构形状。

③ 选定尺寸基准,按正确、完整、合理的要求画出所有尺寸界线、尺寸线和箭头。经仔细核对后,按规定线型将图线描深。

④ 测量零件上的各个尺寸,在尺寸线上逐个填上相应的尺寸数值。

⑤ 注写技术要求和标题栏。

2. 零件尺寸的测量方法

测绘尺寸是零件测绘过程中必要的步骤,零件上的全部尺寸的测量应集中进行,这样可以提高工作效率,避免遗漏。切勿边画尺寸线,边测量,边标注尺寸。

测量尺寸时,要根据零件尺寸的精确程度选用相应的量具。常用金属直尺、内外卡钳测量。

3. 零件测绘时的注意事项

（1）零件的制造缺陷如砂眼、气孔、刀痕等,以及长期使用所产生的磨损,均不应画出。

（2）零件上因制造、装配所要求的工艺结构,如铸造圆角、倒圆、倒角、退刀槽等结构,必须查阅有关标准后画出。

（3）有配合关系的尺寸一般只需要测出基本尺寸。配合性质和公差数值应在结构分析的基础上,查阅有关手册确定。

（4）对螺纹、键槽、齿轮的轮齿等标准结构的尺寸,应将测得的数值与有关标准核对,使尺寸符合标准系列。

（5）零件的表面粗糙度、极限与配合、技术要求等,可根据零件的作用参考同类产品的图样或有关资料确定。

（6）根据设计要求,参照有关资料确定零件的材料。

五、标准件规定画法

JBB014 螺纹的特点

JBB015 螺纹的结构要素

(一)螺纹

1. 概述

螺纹是指在圆柱或圆锥表面上,沿螺旋线所形成的,具有相同断面的连续凸起和沟槽。在圆柱外表面上形成的螺纹,称为外螺纹;在圆柱内表面上形成的螺纹,称为内螺纹。内外螺纹成对使用,可用于各种机械连接,传递运动和动力。

2. 螺纹的有关术语和结构要素

1)牙型

在通过螺纹轴线的断面上,螺纹的轮廓形状,称为螺纹牙型。常见的螺纹牙型有三角形、梯形、锯齿形等。

2)螺纹的直径

根据螺纹的结构特点,将螺纹的直径分为以下几种:

大径:螺纹的最大直径,又称公称直径,即与外螺纹的牙顶或内螺纹的牙底相重合的假想圆柱面的直径。外螺纹的大径用"d"表示,内螺纹的大径用"D"表示。

小径:螺纹的最小直径,即与外螺纹的牙底或内螺纹的牙顶相重合的假想圆柱面的直径。外螺纹的小径用"d_1"表示,内螺纹的小径用"D_1"表示。

中径:在大径和小径之间有一假想圆柱面,在其母线上牙型的沟槽宽度和凸起宽度相等,此假想圆柱面的直径称为中径,外螺纹中径用"d_2"表示,内螺纹中径用"D_2"表示。

顶径和底径:外螺纹的大径和内螺纹的小径,又称顶径;外螺纹的小径和内螺纹的大径,又称底径。

3)线数

螺纹有单线和多线之分。沿一条螺旋线形成的螺纹,称为单线螺纹;沿两条或两条以上,且在轴向等距离分布的螺旋线所形成的螺纹,称为多线螺纹,螺纹的线数用 n 来表示。

4)螺距和导程

相邻两牙在中径线上对应两点间的轴向距离,称为螺距,用"P"表示。在同一螺旋线上的相邻两牙在中径线上对应两点间的轴向距离,称为导程,用"L"表示。若螺旋线数为 n,则导程与螺距有如下关系:

$$L = nP \hspace{4cm} (2-1-12)$$

5)旋向

螺纹分左旋和右旋两种,顺时针旋转时旋入的螺纹,称为右旋螺纹;逆时针旋转时旋入的螺纹,称为左旋螺纹。常用的螺纹为右旋螺纹。内外螺纹必须成对配合使用,螺纹的牙型、大径、螺距、线数和旋向,这五个要素完全相同时,内外螺纹才能相互旋合。

6)螺尾、倒角及退刀槽

为了便于内外螺纹的旋合,在螺纹的端部制成 45° 的倒角。在制造螺纹时,由于退刀的缘故,螺纹的尾部会出现渐浅部分,这种不完整的牙型,称为螺尾。为了消除这种现象,应在螺纹终止处加工一个退刀槽。

JBB016 螺纹的规定画法

3. 螺纹的规定画法

国家标准 GB/T 4459.1—1995《机械制图 螺纹及螺纹紧固件表示法》中统一规定了螺纹的画法，螺纹结构要素均已标准化，因此绘图时不必画出螺纹的真实投影。

1）外螺纹的画法

外螺纹大径用粗实线表示，小径用细实线表示，螺杆的倒角和倒圆部分也要画出，小径可近似地画成大径的 0.85 倍，螺纹终止线用粗实线表示。在投影为圆的视图上，表示牙底的细实线只画约 3/4 圈，螺杆端面的倒角圆省略不画。螺尾一般不画，当需要表示螺尾时，表示螺尾部分牙底的细实线应画成与轴线成 30°的夹角。

2）内螺纹的画法

当内螺纹画成剖视图时，大径用细实线表示，小径和螺纹终止线用粗实线表示，剖面线画到粗实线处。在投影为圆的视图上，小径画粗实线，大径用细实线只画约 3/4 圈。对于不穿通的螺孔，应将钻孔深度和螺孔深度分别画出，钻孔深度比螺孔深度深 $0.5d$。底部的锥顶角应画成 120°。内螺纹不剖时，在非原视图上其大径和小径均用虚线表示。

3）螺纹连接的画法

内外螺纹连接画成剖视图时，旋合部分按外螺纹的画法绘制，即大径画成粗实线，小径画成细实线。其余部分仍按各自的规定画法绘制。此时，内外螺纹的大径和小径应对齐，螺纹的小径与螺杆的倒角大小无关，剖面线均应画到粗实线。

JBB017 螺纹的种类

4. 螺纹的种类

（1）螺纹按用途可分为连接螺纹和传动螺纹两大类。

JBB018 螺纹的标记

普通螺纹是最常用的连接螺纹，牙型角为 60°。根据螺距不同，又可将其分为粗牙普通螺纹和细牙普通螺纹两种。

管螺纹也是连接螺纹，牙型角为 55°。根据管螺纹的特性，又可将其分为用螺纹密封的管螺纹和非螺纹密封的管螺纹两种。

用螺纹密封的管螺纹，可以是内外螺纹均为圆锥形管螺纹，也可以是圆柱内管螺纹与圆锥外管螺纹相配合。其连接本身具有一定的密封性，多用于高温高压系统。

非螺纹密封的管螺纹的内外螺纹都是圆柱管螺纹，无密封性，常用于润滑管路系统。

最常见的传动螺纹是梯形和锯齿形螺纹，其中梯形螺纹应用最广。

（2）螺纹的牙型、大径和螺距称为螺纹的三要素。根据螺纹的三要素是否符合标准分类，可分为如下类型：

标准螺纹：牙型、大径和螺距三要素均符合标准的螺纹。

特殊螺纹：牙型符合标准，公称直径和螺距不符合标准的螺纹。

非标准螺纹：牙型不符合标准的螺纹。

（3）螺纹标记。

① 普通螺纹标记。

普通螺纹的完整标记由螺纹代号、螺纹公差带代号和螺纹旋合长度代号三部分组成，其格式如下：

螺纹特征代号公称直径×螺距旋向-中径公差带顶径公差带-旋合长度

普通螺纹代号是由螺纹特征代号、螺纹公称直径和螺距以及螺纹的旋向组成。粗牙普通螺纹不标注螺距。当螺纹为左旋时,标注"左"字,右旋不标注旋向。

公差带代号由中径公差带和顶径公差带两组组成,它们都是由表示公差等级的数字和表示公差带位置的字母组成的。大写字母表示内螺纹,小写字母表示外螺纹。若两组公差带相同,则只标注一组。

旋合长度分为短(S)、中(N)、长(L)三种,中等旋合长度最为常用。当采用中等旋合长度时,不标注旋合长度代号。

普通细牙外螺纹,大径为 20mm,左旋,螺距为 1.5mm,中径公差带为 5g,大径公差带为 6g,长旋合长度。其标记为:

$$M20×1.5 左-5g6g-L$$

粗牙普通内螺纹,大径为 10mm,螺距为 1.5mm,右旋,中径公差带为 6H,小径公差带为 6H,中等旋合长度。其标记为:

$$M10-6H$$

② 梯形螺纹的标记。

梯形螺纹的完整标记与普通螺纹基本一致,特征代号用 Tr 表示,其牙型角为 30°,不分粗细牙,单线螺纹用"公称直径×螺距"表示,多线螺纹用"公称直径×导程(P 螺距)"表示。当螺纹为左旋时,标注"LH",右旋时不标注。其公差带代号只标注中径的,旋合长度只分中旋合长度和长旋合长度两种。梯形螺纹的标记示例如下:

$$Tr50×16(P8)LH-7e-L$$

表示梯形外螺纹,公称直径为 50mm,导程为 16mm,螺距为 8mm,双线,左旋,中径公差带代号 7e,长旋合长度。

$$Tr40×7-7H$$

表示梯形内螺纹,公称直径为 40mm,右旋,单线,螺距为 7mm,中径公差带代号 7H,中旋合长度。

③ 锯齿形螺纹的标记。

锯齿形螺纹的牙型角为 30°,牙型代号为"B",它的标注形式基本与梯形螺纹一致。

内外螺纹旋合时,其公差带代号用斜线分开,左方表示内螺纹公差带代号,右方表示外螺纹公差带代号,标记示例如下:

$$M16×1.5-6H/6g$$

$$Tr24×5-7H/7e$$

④ 管螺纹的标记。

非螺纹密封的管螺纹的特征代号为"G",牙型角 55°,尺寸代号可查得,有 1/2、1、3/4 等,公差等级代号只标注外螺纹,分 A、B 两级,当螺纹为左旋时,标注"LH"。

用螺纹密封的管螺纹的牙型角为 55°,螺纹特征代号为:"Rc"(圆锥内螺纹),"Rp"(圆柱内螺纹),"R"(圆锥外螺纹)。圆锥外螺纹可与圆柱内螺纹配合使用。

60°圆锥管螺纹的牙型角为 60°,特征代号为"NPT",尺寸代号标记同前。

(二)螺纹紧固件及其连接

1. 螺纹紧固件

螺纹紧固件包括螺栓、螺柱、螺钉、螺母和垫圈等。它们都是标准件,由专门的工厂生

JBB019　螺纹紧固件的标记

产，一般不画出它们的零件图，只要按规定进行标记，根据标记就可从国家标准中查到它们的结构形式和尺寸数据。

螺纹紧固件的规定标记为：名称、标准代号、型号规格，其后面还可带性能等级或材料及热处理、表面处理等技术参数。

螺栓：GB/T 5782—2000　M24×100。

根据标记可知：该紧固件是螺栓，其标准代号为 GB/T 5782-2000，公称直径为 24mm，粗牙普通螺纹，公称长度为 100mm。

螺母：GB/T 6170—2000　M20。

紧固件名称是螺母，标准代号为 GB/T 6170—2000，粗牙普通螺纹，公称直径是 20mm。

垫圈：GB/T 97.1—1985　24-140HV。

紧固件名称是垫圈，标准代号是 GB/T 97.1—1985，公称尺寸为 24mm，性能等级为 140HV 级。

2. 螺纹紧固件的连接

JBB020　螺纹连接的规定画法

常用螺纹紧固件的连接形式有螺栓连接、双头螺柱连接、螺钉连接和螺钉紧定等。

1）螺纹连接的一般规定

（1）相邻两零件表面接触时，只画一条粗实线。两零件表面不接触时，应画成两条线，如间隙太小，可夸大画出。

（2）在剖视图中，当剖切平面通过螺纹紧固件的轴线时，螺纹紧固件按不剖画出。

（3）在剖视图中，相邻两被连接件的剖面线方向应相反，必要时也可以相同，但要相互错开或间隔不等。在同一张图纸上，同一零件的剖面线在各个剖视图中方向应相同，间隔应相等。

2）螺栓连接

螺栓连接适用于连接两个不太厚的零件。螺栓穿过两被连接件上的通孔，加上垫圈，拧紧螺母，就将两个零件连接在一起了。

为了作图方便，一般采用简化方法画图，采用简化画法画图时，其六角头螺栓头部和六角螺母上的截交线可省略不画。

$$l \geq \delta_1 + \delta_2 + h + m + a \qquad (2-1-13)$$

式中　l——螺栓的长度，mm；

δ_1，δ_2——被连接件的厚度（已知条件），mm；

h——平垫圈厚度（根据标记查表），mm；

m——螺母高度（根据标记查表），mm；

a——螺栓末端超出螺母的高度，一般可取 $a=0.2\sim0.4d$，mm。

按式（2-1-13）计算出的螺栓长度，还应根据螺栓的标准长度系列，选取标准长度值。

3）双头螺柱连接

双头螺柱连接常用于被连接件之一太厚而不能加工成通孔的情况。双头螺柱两端都有螺纹，其中一端全部旋入被连接件的螺孔内，称为旋入端。其长度用 bm 表示；另一端穿过另一被连接件的通孔，加上垫圈，旋紧螺母。

旋入端螺纹长度 bm 是根据被连接件的材料来决定的，被连接件的材料不同，则 bm 的取值不同。通常 bm 有四种不同的取值：

被连接件材料为钢或青铜时，$bm=1d$（GB/T 897—1988）。

被连接件材料为铸铁时 $bm=1.25d$（GB 898—1988）或 $1.5d$（GB 899—1988）；

被连接件材料为铝合金时 $bm=2d$（GB/T 900—1988）。

双头螺柱旋入端长度 bm 应全部旋入螺孔内，即双头螺柱下端的螺纹终止线应与两个被连接件的接合面重合，画成一条线。因此，螺孔的深度应大于旋入端长度，一般取 $bm+0.5d$。

螺柱的公称长度 l 按下式计算后取标准长度：

$$l \geqslant \delta+s+m+a \tag{2-1-14}$$

式中　δ——被连接件厚度，mm；

　　　S——弹簧垫圈厚度，可以由查表获得，mm；

　　　m——螺母的高度，可由查表获得，mm；

　　　a——取值与螺栓相同，为 $0.2\sim0.4d$，mm。

4）螺钉连接

螺钉连接一般用于受力不大而又不经常拆卸的地方。被连接的零件中一个为通孔，另一个为不通的螺纹孔。螺孔深度和旋入深度的确定与双头螺柱连接基本一致，螺钉头部的形式很多，应按规定画出。螺钉的公称长度计算如下：

$$l \geqslant \delta（通孔零件厚）+bm \tag{2-1-15}$$

式中，bm 为螺钉的旋入长度，其取值与螺柱连接时的相同。

螺钉的螺纹终止线应画在两个被连接件的接合面之上，这样才能保证螺钉的螺纹长度与螺孔的螺纹长度都大于旋入深度，使连接牢固。

（三）齿轮、键、销的画法

```
JBB021　直齿
圆柱齿轮的结
构要素
```

1. 直齿圆柱齿轮

圆柱齿轮的轮齿有直齿、斜齿、人字齿等，主要介绍直齿圆柱齿轮。

（1）齿顶圆：通过齿轮轮齿顶端的圆称为齿顶圆，其直径用"d_a"表示。

（2）齿根圆：通过齿轮轮齿根部的圆称为齿根圆，其直径用"d_f"表示。

（3）分度圆：在齿轮上有一个设计和加工时计算尺寸的基准圆，它是一个假想圆，在该圆上，齿厚 s 与齿槽宽 e 相等，分度圆直径用"d"表示。

（4）节圆：在两齿轮啮合时，齿廓的接触点将齿轮的连心线分为两段。分别以 O_1、O_2 为圆心，以 O_1c、O_2c 为半径所画的圆，称为节圆，其直径用"d'"表示。齿轮的传动就可以假想成这两个圆在做无滑动的纯滚动。正确安装的标准齿轮，分度圆和节圆直径相等，即 $d=d'$。

（5）齿顶高：分度圆到齿顶圆之间的径向距离，称为齿顶高，用"h_a"表示。

（6）齿根高：分度圆到齿根圆之间的径向距离，称为齿根高，用"h_f"表示。

（7）齿高：齿顶圆到齿根圆之间的径向距离，称为齿高，用"h"表示，$h=h_a+h_f$。

（8）齿厚：在分度圆上，同一齿两侧齿廓之间的弧长，称为齿厚，用"s"表示。

（9）齿间：在分度圆上，齿槽宽度的一段弧长，称为齿间，也称为齿槽宽，用"e"表示。

（10）齿距：在分度圆上，相邻两齿同侧齿廓之间的弧长，称为齿距，用"p"表示。

（11）齿形角（啮合角、压力角）：渐开线圆柱齿轮基准齿形角为 20°，它等于两齿轮啮合时齿廓在节点处的公法线与两节圆的公切线所夹的锐角，称为啮合角或压力角，用字母"α"表示。

（12）中心距：两齿轮回转中心的连线称为中心距，用"a"表示。

（13）模数。如图 2-1-11 所示，分度圆大小与齿距和齿数有关，即：

$$\pi d = pz \quad \text{或} \quad d = z\,p/\pi \quad (2\text{-}1\text{-}16)$$

$$\text{令} \quad m = p/\pi \quad \text{则} \quad d = mz \quad (2\text{-}1\text{-}17)$$

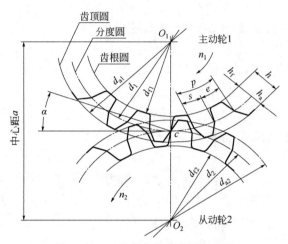

图 2-1-11　齿轮各部分名称和代号

m 称为模数，单位为 mm，模数的大小直接反映出轮齿的大小。一对相互啮合的齿轮，其模数必须相等。为了便于设计和制造齿轮，减少齿轮加工的刀具，模数已标准化，其系列值见表 2-1-2。

表 2-1-2　齿轮各部分尺寸计算公式

基本参数： 模数 m 齿数 z			已知：$m=3$ $z_1=22$ $z_2=42$	
名称	代号	尺寸公式	计算举例	
分度圆	d	$d=mz$	$d_1=66$	$d_2=126$
齿顶高	h_a	$h_a=m$	$h_a=3$	
齿根高	h_f	$h_f=1.25m$	$h_f=3.75$	
齿高	h	$h=h_a+h_f=2.25m$	$h=6.75$	
齿顶圆直径	d_a	$d_a=d+2ha=m(z+2.5)$	$d_{a1}=72$	$d_{a2}=132$
齿根圆直径	d_f	$d_f=d-2h_f=m(z-2.5)$	$d_{f1}=58.5$	$d_{f2}=118.5$
齿距	p	$p=\pi m$	$p=9.42$	
齿厚	s	$s=p/2$	$s=4.71$	
中心距	a	$a=d_1+d_2/2=m(z_1+z_2)/2$	$a=96$	

JBB022　齿轮的规定画法

（14）齿轮规定画法。

① 单个圆柱齿轮画法。

单个齿轮的表达一般只采用两个视图,主视图画成剖视图,可采用半剖。投影为圆的视图应将键槽的位置和形状表达出来。

单个齿轮的表达也可采用一个视图和一个局部视图。当需要表示斜齿轮和人字齿轮的齿线方向时,可用三条与齿线方向一致的细实线表示。

齿顶线和齿顶圆用粗实线绘制。分度线和分度圆用细点画线绘制。齿根线和齿根圆用细实线绘制,也可省略不画。在剖视图中,当剖切平面通过齿轮轴线时,齿根线用粗实线绘制,轮齿按不剖处理,即轮齿部分不画剖面线。

齿轮的零件图应按零件图的全部内容绘制和标注完整,并且在其零件图的右上角画出有关齿轮的啮合参数和检验精度的表格并注明有关参数。

② 两齿轮啮合的画法。

在垂直于齿轮轴线的投影面的视图中,啮合区内的齿顶圆均用粗实线绘制,也可省略不画。两分度圆用点画线画成相切,两齿根圆省略不画。

在剖视图中,啮合区内的两条节线重合为一条,用细点画线绘制。两条齿根线都用粗实线画出,两条齿顶线,其中一条用粗实线绘制,而另一条用虚线或省略不画。

若不画成剖视图,啮合区内的齿顶线和齿根线都不必画出,节线用粗实线绘制。

2. 圆锥齿轮传动

圆锥齿轮用于垂直相交两轴之间的传动。由于圆锥齿轮的轮齿分布在圆锥面上,所以其齿厚、齿高、模数和直径由大端到小端是逐渐变小的。为了便于设计制造,规定圆锥齿轮的大端端面模数为标准模数。在计算各部分尺寸时,齿顶高、齿根高沿大端背锥素线量取,其背锥素线与分锥素线垂直。

画图时,单个锥齿轮常用的表达方法:其主视图一般画成剖视图,在左视图中,用粗实线画出大端和小端的齿顶圆,用点画线画出大端的分度圆。大、小端齿根圆及小端分度圆均不画出。

两圆锥齿轮啮合时,其锥顶交于一点,两分度圆画成相切,主视图画成剖视图,其啮合区域的表达与圆柱齿轮相同。若主视图不剖,两分度圆锥相切处的节线用粗实线绘制。

（四）键、销连接

> JBB023 键连接的规定画法

1. 键连接

键是标准件,它通常可以用来连接轴和轴上的传动零件,如齿轮、皮带轮等,起传递扭矩的作用。通常在轮和轴上分别加工出键槽,再将键装入键槽内,则可实现轮和轴的共同转动。

(1)常用键的标记。

常用键有普通平键(a)、半圆键(b)和钩头楔键(c)。其结构形式、规格尺寸及键槽尺寸等可从标准中查出。

普通平键应用最广,按轴槽结构可分为圆头普通平键(A 型)、方头普通平键(B 型)和单圆头普通平键(C 型)三种形式。普通平键的标记为:名称、公称尺寸、标准代号。

例:键 18×100 GB/T 1096—2003。

（2）键连接的画法。

在采用键连接时，轴和轮的零件图上都应画出键槽，并应标注出尺寸。画普通平键连接图时，一般采用一个主视图和一个左视图来表达它们的装配关系。在主视图中，键和轴均按不剖来绘制。为了表达键在轴上的装配情况，主视图又采用了局部剖。在左视图上，键的两个侧面是工作面，只画一条线。键的顶面与键槽顶面不接触，应画两条线。

（3）钩头楔键的底面和轮毂的底面都有 1∶100 的斜度，连接时将键打入槽内，键的顶面与毂槽底面接触，画图时只画一条线。

2. 销连接

销是标准件，常用的销有圆柱销、圆锥销、开口销等。圆柱销和圆锥销主要用于零件间的连接或定位；开口销用来防止连接螺母松动或固定其他零件。

圆柱销和圆锥销的装配要求较高，其销孔一般要在被连接零件装配后同时加工，并在零件图上加以注明。

| JBB024 滚动轴承的规定画法 |

（五）滚动轴承

1. 概述

滚动轴承是支撑轴的一种标准件。由于结构紧凑、摩擦力小、拆装方便等优点，所以在各种机器、仪表等产品中得到广泛应用。

滚动轴承由内圈、外圈、滚动体和保持架等零件组成。常用的滚动轴承有以下三种，它们通常按受力方向分类：

（1）深沟球轴承：适于承受径向载荷。

（2）圆锥滚子轴承：用于同时承受径向和轴向载荷。

（3）推力轴承：适于承受轴向载荷。

滚动轴承的代号由基本代号、前置代号和后置代号三部分组成。

这三个部分中基本代号是必须要标的，滚动轴承的基本代号表示轴承的基本类型、结构和尺寸，是滚动轴承代号的基础。

（1）滚动轴承基本代号由轴承类型代号、尺寸系列代号、内径代号三部分构成。类型代号由数字或字母表示；尺寸系列代号由轴承宽（高）度系列代号和直径系列代号组合而成，用两位数字表示，其中左边一位数字为宽（高）度系列代号（凡括号中的数值，在注写时省略），右边一位数字为直径系列代号。

（2）前置代号和后置代号是轴承在结构形式、尺寸、公差和技术要求等有改变时，在其基本代号前后添加的补充代号。

2. 滚动轴承的画法

滚动轴承是标准组件，一般不单独绘出零件图，国家标准规定在装配图中采用简化画法和规定画法来表示。

其中简化画法又分为通用画法和特征画法两种。在装配图中，若不必确切地表示滚动轴承的外形轮廓、载荷特征和结构特征，可采用通用画法来表示。即在轴的两侧用粗实线矩形线框及位于线框中央正立的十字形符号表示，十字形符号不应与线框接触。在装配图中，若要较形象地表示滚动轴承的结构特征，可采用特征画法来表示。

在装配图中，若要较详细地表达滚动轴承的主要结构形状，可采用规定画法来表示。此时，轴承的保持架及倒角省略不画，滚动体不画剖面线，各套圈的剖面线方向可画成一致，间隔相同。一般只在轴的一侧用规定画法表达轴承,在轴的另一侧仍然按通用画法表示。

（六）弹簧

JBB025　弹簧的规定画法

弹簧是一种常用件,它通常用来减振、夹紧、测力和储存能量。弹簧的种类多,常见的有螺旋弹簧和涡卷弹簧等。根据受力情况不同,螺旋弹簧又可分为压缩弹簧、拉伸弹簧和扭转弹簧等。

1. 圆柱螺旋压缩弹簧各部分名称及尺寸计算

簧丝直径 d:弹簧钢丝的直径。

弹簧外径 D:弹簧的最大直径。

弹簧内径 D_1:弹簧的最小直径。

$$D_1 = D - 2d \qquad (2\text{-}1\text{-}18)$$

弹簧中径 D_2:弹簧内径和外径的平均值。

$$D_2 = (D + D_1)/2 = D_1 + d = D - d \qquad (2\text{-}1\text{-}19)$$

节距 t:除支撑圈外,相邻两圈沿轴向的距离。

支撑圈数 n_0:为了使压缩弹簧工作时受力均匀,保证轴线垂直于支撑面,通常将弹簧的两端并紧磨平。这部分圈数只起支撑作用,称为支撑圈数,常见的有 1.5 圈、2 圈、2.5 圈 3 种。其中 2.5 圈用得最多。

有效圈数 n:弹簧能保持相同节距的圈数。

总圈数 n_1:有效圈数与支撑圈数之和,称为总圈数。

$$n_1 = n + n_0 \qquad (2\text{-}1\text{-}20)$$

自由高度 H_0:弹簧没有负荷时的高度。

$$H_0 = nt + (n_0 - 0.5)d \qquad (2\text{-}1\text{-}21)$$

弹簧展开长度 L:弹簧丝展开后的长度。

$$L = n_1 \sqrt{(\pi d)^2 + t^2} \qquad (2\text{-}1\text{-}22)$$

2. 弹簧的规定画法

在平行于弹簧轴线的投影面的视图中,各圈的轮廓线画成直线。

螺旋弹簧均可画成右旋,但左旋弹簧不论画成左旋或右旋,一律要注出旋向"左"字。

压缩弹簧在两端有并紧磨平时,不论支撑圈数多少或末端并紧情况如何,均按支撑圈数 2.5 圈的形式画出。

有效圈数在 4 圈以上的螺旋弹簧,中间部分可以省略。中间部分省略后,允许适当缩短图形长度。

3. 弹簧在装配图中的画法

在装配图中,弹簧的画法要注意以下几点:

（1）螺旋弹簧被剖切时,允许只画簧丝剖面。当簧丝直径不大于 2mm 时,其剖面可涂黑表示。

（2）当簧丝直径不大于 2mm 时,允许采用示意画法。

（3）弹簧被挡住的结构一般不画,其可见部分应从弹簧的外径或中径画起。

六、装配图

任何机器都是由若干个零件按一定的装配关系和技术要求装配起来的,用来表达机器或部件的图样,称为装配图。

JBB026 装配图包含的内容

JBB027 装配图画法的基本规则

（一）装配图的内容和表示法

1. 装配图的作用

装配图主要表达机器或部件的结构形状、装配关系、工作原理和技术要求等内容。设计时,一般先画出装配图,再根据装配图绘制零件图;装配时,则根据装配图把各零件装配成部件或机器;同时,装配图又是安装、调试、操作和检验机器或部件的重要参考资料。由此可见,装配图是生产中主要的技术文件之一。

2. 装配图的内容

（1）一组视图。用一组视图表达机器或部件的工作原理、零件间的装配关系、连接方式,以及主要零件的结构形状。如图 2-1-12 所示,球阀装配图中的主视图采用全剖视,表达球阀的工作原理和各主要零件间的装配关系;俯视图表达主要零件的外形,并采用局部剖视表达扳手与阀体的连接关系;左视图采用半剖视,表达阀盖的外形以及阀体、阀杆、阀芯间的装配关系。

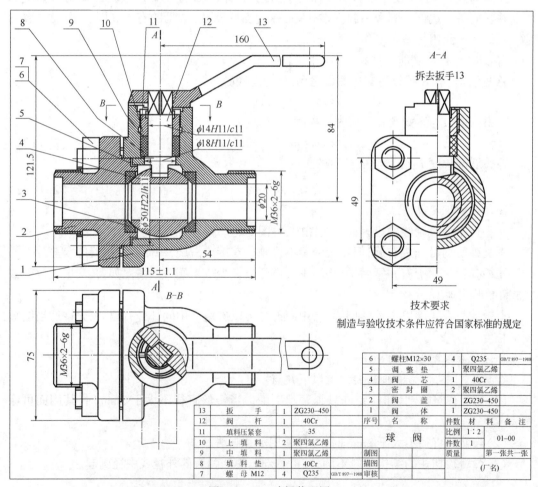

6	螺柱M12×30	4	Q235	GB/T 897—1988
5	调整垫	1	聚四氯乙烯	
4	阀芯	1	40Cr	
3	密封圈	2	聚四氯乙烯	
2	阀盖	1	ZG230-450	
1	阀体	1	ZG230-450	
序号	名称	件数	材料	备注

13	扳手	1	ZG230-450
12	阀杆	1	40Cr
11	填料压紧套	1	35
10	上填料	2	聚四氯乙烯
9	中填料	1	聚四氯乙烯
8	填料垫	1	40Cr
7	螺母 M12	4	Q235	GB/T 897—1988

球阀　比例 1:2　件数 1　01-00

制图　描图　审核　质量　第一张共一张　（厂名）

技术要求
制造与验收技术条件应符合国家标准的规定

图 2-1-12　球阀装配图

（2）必要的尺寸。用来标注机器或部件的规格尺寸、零件之间的配合或相对位置尺寸、机器或部件的外形尺寸、安装尺寸以及设计时确定的其他重要尺寸等。

（3）技术要求。说明机器或部件的装配、安装、调试、检验、使用与维护等方面的技术要求，一般用文字写出。

（4）序号、明细栏和标题栏。在装配图中，为了便于迅速、准确地查找每一零件，对每一零件编写序号，并在明细栏中依次列出零件序号、名称、数量、材料等。在标题栏中写明装配体的名称、图号、比例以及设计、制图、审核人员的签名和日期等。

3. 装配图画法的基本规则

机件的各种表达方法，在装配图的表达中同样适用。但由于机器或部件是由若干个零件组成的，装配图重点表达零件之间的装配关系、零件的主要形状结构、装配体的内外结构形状和工作原理等。机械制图国家标准对装配体的表达方法作了相应的规定，画装配图时应将机件的表达方法与装配体的表达方法结合起来，共同完成装配体的表达。

1）规定画法

（1）实心零件画法。

在装配图中，对于紧固件、轴、键、销等实心零件，若按纵向剖切，且剖切平面通过其对称平面或轴线时，这些零件均按不剖绘制。

（2）相邻零件的轮廓线画法。

相邻两零件的非接触面或非配合面，应画出两条线，表示各自的轮廓。相邻两零件的基本尺寸不相同时，即使间隙很小也必须画出两条线。接触表面（或基本尺寸相同的配合面），只用一条共有的轮廓线表示。

（3）相邻零件的剖面线画法。

在剖视图或断面图中，相邻两零件的剖面线的倾斜方向应相反或方向相同而间隔不同；如两个以上零件相邻时，可改变第三零件剖面线的间隔或使剖面线错开，以区分不同零件。如图 2-1-12 所示的剖面线画法。在同一张图样上，同一零件的剖面线的方向和间隔在各视图中必须保持一致。

（4）在剖视图中，对于标准件（如螺栓、螺母、键、销等）和实心的轴、手柄、连杆等零件，当剖切平面通过其基本轴线时，这些零件均按不剖绘制，即不画剖面线，如图 2-1-12 所示主视图中的阀杆 12。当需表明标准件和实心件的局部结构时，可用局部剖视表示，如图 2-1-12 所示的扳手 13 的方孔处。

2）特殊画法

（1）拆卸画法。

在装配图中，当某些零件遮挡住被表达的零件的装配关系或其他零件时，可假想将一个或几个遮挡的零件拆卸，只画出所表达部分的视图，这种画法称为拆卸画法。应用拆卸画法画图时，应在视图上方标注"拆去件××"等字样。

（2）沿接合面剖切画法。

在装配图中，为表达某些结构，可假想沿两零件的接合面剖切后进行投影，称为沿接合面剖切画法。此时，零件的接合面不画剖面线，其他被剖切的零件应画剖面线。

（3）假想画法。

在装配图中，为了表示运动零件的运动范围或极限位置，可采用双点画线画出其轮廓。

（4）夸大画法。

在装配图中，对于薄片零件、细丝弹簧、微小的间隙等，当无法按实际尺寸画出或虽能画出但不明显时，可不按比例而采用夸大画法画出。如图2-1-12所示主视图中调整垫5的厚度和图2-1-13所示的垫片，就是夸大画出的。

3）简化画法

（1）在装配图中，零件的工艺结构如小圆角、倒角、退刀槽等允许不画出；螺栓、螺母、的倒角和因倒角而产生的曲线允许省略，如图2-1-13所示。

（2）在装配图中，若干相同的零件组（如螺纹紧固件组等），允许仅详细地画出一处，其余各处以点画线表示其位置，如图2-1-13所示的螺钉画法。

（3）在装配图中，滚动轴承按GB/T 4459.7—2017的规定，开采用特征画法或规定画法。图2-1-13中滚动轴承采用了规定（简化）画法。在同一图样中，一般只允许采用同一种画法。

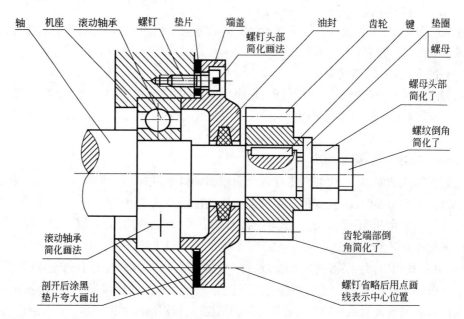

图2-1-13　装配图中的简化画法

（4）在剖视图或断面图中，如果零件的厚度在2mm以下，允许用涂黑代替剖面符号，如图2-1-13所示的垫片。

（二）装配图中的尺寸标注、零部件序号和明细栏

1. 装配图的尺寸标注

装配图中，不必也不可能注出所有零件的尺寸，只需标注出说明机器或部件的性能、工作原理、装配关系、安装要求等方面的尺寸。这些尺寸按其作用分为以下几类：

（1）性能（规格）尺寸。

表示机器或部件性能（规格）的尺寸。这类尺寸在设计时就已确定，是设计、了解和选用该机器或部件的依据，如图2-1-12所示球阀的管口直径$\phi20$。

（2）装配尺寸。

由两部分组成，一部分是各零件间配合尺寸，如图 2-1-12 所示的 φ50H11/h11 等尺寸。另一部分是装配有关零件间的相对位置尺寸，如图 2-1-12 所示左视图中的 49。

（3）外形尺寸。

表示装配体外形轮廓大小的尺寸，即总长、总宽和总高。它为包装、运输和安装过程所占的空间提供了依据。如图 2-1-12 所示球阀的总长、总宽和总高分别为 115±1.1、75 和 121.5。

（4）安装尺寸。

机器或部件安装时所需的尺寸，如图 2-1-12 所示主、左视图中的 84、54 和 M36×2-6g 等。

（5）其他重要尺寸。

它是在设计中确定，又不属于上述几类尺寸的一些重要尺寸，如运动零件的极限尺寸、主体零件的重要尺寸等。

上述五类尺寸，并非在每一张装配图上都必须注全，有时同一尺寸可能有几种含义，如图 2-1-12 所示的 115±1.1，它既是外形尺寸，又与安装有关。在装配图上到底应标注哪些尺寸，应根据装配体作具体分析后进行标注。

2. 装配图中的零、部件序号和明细栏

为了便于读图、进行图样管理和做好生产准备工作，装配图中的所有零、部件必须编写序号，并填写明细栏。

1）零、部件序号的编排方法

常用的编号方式有两种：一种是对机器或部件中的所有零件按一定顺序进行编号；另一种是将装配图中标准件的数量、标记按规定标注在图上，标准件不占编号，而对非标准件（即专用件）按顺序进行编号。零、部件序号包括指引线、序号数字和序号排列顺序。

（1）指引线。

① 指引线用细实线绘制，应从所指零件的轮廓线内引出，并在末端画一圆点，如图 2-1-14 所示。若所指零件很薄或为涂黑断面，可在指引线末端画出箭头，并指向该部分的轮廓，如图 2-1-15 所示。

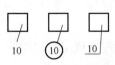

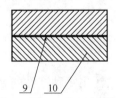

图 2-1-14　指引线画法　　　　　图 2-1-15　指引线末端为箭头的画法

② 指引线的另一端可弯折成水平横线、为细实线圆或为直线段终端，如图 2-1-14 所示。

③ 指引线相互不能相交,当通过有剖面线的区域时,不应与剖面线平行。必要时,指引线可以画成折线,但只允许曲折一次。

④ 一组紧固件或装配关系清楚的零件组,可采用公共指引线,如图 2-1-16 所示。

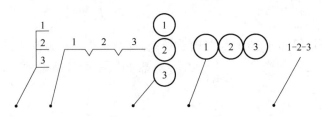

图 2-1-16　公共指引线

(2)序号数字。

① 序号数字应比图中尺寸数字大一号或两号,但同一装配图中编注序号的形式应一致。

② 相同的零、部件的序号应为一个序号,一般只标注一次。多次出现的相同零、部件,必要时也可以重复编注。

(3)序号的排列。

在装配图中,序号可在一组图形的外围按水平或垂直方向顺次整齐排列,排列时可按顺时针或逆时针方向,但不得跳号。当在一组图形的外围无法连续排列时,可在其他图形的外围按顺序连续排列。

(4)序号的画法。

为使序号的布置整齐美观,编注序号时应先按一定位置画好横线或圆圈(画出横线或圆圈的范围线,取好位置后再擦去范围线),然后再找好各零、部件轮廓内的适当处,一一对应地画出指引线和圆点。

2)明细栏

明细栏是机器或部件中全部零件的详细目录,应画在标题栏上方,当位置不够用时,可续接在标题栏左方。明细栏外框竖线为粗实线,其余各线为细实线,其下边线与标题栏上边线重合,长度相等。填写内容应遵守下列规定:

(1)零件序号应自下而上。如位置不够时,可将明细栏顺序画在标题栏的左方。当装配图不能在标题栏的上方配置明细栏时,可作为装配图的续页,按 A4 幅面单独给出,其顺序应自上而下。

(2)"代号"栏内,应注出每种零件的图样代号或标准件的标准编号,如 GB/T 891—1986。

(3)"名称"栏内,注出每种零件的名称,若为标准件应注出规定标记中除标准号以外的其余内容。对齿轮、弹簧等具有重要参数的零件,还应注出参数。

(4)"材料"栏内,填写制造该零件所用的材料标记,如 HT150。

(5)"备注"栏内,可填写必要的附加说明或其他有关的重要内容。标准件的国家标准号应填写在"备注"中。制图作业中建议使用图 2-1-17 所示格式。

12	30	46	12	20	20	
8	JB/T 7940.3—1995	油 杯B12	1			7
7	GB/T 6170—2000	螺 母M12	4			7
6	GB/T 8—1988	螺 栓M12×130	2			7
5		轴 衬 固 定 套	1	O235-A		7
4		上 轴 衬	1	OAL9-4		7
3		轴 承 盖	1	HT150		7
2		下 轴 衬	1	OAL9-4		7
1		轴 承 座	1	HT150		7
序 号	代 号	名 称	数 量	材 料	备 注	10
设 计				(单　位)		7
校 核		比 例		滑动轴承		7
审 核		共　张　第　张		(图 号)		7
		12				

图 2-1-17　标题栏和明细栏样式

项目二　测算分析注水管网效率

一、准备工作

(一)设备

注水管网系统 1 套。

(二)材料、工具

记录纸若干张、碳素笔 1 支、计算器 1 台。

(三)人员

工服、工帽、工鞋穿戴整齐。

二、操作规程

(1)录取注水干线管网压力、注水井井口压力、干线水表水量、注水井注入水量。

(2)写出管网效率的含义及与系统效率的关系。

(3)列出注水管网效率计算公式,并写出式中符号代表意义。

(4)将参数代入公式,分步计算,并以法定单位进行换算。

(5)根据数值分析注水管网效率,并提出提高管网效率的建议。

三、技术要求

管网效率计算公式:

$$\eta_{管} = \frac{p}{p+\Delta p} \times 100\% \tag{2-1-23}$$

四、注意事项

（1）录取数据一定要在系统稳定、各项参数波动较小时录取。

（2）每项数据录取间隔时间要短。

（3）读取压力表数值时，目光与压力表表面垂直。

（4）各项参数按国际单位统一填写。

项目三 测算分析注水系统效率

一、准备工作

（一）设备

注水管网系统 1 套。

（二）材料、工具

记录纸若干张、碳素笔 1 支、计算器 1 台。

（三）人员

工服、工帽、工鞋穿戴整齐。

二、操作规程

（1）录取电压、电流并记录电动机铭牌上的功率因数，将数据代入公式计算电动机效率。

（2）取准泵的进出口压力、泵流量，将数据代入公式计算泵效。

（3）录取注水泵管网平均压力、注水井口平均压力，将数据代入公式计算管网效率。

（4）将电动机效率、泵效率、管网效率代入公式计算。

（5）根据计算结果进行分析。

（6）提出提高管网效率的合理建议。

三、技术要求

（1）泵效率计算公式：

$$\eta_{泵} = \frac{N_{有}}{N_{轴}} \times 100\% \tag{2-1-24}$$

$$N_{有} = \frac{\Delta p Q}{3.672} \tag{2-1-25}$$

$$N_{轴} = \frac{\sqrt{3} I U \cos\phi \eta_{电}}{1000} \tag{2-1-26}$$

(2)系统效率计算公式：

$$\eta_{系统} = \eta_{电}\ \eta_{泵}\ \eta_{管网} \tag{2-1-27}$$

四、注意事项

(1)录取数据一定要在系统稳定、各项参数波动较小时录取。

(2)每项数据录取间隔时间要短。

(3)读取压力表、电压表、电流表数值时，目光与仪表表面垂直。

(4)各项参数按国际单位统一填写。

项目四　测算分析流体流动状态

一、准备工作

(一)设备
注水管网系统1套。

(二)材料、工具
记录纸若干张、碳素笔1支、计算器1台。

(三)人员
工服、工帽、工鞋穿戴整齐。

二、操作规程

(1)录取临界流速、动力黏度、运动黏度，并记录管线内径、液体密度。

(2)列出雷诺数 Re 计算公式，并写出式中符号代表意义。

(3)将参数代入公式，分步计算，并以法定单位进行换算。

(4)判断液体流态，记录。

(5)分析产生这种流态的原因。

三、技术要求

流体流态计算公式：

$$Re = \frac{Dv}{v} \tag{2-1-28}$$

四、注意事项

(1)录取数据时仪表指示要准确。

(2)各项参数按国际单位统一填写。

项目五　测算注水单耗

一、准备工作

(一)设备

注水管网系统 1 套；

(二)材料、工具

记录纸若干张、碳素笔 1 支，计算器 1 台，等熵温升修正值表 1 份，生料带 1 卷，0~50℃ 标准温度计 2 支(精度 0.1)，-0.1~0.15MPa 真空精密压力表 1 块(精度 0.4)，0~25MPa 精密压力表 1 块(精度 0.4)，200mm、250mm 活动扳手各 1 把。

(三)人员

工服、工帽、工鞋穿戴整齐。

二、操作规程

(1)将泵进出口压力表更换为精密压力表，并在泵进出口管线上分别插入标准温度计。

(2)录取泵进出口温度、压力。

(3)将参数代入公式计算。

(4)提出降低单耗的合理建议。

三、技术要求

(1)读取压力表数值时，目光与压力表表面垂直。

(2)读取温度计数值时，温度计的玻璃泡要继续留在液体中，视线与温度计液柱的上表面相平。

(3)注水单耗计算公式：

① 温差法计算注水单耗公式为：

$$DH = 0.2924[\Delta p + 4.1868(\Delta t - t_s)] \tag{2-1-29}$$

$$\Delta t = t_2 - t_1 \tag{2-1-30}$$

$$\Delta p = p_2 - p_1 \tag{2-1-31}$$

式中　DH——注水泵的单耗，$(kW \cdot h)/m^3$；

$\quad\quad t_1$——注水泵进口水温，℃；

$\quad\quad t_2$——注水泵出口水温，℃；

$\quad\quad t_s$——等熵温升修正值(查等熵温升修正值表可得)，℃；

$\quad\quad \Delta p$——注水泵出口、进口压差，MPa。

② 统计法注水单耗的计算。

(a)注水系统单耗计算公式为：

$$DH = W_1/V_1 \tag{2-1-32}$$

式中　DH_1——注水系统单耗，$(kW \cdot h)/m^3$；

W_1——注水系统电动机耗电量,kW·h;

V_1——注水系统注水量,m^3。

（b）注水站单耗计算公式为：

$$DH_2 = W_2/V_2 \tag{2-1-33}$$

式中 DH_2——注水站单耗,(kW·h)/m^3;

W_2——注水站电动机耗电量,kW·h;

V_2——注水站输出水量,m^3。

（c）注水泵机组单耗计算公式为：

$$DH_3 = W_3/V_3 \tag{2-1-34}$$

式中 DH_3——注水泵机组单耗,(kW·h)/m^3;

W_3——注水泵机组耗电量,kW·h;

V_3——注水泵机组输出水量,m^3。

四、注意事项

（1）录取数据一定要在系统稳定、各项参数波动较小时录取。

（2）每项数据录取间隔时间要短。

（3）各项参数按国际单位统一填写。

项目六　用 AudoCAD 绘制零件图

一、准备工作

（一）设备

计算机 1 台、HP-5000 打印机 1 台。

（二）材料、工具

A4 打印纸若干；

（三）人员

工服、工帽、工鞋穿戴整齐。

二、操作规程

（1）检查计算机、绘图仪（打印机）完好。

（2）启动 AutoCAD 程序。

（3）绘制简单机械零件图。

（4）标注尺寸。

（5）填写技术要求。

（6）绘制标题栏。

（7）按要求通过绘图仪或打印机输出打印。

三、技术要求

（1）零件图布局要合理。

（2）绘图层次要分明。

（3）线条粗细、尺寸标注要清楚。

四、注意事项

（1）要根据图幅的大小合理选择尺寸比例。

（2）标题栏内图纸的要求要填写清楚。

项目七　识读注水站工艺安装图

一、准备工作

（一）材料、工具

注水站工艺安装图1套、记录纸若干、碳素笔1支。

（二）人员

工服、工帽、工鞋穿戴整齐。

二、操作规程

（1）准备纸、笔和注水站工艺安装图。

（2）先看清图纸说明，熟悉掌握有关技术要求和标准。

（3）确定所有设备（如机泵、容器）的规格、型号、数量、安装位置。

（4）掌握总体平面图和安装图上各单体工艺安装图的技术要求。

（5）看图上共计有多少根管线，并根据图上标注的尺寸及编号确定每根管线的规格、材质、位置、管中介质性质及流向。

（6）看各部分的立面剖视图，确定各层管线的高度及位置，确定管线之间是重叠还是交叉。

（7）确定安装图中各种管阀配件、仪器仪表的名称、规格、型号、数量、安装位置。

（8）根据安装图中每条管线所标注的标高，确定该管线哪部分在地下、哪部分在地上。

（9）弄懂各部分立面图、剖视图的形状后，再根据投影关系综合在一起去想象，对各条管线形成一个完整认识，把所有管线的立体形状、空间走向完整勾勒出来。

三、注意事项

要严格按照规定顺序识读。

模块二 处理设备故障

项目一 相关知识

一、离心式注水泵常见故障处理

(一)离心式注水泵平衡盘磨损过快的原因及处理方法

1. 原因

(1)轴向推力过大,平衡效果差。

(2)平衡盘颈部间隙小,平衡盘推不开。

(3)平衡管及进出口孔道堵塞,平衡盘背侧压力泄不掉。

(4)泵启动后,由于放空没放净空气抽空,造成轴向推力太大。

(5)频繁启停。

2. 处理方法

(1)调整平衡机构。

(2)适当扩大颈部间隙。

(3)清理检查平衡管及孔道,保证畅通。

(4)放空彻底,合理操作,控制好泵流量和罐的液面。

JBC001 离心式注水泵平衡盘严重磨损的处理方法

(二)离心式注水泵平衡管压力过高的原因及处理方法

1. 原因

(1)平衡套与平衡盘磨损,间隙过大。

(2)泄压套或安装套磨损。

(3)平衡管结垢。

(4)平衡管压力表损坏。

(5)来水压力过高。

2. 处理方法

(1)检修更换平衡机构。

(2)更换磨损严重的零部件。

(3)清除平衡管内污垢。

(4)校验或更换平衡管压力表。

(5)合理控制离心式注水泵的启停。

JBC002 离心式注水泵平衡管压力过高的处理方法

(三)离心式注水电动机运行时温度过高的原因及处理方法

1. 原因

(1)冷却水没有或冷却水系统不通畅。

JBC003 离心式注水泵电动机运行温度过高的处理方法

（2）电动机运行负荷过大。

（3）电源电压过低或三相电压不平衡。

（4）周围环境温度过高。

2. 处理方法

（1）首先,检查冷却水泵是否停运,如停运重新投入运行;其次,检查冷却水管线及阀门是否畅通,如不通畅通知队里停运更换或维修;再次,检查冷却器是否堵塞。

（2）调整泵的排量,减少电动机负荷。

（3）与变电所联系调整电源三相电压。

（4）首先,开窗通风,降低环境温度;其次,降低电动机冷却水温度。

JBC004　离心式注水泵停泵后,盘不动泵的处理方法

（四）运转中的离心式注水泵停泵后转子盘不动的原因及处理方法

1. 原因

（1）对清水污水混注的泵可以考虑结垢严重,间隙过小。

（2）运转时间长,配件有破碎现象,卡死泵轴。

（3）操作不合理,平衡盘咬死。

（4）泵轴刚度不够,弯曲严重。

（5）脏物进入泵内。

（6）密封填料过紧。

2. 处理方法

发生此类现象时,应对泵进行解体检查处理:

（1）清洗水垢。

（2）检修更换内部零部件。

（3）检修或更换平衡盘。

（4）检修或更换泵轴。

（5）拆卸清理。

（6）调整密封填料松紧度。

JBC005　离心式注水泵总扬程不够的处理方法

（五）离心式注水泵的总扬程不够的原因及处理方法

1. 原因

（1）电动机转数不够。

（2）出口阀开度过大,排量过大。

（3）叶轮流道堵塞。

（4）泵内过流部件间隙过大。

（5）密封口环磨损严重。

（6）平衡机构磨损严重。

（7）泵压力表失灵,指示不准或压力表损坏。

2. 处理方法

（1）查明电动机转数低的原因并处理。

（2）控制出口阀,调整排量在合理范围内。

（3）清除叶轮流道堵塞物。

(4)停泵,解体检查和调整泵内各部间隙。

(5)更换级间密封口环。

(6)停泵检查平衡盘间隙。

(7)校验或更换压力表。

(六)机械密封常见故障的原因及处理方法

1.机械密封发生振动、发热、冒烟和泄漏液体故障的原因及处理方法

1)原因

(1)端面宽度过大。

(2)端面比压过大。

(3)动、静环表面粗糙。

(4)转动体与密封腔间隙过小,泵轴摆动引起碰撞。

2)处理方法

(1)减小端面宽度。

(2)降低弹簧压力,减小端面比压。

(3)更换表面粗糙度低的动、静环。

(4)增大密封腔内径或更换直径较小的转动体,使转动体与密封腔的间隙保持在0.7mm;校直泵轴或找同心。

2.机械密封端面漏失严重,泄漏的液体夹带杂质故障的原因及处理方法

1)原因

(1)摩擦副端面歪斜,平直度不够。

(2)传动、止推部件结构不良,有杂质,固化介质黏结,使动环失去浮动性。

(3)固体颗粒进入摩擦副动、静环端面间。

(4)弹簧弹力不够,造成端面比压不足而磨损,失去补偿作用。

(5)摩擦副端面宽度过小。

(6)端盖与轴不垂直,偏移量过大。

(7)动静环浮动性差。

2)处理方法

(1)调整摩擦副端面的平直度。

(2)改造传动止推部件结构,防止杂质堵塞,清除密封元件上的固化黏结介质。

(3)清除摩擦副动、静环端面间固体颗粒。

(4)更换符合技术要求的弹簧。

(5)增大摩擦副端面宽度,提高比压值。

(6)调整端盖与轴平直度。

(7)改善密封胶圈的弹性,适当增加动、静环与轴的间隙。

3.机械密封轴向泄漏严重故障的原因及处理方法

1)原因

(1)密封胶圈与轴配合过紧或过松。

(2)密封胶圈质量差,过硬或过软,耐腐蚀性和耐温性差,老化变形或破裂黏结。

JBC021　机械密封振动发热的原因

JBC022　机械密封漏失严重的原因

（3）安装时不慎，密封胶圈卷边、拧劲、压偏。

（4）密封介质压力过小，静环脱离静环座。

2）处理方法

（1）选择、更换合理配合尺寸的密封圈。

（2）更换质量合格的密封圈。

（3）密封环与泵轴的过盈量选择应合适，安装要小心谨慎。

（4）调节密封液压力，改进密封结构。

4. 机械密封间断性泄漏故障的原因及处理方法

1）原因

（1）轴窜量过大，动环来不及补偿位移。

（2）操作不平稳，密封腔内压力变化过大。

（3）机泵周期性振动过大。

2）处理方法

（1）严格执行机泵维修保养规程，做到勤检查、勤调整、勤保养。

（2）平稳操作，缓慢开关泵出口阀门。

（3）机泵找轴同心，紧固各部件固定螺栓。

5. 机械密封出现突然漏失故障的原因及处理方法

1）原因

（1）泵发生严重抽空，破坏了机械密封的机械性能。

（2）弹簧因泵反转而被扭断，防转销钉被切坏或顶住。

（3）动环或静环断裂，或密封胶圈老化破碎。

（4）机械密封固定螺栓松动，造成其正常工作位置的移动或偏斜。

2）处理方法

（1）立即停泵，放空排净泵内余气后，重新启泵。

（2）更换弹簧，更换或修复防转销钉。

（3）停泵放空泄压，排净泵内余液，拆卸更换损坏部件，重新装配好。

（4）停泵放空泄压，排净泵内余液，找正机械密封的正常工作位置，并紧固固定螺栓，更换老化损坏的密封胶圈。

JBC010 柱塞泵动力端出现撞击声的处理方法

二、柱塞泵常见故障处理

（一）动力端出现撞击声的原因及处理方法

1. 原因

（1）连杆螺栓、螺母松动。

（2）连杆大头瓦磨损（连杆大头与小头两孔中心线的平行度偏差应在 0.30mm/m 以内）。

（3）十字头衬套磨损（十字头销和连杆孔的接触面用涂色法检测）。

（4）十字头与柱塞相连接的卡箍松动（柱塞不应弯曲变形，表面不应有凹痕、裂纹，如果有拉毛、凹痕等缺陷；柱塞的圆柱度偏差不超过 0.15～0.20mm，圆度偏差不超过 0.08～

0.10mm)。

(5)运动机构其他零件松动或损坏。

2.处理方法

(1)拧紧螺母。

(2)更换大头瓦。

(3)更换衬套。

(4)拧紧相应螺栓。

(5)上紧相应螺母或更换零件。

(二)烧轴瓦、烧曲轴的原因及预防措施

JBC011 柱塞泵烧轴瓦、曲轴故障的处理方法

这类故障一般都发生在寒冷季节。

(1)曲轴、轴瓦烧坏的主要原因是:曲轴箱内的机油温度低、黏度大,没有进行充分的盘泵磨合,致使轴瓦与曲轴的工作面没进入足量的机油,导致摩擦过热,使曲轴与轴瓦工作面烧坏或烧结在一起。此类故障一般不易及早发现,一旦发现,轴瓦、曲轴已严重损伤,只能报废而换新的。

(2)预防措施:除了保证柱塞泵使用的机油对路、质量优良、清洁及按严格的定期检验制度进行检定更换外,在冬季由于机油黏度大,又无预热条件,要严格做好启泵前盘车工作。

(三)泵头刺穿、裂纹的现象及原因

1.现象

(1)泵头工作缸中的高压水沿柱塞运动方向正面刺穿。

(2)泵头工作缸与泵头螺栓孔之间横向刺穿。

(3)泵头内侧柱塞孔边缘出现径向裂缝。

(4)阀座的侧面刺穿。

2.原因

(1)前三种故障主要是由损坏部件的材料组织不均匀或应力集中所造成的,即泵在工作过程中在交变应力和冲出应力的作用下逐渐形成裂纹,最终被高压水穿透,导致泵头报废。

(2)后一种故障的原因是:检修或更换排液阀座时,安装孔或阀座表面不清洁,砂粒、铁屑之类的脏物未清除干净。安装后使阀座与阀座孔之间接触不良,有微小缝穴,当泵工作时,高压水沿阀座侧有杂物的地方渗流逐渐形成缺口并刺透阀座。

(四)柱塞拉伤的原因及处理方法

柱塞拉伤是指柱塞表面的镀层拉伤,而导致泄漏。

(1)柱塞拉伤的原因是:密封圈上沾有砂土或铁屑之类比较坚硬的小颗粒,当把这种密封圈装入柱塞总成上使用时,由于运动着的柱塞与密封圈始终紧密接触,将造成柱塞表面拉伤和损坏。

(2)处理方法:更换柱塞。

(五)曲轴断裂的原因及处理方法

多见于曲轴尺寸较长的五柱塞泵。

1. 主要原因

（1）材料组织不均匀,存有气孔、夹杂质等缺陷;或因热处理、机械加工不完善而形成应力集中等。

（2）泵在运行中,遇到突然停电、系统憋压停泵、紧急停泵等非常情况时,急速停转,使曲轴在瞬间承受较大的冲击载荷,易造成曲轴的损伤、裂纹甚至断裂。

2. 处理方法

（1）按标准对新安装的柱塞泵进行验收,及时发现不合格部件。

（2）制定应急预案,当泵紧急停泵时,合理有效处置,最大限度减少曲轴损伤。

（六）柱塞密封泄漏严重的原因及处理方法

1. 原因

（1）柱塞密封填料函调节螺母太松。

（2）密封圈磨损严重。

2. 处理方法

（1）调整调节螺母的压紧量。

（2）调换损坏的密封圈。

（七）柱塞泵泵压不稳的原因及处理方法

1. 原因

（1）蓄能器充气不足或胶囊损坏。

（2）泵的进排液阀、密封圈泄漏。

2. 处理方法

（1）更换胶囊或将蓄能器充足气。

（2）更换损坏的进排液阀或密封圈。

三、汽蚀对泵的影响及提高泵抗汽蚀的措施

JBC006　汽蚀
对离心泵的危害

（一）汽蚀所产生的严重后果

1. 汽蚀对离心泵产生的影响

（1）振动和噪声。汽泡溃灭时,液体质点相互冲击,会产生各种频率范围的噪声。在汽蚀严重时,可以听到泵内有"噼噼、啪啪"的爆炸声,同时机组振动,在这种情况下,机组就不应继续工作。

（2）对泵性能曲线的影响。离心泵开始发生汽蚀时,汽蚀区域较小,对泵的正常工作没有明显影响,在泵性能曲线上也没有明显反映。但当汽蚀发展到一定程度时,汽泡大量产生,堵塞流道,使泵内液体流动的连续性遭到破坏,泵的流量、扬程和效率均会明显下降,在泵性能曲线上出现"断裂"工况,最后造成液流间断,泵就"抽空"断流。

（3）对泵流道材料的破坏。泵的叶轮叶片入口处压力最低,所以受汽蚀的部位多在叶片入口边内靠前盖板处和叶片入口边附近。被汽蚀的表面特征有海绵状、沟槽状、鱼鳞状等。严重时,整个叶片和前后盖板都有这种现象,甚至使叶片和盖板被穿透。

JBC007　汽蚀
对柱塞泵的危害

2. 汽蚀对柱塞泵的影响

（1）冲击和振动。

（2）对泵性能的影响。柱塞泵发生汽蚀时，由于液缸内的液体充满程度下降，导致泵的流量、扬程和效率都随之下降。

（3）损坏运动零部件。

汽蚀对水力机械的正常运转威胁很大，也是影响水力机械向高速发展的巨大障碍，所以，研究汽蚀过程的客观规律，提高泵的抗腐蚀性能，是水力机械的使用和发展中的重要问题。

柱塞泵在吸入过程中，液缸内的压力 $p_{吸}$ 一般都比较低，在液体温度为某一数值情况下，$p_{吸}$ 有时可能不大于 p_t，部分液体在液缸内开始汽化，其结果将使泵的吸入充满程度开始降低，甚至产生水击现象。严重的水击导致泵零件损坏，降低泵的使用寿命。为了避免上述现象，则应使液缸内的最小吸入压力 $p_{吸}$ 始终大于液体在同温度时的汽化压力 p_t。因此，在柱塞泵的吸入计算中，以 $\dfrac{p_{吸min}}{\gamma} > \dfrac{p_t}{\gamma}$ 作为保证正常吸入的充分条件，即：

$$\frac{p_A}{\gamma} - \left(Z + \frac{v^2}{2g} + h_{阻} + h_{惯} + K_{阻} + K_{惯}\right) > \frac{p_t}{\gamma} \tag{2-2-1}$$

式中　p_A——吸液罐液面上的压力，MPa；

$\quad\quad p_t$——同温度时的汽化压力，MPa；

$\quad\quad \gamma$——液体的密度，g/cm^3；

$\quad\quad h_{阻}$——管路局部阻力压头损失，m；

$\quad\quad h_{惯}$——管路的惯性压头损失，m；

$\quad\quad K_{阻}$——泵阀阻力压头损失，m；

$\quad\quad K_{惯}$——泵阀惯性压头损失，m；

$\quad\quad Z$——比位能；

$\quad\quad v$——液流在泵入口处的绝对流速，m/s。

只有满足这个条件，才能保证泵的正常工作。

（二）提高离心泵抗汽蚀性能措施

1. 提高离心泵本身抗汽蚀性能的措施

（1）适当加大叶轮吸入口直径和叶片入口边宽度；改进叶轮吸入口或吸入室的形状，使泵具有尽可能小的汽蚀余量 Δh_r。

（2）采用双吸式叶轮。双吸式叶轮相当于两个单级叶轮背靠背地合并在一起工作，每个叶轮通过 1/2 的泵流量。对整个叶轮来说相当于维持了原单吸的吸入性能，而流量却加大一倍。若流量 Q、转速 n 和比转数 n_s 相同的两台泵，双吸叶轮泵的 Δh_r 与单吸叶轮泵的 Δh_r 之比等于 0.63，所以双吸叶轮具有较好的抗汽蚀性能。

（3）采用合理的叶片进口边位置及前盖板的形状。实践说明，叶片进口边向吸入口延伸越多，抗汽蚀性能越好；前盖板圆弧半径越大，抗汽蚀性能越好。

（4）采用诱导轮。诱导轮装在泵的第一级叶轮的前面，又称为前置诱导轮，当液体流过诱导轮时，诱导轮对液体做功而增加能量，相当于对进入后面叶轮的液体起了增压作用，从而提高了泵的吸入性能。

JBC008　提高离心泵抗汽蚀的措施

（5）采用抗汽蚀材料。当受使用条件所限,不可能完全避免发生汽蚀时,应采用抗汽蚀材料制造叶轮,以延长叶轮的使用寿命。实践证明,材料的韧度和强度越高,硬度和化学稳定性越高,叶轮流道表面越光滑,则抗汽蚀性能越好。

2. 提高装置有效汽蚀余量 Δh_a 的措施

由式 $\Delta h_a = \dfrac{p_A}{\gamma} - \dfrac{p_t}{\gamma} - H_{g1} - h_{A-s}$ 可知,增大吸液罐液面上的压力 p_A,合理确定泵的几何安装高度 H_{g1},都可以提高装置的有效汽蚀余量 Δh_a,从而使泵不发生汽蚀。所以常采用正压进泵,即吸液罐的液面高于泵轴线位置,可大为提高 Δh_a。油田注水站内的注水泵至少要有 2m 以上的灌注头。

此外,尽量减小吸入管路的阻力损失,降低液体的饱和蒸气压,即在设计时尽可能选用管径大些,长度短些,弯头和阀门少些,输送液体的温度尽可能低些等措施,都可提高装置的有效汽蚀余量。若工作条件允许,适当地减小泵的流量或转速,也可避免泵发生汽蚀的可能。

3. 提高柱塞泵抗汽蚀性能的措施

保证泵正常工作,采取下列措施都是有效的:

（1）降低泵的安装高度。

（2）尽量缩短吸入管线,装吸入空气包以降低吸入管内液体的惯性水头。

（3）一般情况下,液体在大气压力作用下,是可以保证正常吸入的。如果特殊需要,如吸入管线必须很长,或在高原地区工作,则应采取离心泵进行灌注,这样就相当于把吸入池液面的压力提高到了离心泵的排出压力。

（4）柱塞泵的吸入是由于液缸内形成真空实现的,如果形成真空的条件被破坏,那么泵也不可能进行正常吸入。例如,吸入管接头密封不严,或其他各处密封不严,或由于柱塞磨损、吸入剌坏等原因引起的故障也造成泵的上水不良。这也是在实际操作中应该注意的。

JBC009 提高柱塞泵抗汽蚀的措施

JBC012 离心式注水泵的验收要求

四、离心式注水泵机组验收、安装、试运技术要求

（一）机泵安装技术要求

泵的组装由安装单位进行,检查验收由使用单位负责。

1. 泵壳件检验

（1）检查端盖和泵体有无残存铸造气孔、砂眼、结瘤,流道光滑程度。

（2）检查接合面的加工精度、表面粗糙度及介质导向机械密封孔道是否畅通。

2. 泵轴件检验

（1）检查轴表面,不允许有裂纹、磨损、擦伤和锈蚀等缺陷,泵轴允许弯曲程度,轴中部弯曲不得大于 0.05mm,轴颈处不得大于 0.015mm。如发现泵轴不合格时,及时向安装单位提出进行校直或换轴。

（2）检查轴颈圆度,轴颈两端轴径的差允许为 0.02mm,椭圆度不大于 0.02mm。

（3）检查键槽中心线对轴中心线的不同轴度为 0.03/100。

（4）检查轴瓦表面,不应有裂纹、脱层、乌金内夹砂及金属屑等缺陷。轴瓦安装时,用压

铅丝方法测轴瓦与轴颈间的间隙,对于转数为 1500r/min 的顶间隙,取轴颈的(1.5~2)/100,两侧间隙为顶间隙的 1/2。

(5)采用油环润滑的轴承,油环槽两侧要光滑,以保证油环自由转动,轴承安装时,要测轴承间隙,轴承间隙要求达到出厂技术标准。

3. 叶轮检验

(1)检查叶轮铸造是否有气孔、砂眼、裂纹、残存铸造砂等缺陷,流道光滑程度,外形是否对称。

(2)新更换叶轮时,要做静平衡试验,叶轮的静平衡不平衡量允许差值按表 2-2-1 规定。

表 2-2-1 不同直径叶轮静平衡允差表

叶 轮 直 径,mm	叶轮最大直径的静平衡允差,g
200	3
200~300	5
300~400	8
400~500	10
500~700	15

(3)检查叶轮轮毂两端对轴线的不垂直度,不得大于 0.01mm。

4. 转子件检验

(1)转子窜量不大于 0.01~0.15mm。

(2)检查轴套、叶轮与轴不同心度不大于 0.01mm。

(3)检查转子晃动度,见表 2-2-2 至表 2-2-6。

表 2-2-2 轴颈、轴套、叶轮径向、端面跳动允差

单 位	轴颈处,mm	轴套处,mm	口环处,mm	叶轮边缘,mm
径向跳动 端面跳动	0.02	0.05	0.08 0.05	0.5 0.2

表 2-2-3 密封环外径径向跳动允差

名义尺寸,mm	50	50~120	120~260	260~500
跳动允差,mm	0.06	0.08	0.09	0.10

表 2-2-4 轴套、挡套、平衡盘外圆径向跳动允差

名义尺寸,mm	50	50~120	120~260	260~500
跳动允差,mm	0.03	0.04	0.05	0.06

表 2-2-5 平衡盘端面跳动允差

名义尺寸,mm	50~120	120~260	260~500
跳动允差,mm	0.04	0.05	0.06

表 2-2-6 装有机械密封的轴和轴套径向跳动允差

轴或轴套直径,mm	16~18	30~60	65~80	85~100
径向跳动允差,mm	0.06	0.08	0.10	0.12

（4）轴、叶轮与轴承肩、轴套两端面的协同中心线的不垂直度应小于 0.5mm。

（5）轴与轴固定接合的圆柱面必须同心，不同心度不得大于 0.01mm。

5. 填料压盖、填料环检验

（1）填料压盖与轴套直径间隙一般为 0.75~7.0mm。

（2）填料压盖端面与轴的中心线允许不垂直度为填料压盖外径的 1/100。

（3）填料压盖外径与填料箱直径间隙一般为 1.0~1.5mm。

（4）填料环与轴套直径间隙一般为 1.0~1.5mm。

（5）填料环的端面与轴中心线的不垂直度允许为填料环外径的 1/1000。

（6）填料环外径与填料箱内径间隙为 0.15~0.2mm。

6. 泵体、叶轮口环检验

检查泵体口环与叶轮口环径向间隙，应符合表 2-2-7 规定。

表 2-2-7　泵体口环与叶轮口环间隙

口环直径 mm	安装间隙 mm	报废间隙 mm	口环直径 mm	安装间隙 mm	报废间隙 mm
80~120	0.25~0.44	0.96	180~220	0.4~0.63	1.30
120~150	0.30~0.50	1.20	220~250	0.4~0.68	1.30
150~180	0.30~0.65	1.20	250~290	0.45~0.37	1.40

7. 机泵同心度检验

（1）联轴器与轴采用 D/gc 配合，见表 2-2-8。

表 2-2-8　配合松紧程度表

直径，mm	D/gc	
	间隙，mm	过盈，mm
18~30	0.021	0.017
30~50	0.024	0.020
50~80	0.024	0.023
80~120	0.032	0.026
120~180	0.036	0.030

（2）联轴器拆除必须用专用工具，联轴器表面要保持清洁，不得用锤敲打，不许有碰伤。

（3）联轴器的找同心：每半个联轴器装在轴上，其端面跳动不得超过表 2-2-9 规定。

表 2-2-9　半联轴器对轴跳动和两轴不同心允差

联轴器外形 最大直径，mm	半联轴器对 轴径向跳动允差 mm	半联轴器对 轴端面跳动允差 mm	两轴不同心度不应超过	
			径向位移，mm	倾斜
105~170	0.07	0.16	0.05	0.2/1000
190~260	0.08	0.18	0.05	0.2/1000
190~350	0.09	0.20	0.10	0.2/1000
410~500	0.10	0.25	0.10	0.2/1000

（4）两个半联轴器连接前,将两轴做相对转动,任何螺栓对准时,柱销应均能自由穿入各孔。

（5）两个半联轴器连接后,端面的间隙应略大于轴向窜量,并符合表2-2-9规定。

（6）联轴器连接找正检查同心的方法与机组找同心方法相同。

（7）机泵安装后,要按技术规范、质量标准,检验合格。

（二）机泵吊装与找正

（1）机泵的基础验收合格后,方能进行吊装找正。

（2）机泵可采用垫铁安装或无垫铁安装。

JBC013　离心式注水泵的安装要求

（3）底座抄平找正。先用水平仪将底座初步抄平,并用垫铁进行调整,上紧地脚螺栓,进行二次灌浆。当混凝土硬化后,再用水平仪进行正式抄平找正,然后安装泵机组。

（4）泵机组底座安装好后,再分别将泵和电动机吊装在底座上,然后找正找平。具体方法如下:

① 中小型机泵一般用直尺或平直物找正。

直尺找正法:将直尺紧靠在电动机一侧的半联轴器的外圆上,检查泵一侧半联轴器外圆与直尺之间是否有间隙。采用直尺找正时,应用直尺从联轴器的水平和垂直两个方向,分上、下、左、右四个位置进行检查,保证两轴心线在同一直线上,联轴器的径向允差在0.10mm以下。再将塞尺或块规插入联轴器之间,从联轴器的水平和垂直两个方向,分上、下、左、右四个位置进行测量两半联轴器在垂直平面内的间隙是否相等,间隙相等表示机泵轴完全平行,端面的不平行度允差在0.10mm以下。

当机泵轴同心状态不在要求范围内时,通过调整垫片来找正。可先将电动机完全固定好,以电动机为基准,通过增减泵的四个地脚螺栓处的垫片数量来找正。待中心校正后,拧紧机组与底座连接螺栓和联轴器螺栓。

注意:机泵地脚调整垫片不宜过多。

② 大型机泵使用两块百分表找正,这种方法较精确。装好联轴器连接螺栓后,将联轴器找正架卡在泵或电动机半联轴器上,然后将测量径向和轴向的两块百分表对准被测联轴器,分上、下、左、右四个点进行测量,并分别从百分表上读取记录测量值。将上、下、左、右测量值分别相加,即可计算出径向偏差。用同样的方法可得出轴向偏差。找正不能一次成功,应盘动联轴器一周对测量值进行复核,两侧测量值应相等。一般的注水泵误差是径向和轴向不超过0.1mm。

当机泵轴同心状态不在要求范围内时,通过调整垫片来找正。可先将电动机完全固定好,以电动机为基准,通过增减泵的四个地脚螺栓处的垫片数量来找正。待中心校正后,拧紧机组与底座连接螺栓和联轴器螺栓。

注意:机泵地脚调整垫片不宜过多。机组试运后,还需用百分表检查一次找正的误差,并与冷态时对比,最后调整到所要求的误差范围内。

JBC014　离心式注水泵电动机的安装要求

（三）电动机的安装

（1）电动机外壳应有良好的接地,如电动机底座与基础框架能保证可靠的接触,则可将基础框架接地。

（2）电动机底座上部的垫板应进行研磨,垫板与机爪间接触面应达到75%以上,用0.5mm塞尺检查,大中型电动机不应塞进5mm,小型电动机不应塞进10mm。为了方便找平,在机爪下允许垫金属垫片。

（3）检查电动机轴承底面与支撑框架接合面，必须清理干净，使其接触均匀良好。安装时注意在绝缘电动机轴承座下加绝缘垫片，并经绝缘试验，其绝缘阻值不得小于1MΩ。

（4）安装滑动轴承时，转子的轴向窜量应按表2-2-10规定进行检查。

表2-2-10 电动机转子轴向窜动范围

电动机容量,kW	轴向窜动范围,mm	
	向 一 侧	向 两 侧
30~70	1.00	2.00
70~125	1.50	3.00
125以上	2.00	4.00
轴颈直径大于200mm	2/100轴颈直径	2/100轴颈直径

（5）检查测定电动机的定子绕组在运行温度下的绝缘电阻值，不得小于2MΩ/kV，电压在1kV以下和容量在100kW以下的，其绝缘阻值不得小于0.5MΩ，转子绕组的绝缘阻值不得小于0.5MΩ。

（6）电动机在试运下，滑动轴承温度不超过70℃，滚动轴承不超过80℃，B级绝缘电动机温升不超过75℃。

（7）检查验收电动机安装记录和技术资料。

五、电动往复泵维护检修规程

（一）主题内容与适应范围

（1）本规程规定了电动往复泵的检修周期与内容、检修与质量标准、试车与验收、维护与故障处理。

（2）本规程适用于石油化工用DB、DS、WB等型电动往复泵。

（二）检修周期与内容

JBC017 电动往复泵检修时的检查内容

JBC018 电动往复泵检修时的质量标准

1. 检修周期

检修周期见表2-2-11。

根据日常状态监测结果、设备实际运行状况、有无备用设备等情况，可适当进行调整。

表2-2-11 检修周期

检修类别	小修	大修
检修周期,月	6	24

2. 检修内容

1）小修项目

（1）更换密封填料。

（2）检查、清洗泵入口和油系统过滤器。

（3）检查、紧固各部螺栓。

（4）检查、修理或更换进、出口阀组零部件。

(5)检查各部轴承磨损情况。

(6)检查、调整泵的对中情况,更换联轴器零部件。

(7)检查、调整齿轮油泵压力。

(8)检查计量、调节机构,校验压力表、安全阀。

2)大修项目。

(1)包括小修项目。

(2)泵解体,清洗、检查、测量各零部件以及磨损情况。

(3)机体找水平,曲轴及缸重新找正。

(4)检查减速机,更换调整各轴承。

(5)检查机身、地脚螺栓紧固情况。

(6)检查清洗油箱、过滤器和油泵。

3. 检修与质量标准

1)拆卸前准备

(1)掌握泵的运行状况,备齐必要的图纸资料和相关检修记录。

(2)备齐检修工具、量具、起重机具、配件及材料。

(3)切断与泵相连的水、电源,关闭泵管线上的进、出口阀,泵体内部介质置换、吹扫干净,符合安全检修条件。

2)拆卸与检查

(1)拆检联轴器,检查泵对中情况。

(2)拆卸附件及附属管线。

(3)拆卸十字头组件,检查十字头、十字头销轴、十字头与滑板的配合与磨损。

(4)拆卸曲轴箱,检查曲轴、连杆及各部轴承。

(5)拆卸泵体上的进、出口阀,检查各部件及密封。

(6)拆卸工作缸、柱塞,检查缸与柱塞的磨损情况与缺陷。

(7)拆卸减速机盖,检查轴承磨损与齿轮啮合痕迹。

(8)拆卸齿轮油泵,检查齿轮啮合情况。

(9)检查地脚螺栓。

3)检修质量标准

(1)缸体。

① 缸体用放大镜或着色检查,应无伤痕、沟槽或裂纹,发现裂纹应更换。

② 缸体内径的圆度、圆柱度公差值为 0.04mm。

③ 缸体内有轻微拉毛和擦伤时,应研磨修复处理。表面粗糙度为 $Ra1.6$。

④ 必要时对缸体进行水压试验,试验压力为操作压力的 1.25 倍。

(2)曲轴。

① 曲轴安装水平度公差值为 0.05mm/m。

② 清洗、检查曲轴不得有裂纹等缺陷,必要时进行无损探伤。

③ 曲轴的主轴颈、曲轴颈的圆柱度公差值见表2-2-12，其表面粗糙度为 $Ra0.8$。

表 2-2-12　主轴颈、曲轴颈圆柱度公差表

轴颈直径,mm	主轴颈、曲轴颈圆柱度	
	公差值,mm	极限值,mm
<80	0.015	0.05
80~180	0.020	0.10
>180	0.025	0.10

④ 主轴颈圆跳动为0.04mm，主轴颈与曲轴颈的中心线平行度公差值为0.02mm/m。

⑤ 曲轴中心线与缸体中心线垂直度公差值为0.15mm/m。

⑥ 曲轴轴向窜量见表2-2-13。

表 2-2-13　曲轴轴向窜量

主轴颈直径,mm	轴向窜量,mm
≤150	0.20~0.40
>150	0.40~0.80

⑦ 主轴颈、曲轴颈擦伤凹痕面积不大于轴颈面积的2%，轴颈上的沟痕不大于0.10mm，轴颈磨损减少值不大于原轴径的3%。

（3）连杆。

① 连杆两孔及装瓦后的中心线平行度公差值为0.02mm/m。

② 连杆小头为球面，圆度公差值为0.03mm，表面粗糙度为 $Ra1.6$。

③ 检查连杆螺栓孔，螺栓孔若损坏，用铰刀、铰孔修理，并配制新的连杆螺栓。

④ 连杆和连杆螺栓不得有裂纹等缺陷，必要时应进行无损探伤。

⑤ 连杆螺栓拧紧时的伸长不应超过原长度2‰，否则更换。

（4）十字头、滑板。

① 十字头体用放大镜或着色检查，不得有裂纹等缺陷。

② 十字头销轴的圆柱度公差值为0.02mm，表面粗糙度为 $Ra0.8$。

③ 十字头销轴与十字头两端销轴孔用着色法检查，接触良好。

④ 当连杆小头为球面时，球面垫的球面应光滑无凸痕，球面垫与连杆小头的间隙值为 H8/e7。

⑤ 十字头滑板与导轨的间隙值为十字头直径的1‰~2‰，最大磨损间隙为0.50mm，十字头滑板与导轨接触均匀，用着色法检查，接触点不少于2点/cm^2。

⑥ 滑板螺栓在紧固时应有防松措施或涂厌氧胶防止松动。

⑦ 导轨水平度不大于0.05mm。

（5）柱塞。

① 柱塞不应有弯曲变形，表面应无裂纹、沟痕、毛刺等缺陷，表面粗糙度为 $Ra0.8$。

② 柱塞的圆柱度公差值为0.05mm。

③ 柱塞与导向套配合间隙为 H9/f9。

④ 导向套的内孔、外径的圆柱度公差值为 0.10mm。

⑤ 导向套内孔轴承合金不允许有脱壳现象,局部缺陷用同样材料补焊修复。导向套内孔表面粗糙度为 $Ra1.6$。

(6)进、出口阀。

① 进、出口阀的阀座与阀芯密封工作面不得有沟痕、腐蚀、麻点等缺陷,阀芯与阀座成对研磨,环向接触线不间断,组装后用煤油试 5min 不渗漏。

② 检查弹簧,若有折断或弹力降低时,应更换。

③ 阀芯(片)的升程应符合技术要求。

④ 阀装在缸体上必须牢固、紧密,不得有松动和泄漏现象。

(7)轴承。

① 滑动轴承。

(a)轴承合金应与瓦壳接合良好,不得有裂纹、气孔和脱壳现象。

(b)轴与轴衬的接触面在轴颈正下方 60°~90°,连杆瓦在受力方向 60°~75°,用涂色法检查,接触点不少于 2 点/cm^2。

(c)轴衬衬背应与轴承座、连杆瓦座均匀贴合,用涂色法检查,接触面不小于总面积的 70%。

(d)各部滑动轴承配合径向间隙见表 2-2-14。

表 2-2-14　滑动轴承径向间隙

部位名称	径向间隙,mm
主轴轴衬	$(1~2)d/1000$
曲轴轴衬	$(1~1.5)d/1000$
连杆小头轴衬	0.05~0.10

注:d 为轴颈直径。

② 滚动轴承。

(a)滚动轴承的滚子与滚道表面应无坑痕和斑点,转动自如无杂音。

(b)轴与轴承的配合为 H7/k6,轴承与轴承座的配合为 Js7/h6。

(c)滚动轴承在热装时严禁直接用火焰加热。

(8)填料密封。

① 填料函有密封液系统的,密封液管道必须畅通,液封环位置正确。

② 压盖紧固螺栓的松紧程度要均匀一致。

③ 压盖压入填料箱深度一般为一圈的高度,但最小不能小于 5mm。

④ 填料的切口应平行、整齐,安装时切口应错开 120°~180°。

⑤ 填料压入填料函时必须一圈圈压入,严禁多圈同时压入。

⑥ 对于可拆卸填料函,在安装时须保证填料函、柱塞、十字头三者的同心度。

(9)电动机与减速机、减速机与泵的同心度公差值见表 2-2-15。

表 2-2-15　同心度公差值

联轴器名称	联轴器外径，mm	径向圆跳动，mm	端面圆跳动，mm	端面间隙，mm
弹性柱销联轴器	100~190	0.025	0.14	2~5
	>190~260		0.16	
	>260~350	0.10	0.18	2~8
	>350~500		0.20	
齿轮联轴器	150~300	0.15	0.30	
	>300~600	0.20	0.40	

JBC019　试运电动往复泵的要求

4）试车与验收

（1）试车前准备。

① 检查检修记录。

② 检查电气设备、仪表和安全自保系统应灵敏好用。

③ 检查润滑油、油位、油压和油温。

④ 机组盘车两周后，检查应无卡涩及异常响声。

⑤ 零附件齐全好用，设备符合完好标准。

（2）试车。

① 空负荷试车。

（a）按操作规程，启动主机空运 1h，检查应无撞击和异常现象。

（b）检查各部轴承及滑道润滑情况。

（c）确认空试没有问题后，进行负荷试车。

② 负荷试车。

（a）逐渐升高压力到额定压力，如遇不正常情况，应立即停车处理。

（b）检查顶针、单向阀应无卡、漏现象。

（c）缸内应无冲击、碰撞等异常响声。

（d）检查密封填料泄漏情况，泄漏量不大于 30 滴/min，对计量泵泄漏量不大于 3 滴/min，各连接处密封面不应有渗漏现象。

（e）电流及泵出口压力稳定，单向阀工作正常，符合设计要求或满足生产要求。

（f）各部润滑、冷却系统正常，温度和压力符合要求，滑动轴承温度不大于 65℃，滚动轴承温度不大于 70℃。

（g）机体振动情况见表 2-2-16。

表 2-2-16　机体振动

转速，r/min	最大振幅值，mm
<200	0.20
200~400	0.15
>400	0.10

（h）设备负荷运行 24h 合格后交付生产。

5）维护与故障处理

（1）维护。

① 定时检查各部轴承温度。

② 定时检查各出口阀压力、温度。

③ 定时检查润滑油压力,定期检验润滑油油质。

④ 检查填料密封泄漏情况,适当调整填料压盖螺栓松紧。

⑤ 检查各传动部件应无松动和异常声音。

⑥ 检查各连接部件紧固情况,防止松动。

⑦ 泵在正常运行中不得有异常振动声响,各密封部位无滴漏,压力表、安全阀灵活好用。

（2）故障与处理见表2-2-17。

表 2-2-17　电动往复泵常见故障的原因及处理

故障现象	故障原因	处理方法
流量不足或阻塞,或输出压力太低	1. 吸入管道阀门稍有关闭或阻塞,过滤器堵塞 2. 阀接触面损坏或阀面上有杂物使阀面密合不严 3. 柱塞填料泄漏	1. 打开阀门、检查吸入管和过滤器 2. 检查阀的严密性,必要时更换阀门 3. 更换填料或拧紧填料压盖
阀有剧烈敲击声	阀的升程过高	检查并清洗阀门升程高度
压力波动	1. 安全阀导向阀工作不正常 2. 管道系统漏气	1. 调校安全阀,检查、清理导向阀 2. 处理漏点
异常响声或振动	1. 原轴与驱动机同心度不好 2. 轴弯曲 3. 轴承损坏或间隙过大 4. 地脚螺栓松动	1. 重新找正 2. 校直轴或更换新轴 3. 更换轴承 4. 紧固地脚螺栓
轴承温度过高	1. 轴承内有杂物 2. 润滑油质量或油量不符合要求 3. 轴承装配质量不好 4. 泵与驱动机对中不好	1. 清除杂物 2. 更换润滑油、调整油量 3. 重新装配 4. 重新找正
密封泄漏	1. 填料磨损严重 2. 填料老化 3. 柱塞磨损	1. 更换填料 2. 更换填料 3. 更换柱塞

六、附属设备常见故障处理

JBD001　润滑油系统压力高的原因及处理方法

（一）润滑油压力过高的原因及处理方法

1. 原因

（1）润滑油泵的给油量过多,造成油压过高。

（2）总油压阀门闸板脱落,造成油压过高。

（3）总回油阀门开得过小,回油量过少,造成油压过高。

（4）轴瓦内流道堵塞,油流不畅,造成油压过高。

（5）轴承前挡板开孔过小,造成油压过高。

（6）回油管线堵塞，造成油压过高。

2. 处理方法

（1）调整润滑油泵的给油量，合理控制润滑油泵的出口阀门。

（2）检修或更换总油压阀门。

（3）开大回油阀门。

（4）清洗轴瓦流道堵塞物。

（5）更换轴瓦进油挡板，调整挡板开孔。

（6）清洗回油管线堵塞物。

JBD002　润滑油系统压力低的原因及处理方法

（二）润滑油压力过低的原因及处理方法

1. 原因

（1）润滑油泵反转。

（2）油箱液面低。

（3）吸油管路堵塞或漏失严重。

（4）出油管线穿孔。

（5）回流阀门开得过大。

（6）润滑油严重变质，流动性差。

（7）油泵密封漏失严重或损坏。

（8）电动机缺相运行。

2. 处理方法

（1）停泵，维修润滑油泵。

（2）向油箱内加注润滑油，加到油箱的 1/2～2/3 之间。

（3）维修或更换吸油管路。

（4）维修或更换出油管线。

（5）关小回流阀门，使之压力在合理范围内。

（6）清洗油箱及润滑油管线，更换润滑油。

（7）更换油泵密封。

（8）检修或更换电动机。

（三）冷却塔出水温度过高的原因及处理方法

1. 原因

（1）循环水量过大。

（2）布水管（配水槽）部分出水孔堵塞，造成偏流。

（3）进出空气不畅或短路。

（4）室外温度过高。

2. 处理方法

（1）调阀门至合适水量或更换容量匹配的冷却塔。

（2）清除堵塞物。

（3）查明原因、改善空气流通量。

（4）减小冷却水量。

（四）冷却塔有异常噪声或振动的原因及处理方法

1. 原因

（1）风机转速过高或通风量过大。

（2）风机轴承缺油或损坏。

（3）减速箱齿轮损坏。

（4）风机叶片与其他部件碰撞。

（5）皮带与防护罩摩擦。

（6）风机固定螺栓松动。

2. 处理方法

（1）降低风机转速或调整风机叶片角度或更换合适风量的风机。

（2）停机给轴承加油或更换轴承。

（3）停机检查,更换零部件。

（4）停机检查,紧固维修或更换零部件。

（5）紧固防护罩,调整皮带与防护罩之间的间隙。

（6）紧固风机固定螺栓。

（五）单级单吸离心泵密封填料漏失严重或刺水的原因及处理方法

1. 原因

（1）密封填料盒里面衬垫磨损严重,与轴套间隙过大。

（2）泵轴弯曲超过标准。

（3）轴套磨损严重,出现沟槽。

（4）密封填料质量差、不合格或加填方法不对,对接口在同一方向。

（5）泵转动部位磨损、振动过大,间隙过大。

（6）密封填料压盖未上紧或紧偏。

2. 处理方法

（1）更换衬垫或重新镶套。

（2）检修泵轴或更换泵轴。

（3）更换轴套。

（4）更换质量好的密封填料。

（5）检修泵,更换配件,调整好配合间隙。

（6）重新调整密封填料松紧度。

（六）单级单吸离心泵密封填料过热冒烟的原因及处理方法

1. 原因

（1）密封填料硬度过大,没弹性。

（2）密封填料压盖压偏或压得太紧,偏磨轴套。

（3）填料水封环位置不正,冷却水不通。

（4）密封填料长度过长,接头重叠起棱、偏磨。

2. 处理方法

（1）重新选择弹性好的密封填料。

JBD0003　单级单吸离心泵密封填料漏失严重的原因及处理方法

（2）调整压盖，松紧适度，不能偏磨。

（3）找好水封环位置，使冷却水畅通。

（4）切割密封填料长度要准确，切口偏角为30°或45°。

（七）单级单吸离心泵轴承温度过高的原因及处理方法

1. 原因

（1）缺润滑油或油过多，润滑油回油槽堵死。

（2）润滑油杂质太多。

（3）轴承卡死。

（4）泵轴弯曲，轴承倾斜。

（5）轴承间隙过小，严重磨损。

2. 处理方法

（1）调整润滑油注入量。

（2）清洗轴承。

（3）更换轴套。

（4）校正或更换泵轴。

（5）更换合适间隙的轴承。

JBD005 储水罐的清罐操作要求

七、储水罐清罐操作

（一）操作程序

（1）申请清淤施工作业单，经上级同意后方可进行清淤操作。

（2）关闭待清淤储水罐的进水阀门，降低储水罐的液位。

（3）待液位降至4.0m时，关闭该储水罐出口阀门。

（4）打开储水罐底部排污阀门，排净罐内液体。

（5）打开清扫孔，打开人孔，进入罐内进行人工清淤。

（6）清干净后，关闭人孔，关闭清扫孔，稍开进水阀门，试漏。

（7）确认无渗漏后，开大进水阀门，给储水罐上水。

（8）液位升至6.0m后，打开出口阀门，恢复正常生产。

（二）注意事项

（1）操作前必须有施工作业单，现场要设立警戒线，准备好灭火器、运送污泥车辆，如需接电，要有相关用电手续。

（2）关闭储水罐出口阀门前，要确认运行设备流程畅通，防止因关闭此储水罐而造成运行注水泵无水而跳泵。

（3）打开清扫孔前根据估测淤泥量，在清扫孔下方预先挖出一个适当大小的集泥池，并铺上防渗布。

（4）人进入储水罐前要确认储水罐内有害气体在规定范围内方可进入。

（5）进罐清淤时要穿戴防护用具，应使用防爆手电。

（6）清出的淤泥由经警及小队干部共同押运至污泥回收点。

（7）清淤完毕做好记录。

八、金属的腐蚀与结垢

JBD006　金属腐蚀的类型

(一)金属腐蚀

金属物体由于受到周围环境及介质的化学与电化学作用而受到破坏的现象称为金属腐蚀。金属腐蚀分为化学腐蚀和电化学腐蚀。

1. 金属腐蚀的类型

根据油田上各类金属设备和构件的腐蚀过程,可把金属腐蚀分为以下几种类型:

(1)气体腐蚀:当金属在腐蚀性较强的气体作用下,在金属表面上完全没有湿气冷凝情况下的腐蚀为气体腐蚀。这种腐蚀是直接的,如在金属管道中所产生的硫化氢及二氧化碳气体的腐蚀等。

(2)大气腐蚀:金属裸露在大气中,以及在任何潮湿的空气中的腐蚀为大气腐蚀。如油田的金属储罐及架空的管线与空气中的二氧化碳及氧气所引起的化学腐蚀等。

(3)土壤腐蚀:该腐蚀与当地土壤的酸碱度及含盐量有关,由于土壤的酸性和碱性在其他介质的作用下与金属发生作用,产生腐蚀。如埋地金属管道、金属储罐底部与土壤接触部分及设备的底座腐蚀等。

(4)细菌腐蚀:在腐蚀的过程中,由于某种细菌的大量繁殖而加速了腐蚀的程度。

(5)杂散电流的腐蚀:埋设在地下的各种金属管道,因受到杂散电流的影响而造成的金属腐蚀。

(6)水质腐蚀:油田经过处理后的污水也是对金属设备和管道进行腐蚀的一个重要因素。因水中含有溶解氧和硫化物等化学物质,对金属造成的腐蚀也是不可忽视的。

2. 金属腐蚀的方式

JBD007　金属腐蚀的方式

自然界的腐蚀按照腐蚀反应的原理分可分为两类,即化学腐蚀和电化学腐蚀。

(1)化学腐蚀:化学腐蚀是指金属表面与周围介质中的化学物质发生反应而产生的腐蚀。如暴露在大气中的金属管道与水接触产生的氧化铁,金属在施工中要采用氧气切割或焊接,在金属表面留下的氧化等都属于化学腐蚀的现象。

化学腐蚀的特点是:一是在腐蚀过程中没有电流产生;二是腐蚀产物直接生成于发生化学反应的表面区域。

(2)电化学腐蚀:金属的电化学腐蚀是指在金属的表面产生原电池,使金属在电解质溶液的作用下所产生的腐蚀。所谓原电池,是指两种不同的金属相连并浸在电解液中,产生两极,从而组成了原电池系统,随着系统产生的电流,电子从正极流向负极,这样正极就不断被溶解,这些被溶解的部分就是金属的电化学腐蚀。

在发生电化学腐蚀过程中,金属与外部介质发生了电化学反应,产生了电流。因此,电化学腐蚀的特点是:一是腐蚀过程中有电流产生;二是腐蚀过程可分为两个相互独立的反应过程,即阴极反应和阳极反应,阳极产生腐蚀。

3. 金属产生腐蚀电池的三个必要条件

JBD008　金属腐蚀电池的必要条件

(1)金属表面必须有阴极和阳极。阴阳极之间的电位差是腐蚀过程的推动力,电位差的大小可以反映金属腐蚀的倾向,而不能反映金属腐蚀的速度。不同金属在同一种介质中可以产生电位差;同一种金属的不同组分在同一种介质中也会产生电位差,即使同一金属,当它处于不同的周围环境条件下,也会产生电位差。事实上任何金属表面的物理化学性质的不均一性,或者金属接触介质的物理化学性质不同,都能产生电位差。例如,表面膜有裂隙时,裂隙内的金属将成为阳极,表面膜是阴极;金属上的划痕和擦伤处,也都将成为阳极;温度不均一时,温度高的是阳极。

（2）阴极和阳极之间必须有电线相连,才能使自由电子从阳极转移到阴极。

（3）腐蚀体系中必须有电解质存在。即使是纯水也有极少的水发生离解,电解质中的去极化剂如 H^+、氧分子可吸收电子;当介质中含有溶解盐类或介质的导电性很强时,腐蚀将会加剧进行。

JBD009 金属腐蚀在油田中的危害

4.金属在油田水中的常见腐蚀

金属在油田水中的腐蚀是电化学腐蚀,电化学腐蚀可分为全面腐蚀和局部腐蚀。如果腐蚀分布在金属表面上,就称为全面腐蚀。全面腐蚀可以是均匀的,也可以是不均匀的。如果金属表面上的阴阳极非常小,甚至难以分辨,这些大量的微阴极、微阳极在金属表面上变幻不定地分布着,即阴阳极反应同时发生在金属表面上,显然,这时金属遭受的破坏是全面腐蚀。在全面腐蚀的情况下,金属表面的腐蚀电位同等,腐蚀产物可以在整个金属表面上形成,腐蚀产物起到一定的保护作用。如果腐蚀破坏集中在一定区域,而其他部分未被腐蚀,这种腐蚀破坏就称为局部腐蚀。局部腐蚀情况下,金属表面上的阴阳极可以宏观或微观地分辨,并具有各自的电位,腐蚀产物可以在阴阳极之外的地方形成,腐蚀产物起不到保护作用。因此,金属的局部腐蚀比全面腐蚀具有更大危害性,因为金属在腐蚀重量相同的情况下,局部腐蚀破坏集中,容易引起管材和设备的突然泄漏和失去强度,造成重大事故等。金属的中间腐蚀和内腐蚀造成的危害性更大,这种腐蚀在设备外观上没有较为明显的变化,但使设备或构件的机械性能却大为降低,使受力的构件潜伏着很大的危险。

JBD010 金属腐蚀的几种形式

下面重点讨论局部腐蚀,结合油田水的性质,一般常见的金属腐蚀具有以下几种形式。

1）溶解氧腐蚀

油田水中溶解氧浓度在小于 $1mg/L$ 的情况下,也能引起碳钢的严重腐蚀。碳钢在室温不含气的纯水中的腐蚀速度小于 $0.04mm/a$;而水被空气中的氧饱和后,在室温下初始腐蚀速度可达 $0.45mm/a$;碳钢在含盐量较高的油田水中发生的腐蚀将不再是全面腐蚀,有可能是局部腐蚀,其腐蚀速度可高达 $3\sim5mm/a$。

碳钢在接近中性油田水溶液中的溶解氧腐蚀主要有四个过程:一是铁素体放出自由电子成为二价铁离子进入溶液;二是自由电子从阳极铁素体渗入到阴极碳体;三是去极剂溶解氧在渗碳体上吸收电子,阴极反应产物 OH^- 进入溶液;四是阴阳极产物相结合生成 $Fe(OH)_2$ 沉淀。这四个过程最慢的是溶解氧扩散到阴极的速度。因此,溶解氧扩散速度控制了整个过程的腐蚀速度。溶解氧不仅参与了阴极反应,而且还可以将 $Fe(OH)_2$ 进一步氧化成 $Fe(OH)_3$,其反应式为:

$$Fe(OH)_2 + 1/4O_2 + 1/2H_2O =\!\!=\!\!= Fe(OH)_3$$

2）缝隙腐蚀

缝隙腐蚀是由于金属与覆盖物之间出现了缝隙,在某些环境中产生的一种腐蚀形式。如污垢下的腐蚀和沉积物下的腐蚀,螺栓和螺帽之间的腐蚀,金属垫圈和金属之间的腐蚀都是缝隙腐蚀。缝隙腐蚀是一种特殊的局部腐蚀,也是最普通的腐蚀形式之一。

缝隙腐蚀的产生必须具备两个条件：一是要有危害性的阴离子(如氯离子)；二是要有缝隙。作为一个腐蚀部位，缝隙的宽度必须保证有足够的液体能进入，但又要保持缝隙内的液体处于滞留状态。

3)孔蚀

孔蚀又称坑蚀或点蚀，它是在光滑无污垢的金属表面上发生的腐蚀现象。

孔蚀受介质成分的影响，其中主要是氯离子的影响，孔蚀的倾向随氯离子浓度的升高而增加。另外，孔蚀的影响因素还有温度、流速、溶合金属、热处理、加工方法和表面状态等。

4)选择性腐蚀

一般而言，局部腐蚀都是选择性腐蚀，即腐蚀总是在某些特定的部位有选择地进行。选择性腐蚀是指一种多元合金中较活泼金属的溶解，且只发生在两种或两种以上的金属形成固溶体的合金中，较贵重的金属作为阴极保持稳定或重新沉淀；而合金则作为阳极发生溶解。合金的耐腐蚀性随着贵重金属含量的增加而增加。

在油田注水系统中注水泵的叶轮常常由硅黄铜制作，黄铜中的锌易被腐蚀，留下多孔的纯铜，所以叶轮的机械强度大大降低了。

5)磨蚀和空蚀

(1)磨蚀。

泵的叶轮、阀门、弯管等流速变化较大的节流部件，往往会产生磨蚀。磨蚀是腐蚀介质与金属表面之间的相对运动造成的，这类腐蚀常与金属表面上流体的湍流程度有关，因此常称作湍流腐蚀。磨蚀实际上是机械磨耗和腐蚀的联合作用，因此有时也称为磨耗腐蚀。它是电化学腐蚀和机械作用的综合结果。

(2)空蚀。

空蚀(又称汽蚀或空泡腐蚀)是指高速液流和腐蚀共同作用下而引起的一种特殊腐蚀形式。空蚀的特点是接近金属表面的液体中不断有蒸汽泡的形成和崩溃破裂。凡是泵的叶轮、水力透平等受到高速流体和压力变化的表面都容易产生这类腐蚀。空蚀往往产生在高速液流区域，它有一定的方位和方向。

6)硫酸盐还原菌腐蚀

硫酸盐还原菌(SRB)只能在没有空气或缺少空气的情况下才能产生，因此又称厌氧菌。这是一种腐蚀性很强的细菌，它能把硫酸盐还原成硫化物。在油田水处理中，常见的"黑水"就是硫酸盐还原菌大量繁殖引起腐蚀的结果。一般情况下，油田水中硫化物含量增加，就意味着硫酸盐还原菌腐蚀开始。硫酸盐还原菌腐蚀具有点蚀的特征，其点蚀孔内的表面光亮；外表面是圆形的，从上往下看具有同心圆的外形，横切面是圆锥形。

(二)金属结垢

JBD011 金属结垢的原因

1.结垢的原因

金属结垢一般是污水及注水系统中较为常见的，这是因为地层水中含有金属离子，如Ca^{2+}、Mg^{2+}、K^+、Na^+、Fe^{2+}、Fe^{3+}，非金属离子如SO_4^{2-}、CO_3^{2-}、HCO_3^-、Cl^-、OH^-等。水中含有的Ca^{2+}、Mg^{2+}离子，在一定的条件下与SO_4^{2-}、CO_3^{2-}、HCO_3^-等离子化合成为$CaCO_3$、$MgCO_3$或$CaSO_4$、$MgSO_4$沉淀，这种化合物就是我们常说的水垢。因为大部分地层水均为$NaHCO_3$

型,所以一般垢类以 $CaCO_3$ 类较多,其反应式如下:

$$Ca^{2+}+2HCO_3^- \longrightarrow CaCO_3 \downarrow +CO_2 \uparrow +H_2O$$

碳酸钙不溶于水,易在管线或设备等处的金属表面形成垢。

金属结垢在油层、井筒、集输管线、油水处理系统和注水系统的任何部位都存在,金属的结垢给油田生产带来了非常严重的危害。因水垢是热的不良导体,水垢的形成大大降低了传热效果;水垢的沉积会引起设备和管线局部腐蚀而穿孔;水垢还会减小水流截面积,增大水流阻力和输送能量;而注水泵结垢严重时,会使设备的使用寿命缩短等。

2. 水垢形成过程和机理

JBD012 水垢
的形成过程

水垢一般都是具有反常溶解度的难溶或微溶盐类,它们具有固定晶格,单质水垢较坚硬致密。水垢的生成主要取决于盐类是否过饱和以及盐类的生长过程。水是一种很强的溶剂,当水中溶解盐类的浓度低于离子的溶度积时,它们将以离子的状态存在于水中,一旦水中溶解盐类的浓度达到过饱和状态时,设备粗糙的表面和杂质对结晶过程的催化作用就促使这些过饱和盐类溶液以水垢的形态结晶析出。

在没有杂质的单一盐类和碳酸钙或硫酸钙的过饱和溶液中,可以达到很高的过饱和程度而没有结晶析出。一旦结晶析出,形成的晶体晶格规则,排列整齐,晶间内聚力和晶体与金属表面间的黏着力都很强,形成的垢层比较结实而且连续增长。然而,在油田水中,水垢的形成过程往往是一个混合结晶过程。水中的悬浮粒子可以成为晶种,粗糙的表面或其他杂质离子都能强烈催化结晶过程,使得溶液在较低的过饱和度下就会析出结晶。此外,油田水中往往会有几种盐类同时结晶,形成的晶体群晶格排列不规则、不整齐,晶间内聚力较弱,形成的垢层比较疏松,垢层达到一定厚度后不再继续增长。

3. 常见的水垢类型及影响因素

JBD013 常见
水垢类型的影
响因素

油田水中常见的水垢有碳酸钙、碳酸镁、硫酸钙等。

1)碳酸钙

碳酸钙是一种重要的成垢物质,它在水中的溶解度很低。其影响因素有:

(1)二氧化碳的影响:当油田水中二氧化碳含量低于碳酸钙溶解平衡所需含量时,水中出现碳酸钙沉淀;反之,当油田水中二氧化碳含量高于碳酸钙溶解平衡所需含量时,原有的碳酸钙垢会逐渐被溶解。所以,水中二氧化碳的含量对碳酸钙的溶解度有一定的影响。水中二氧化碳含量与水面上气体中的二氧化碳的分压成正比。因此,在油田水系统中任何有压力降低的部位,二氧化碳的分压都会减小,导致碳酸钙沉淀。

(2)温度的影响:绝大多数盐类在水中的溶解度都随温度的升高而增大。但碳酸钙、硫酸钙等具有反常溶解度的难溶盐类,在温度升高时溶解度反而下降,即水温较高时就会出现更多的碳酸钙垢。

(3)pH 值的影响:在较低的 pH 值范围内,水中只有 $CO_2+H_2CO_3$;在较高的 pH 值范围内只有 CO_3^{2-} 存在;而 HCO_3^- 离子在中等 pH 值范围内占绝对优势,尤以 pH = 8.34 时为最大。因此,水的 pH 值较高时就会有更多的碳酸钙沉淀;反之,水的 pH 值较低时碳酸钙就不易沉淀。

(4)含盐量的影响:在含有氯化钠或除钙离子和碳酸根离子以外的其他溶解盐类的油田水中,当含盐量增加时,水中离子浓度增高,使钙离子和碳酸根离子的活动性减弱,降低了碳酸钙的沉淀速度,溶解速度占优势,碳酸钙溶解度增大。反之,油田水中的溶解盐类具有与碳酸钙相同的离子时,由于同离子效应而降低了碳酸钙的溶解度。

2)碳酸镁

碳酸镁在水中的溶解度与碳酸钙相类似。二氧化碳对碳酸镁的影响与碳酸钙一样。但碳酸镁的溶解度大于碳酸钙的溶解度,如在蒸馏水中碳酸镁的溶解度比碳酸钙大四倍。因此,对于同时含有碳酸钙和碳酸镁的水来说,任何使碳酸钙和碳酸镁溶解度降低的条件出现,首先形成碳酸钙垢。碳酸镁在水中易水解成溶解度较小的氢氧化镁,氢氧化镁也是一种反常溶解度物质,它的溶解度随温度的上升而下降。在含有碳酸钙和碳酸镁的水中,当温度上升到82℃时,趋于生成碳酸钙垢;当温度超过82℃时,开始生成氢氧化镁垢。

3)硫酸钙

硫酸钙的晶体比碳酸钙小,所以硫酸钙垢比碳酸钙垢更坚硬致密。硫酸钙一般有三种形态:石膏、半水硫酸钙、硬石膏。

(1)温度的影响:硫酸钙在水中的溶解度比碳酸钙大几十倍。当温度小于40℃时,油田水中常见的硫酸钙是石膏;当温度大于40℃时,油田水中可能出现无水石膏。硫酸钙的溶解度随温度的升高而减小。

(2)含盐量的影响:在含有氯化钠和氯化镁的水中,硫酸钙的溶解度与氯化钠和氯化镁的浓度有关。当只含有氯化钠时,随氯化钠浓度的增大,硫酸钙的溶解度增大,但氯化钠的浓度进一步增大时,硫酸钙的溶解度反而减小。当水中氯化钠浓度为 2.5mol/L 时,加入少量的镁离子可以提高硫酸钙的溶解度;当水中氯化钠浓度超过 2.5mol/L 时,加入少量的镁离子反而使硫酸钙的溶解度降低;当水中氯化钠浓度达到 4mol/L 时,加入镁离子与否对硫酸钙的溶解度无影响。

(3)压力的影响:硫酸钙在水中的溶解度随压力的增大而增大。

(三)金属腐蚀与结垢的判断

JBD014 金属腐蚀倾向的判断

1.金属腐蚀倾向的判断

金属腐蚀倾向是通过测量腐蚀点来进行判断的。就是把整个腐蚀体系当作一个半电池并和参比电极作比较,则可以测得腐蚀电位的相对值。阴阳极之间存在着电位差,说明有金属腐蚀倾向,电位差值越大说明腐蚀发生的可能性越大。腐蚀倾向是指金属产生腐蚀的可能性。腐蚀倾向只说明了腐蚀的可能性,但它不能说明金属腐蚀的快慢。因此必须了解腐蚀速度,才能设法控制和减缓金属腐蚀速度。

对于均匀腐蚀,金属的腐蚀可以用单位时间内单位面积上金属被腐蚀的质量来表示,或腐蚀深度来表示。

$$K_w = \frac{\Delta m}{St} \qquad\qquad (2-2-2)$$

式中 K_w——金属腐蚀速度,$g/(m^2 \cdot h)$;

Δm——金属的腐蚀质量,g;

S——金属腐蚀面积,m^2;

t——腐蚀时间,h。

在电化学腐蚀过程中,金属阳极不断溶解(被腐蚀)并放出电子,释放的电子越多,输出的电量也越大，金属溶解量也就越大，根据法拉第定律得：

$$\Delta m = \frac{QA}{Fn} = \frac{ItA}{Fn} \tag{2-2-3}$$

式中　Δm——金属腐蚀质量，g；

　　　Q——电量，C；

　　　I——电流强度，A；

　　　t——时间，s；

　　　A——金属相对原子质量；

　　　n——金属的价数；

　　　F——法拉第常数。

JBD015　金属
结垢倾向的判断

2. 金属结垢倾向的判断

影响油田水结垢的因素很多，因此要预先判断油田水在使用过程中是否会产生结垢现象是很困难的。目前，对于大多数成垢物质的结垢倾向都由溶解度或溶度积来作出判断，下面简要介绍如何判断碳酸钙和硫酸钙的结垢倾向。

1）碳酸钙结垢倾向判断

将水中碳酸钙达到溶解平衡，即达到饱和状态时的 pH 值称为饱和 pH 值，用 pH_s 表示。用饱和 pH 值来表示水中溶解的碳酸钙达到饱和状态的指标，通过计算 pH_s 来判断碳酸钙的结垢倾向。

$$pH_s = (pK_2 - pK_s) + p[Ca^{2+}] + p[T] \tag{2-2-4}$$

式中　pH_s——碳酸钙达到饱和状态时的 pH 值；

　　　pK_2——碳酸的二级电离常数，取 5.6×10^{-11}；

　　　pK_s——碳酸钙的溶度积；

　　　$p[T]$——水的总碱度，mol/L；

　　　$p[Ca^{2+}]$——水中钙离子含量，mol/L。

把计算出的 pH_s 值与水的实测 pH 值进行比较，当 $pH < pH_s$ 时，则这种水中的碳酸钙处于未饱和状态，仍有继续溶解碳酸钙的能力，这种水称为腐蚀水；当 $pH > pH_s$ 时，则这种水中的碳酸钙处于过饱和状态，就有可能沉积出碳酸钙垢，这种水称为结垢水；当 $pH = pH_s$ 时，则这种水中的碳酸钙处于饱和状态，既没有腐蚀性又没有接垢性，称为水质稳定。

2）硫酸钙的结垢倾向判断

石膏溶解度的计算公式：

$$S = 1000[\sqrt{C^2 + K} - C] \tag{2-2-5}$$

式中　S——石膏溶解度的计算值，mmol/L；

　　　C——钙离子与硫酸根离子的浓度差，mol/L；

　　　K——溶度积常数。

把算出的石膏溶解度与水中钙离子和硫酸根离子的实际浓度相比较，若 S 值比钙离子和硫酸根离子两者中任何一个浓度都大时，则水未被石膏饱和，不会出现硫酸钙结垢现象；若 S 值比钙离子和硫酸根离子这两种浓度较小者小时，则就可能生成硫酸钙垢。

（四）金属腐蚀与结垢的防治

JBD016 防腐的方法

1. 防止金属腐蚀的方法

（1）正确地选用金属材料：金属材料的耐腐蚀程度，与原接触的介质有着密切的关系，因此正确地选用耐腐蚀的管材，是延长金属材料的寿命、抵抗金属腐蚀的一个有效办法。对一般供水管路，可选择工程塑料管和水泥管，对腐蚀性较强的介质输送管道可选择不锈钢和玻璃钢管。

（2）改造金属材料所处的土壤环境：对金属管道所铺设的土壤进行改造，增加其过渡电阻，减少腐蚀电流，或对管沟回填一些腐蚀性较小的土壤等。

（3）绝缘防腐保护：用一些绝缘电阻很大的物质使金属与腐蚀介质隔绝，以达到防腐的目的。目前油田上常用的绝缘隔离层很多，如沥青绝缘防腐、硬质聚氨酯泡沫绝缘防腐、聚乙烯胶带绝缘防腐等。

（4）采用电极保护法：电极保护法分为阴极保护和阳极保护两种，目前应用较为广泛的是牺牲阳极保护法，即利用原电池的原理给金属管道外加上一定的阳极电位，使管线的阳极区消失，从而保护了阴极。

外加电流阴极保护的原理就是向被保护的金属通上一定量的直流电，把被保护的金属相对于阳极装置变成阴极，使被保护金属免遭电化学腐蚀。这样地下管道整个表面变成阴极，从而得到保护，但接地阳极要受到强烈腐蚀。

（5）金属储罐的防腐：目前油田金属储罐主要以涂刷油罐内外防腐漆来防腐。这种漆由红丹环氧漆和白环氧磁漆组成。金属储罐喷砂除锈后，用配置熟化后的漆涂刷。除锈应露出金属光泽，除去油污、灰尘及杂物，刷红丹漆 4 道，然后再涂刷环氧磁漆两遍。

JBD017 防垢的方法

2. 防垢的办法

水中的钙离子与碳酸根离子结合，产生碳酸钙沉淀而造成管线和设备的结垢。而压力、温度、pH 值等参数是影响结垢速度的主要因素，压力低、温度高，有利于碳酸钙的形成，因此目前主要的防垢办法有以下几种。

1）化学防垢

化学防垢的主要方法就是在注水或注水的首端加入少量的能防止或减缓结垢的化学药剂，称为防垢剂或阻垢剂。这些化学药剂呈酸性，能阻止或破坏碳酸钙晶体的形成，使管网或设备达到防垢的目的。防垢剂一般在污水站加入，可单独投药，也可以和降黏剂、破乳剂、絮凝剂交配使用，但应注意它们的配伍性。常用的防垢剂有水解聚马来酸酐（HPMA）、乙二胺四甲叉磷酸（EDTMP）、羟基乙叉二胺磷酸（HEDP）、氨基三甲叉磷酸（ATMP）。

2）磁防垢

磁防垢使用的物质是稀土永磁磁铁。其机理是利用磁铁的强磁性来破坏碳酸钙的形成，从而达到防垢的目的。

3）超声波防垢

超声波防垢是采用声场来抑制结垢过程，超声波作用于流体产生三个方面的作用，具有防垢功能。

（1）超声波对不同介质传播速度不同，产生速度差别，在界面上形成剪切应力，导致分子间及分子与管道壁亲和力减弱,阻止垢类的聚结。

（2）超声波对流体介质具空化作用。当超声波作用流体时,流体内的空穴和气泡破裂时,在一定范围内产生强大的压力峰,加速钙、镁离子析出,并能将已经析出的碳酸盐垢及杂质颗粒击成细小垢粒悬浮于流体介质中。其粘在管壁上的硬垢,也能逐渐呈斑状脱落,从而起到防垢的作用。

（3）流体介质的热效应。当纵波传播到介质中的某点时,质点开始振动,便具有动能,同时该点的质点将产生形变,也具有势能。在逐层传播过程中,流体介质的吸收引起质点温度的提高,但变化不太明显。在液固介质分界面上或流体中悬浮粒晶的分界面上,超声波能转换成热能,这一过程将产生电离效应,从而破坏垢类的聚集条件,起到防垢作用。

九、阴极保护

（一）阴极保护的概念

将被保护金属进行外加阴极极化以减少或防止金属腐蚀的方法称为阴极保护法。外加阴极极化可以采用两种方法来实现。

（1）将被保护金属与直流电源的负极相连,利用外加阴极电流进行阴极极化,这种方法称为外加电流阴极保护法,如图 2-2-1 所示。

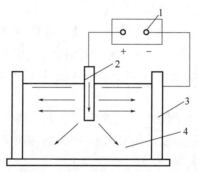

图 2-2-1　外加电流阴极保护示意图（箭头表示电流方向）

1—直流电源;2—辅助电极;3—被保护设备;4—腐蚀

（2）在保护设备上连接一个电位更负的金属作为阳极（例如在钢设备上连接锌）,它与被保护金属在电解质溶液中形成大电池,而使设备进行阴极极化,这种方法称为牺牲阳极保护法,如图 2-2-2 所示。

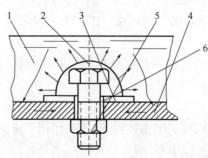

图 2-2-2　牺牲阳极保护示意图（箭头表示电流方向）

1—腐蚀介质;2—牺牲阳极;3—绝缘垫;4—被保护设备;5—连接螺钉;6—屏蔽层

(二)阴极保护的基本原理

JBD018 阴极保护的基本原理

外加电流法阴极保护和牺牲阳极阴极保护的原理相同,以外加电流阴极保护为例(图2-2-3)加以说明。

可以把在电解质中腐蚀着的金属表面,看作是腐蚀着双电极腐蚀电池,当腐蚀电流工作时,就产生腐蚀电流 I_c,如果将金属设备实施阴极保护,用导线将金属设备连接在外加直流电源的负极上,辅助阳极接到电源的正极上,当电路接通后,外加电流由辅助阳极经过电解质溶液而进入被保护金属,使金属进行阴极极化,在未通过外加电流以前,腐蚀金属微电池的阳极极化曲线 $E_{ea}M$ 与阴极极化电流 $E_{ek}N$ 相交于 S 点(忽略溶液电阻)。此点相应的电位为金属的腐蚀电位 E_c,相应的电流为金属的腐蚀电流 I_c。当通以外加电流使金属的总电位由 E_c 极化至 E_1 时,金属微电池阳极腐蚀电流为 I_{a1}(线段 E_{1b})。阴极电流为 I_{k1}(线段 E_{1d}),外加电流为 I_{K1}(线段 E_{1e})。由图2-2-4可见,$I_{a1}<I_c$,即使外加电流阴极极化后,金属本身的腐蚀电流减少了,即金属得到了保护。差值 I_c-I_{a1} 表示外加阴极极化后金属上腐蚀微电池作用的减少值。该腐蚀电流的减少值,称为保护效应。

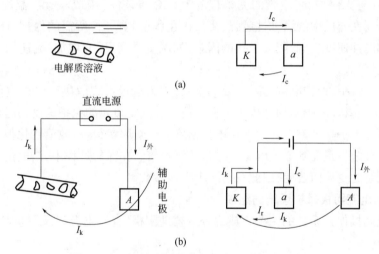

图 2-2-3 腐蚀金属及外加电流阴极保护示意图

如果进一步阴极极化,使腐蚀体系总电位降至与微电池阳极的起始电位 E_{ea} 相等,则阳极的腐蚀电流 I_c 为零,外加电流 $I_k=I_f=I_K$,此时金属得到了完全保护。这时金属的电位称为最小保护电位,达到最小保护电位时金属所需的外加电流密度称为最小保护电流密度。

此时可得出这样的结论,要使金属得到完全保护,必须把金属阴极极化至其腐蚀微电池阳极的平衡电位。

由于外加阴极极化(既可由与较负的金属相连接而引起,也可由外加阴极电流而产生)而使金属本身微电池腐蚀减少的现象称为正保护效应。与此相反,由于外加阴极极化而使金属本身微电池腐蚀更趋严重的现象称为负保护效应。在一般情况下,外加阴极极化会产生正的保护效应。但如果

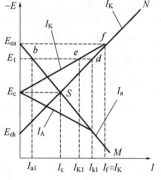

图 2-2-4 阴极极化示意图

金属表面上有保护膜，并且此膜显著地影响着腐蚀速度，而阴极极化又会使保护膜破坏（例如，由于钝化破坏及金属的活化），则此时阴极保护可能反而会加速腐蚀。

（三）阴极保护的基本控制参数

JBD019 阴极保护的基本控制参数

在阴极保护中，判断金属是否达到完全保护，通常采用最小保护电位和最小保护电流密度两个基本参数来说明。

1. 最小保护电位

要使金属达到完全保护，必须将金属加以阴极极化，使它的总电位达到其腐蚀微电池的阳极平衡电位。这时的电位称为最小保护电位。

最小保护电位的数值与金属的种类、介质条件（成分、浓度等）有关，并可通过经验数据和实验来确定。对于钢铁，通常采用比其腐蚀电位负 $0.2 \sim 0.3V$ 的方法来确定。对于一个具体的保护系统，如无经验数据，最好通过实验来确定最小保护电位值。

2. 最小保护电流密度

使金属完全保护时所需的电流密度称为最小保护电流密度。它的数值与金属的种类、金属表面状态（有无保护膜，漆膜的完整程度等）、介质条件（组成、浓度、温度、流速）等有关。一般当金属在介质中的腐蚀性越强，阴极极化程度越低时，所需的保护电流密度越大。因此凡是增加腐蚀速度、降低阴极极化的因素，如温度升高、压力增加、流速加快，都使最小保护电流密度增加。

上述两个参数中，保护电位是最主要的参数，因为电极过程取决于电极电位，如金属的阳极溶解、电极上氢气的析出均取决于电极电位。它决定金属的保护速度，并且可利用它来判断和控制阴极保护是否安全。而保护电流密度的影响因素很多，数值变化很大，从最小的每平方米几十分之一毫安到最大的每平方米几百安培。在保护过程中，当电位一定时，电流密度还会随系统的变化而改变，因此只是一个次要参数。

（四）外加电流阴极保护系统的组成

JBD020 外加电流阴极保护系统的组成

外加电流阴极保护系统的主要组成部分有辅助阳极、直流电源以及测量和控制电位的参比电极。

JBD021 阴极保护的控制方式

1. 阳极

JBD022 阴极保护的日常检查内容

1）对阳极材料的要求

（1）在所有介质中耐蚀，并且在使用阳极电流密度下溶解速度低。

（2）具有良好的导电性。在高的阳极电流密度下极化小，电流量大，即在一定电压下阳极单位面积上能通过的电流大。

（3）有较好的机械性能，便于加工，成本低。

2）阳极材料

阴极保护中采用的阳极材料种类很多，一般可选用碳钢、石墨、高硅铸铁、铅银合金、铅银嵌铂丝、镀铂钛和镀铂钽、镀钯合金等。

3）电流在阴极上的分布及阳极上的分布

前面在谈到保护效果时，都是对阴极上各部位的电流密度和电极电位都是均匀的情况而言的。但实际上由于阴极的不同表面电位状态不一样，与阳极的距离也不相同，特别是当设备的结构复杂时，电流的遮蔽现象十分严重。因此阴极实际保护效果的好坏，在确定了保护电位之后,主要看它能否在形状复杂的设备表面均匀地极化到所需保护电位。我们知道,不同部位的极化情况取决于通过该部位电流密度的大小。电流密度越大,则阴极极化越大,极化达到的电位越负;反之,通过该部位的电流密度越小,则阴极极化程度越小,极化后可能达不到保护电位。因此,阴极保护时金属各部分电流是否均匀,其实质就是电流在阴极表面上分布的是否均匀。在电化学保护及电镀中,通常用"分散能力"这一术语来说明电极上电流均匀分布的能力。

影响电流在阴极上分布的因素很多,主要有电解液的电导率、阴极极化程度、阴极表面上膜的电阻(包括吸附膜、氧化膜、腐蚀产生物膜、垢层、涂层及其他覆盖层的电阻)、被保护设备结构的复杂程度以及阳极的分布状况等。

4)阳极的计算

为了计算所需的阳极质量和阳极表面积,首先必须知道阴极保护所需的总电流。电流 I(A)可按下式计算:

$$I = iS \tag{2-2-6}$$

式中　　i——最小保护电流密度,A/m^2;

　　　　S——需要保护的金属总表面积,m^2。

根据所需的电流 I 可以计算需要的阳极质量 G(kg):

$$G = Kg_a\tau I \tag{2-2-7}$$

式中　　g_a——阳极消耗率,$kg/(A \cdot a)$;

　　　　τ——预计工作年限,a;

　　　　I——阳极保护所需的电流强度,A;

　　　　K——校正系数(考虑到阳极利用率的安全系数),一般取 $K=1.5$,此值与阳极粗细有
　　　　　　关,直径大的阳极,利用率较高,则 K 值可取小一些。

决定阳极尺寸时,既要满足质量的要求,又要保证有足够的表面积。对于镀铂钛等消耗甚微的阳极,一般要根据电流量考虑足够的表面积即可。

5)阳极的安装

阳极安装时要求与导线接触良好、牢固,与被保护设备有良好的绝缘,更换方便。当阳极全部侵入介质时,为了防止导线与阳极接头处被腐蚀,应将接头的地方很好密封。另外,在安装阳极时要特别注意阴阳极间良好的绝缘,阴阳极绝对不允许短路,否则设备不但得不到保护,有时反而可能大大加速设备的阳极溶解。因此阳极安装完毕后,要严格检查与被保护设备的绝缘情况。

阳极与被保护设备的绝缘方法很多。对于敞口设备(如箱式冷却槽、开口储罐、阀门及其他水工建筑物等),在阴阳极之间垫上在该介质中耐蚀的绝缘板(如硬聚氯乙烯塑料、橡胶、尼龙等)即可;但对闭口设备(如反应器、热交换器、塔设备等)进行阴极保护时,除考虑阴阳极之间绝缘外,在阳极引出处与设备之间还要考虑密封问题。

最后要检查阴、阳极与电源的连接方向是否正确。如果设备与电源的正极相连,则可能会大大加速设备的阳极溶解。

2. 直流电源

选择直流电源的主要依据是阴极保护所需要的电流强度和电压。阴极保护所需的电流

强度可通过计算决定。电源输出电压应大于阴极保护时的槽电压及线电压的总和。

外加电流阴极保护系统，需要低电压大电流输出可调的直流电源，主要要求大电流，电源一般不超过 24V（土壤中阴极保护除外）。

电源的种类形式很多，凡能产生直流电的电源都可以做阴极保护的电源，对直流电源的本身要求不高，所要求的是电位控制方式。由于种种原因会引起电位的变化，例如，电网电压不稳定，引起整流器输出电压、电流的改变；在化工设备的阴极保护中，由于温度、浓度、工艺操作条件的改变以及液位、流量的变化；海中建筑物的阴极保护时，由于潮汐引起的水位变化；土壤中金属管道、通信电缆的阴极保护时，土壤湿度的变化、杂散电流的变化以及高空输电网的干扰等影响；以及金属表面由于极化引起表面状态的很大变化等。这些都说明为了维持电极电位不变（或变化很小），就需要不断地改变系统的电流而使电极电位自动处于恒定。这就可以采用人工检测或调整的方法，而最好的方法就是采用恒电位仪进行自动控制。

阴极保护中手调直流电源多采用整流器，其中最常用的是硒整流器、硅整流器和可控硅整流器。自动控制直流电源多采用可控硅恒电位仪。

3. 测量和控制电极

阴极保护中常需要测量和控制设备的电位，使其处于保护电位的范围。要测量电位，就需要一个已知电位的电极与之比较，这种电极称为参比电极。

选择参比电极的原则是：电位稳定，耐蚀，价格便宜，容易制作，安装和使用方便。在阴极保护中应根据介质的性质选择参比电极。

在阴极保护中常采用可逆电极，如饱和甘汞电极（中性介质）、硫酸铜电极（土壤、中性电极）、氯化银电极（氯离子浓度稳定的中性介质）、氧化汞电极（碱件介质）等作为参比电极。但是这些参比电极一般都比较昂贵，安装时容易破坏，使用不方便。在被保护设备允许的电位波动范围内，根据介质腐蚀情况，也常用一些金属和合金，如不锈钢、铸铁、铝锑合金、锌、碳钢、铜等作为参比电极。这种固体参比电极牢固耐用，安装使用都很方便。但是由于这些电极是不可逆的，它们的稳定度和精确度都不如可逆电极。在实际使用时，应事先对其电位进行标定，使用过程中应定期进行校验。

参比电极安装的要求与阳极安装相似，当参比电极全部浸入介质中时，导线与参比电极应连接良好，否则接头处与介质接触不仅会加速接头处的腐蚀，使参比电极很快失效，而且接头处裸露会使测量的电位值产生严重误差。另外，在密封设备上安装参比电极时，也要考虑其与被保护设备的绝缘与密封问题。

阴极保护中参比电极位置的选择，既要考虑到电位最负处不致达到析氢电位，又要照顾到设备处均有一定的保护效果。一般情况下参比电极的位置选择在离阳极较近，即电位较负的地方，以防止此处电位过负而达到析氢电位。

4. 阴极保护的控制方式

在外加电流阴极保护时，常用的控制方式有控制电流、控制电位、控制槽压及间歇保护法等。

控制电流法（恒电流法）是以保护电流作为阴极保护的控制参数。例如，某厂碱液蒸发锅用 $3A/m^2$ 的电流密度作为阴扱保护的日常操作控制指标，保护效果很好。恒电流法由于不测量电极电位，因而可以不用参比电极。手调控制时采用整流器作为直流电源即可，自动控制时可采用恒电流仪，不过我国目前还没有恒电流仪出售。由于阴极保护的效果主要取决于电极电位,如果在生产过程中电位变化很大,则采用恒电流法可能得不到预期的保护效果,甚至还会产生"过保护"现象。控制电流法只适用于控制电流范围内电位变化不大,而且介质腐蚀性强、不易找到合适的现场使用的参比电极的情况。

控制电位法(恒电位法)是以保护电位作为阴极保护的控制参数,它是目前应用最广的一种控制方法。恒电位法可以保持设备处于最佳的保护电位范围,因而保护效果较好。恒电位法又分为手调控制和恒电位仪自动控制两种。20 世纪 60 年代以前,外加电流阴极保护多半是用手调控制电位,这时用整流器作为直流电源。根据用参比电极测得的阴极电位值,人工调节电流,使阴极电位处于保护电流范围。但由于外界条件的变化,手调控制比较麻烦,而且也很难及时跟随电位变化。20 世纪 60 年代初自动控制被保护设备处于恒定电位的恒电位仪研制成功,并用于生产实际,使阴极保护技术达到新的水平。目前,地下管道、地下通信电缆、船舶及某些化工设备的阴极保护都已采用恒电位仪来自动控制电位。现在国内已有许多工厂生产各种型号的工业用恒电位仪,在设计时可根据所需电流及输出电压进行选用。

控制槽压法(恒槽压法)又称双电极保护系统,是以阴极保护装置的槽压作为控制参数的。前面讲的恒电位控制法是借助参比电极来检测和控制阴极电位的。这种体系的缺点是只有靠近参比电极的阴极部位才能控制在保护电位范围,因此其表面电流密度是不均匀的。而且根据参比电极的特性,在仪器的控制回路中允许有极小的电流通过,因而就要求仪器具有很高的输入阻抗。而且参比电极会因为种种原因而损坏或消耗,使其不能长期使用。

20 世纪 60 年代出现了不用参比电极而能控制阴极保护系统的专利,即所谓的双电极保护系统,电解槽的槽压可用下式表示:

$$E_槽 = E_a - E_k + IR \tag{2-2-8}$$

式中　E_a——阳极电位,V;

　　　　E_k——阴极电位,V;

　　　　I——流过电解槽的电流,A;

　　　　R——阴阳极间电解液的电阻,Ω。

如果阳极基本上不极化或极化很小,则在阴极保护过程中阳极电位 E_a 可看作是不变的。另外如果电解液的导电性很好,即溶液的电阻率很小,当电流变化时,溶液的欧姆压降 IR 变化不大,这时槽压的压降 IR 变化不大。这时槽压的变化主要反映了阴极电位 E_k 的变化。控制槽压也就是控制了阴极电位,恒定槽压也就是恒定了阴极电位。因此恒定槽压法实际上是以阳极电位为基准的。这种保护系统,在仪器设计和工艺安装方面都简化了,使用更加方便。另外,恒槽压法也可以采用恒电位仪来进行自动控制。用恒电位仪进行恒槽压控制时,应将恒电位仪的参比接线柱与辅助电极接线柱之间短接,这时恒电位仪恒定的就是槽压。必须指出的是,恒槽压法的关键是要有一个电位基本上不变化的阳极,以及电解率低的电解液,否则,可能不易使阴极经常处于最佳的保护电位范围。

间歇保护法是断续地对被保护设备施加阴极电流。人们发现,在阴极保护中,当断电后,阴极电位并不是马上恢复到腐蚀电位,而是缓慢地恢复到腐蚀电位,即在断电后一段时间内仍具有保护作用。为了利用这一作用,提出了间歇保护法,即在通电保护一段时间后断电,隔一段时间再通电。

间歇保护法可采用两种方法控制,一种是采用时间来控制,其方法是对被保护设备仪器恒定电流进行阴极极化,通电一段时间后断电,隔一段时间后再通电,如此反复进行。这种方法应事先进行试验确定通电和断电的时间间隔,使被保护设备的电位始终处于最佳保护电位范围。另一种方法是利用脉冲作用控制适宜的保护电位的上下限值。此法是以恒电流法对被保护设备进行阴极极化,通电后保护电位负移,当保护电位达到上限值时,仪器自动切断阴极极化电流,此时被保护设备的电位正移;当达到保护电位的下限值时,仪器自动接通阴极极化电流,从而使被保护设备的电位负移。这种周期性地极化,使被保护设备的电位始终处于最佳保护电位范围。

间歇保护可以节约电能和减少阳极材料的消耗,当采用定时通电断电时,还可以用一台电源装置轮流保护几个设备,从而可降低阳极保护的成本。间歇保护法是 20 世纪 70 年代苏联开始研究的,现仍处于研究阶段。阿赫麦多夫研究表明,海上石油工业钢结构最佳保护电位范围为 $-850 \sim -900mV$,电流密度为 $1.50mA/dm^2$,采用间歇保护法可大幅度降低阳极消耗量;在另一些研究中指出,间歇保护比连续保护电能节约 65%～95%,可减少阳极材料的消耗量 65%～95%,从而可大大延长阴极保护中阳极的使用年限。

5. 阴极保护的日常控制与检查

1）保护电位的测量与控制

保护电位是阴极保护中最重要的必须常控制的参数。电位测量一般有两个目的,即观察被保护系统各部位分布是否均匀,以及是否经常处于最佳保护电位范围之内,并根据检测结果,及时分析原因,查找影响因素,调整控制,使之稳定在保护电位范围。如果采用恒电位仪控制电位,只需定时检查各部位电位是否分布均匀即可,如果采用手调控制或恒电流控制、恒槽压控制时,则需经常测量阴极的电位值和电位分布情况。

对于结构简单的设备,由于遮蔽作用不大,电位分布比较均匀,测量电位时任选一点即可。如果设备比较复杂,各处电位可能差别较大,这时就必须对几个不同情况的点进行测量。例如离阳极最近的点、最远的点、遮蔽作用最大的地方等。如果阴极各部位电位相差较大,说明阳极布置不合适,需要调整阳极位置或增加阴极个数。如果大部分地方都未达到保护电位,则要加大电流;相反,若电位普遍偏负,则要减小电流。

电位测量仪器可用晶体管毫伏表、电子管伏特表和其他高阻电压表,其主要要求是这些仪器必须有高的内阻。参比电极一般选用氯化银电极、硫酸铜电极或在介质中耐蚀而且电位稳定的金属作为参比电极。测量时参比电极应尽可能靠近被测表面,以减少由于参比电极与被测点之间的溶液电压降而引起的误差。

2）保护效果的测量

由于实际情况的影响因素比实验时复杂,因此实验室测得的最佳保护参数不一定符合实际情况,还必须在被保护设备上直接测量保护效果。现场测量保护效果主要采用挂片法（失重法）。将试片成对地安置在被保护设备的各个部位,特别是应放置在保护程度可能是最低的地方。每对试片中的一片用螺钉或导线与被保护设备相连,使其同样受到保护;另一片与设备绝缘,使其自然腐蚀。定期用重量法检查试片的腐蚀情况,计算出保护度,检查设备的保护效果。

另外,在停工检修期间,也可从设备金属表面的外观来考察保护效果的好坏。例如,观察金属表面是否有锈层、蚀坑,表面涂层是否完整、是否有鼓泡或脱落等。

3)阴极保护装置的维护和检修

阴极保护装置的经常维护与阴极保护效果及延长设备使用寿命有密切的关系。目前有些单位的阴极保护设施不能坚持正常运转,往往是由于没有专人负责维护和定期检修所造成的。阴极保护除了应注意正常的检测电位是否在规定值以及各部位电位是否均匀外,还需注意以下情况:

(1)如果发现电流值增大很多,电源输出电压反而下降(用整流器控制时),或者恒电位仪输出电流很快上升时,说明有局部短路的情况。要检查阳极是否与阴极(被保护设备)间接触,或者有别的金属物件使阴阳极短路。

(2)如果发现电压上升而电流下降较大,此时要检查导线与阴极或阳极的接头处是否接触不良或阳极与导线接头处是否被腐蚀断,以及阳极是否被损坏。

如果发现恒电位仪控制失灵,可首先检查参比电极是否损坏。特别是当采用铜/硫酸铜参比电极时,要查看硫酸铜溶液是否已漏完或水挥发掉。如参比电极没有问题,则要检查恒电位仪是否发生故障。

另外,安放电源设备的场所,应保持干燥、清洁,操作仪器时应遵守规程。

(五)牺牲阳极保护法

牺牲阳极保护法是在被保护金属上连接一个电位较负的金属作为阳极,它与被保护金属在电解液中形成一个大电池。电流由阳极经过电解液而流入金属设备,并使金属设备阴极极化而得到保护。

牺牲阳极保护法的原理与外加电流阴极保护一样,都是利用外加阴极极化来使金属腐蚀减缓。但后者是依靠外加直流电源的电流来进行极化,而牺牲阳极保护则是借助于牺牲阳极与被保护金属之间有较大的电位差所产生的电流来达到极化的目的。

牺牲阳极保护由于不需要外加电源,不会干扰邻近设施,电流的分散能力好,设备简单,施工方便,不需要经常维护检修等,已广泛用于船舶、海上建筑物、水下设备、地下输油输气管道、地下电缆以及海水冷却系统等的保护。在石油、化工生产中已开始使用,但由于化工介质腐蚀性很强,牺牲阳极消耗量大,因而在石油、化工生产中的应用实例不多。

1. 牺牲阳极材料

作为牺牲阳极材料,应该具备下列条件:

JBD023 牺牲阳极的材料

(1)阳极的电位要负,即它与被保护金属之间的有效电位差(即驱动电位)要大。电位比铁负而适合做牺牲阳极的材料有锌基(包括纯锌和锌合金)、铝基及镁基三大类合金。

(2)在使用过程中电位要稳定,阳极极化要小,表面不产生高电阻的硬壳,溶解均匀。

(3)单位质量阳极产生的电量大,即产生 1A 时电量损失的阳极质量要小。三种阳极材料的理论消耗量为:镁为 $0.453g/(A \cdot h)$,铝为 $0.335g/(A \cdot h)$,锌为 $1.225g/(A \cdot h)$。

（4）阳极的自溶量小，电流效率高。由于阳极本身的局部腐蚀，产生的电流并不能全部用于保护作用。有效电量在理论发生电量中所占的百分数称为电流效率。三种牺牲阳极材料的电流效率为：镁 50%~55%；铝 80%~85%；锌 90%~95%。

（5）价格低廉，来源充分，无公害，加工方便。

1）锌与锌合金阳极

锌与铁的有效电位差较小，如果钢铁在海水、纯水、土壤中的保护电位为 $-0.85V$，则锌与铁的有效电位差只有 0.2V 左右。如果纯锌中的杂质铁含量 $\geq 0.0014\%$，在使用过程中阳极表面上就会形成高电阻的、坚硬的、不脱落的腐蚀产物，使纯锌阳极失去保护效能。这是因为锌中含铁量增加会形成 FeZn 相，而使其电化学性能明显变劣。

在锌中加入少量铝和镉可以在很大程度上降低铁的不利影响。这时锌中的铁不再形成 FeZn 相，而优先形成铁和铝等的金属间化合物，这种铁、铝等金属间化合物不参与阳极溶解过程，使阳极性能改善。加铝和镉都使腐蚀产物变得疏松易脱落，改善了阳极的溶解性能。另外，加铝和镉还能使晶粒细化，也使阳极性能改善。

我国目前已定型系列化生产含 0.6%Al 和 0.1%Cd 的锌—铝—镉三元锌合金阳极。该阳极在海水中长期使用后电位仍稳定，自溶量小，电流效率高（一般为 90%~95%），溶解均匀，表面腐蚀产物疏松，容易脱落，溶解的表面上呈亮灰色的金属光泽，使用寿命长，价格便宜，在海水中用于保护钢结构效果良好。但由于锌与铁的有效电位差较小，因此不宜用于高电阻场合，而适用于电阻率较低的介质中。

2）铝合金阳极

铝合金阳极是近期发展起来的新型牺牲阳极材料。与锌合金阳极相比，铝合金具有质量轻、单位质量产生电量大、电位较负、资源丰富、价格便宜等优点，所以铝阳极的使用已经引起了人们的重视。目前我国有不少单位对不同配方的铝基牺牲阳极的熔炼和电化学性能进行了研究，但铝阳极的溶解性不如锌—铝—镉合金阳极。电流效率约为 80%，也比锌合金阳极低一些。

常用的有 Al-Zn-In-Cd 阳极、Al-Zn-Sn-Cd 阳极、Al-Zn-Mg 阳极及 Al-Zn-In 阳极等。

3）镁合金阳极

目前使用的多为含 6%铝和 3%锌的镁合金阳极，由于其电位较负，与铁的有效电位差大，因此保护半径大，适用于电阻较高的淡水和土壤中金属的保护。但因其腐蚀快，电流效率低，使用寿命短，需经常更换，因此在低电阻介质中（如海水）不宜使用。而且镁合金阳极工作时，会析出大量氢气，本身易诱发火花，工作不安全，因此现在舰船上已不使用。

在选择阳极材料时，主要应考虑阳极的电位、所需电流的大小以及介质的电阻等，并要考虑到阳极寿命、经济效果等因素。

2.牺牲阳极的安装

JBD024 牺牲阳极的安装方法

水中结构，如热交换器、储罐、大口径管道内部、船壳、阀门等的保护，阳极可直接安装在被保护结构的本体上。将牺牲阳极内部的钢质芯棒焊接在被保护金属基体上时，必须注意阳极与金属本体间应有良好的绝缘，一般采用橡胶垫、尼龙垫等。如果阳极芯棒直接焊在被保护设备上，则必须注意阳极本身与被保护设备之间有一定的距离，而不能直接接触。另外，为了改善分散能力，使电位分布均匀，应在阳极周围的阴极表面上加涂绝缘涂层作为屏蔽层。屏蔽层的大小视被保护结构的情况而定。对于海船、阀门等大型结构，可在阳极周围 1m 的半径范围内涂屏蔽层，对于较小的设备，屏蔽层则可小一些。总之，阳极屏蔽层越大，则电流分散能力越好，电位分布均匀。但屏蔽层大，施工麻烦，成本增高。

地下管道保护时，为了使阳极的电位分布较均匀，及增加每一阳极站的保护长度，阳极应离管道一定距离，一般为 2~8m。阳极与管道用导线连接。为了调节阳极输出电流，可在阳极与管道之间串联一可调电阻。如果管子直径较大，阳极应安装在管子两侧或埋在较深的部位（低于管道的中心线），以减少屏蔽作用。

牺牲阳极不能埋入土壤中，而要埋在电性较好的化学回填物（填包料）中。导电性回填物的作用是降低电阻率，增加阳极输出电流，同时可活化表面、破坏腐蚀产物的结痂，以便维持较高、较稳定的阳极输出电流，减少不希望有的极化效应。

地下管道以牺牲阳极保护时，牺牲阳极的现场安装方法如下：在阳极埋设处挖一个比阳极直径大 200mm 的坑，底部放入 100mm 厚的搅拌好的填包料，把处理好的阳极放在填包料上（例如铝阳极用 10%NaOH 溶液浸泡数分钟以除去表面氧化膜，再用清水冲洗或用 0 号砂纸磨光），再在阳极周围和上部各加 100mm 厚的细土，并均匀浇水，使之湿透，最后覆土填平。

如果牺牲阳极是由多个阳极并联组成的一个阳极组，为了使每个阳极充分发挥作用，避免阳极之间因腐蚀电位的差异而造成阳极之间的自身损耗，因此在安装之前要测试每个阳极的腐蚀电位。在安装时，将腐蚀电位相近的牺牲阳极按需要组合在一起。

（六）牺牲阳极保护法与外加电流阴极保护法的比较

外加电流阴极保护法的优点是可以调节电流和电压，适用范围广，可用于要求大电流的情况，在使用不溶性阳极时装置耐久。其缺点是需要经常操作，必须经常维修检修，要有直流电源设备，当附近有其他结构时可能产生干扰腐蚀（地下结构阴极保护时）。

牺牲阳极保护的优点是不用外加电流，因此适用于电源困难的场合，施工简单，管理方便，对附近设备没有干扰，适用于需要局部保护的场合。其缺点是能产生的有效电位差及输出电流量都是有限的，只适用于需要小电流的场合，调节电流困难，阳极消耗大，需定期更换。

项目二 判断分析电动机温度过高的原因

一、准备工作

（一）材料、工具

擦布 0.5kg、记录纸若干、碳素笔 1 支、注水泵机组 1 套、测温仪 1 块。

（二）人员

工服、工帽、工鞋穿戴整齐。

二、操作规程

（1）从电流、电压指示判断。

（2）从轴承温度分指示判断。

（3）从冷却器进出口水温、压力指示判断（针对离心式注水泵电动机）。

（4）从电动机机体温度、声音指示判断。

（5）从电动机进线温度指示判断。

（6）根据各种异常现象进行原因分析。

三、技术要求

（1）电动机定子、转子温升应符合以下规定：

① A 级绝缘不超过 60℃；

② E 级绝缘不超过 65℃；

③ B 级绝缘不超过 75℃；

④ F 级绝缘不超过 85℃；

⑤ H 级绝缘不超过 95℃。

（2）10kV 及以下高压电动机额定电压的波动不超过±7%。

（3）电动机的电流不能超过额定电流，且波动不能超过±5%。

（4）电动机轴承温度不能超过 70℃。

（5）电动机进水压力控制在 0.15~0.25MPa，进口水温不能超过 30℃（针对离心式注水泵电动机）。

（6）电动机进线连接点温度不能超过 90℃。

四、注意事项

检查异常时，人员要与转动的泵轴、联轴器保持安全距离。

项目三　试运离心式注水电动机

一、准备工作

JBC016　试运
离心式注水泵
电动机的要求

（一）材料、工具

离心式注水机泵 1 台、冷却水泵 1 台、稀油站 1 套、250mm 和 300mm 活动扳手各 1 把、300mm 一字螺钉旋具 1 把、计算器 1 台、500mm F 扳手 1 把、振幅仪 1 块、测温仪 1 台、450mm 管钳 1 把、棉纱 2kg、记录单 1 张、碳素笔 1 支、润滑油若干。

（二）人员

工服、工帽、工鞋穿戴整齐。

二、操作规程

(1)检查确认所有安装或维修工作都已经完成。

(2)按规程检查电气设备、仪表和开关、电压等;检查电动机接地线、通风设备、电动机绝缘等。

(3)请示上级领导并与变电岗取得联系,得到允许后,方可进行空载试运。

(4)通知变电岗检查电压值。

(5)由变电岗值班人员检查电动机冷态的绝缘电阻,合格方可试运。

(6)与变电岗配合进行信号装置(要求合闸开关、各信号指示灯)、启停装置(启动按钮、停机按钮、紧急停机按钮)、保护装置(低油压、电动机轴瓦温度、定子温度)的试验。

(7)投运冷却水系统、润滑油系统,检查电动机冷却器、轴瓦润滑油压力、油位。

(8)检查电动机内部及周围不得有任何杂物。

(9)检查所有运行部件与静止部件之间是否有足够间隙。

(10)盘车,检查是否有摩擦声。

(11)检查其他所有的电气连接是否正确稳妥。

(12)将转子向被驱动方向推至转子轴向转动间隙极限,检查电动机侧联轴器在此极限位置是否能触碰到泵侧联轴器。

(13)检查磁力中心标志是否在正确位置。

(14)投上要求合闸开关,点动试机,核对电动机旋转方向。

(15)重新空试电动机,检查电动机电压、电流、振动、轴瓦温度。

(16)试运时严格按技术要求检测,并认真取全取准各项资料数据,填写报表,符合投产质量标准可投入使用。

三、技术要求

(1)电压值应符合电动机铭牌上的要求,波动应在额定值的±5%。

(2)6000V 的电动机在冷态下,电阻值每千伏绝缘电阻值应不小于 $2M\Omega$。

(3)电动机单独试运时间不少于 2h。

四、注意事项

(1)电动机试运前,润滑油管路要进行冲洗,防止异物进入引起烧瓦。

(2)启动电动机时,电动机周围不能站人。

(3)必须经常检查所有螺栓的紧固程度,特别注意转动部分螺栓。

(4)试运转电动机应轴承无异音、温度正常,油环转动灵活,带油量充足,轴瓦座无渗油,油位指示正确。

项目四　试运离心式注水泵

JBC015　试运离心式注水泵的要求

一、准备工作

（一）材料、工具

离心式注水机泵 1 台、冷却水泵 1 台、稀油站 1 套、250mm 和 300mm 活动扳手各 1 把、300mm 一字螺钉旋具 1 把、计算器 1 台、500mm F 扳手 1 把、振幅仪 1 块、测温仪 1 台、200mm 塞尺 1 把、0~10mm 百分表 2 个、1000mm 撬杠 1 根、0~150mm 游标卡尺（精度 0.02）1 把、磁力表座及表杆 1 套、450mm 管钳 1 把、棉纱 2kg、记录单 1 张、碳素笔 1 支、擦布若干、润滑油若干。

（二）人员

工服、工帽、工鞋穿戴整齐。

二、操作规程

（1）电动机试运无异常后方可试运离心式注水泵。

（2）连接好联轴器螺栓，安装护罩，检查注水泵各部螺栓有无松动。

（3）用百分表检查机泵同心度是否符合要求。

（4）试运检查电气设备、仪表、开关和电压；检查电动机接地线、绝缘等；检查机泵各部螺栓、联轴器护罩、连接螺栓等。

（5）按泵旋转方向盘泵 3~5 圈，检查机泵窜量。

（6）打开冷却水阀门，控制好冷却水。倒通润滑油循环流程，调整总油压和分油压；检查润滑油质、油位。

（7）打开泵进口阀门、平衡管阀门及各种压力表取压阀，活动出口阀门开关灵活。

（8）打开进出口放空阀，放净泵内气体，关闭放空阀门。

（9）大罐水位应达到安全高度，记录流量计读数。

（10）与变电岗联系，进行低油、低水试验，合格后申请启泵。得到合闸信号后按启动按钮，待电流降至空载时，打开出口阀，并注意电流变化。

（11）泵压升至铭牌额定压力时，开出口阀门，调整压力和排量。

（12）对机泵进行一次全面检查：泵上水、轴承润滑、温升情况；密封漏失及温度；各种仪表指示；阀门管线漏失；机泵振动情况；流量运行情况。

（13）向有关部门汇报，作好记录，填写运行报表。

（14）清理操作现场。

三、技术要求

（1）泵轴盘动灵活，没有偏重现象。

（2）泵出口压力表、进口压力表、平衡压力表应校验合格后装齐。

（3）填料应加满，每圈对口错开 90°～180°，压盖上口应压入密封填料盒 1/2。

（4）机泵同心度标准为：轴向、径向偏差不超过 0.06mm。

（5）离心式注水泵试运时间不应小于 48h。

四、注意事项

（1）开关阀门侧身、平稳。

（2）启动注水泵机组时，机泵周围不能站人。

项目五　检查验收整装离心式注水泵机组

一、准备工作

（一）材料、工具

棉纱 2kg，机泵出厂资料 1 份，A4 记录纸若干，碳素笔 1 支，整装注水机泵 1 台，水平尺 1 把，0.02～1.0mm 塞尺 1 把，厚 1mm、2mm、3mm 的测量块各 1 块，500V 和 2500V 兆欧表各 1 块，0～150mm 游标卡尺（精度 0.02mm）1 把，0～10mm 百分表（精度 0.01mm）2 块，两横杆磁力表架 2 套，垫片（厚 0.05mm、0.1mm、0.2mm、0.3mm、0.5mm、1.0mm）若干，300mm 螺钉旋具 1 把，梅花扳手 1 套，ϕ20mm×500mm 撬杠 1 根，7.2kg 八角锤 1 把，500mm F 扳手 1 把。

（二）人员

工服、工帽、工鞋穿戴整齐。

二、操作规程

（1）检查电动机要有证书和修保记录。

（2）检查接线端子接线及编号符合要求。

（3）检查电动机绝缘符合要求。

（4）按要求检查注水泵资料。

（5）按要求检查设备地脚螺栓、垫铁、联轴器。

（6）按要求检查机泵同轴度。

（7）盘车检查并检查泵轴窜量。

（8）根据所检查数据判定机组性能，各项指标达到规定要求。

（9）清洁回收工具。

三、技术要求

（1）安装设备使用的斜垫铁和平垫铁的厚度按实际需要选用，斜垫铁的斜度一般为 1：10，铸铁平垫铁的厚度最小为 20mm。每组垫铁由一对斜垫铁和一块平垫铁组成，安装完毕后将各垫铁相互焊牢。平垫铁与基础的表面接触面积不小于 70%。承受主要负荷的垫铁组应垫在地脚螺栓两旁 30~50mm 处,垫铁组的数量一般为每根地脚螺栓两方各一组,设备前后各一组。地脚螺栓数量根据设备需要定,直径比孔小 1~3mm。

（2）机组找正:采用百分表或激光对中仪等测量仪器找正,按照偏差值,用垫片调整其高度。安装后同轴度控制在 0.06mm 以内。联轴器端面间距为 6~8mm。

（3）安装管线:安装润滑油管线、工艺流程管线、冷却水管线,管线不能直接压在水泵上,应配置支架。选出口法兰必须相互平行,单流阀与法兰之间必须加一短节。

（4）电动机内部应清洗,线圈应进行耐压试验,试验值 $U_s = U_e + 1000V$（U_s 为试验电压,U_e 为额定电压）。

（5）电动机和泵轴承必须进行调整、刮研,达到配合间隙要求。

（6）机组水平度误差小于 0.1mm/m。

（7）进口法兰前和出口法兰后 150mm 处应安装测温管。

四、注意事项

各类仪表要经过校验合格后使用。

项目六　进行多级离心泵转子小组装

JBD020　多级离心泵转子小组装的操作要求

一、准备工作

（一）材料、工具

转子总成 1 套、擦布 0.02kg、记录单 1 张、碳素笔 1 支、工作平台 1 个、ϕ45mm 芯轴 1 只、0~10mm 百分表及架 1 套、260mm×150mmV 形铁 2 个。

（二）人员

工服、工帽、工鞋穿戴整齐。

二、操作规程

（1）准备。

（2）多级离心泵转子小组装前,要检查擦拭量具、泵轴及其他所有配件,配件表面无缺陷、磨损、裂纹。

（3）测量。

① 将泵轴架在 V 形铁上,按联轴器、首级叶轮、后轴承处分 5 点;轴头分四等份（做好标记）。

② 检查擦拭百分表,并将百分表架好逐点测量轴的径向跳动,并做好记录。

③ 测量叶轮平行度、不圆度。将叶轮装在芯轴上,用百分表测量。

④ 测量平衡盘端面、径向跳动。将平衡盘装在芯轴上,用百分表测量。

⑤ 测量轴套端面和径向跳动。将轴套装在芯轴上,用百分表测量。

（4）先将前轴套装在轴上,并架在 V 形铁上,然后从后端依次装上叶轮、平衡盘、后轴套、轴承挡套,用锁紧螺母拧紧进行小组装。

(5)用勾头扳手卸下锁紧螺母,取下后轴套、平衡盘、挡套、叶轮、前轴套等配件,并擦拭干净摆好。

(6)清理操作现场。

三、技术要求

(1)百分表的下压量为 1~2mm。

(2)泵轴的最大弯曲度不大于 0.03mm;叶轮、挡套、前后轴套端面不平行度最大值不超过 0.02mm,不圆柱度最大值不超过 0.03mm;平衡盘不平行度最大值不超过 0.02mm,不垂直度最大值不超过 0.03mm。

(3)叶轮、挡套、前后轴套的径向跳动不大于 0.02mm,联轴器脖颈处的径向跳动不大于 0.02mm,平衡盘端面跳动不大于 0.03mm。

四、注意事项

多级离心泵转子拆装过程中要平稳,不能碰撞配件的配合面。

项目七　判断处理柱塞泵温度过高的故障

一、准备工作

(一)材料、工具
擦布 0.5kg、记录纸若干、碳素笔 1 支、柱塞泵机组 1 套、测温仪 1 只。

(二)人员
工服、工帽、工鞋穿戴整齐。

二、操作规程

(1)判断原因。

(2)根据动力端异常查找原因。

(3)根据液力端异常查找原因。

(4)根据动力端异常进行分析。

(5)根据液力端异常进行分析。

(6)通过分析结果,提出处理办法。

三、技术要求

(1)润滑油压及油位在规定范围内,油箱油温不超过 75℃。

(2)轴承、十字头导轨孔的温度不超过 85℃。

(3)填料函的泄漏不应超过 30~50 滴/min。

四、注意事项

在检查异常时，人员要与转动的皮带、皮带轮保持安全距离。

项目八　拆装单级单吸离心泵

一、准备工作

（一）材料、工具

擦布0.2kg、单级单吸离心泵1台、200mm活动扳手1把、专用扳手1把、工装架1套、ϕ30mm×250mm紫铜棒1个、拉力器1套。

（二）人员

工服、工帽、工鞋穿戴整齐。

二、操作规程

（1）拆卸：

① 用拉力器取下联轴器和键，松开支架固定螺栓，取下支架。

② 松开连接螺栓，取下泵体；用专用扳手松开叶轮锁紧螺栓，取下叶轮和键。

③ 松开悬架与泵盖连接螺栓，取下悬架，放净轴承室内润滑油，取下密封填料压盖、水封环、轴套、挡水环，松开两端轴承压盖螺栓，取下前后压盖，取出带轴承的轴，检查轴承。

（2）擦拭检查配件，合格后组装。

（3）装配：

① 将带轴承的轴装入悬架内，装上前后轴承压盖并紧固好。

② 装上泵盖、挡水圈、轴套、水封环、密封填料压盖。

③ 将轴套和泵盖装在悬架上，冷却水孔朝下，键槽对正，把键和叶轮装在轴上，并用锁紧螺母紧固好。

④ 对角紧固螺栓，边紧边盘泵，无发卡；然后安装支架。

（4）清理操作现场。

三、技术要求

叶轮止口外径和密封环内径尺寸配合间隙的标准为0.4~0.5mm。

四、注意事项

（1）拆卸锁紧螺母时应注意正扣、反扣。

（2）拆卸下来的零部件按顺序摆放好。

（3）安装前，应对所有零部件进行检查，看是否有裂纹、损伤、损坏现象，不合格要进行更换。

（4）安装轴承体时,要注意轴承压盖不能压偏,不能压得过紧。

项目九　判断处理油箱液位升高、降低的故障

一、准备工作

(一)材料、工具

擦布 2kg、润滑油循环系统 1 套、200～450mm 活动扳手各 1 把、12～32mm 梅花扳手 1 套、套筒扳手 1 套、150mm 和 300mm 一字螺钉旋具各 1 把。

(二)人员

工服、工帽、工鞋穿戴整齐。

二、操作规程

（1）检查油箱液位;检查油箱底部是否有水;检查油品颜色;检查注水泵及电动机轴瓦看窗是否有水珠或水雾;检查轴瓦温度是否升高等。

（2）针对注水泵填料漏失量过大或刺水、注水泵填料函泄水孔堵塞、润滑油冷却器穿孔等现象,分析查找原因。

（3）处理故障。

（4）放掉油箱底部的水;放掉电动机轴瓦下部的水;过滤润滑油中的水分,恢复正常生产。

三、技术要求

油箱液位标准在 1/2～2/3 之间。

四、注意事项

（1）正确使用工具、用具。

（2）开关阀门侧身、平稳。

项目十　进行注水站收油操作

一、准备工作

JBD004　储水罐的收油操作要求

(一)材料、工具

擦布 0.1kg、记录笔 1 支、记录单 1 张、作业单 1 张、污水罐 1 座、油罐车 2 辆、500mm F 扳手 1 把、φ100mm×1500mm 连接管 1 根、管排若干、10 号铁丝若干、警戒线若干、防爆手电 1 个。

（二）人员

工服、工帽、工鞋穿戴整齐。

二、操作规程

（1）申请收油作业开工单，得到上级允许后进行操作。

（2）开大进水阀，升高液位。

（3）当液位升高到收油管高度时，打开收油阀门进行收油。

（4）观察液体不含油时，停止收油。

（5）调整污水来水阀门，恢复生产。

（6）做好收油记录。

（7）清理场地。

三、技术要求

（1）收油时，液位要在收油管和溢流管之间平稳运行。

（2）收油过程中要严密观测，防止储水罐溢流。

四、注意事项

（1）高空检查作业时（高度超过 2m 的设施），两人以上方可操作，并有防护措施。

（2）上罐检查时，不准穿带钉子的鞋。

（3）收油罐车进站后，大小门要上锁，污油注满罐车后，由经警及基层单位干部共同押运至指定地点。

（4）收油罐车运输过程中，防止污染环境。

（5）五级以上大风、雷电、雨雪天气严禁室外高空作业。

项目十一　倒运注水站事故流程

一、准备工作

（一）材料、工具

擦布 2kg、注水冷却系统 1 套、200~450mm 活动扳手各 1 把、17~19mm 梅花扳手 1 把、500mm F 扳手 1 把。

（二）人员

工服、工帽、工鞋穿戴整齐。

二、操作规程

（1）检查发现异常现象：

① 检查冷却水泵运行情况。

② 检查冷却水罐外观及各阀门等附件。

（2）查找事故点。

（3）倒运事故流程：

① 停运冷却水泵。

② 倒运事故流程。

（4）检查注水机组冷却情况，做好记录。

三、技术要求

要严格按照先开自压冷却水阀门，然后打开冷却水回注阀门，最后关闭冷却水回塔、回罐阀门的顺序。

四、注意事项

（1）开关阀门侧身、平稳。

（2）如遇到夜间停电时，需使用手电筒。

项目十二　拆装机械密封

一、准备工作

（一）材料、工具

擦布 2kg、3 号钙基润滑脂 1kg、0.2mm 青壳纸 2 张、清洗油 2kg、TSA－32 汽轮机油 1kg、多级离心泵 1 台、200～450mm 活动扳手各 1 把、17～19mm 梅花扳手 1 把、500mm F 扳手 1 把、8～24mm 开口扳手 1 套、8～32mm 梅花扳手 1 套、8～32mm 套筒扳手 1 套、ϕ50mm×250mm 紫铜棒 1 根、200mm 一字形螺钉旋具 1 把、油盆 1 个、拆装机械密封专用工具 1 套。

（二）人员

工服、工帽、工鞋穿戴整齐。

二、操作规程

（1）机械密封的拆卸。

① 清洗干净拆卸部位，并涂上机油。

② 拆卸支撑部位和密封压盖。

③ 用专用工具拆卸静环和动环。

④ 清洗检查拆下的零部件，确定修复或更换。

（2）机械密封的安装。

① 选用型号及规格合适、附件质量合格的机械密封。

② 检查轴套（或轴）表面粗糙度，清除锈蚀，修正光滑，使之达到技术规定要求。

③ 将安装处的轴套和机械密封清洗干净，涂上机油。

④ 按要求依次将动环、静环装入轴套（或轴）上。

⑤ 拧紧密封压盖紧固螺栓。

三、技术要求

（1）安装机械密封处的轴套（或轴）不得有锈蚀，表面粗糙度应达到 1.6；轴套端面倒角必须是 4~8mm 的 10°倒角，其粗糙度应达到 3.2；轴弯曲度不得超过 0.05mm；轴向窜量不得超过±0.5mm，径向跳动允差在 0.06~0.08mm；振动量不超过±0.08mm，轴向游动量不超过±0.10mm。

（2）动环安装后，必须保证动环与轴一起转动灵活，动静环的凸台不得小于 0.5mm。

（3）注意弹簧转向应与轴正常转向保持一致，且弹簧压缩量不超过规定要求的±2.0mm。

（4）静环防转槽端部与防转销顶端应保持 1~2mm 的轴向间隙，以免缓冲失效。

（5）机械密封不得装偏，静环压盖安装时，应使用专用工具，用力轻微均匀，压偏量不大于 0.04mm。

四、注意事项

（1）安装机械密封时，必须停掉机泵并断开电源。

（2）拆装操作，要使用专用工具，不得使用扁铲、手锤打击铲剃或硬撬硬砸，以免损坏弹簧、密封圈，导致机械密封不严密漏失。

（3）所要安装的机械密封的型号、规格应符合技术要求，零部件完好，动环和静环端面不得有碰伤、裂纹。

（4）拆卸机械密封前，拆卸部位要清洗干净，并涂上机油，以免卡死或卡坏。

（5）拆卸机械密封过程中，如遇部件变位或变形时，不能盲目动手拆卸，应细心，防止损坏其他部件。

（6）机械密封的动静环端面、轴套（或轴），应清洗干净，保持清洁无杂质，并涂上机油进行润滑，便于安装。

（7）安装机械密封时，应按照先装动环后装静环的顺序。

项目十三　测量阴极保护效果

一、准备工作

（一）材料、工具

导线若干、硫酸铜参比电极 1 支、恒电位仪 1 台、测试桩 1 个、500V 万用表 1 块、250mm 和 300mm 扳手各 1 把、手钳 1 把、计算器 1 台、秒表 1 块。

（二）人员

工服、工帽、工鞋穿戴整齐。

二、操作规程

（1）检查使用万用表。

（2）正确连接导线，测量自然电位。

（3）测量通电时的阴极电位。

（4）测量自然电位。

（5）切断电源，测量阴极电位。

（6）保护效果评价。

三、技术要求

阴极保护电位要求控制范围为-0.85～-1.20V。

四、注意事项

认真取全、取准各项资料数据，填写好设备档案及资料档案，字迹清晰，无涂改。

模块三　综合管理

项目一　相关知识

JBE001　全面质量管理的基本概念

一、全面质量管理知识

（一）全面质量管理的基本概念

所谓全面质量管理，就是企业全体职工及有关部门，同心协力，把专业技术、经营管理、数理统计和思想教育结合起来，建立起产品的研究设计、生产制造、售后服务等活动全过程的质量保证体系，从而用最经济的手段，生产出用户满意的产品。其基本核心是强调提高人的工作质量，保证和提高产品质量，达到全面提高企业和社会经济效益的目的。

全面质量管理的基本特点是，从过去的事后检验和把关为主，变为预防和改进为主；从管结果变为管因素，把影响质量的因素查出来，抓住主要矛盾，发动全员、全部门参与，依靠科学管理的理论、程序和方法，使生产的全过程都处于受控状态。

推行全面质量管理的工作就要做到：

（1）认真贯彻"质量第一"的方针。

（2）充分调动企业各部门和全体职工关心产品质量的积极性。

（3）有效地运用现代科学技术和管理技术，做好设计、制造、售后服务、市场调查等方面的工作，以预防为主，控制影响产品质量的各方面因素。

同时要做到"三全"，即全面、全过程、全企业的质量管理；"一多样"，即所运用的方法必须多种多样。

JBE002　质量教育工作的内容

（二）质量教育工作

质量教育包括质量意识教育，质量管理理论与方法教育及业务、专业技术教育。

产品的质量取决于工作质量，工作质量取决于人的因素，而质量教育是提高人的因素的方法之一。若提高人的素质，必须对各级领导和全体职工进行质量教育，提高职工对全面质量管理的科学性和有效性的认识，对推行全面质量管理产生强烈的紧迫感和责任感及高度的自觉性。同时要掌握全面质量管理知识，提高业务水平，并运用科学的理论和方法，为改善和提高质量管理创造条件。

质量意识教育的内容主要包括：阐明质量概念、质量管理的科学含义及其重要地位，"质量第一"的思想方法，国家质量法令与法规以及企业的质量责任等。全面质量管理是现代的质量管理，要真正掌握和运用它，就要有针对性地对企业职工传授质量管理的基本概念、基本理论和方法，以及国外的先进质量管理经验。这是提高企业素质和实现企业现代化管理的重要途径。

产品质量是企业全体成员的综合工作结晶，产品质量水平高低既取决于职工队伍的技术水平,也取决于各个职能部门的工作成就和质量管理水平。全面质量管理的基本思想、科学方法和管理技术必须与专业技术综合运用,才能取得显著的经济效果。因此,进行业务和专业技术教育,也是质量教育工作的主要内容之一。

(三)质量责任制

JBE003 质量责任制的内容

质量责任制是指在企业中明确规定每个人、每个部门在质量工作中的具体职责、任务和权力的一种制度。建立质量责任制是企业建立经济责任制的首要环节,以便做到质量工作事事有人管、人人有专责、办事有标准、工作有检查、事事在考核,形成一个严密的质量管理工作体系。一旦发现质量问题,可以追查责任、总结经验,以便提高产品的质量。

实行经济责任制应实行质量责任制。目前,大部分企业实行了经济责任制,普遍采用经济手段,把质量责任作为考核的内容。因此,不建立质量责任制,就不能保证产品的质量,也就无经济效益可言。

建立质量责任制要明确责、权、利三者的关系,加强职工的责任感,使每个职工都对质量负责。责任和权力是相互依存的,有责就要有权,二者缺一不可。责任是核心,权力是条件,利益是动力,三者相辅相成、互为补充。为保证质量责任制的贯彻执行,企业要根据实际情况,采取以下措施:

(1)企业应设立质量监督小组,对各部门的工作质量和产品质量进行监督,并授予质量否决权。

(2)专职质量管理部门负责以质量责任制为主要内容的经济责任制考核,与月度综合奖的评比挂钩,做到有职有权。

(3)企业根据自己的实际情况制定奖惩制度,对提高质量做出贡献者奖,反之则罚,实行重奖重罚。

(4)对内考核实行"奖优罚劣",对外购件、外协件的"接收检验"执行"优质优价"的原则。

(四)标准化工作

JBE004 质量标准化工作的内容

标准是对重复性事物和概念所作的统一规定,它以科学技术和实践经验的综合成果为基础,经有关方面协商一致,由上级机构批准,以特定的形式发布,作为共同遵守的准则和依据。

标准化是在经济、技术、科学及管理等社会实践中,对重复性事物和概念,通过制定、发布和实施达到统一,以获得最佳秩序和社会效益。

标准化工作的任务是:标准的制定、修订、发布、组织实施和对标准实施进行监督。标准的表达形式通常有两种,一种是文字形式,即标准文件;另一种是实物形式,即实物标准。

根据《中华人民共和国标准化法》规定,按标准适用范围和审批发布权限,可将标准分为四级:国家标准、行业标准、地方标准和企业标准。

(1)国家标准:是由国务院标准化主管部门制定并发布,在全国范围内统一适用的技术标准和管理标准。

(2)行业标准:除国家标准外,需在全国某行业范围内统一协调,由国务院有关行业主管部门或专业标准化组织制定发布,并报国务院标准化行政主管部门备案,在专业范围内统一适用的技术标准和管理标准。

（3）地方标准：对没有国家标准和行业标准，又需在省、直辖市范围内统一的事项，可以制定地方标准。它由地方标准化行政主管部门制定，并报国务院标准化行政主管部门备案，在有关国家标准、企业标准分布后，该地方标准即行废止。

（4）企业标准：除国家标准、行业标准、地方标准外，为了满足企业经营工作的需要，由企业自己或上级有关部门制定发布的，在企业范围内适用的技术和管理标准。

（五）计量工作

JBE005 计量工作的内容

计量工作是企业开展全面质量管理的一项重要的基础工作，是保证产品质量的重要手段和方法。计量工作的重要任务是统一计量单位制度，组织量值传递，保证量值的统一。

由于计量工作对工业生产技术的发展以及产品质量都有直接的影响，所以做好计量工作是很重要的。对各种计量器具和试验、化验、检验设备必须实行严格管理，充分发挥其在质量管理工作中的作用。

计量工作的主要要求是：必需的量具和化验、分析仪器，必须配备齐全，完整无缺；保证量具及化验、分析仪器的质量稳定，示值准确一致；修复及时，根据不同情况，选择正确的测定计量方法。为此，搞好计量工作，必须抓好以下几个工作：

（1）计量组织机构的建立和计量人员的配备。

（2）建立健全计量管理制度。

（3）保证计量器具及仪器的正确、合理使用。

（4）定期进行计量器具的检定。

（5）及时修理和报废计量器具和仪器。

（6）改进计量器具和计量方法。

（六）质量信息工作

JBE006 质量信息工作的内容

质量信息是指在质量形成的全过程中发生的有关质量的信息，是反映质量和产、供、销各个环节工作质量的基本数据、原始记录以及产品使用过程中反映出来的各种情报资料。

有关质量方面的信息很多，如企业内部的质量信息，反映产品质量的信息，来自上级、同行业、外购、外协单位、市场和用户的质量信息和反映工作质量的信息。总之，凡是涉及产品质量的信息都是质量信息的内容。

企业要掌握产品质量的运动规律，必须掌握大量的第一手资料，并加工成为各种质量信息，而且要做到及时、准确、全面、系统。实践证明，如果一个企业重视信息，重视现场和班组的原始记录，使信息处理准确、及时，这样的企业管理基础工作就扎实，工作就更有成效。

（七）质量管理小组

JBE007 质量管理小组的作用

质量管理小组简称为 QC 小组，最早是在日本发展起来的。QC 小组就是在生产或工作岗位上从事各种劳动的职工，围绕企业的方针目标和现场存在的问题，运用质量管理的理论和方法，以改进质量、降低消耗、提高经济效益和人的素质为目的而组织起来，并开展活动的小组。它是职工参加民主管理和质量管理活动的组织。

质量管理小组的作用主要表现在以下几个方面：

（1）有利于改变旧的管理习惯。

（2）有利于开拓全员管理的途径。

（3）有利于推动产品创优活动。

（4）有利于传播现代化管理思想和方法。

（5）有利于促进社会主义物质文明和精神文明建设。

二、QHSE 管理体系基础

质量健康安全环境管理体系简称 QHSE 管理体系。

（一）QHSE 管理体系的理论说明

QHSE 管理体系能够帮助组织提高顾客、员工、社会及其他相关方的满意度，树立组织的良好形象。

顾客、员工、社会及其他相关方要求组织具有满足其需求和期望的特性，这些需求和期望在组织的承诺和产品或服务的规范中表述，集中归结为组织的社会形象和顾客、员工及其他相关方的要求。组织通过社会活动展现其社会形象，顾客、员工及其他相关方的要求可以由顾客、员工、其他相关方以合同的方式规定或由组织自己确定。在任一情况下，组织的社会形象和产品或服务是否可被社会承认，或被顾客、员工及其他相关方所接受，最终都由顾客、员工、社会及其他相关方确定。由于顾客、员工、社会及其他相关方的需求和期望是在不断变化的，再加上竞争的压力和技术的发展，这都会促使组织持续地改进产品和过程，并不断地把这些改进展现给社会。

QHSE 管理体系鼓励组织分析顾客、员工、社会及其他相关方的要求，规定相关的过程，并使其持续受控，以实现顾客、员工、社会及其他相关方能接受的组织形象、产品或服务。QHSE 管理体系能提供持续改进的框架，以增加顾客、员工及其他相关方满意的机会。QHSE 管理体系还就组织能够提供持续满足要求的产品或服务，向社会、顾客、员工及其他相关方提供信任。

（二）QHSE 管理体系要求与产品或健康安全环境要求

> JBE008 QHSE 管理体系的要求

QHSE 管理体系参照 GB/T 19000—2016，GB/T 24001—2016，GB/T 28001—2011，SY/T 6276—2014 制定，区分了管理体系要求、产品要求和健康安全环境要求。

QHSE 管理体系对组织而言，不论组织提供何种类别的产品或服务，都是通用的。但标准本身并不规定产品或健康安全环境要求。

（三）QHSE 管理体系的方法

> JBE009 QHSE 管理体系的方法

建立和实施管理体系的方法包括以下步骤：

（1）确定顾客、员工、社会和其他相关方的需求和期望。

（2）建立组织的质量健康安全环境方针和目标。

（3）确定实现质量健康安全环境目标所必需的过程和职责。

（4）确定和提供实现质量健康所必需的资源。

（5）规定监视、测量每个过程的有效性和效率的方法。

（6）应用这些监视、测量方法确定每个过程的有效性和效率。

（7）确定防止不符合并消除产生原因的措施。

（8）建立和应用持续改进 QHSE 管理体系的过程。

上述方法也适用于保持和改进现有的管理体系。

采用上述方法有利于组织对其过程能力及实现预期目标树立信心，为持续改进提供基础,从而提高顾客、员工、社会和其他相关方满意度,并使组织成功。

（四）过程方法

任何使用资料将输入转化为输出的活动或一组活动可被视为一个过程。

为使组织有效运行,必须识别和管理许多相互关联和相互作用的过程。通常,一个过程的输出将直接成为下一个过程的输入。系统地识别和管理组织所应用的过程,特别是这些过程之间的相互作用,称为"过程方法"。

以过程为基础的 QHSE 管理体系在向组织提供输入方面,相关方起重要作用。监视相关方满意程度需要有关相关方感受的信息,这种信息可以表明其需求和期望已得到满足的程度。

（五）质量健康安全环境的方针和目标

建立质量健康安全环境的方针和目标为组织提供了关注点,两者确定了预期的结果,并帮助组织利用其资源达到这些结果。质量健康安全环境的方针为建立和评审其目标提供了框架。质量健康安全环境的目标需要与方针和持续改进的承诺相一致,其实现应是可测量的。质量健康安全环境的实现对产品或服务质量、环境表现、风险消减和运行有效性等都有积极影响,因此对相关方的满意和信任度也产生积极影响。

（六）最高管理者在 QHSE 管理体系中的作用

JBE010　最高管理者对QHSE管理体系的作用

最高管理者通过其领导作用及各种有效措施可以创造一个员工充分参与的环境,以便QHSE 管理体系能够在这种环境中有效运行。最高管理者可以运用质量健康安全环境原则发挥以下作用:

（1）制定并保持组织的质量健康安全环境方针和目标。

（2）通过增强员工的意识、积极性和参与程度,在整个组织内促进质量健康安全环境方针和目标的实现。

（3）确保整个组织关注顾客、员工、社会和其他相关方要求。

（4）确保实施适宜的过程以满足顾客、员工、社会和其他相关方要求,并实现质量健康安全环境目标。

（5）确保建立、实施和保持一个有效的管理体系,以实现质量健康安全环境目标。

（6）确保获得必要资源。

（7）定期评审 QHSE 管理体系。

（8）决定有关质量健康安全环境方针和目标的措施。

（9）决定改进 QHSE 管理体系的措施。

（七）文件

JBE011　QHSE管理体系文件的要求

1. 文件的价值

文件能够沟通意图、统一行动,其使用有助于:

（1）满足顾客、员工、社会和其他相关方要求。

（2）满足 QHSE 管理的改进。

（3）提供适宜的培训。

（4）满足重复性和可追溯性。

（5）提供客观证据。

（6）评价 QHSE 管理体系的有效性和持续适宜性。

文件的形成本身并不是目的，它应是一项增值的活动。

2. QHSE 管理体系中的文件类型、层次

QHSE 管理体系将各种类型的文件分为管理手册、程序文件及作业文件三个层次。

（1）QHSE 管理手册是文件的第 1 层，它向组织内部和外部提供关于 QHSE 管理体系的一致信息。

（2）程序文件是 QHSE 管理体系的第 2 层次文件，它提供如何一致地完成活动和过程的信息。

（3）作业文件是 QHSE 管理体系的第 3 层次，也是阐明要求和推荐方法的文件。其中包括质量计划，健康、安全与环境作业计划书，环境管理方案，职业健康安全管理方案以及各种规范、作业指导书、图样等。

（4）为完成的活动或达到的结果，提供客观证据的文件，称为记录。

每个组织应确定其所需文件的多少和详略程度及使用的载体和媒体。这取决于下列因素，诸如组织的类型和规模，过程的复杂性和相互作用，产品的复杂性，环境影响因素，顾客、员工、社会及其他相关方要求，适用的法律法规要求，经证实的人员能力以及满足 QHSE 管理体系要求所需证实的程度。

（八）QHSE 管理体系评价

1. QHSE 管理体系过程的评价内容

JBE012 QHSE 管理体系评价的要求

评价 QHSE 管理体系时，应对每一个被评价的过程提出如下四个基本问题：

（1）过程是否已被识别并适当规定。

（2）职责是否已被分配。

（3）程度是否得到实施和保持。

（4）在实现所要求的结果方面，过程是否有效。

综合上述问题的答案可以确定评价结果。QHSE 管理体系评价，如管理体系审核、评审以及自我评定，在涉及的范围上可以有所不同，并可包括许多活动。

2. 评价方法

QHSE 管理体系审核评价方法有三种：审核、评审和自我评定。

（1）QHSE 管理体系审核。用于确定符合 QHSE 管理体系要求的程度。审核发现用于评定 QHSE 管理体系的有效性和识别改进的机会。

审核可参照 ISO 19011《质量和环境管理审核指南》进行。

（2）QHSE 管理体系评审。最高管理者的任务是根据质量健康安全环境方针和目标的要求，组织对 QHSE 管理体系的评审，评价系统的适宜性、充分性、有效性和效率。这种评审可包括考虑是否有修改质量健康安全环境方针和目标的需求，以及响应相关方需求和期望的变化。评审应包括确定采取措施的需求。

审核报告与其他信息源一同用于 QHSE 管理体系的评审。

（3）自我评定。组织的自我评定是一种参照 QHSE 管理体系或其他优秀模式对组织的活动和结果所进行的全面和系统的评审。

自我评定可提供一种对组织业绩和 QHSE 管理体系成熟程度的总的看法。它还有助于

识别组织中需要改进的领域,并确定优先开展的事项。

（九）持续改进

持续改进 QHSE 管理体系的目的在于增加顾客、员工、社会和其他相关方满意的机会,改进包括下述活动:

（1）分析和评价现状,以识别改进区域。

（2）确定改进目标。

（3）寻找可能的解决办法,以实现这些目标。

（4）评价这些解决办法,并作出选择。

（5）实施选定的解决办法。

（6）测量、验证、分析和评价实施的结果,以确定这些目标已经实现。

（7）正式采纳更改。

必要时,对结果进行评审,以确定进一步改进的机会。从这种意义上说,改进是一种持续的活动。顾客、员工、社会和其他相关方的反馈以及 QHSE 管理体系的审核和评审均能用于识别改进的机会。

三、培训

JBF001 培训的目的

（一）培训的目的

从满足企业经营需要的角度讲,企业培训大致有四个方面的目的:

（1）长期目的:即为了满足企业战略发展对人力资源的需要而采取的培训活动。

（2）年度目的:即为了满足企业年度经营对人力资源的需要而采取的培训活动。

（3）职位目的:即为了满足员工高水平完成本职工作所需的知识、技能、态度、经验而采取的培训活动。

（4）个人目的:即为了满足员工达成其职业生涯规划目标需要而由企业提供的培训。

企业在制定自身的培训规划中,应当清楚地体现出培训的不同目的。

JBF002 培训的意义

（二）培训的意义

近几年来,培训成了很时髦的事情。"我要培训"的呼声愈喊愈烈。我们确实需要培训,但绝不是单纯为了赶时髦,更不是不得已而为之。从不同的角度来看,培训的意义是有所不同的。

1. 从企业角度来说

（1）培训可以提升企业竞争力。

（2）培训可以增强企业凝聚力。

（3）培训可以提高企业战斗力。

（4）培训是高回报的投资。

（5）培训是解决问题的有效措施。对于企业不断出现的各种问题,培训有时是最直接、最快速和最经济的管理解决方案,比自己摸索快,比招聘有相同经验的新进人员更值得信任。

2. 从企业经营管理者角度来说

培训对企业经营管理者来说,可以带来六大好处:

（1）可以减少事故发生。研究发现,企业事故 80% 是员工不懂安全知识和违规操作造成的。员工通过培训,学到了安全知识,掌握了操作规程,自然就会减少事故的发生。

（2）可以改善工作质量。员工参加培训,往往能够掌握正确的工作方法,纠正错误和不良的工作习惯,其直接结果必然是促进工作质量的提高。

（3）可以提高员工整体素质。通过培训,员工素质整体水平会不断提高,从而提高劳动生产率。

（4）可以降低损耗。损耗主要来自员工操作不认真和技能不高。通过培训,员工就会认同企业文化,认真工作,同时也提高技术水平,降低损耗。

（5）可以提高研制开发新产品的能力。培训提高员工素质的同时,也培养了他们的创新能力,激励员工不断开发与研制新产品来满足市场需要,从而扩大企业产品的市场占有率。

（6）可以改进管理内容。培训后的员工整体素质得到提高,就会自觉把自己当作企业的主人,主动服从和参与企业的管理。

3. 从员工的角度来说

（1）增强就业能力。现代社会职业的流动性使员工认识到充电的重要性,换岗、换工主要依赖于自身技能的高低,培训是刚走出校门的企业员工增长自身知识、技能的一条重要途径。因此,很多员工要求企业能够提供足够的培训机会,这也成为一些人择业中考虑的一个方面。

（2）获得较高收入的机会。员工的收入与其在工作中表现出来的劳动效率和工作质量直接相关。为了追求更高收入,员工就要提高自己的工作技能,技能越高报酬越高。

（3）增强职业的稳定性。从企业来看,企业为了培训员工特别是培训特殊技能的员工,提供了优越的条件。所以在一般情况下,企业不会随便解雇这些员工,为防止他们离去给企业带来的损失,总会千方百计留住他们。从员工来看,他们把参加培训、外出学习、脱产深造、出国进修等当作是企业对自己的一种奖励。员工经过培训,素质、能力得到提高后,在工作中表现得更为突出,就更有可能受到企业的重用或晋升,员工因此也更愿意在原企业服务。

（4）培训可以让自己更具竞争力。未来的职场将是充满了竞争的职场,随着人才机制的创新,每年都有大量的新的人才加入竞争的队伍中,让您每时每刻都面临着被淘汰的危险。面对竞争,要避免被淘汰的命运,只有不断学习,而培训则是最好、最快的学习方式。

总之,培训可以让员工自强,可以让企业的血液不断得到更新,让企业永远保持旺盛的活力,永远具有竞争力,这就是企业进行培训的最大意义。

（三）知识培训方法

JBF003 理论
培训教学方法

1. 理论知识培训的教学方法

教学方法是教师在教学过程中为完成教学任务,达到教学目的而采用的工作方法和在教师指导下学生的学习方法。理论知识的教学方法有很多,主要介绍一下讲授法、谈话法和练习法。

1）讲授法

讲授法是教师用语言向学员口头传授知识的方法,即叙述、描绘事实、解释、论证概念和规律的方法,它能充分地发挥教师的主导作用,将科学知识系统连贯地传授给学员,使学员在较短的时间内获得较多的知识。它在教学方法中占重要的地位。

2)谈话法

谈话法也称为问答法。它是教师在学员已有知识和经验的基础上,通过师生问答或对话,巩固已有的知识和进一步掌握新知识的方法,也是启发式教学经常运用的一种方式。

根据谈话内容,可分为两种,一种是传授新知识性的谈话,即启发式谈话。教师根据教学要求,提出一些具有启发性的问题,引导学员依据已经获得的经验和知识,指导学员得出正确的结论。另一种是巩固知识性的谈话,即问答式谈话。它是教师根据学员已经学过和教材提出前后连贯的问题,促使学员回忆、巩固、强化所学知识,加深对知识的理解并使教师掌握学员的学习情况,利于改进教学。

3)练习法

练习法是学员在教师指导下,运用知识、巩固知识和形成技能、技巧的教学方法,练习法在教学中占有非常重要的位置。

使用练习法的一般步骤是:(1)教师提出练习任务并说明练习要求,指出方法;(2)教师作必要的示范;(3)学员进行练习,教师进行检查和个别指导;(4)教师在检查、指导的基础上,对学员的练习进行分析、总结,指出优缺点,纠正错误,指出如何改进。

使用练习法的基本要求是:使学员掌握、运用练习的基本知识,明确要求和方法;教师通过讲述和示范,使学员掌握正确的练习方法;教师还要有步骤、科学地指导学员进行练习。

2. 技能培训的教学方法

JBF004 技能培训教学方法

技能培训教学方法,是实习指导教师为完成技能培训教学大纲规定的技能培训教学目的、任务和内容,在技能培训教学活动过程中,向学员传授知识、培养学员技能、技巧所采取的方式、方法。

1)操作练习法

操作练习法是技能培训教学的基本方法。在技能培训教学中实习指导教师指导学员按照教学大纲、教学计划,反复地、多样性地应用专业知识进行实际操作,称为操作练习法。技能培训教学的最终目的,是把学员的专业知识转化为技能、技巧。技能、技巧只有通过大工作量的练习才能获得。操作练习是学员动作技能、技巧形成的基本途径,因此也是实习教学的基本方法,因为只有反复地练习才能形成技能、技巧。

2)讲述法

讲述法主要是指培训教学按教学计划在规定的时间内运用语言系统地向学员讲述教材,叙述事实材料,描述所讲对象,说明意义、任务和内容,并说明完成这些工作的操作步骤和所要达到的技术要求等。

3)参观法

参观法是根据教学目的组织学员对实际事物进行观察、研究,从而获新知识或巩固验证已学的知识的一种教学方法。它可以使教学和实际生活紧密地联系起来,使学员直观地学习设备、工艺过程、操作方法等。

4)示范操作法

示范操作法是重要的直观教学形式,是技能培训教学的重要方法。在技能培训教学中,只讲不做示范操作,学员难以掌握技术。示范操作可以使学员具体、生动、直接地接受所学的对象,同时在技能操作练习中,可以清晰地将观察过的示范操作形象地在脑中重现,从而模仿着练习。

5)电化教学法

随着科学技术的发展,电化教学越来越多地进入教育领域,成为职业教育的重要手段。电化教学最突出的优点是把在实际中不能操作的项目或难以用口头表达清楚的工作原理等通过多媒体的手段,结合"音、形、图、物"生动形象地示范给学员,使学员加深对对象的理解和学习。

项目二 编制培训计划及培训方案

一、准备工作

(一)材料、工具
钢笔或碳素笔 1 支、书写纸若干、计算机 1 台、打印机 1 台、A4 打印纸若干。

(二)人员
工服、工帽、工鞋穿戴整齐。

二、操作规程

(1)检查计算机、打印机完好。
(2)计算机基本操作。
(3)按要求使用计算机编写培训方案。
(4)使用计算机编辑、保存教案。
(5)使用打印机打印教案。

三、注意事项

编制的方案要符合教学要求。

项目三 制作多媒体

一、准备工作

(一)材料、工具
培训教案 1 本、计算机 1 台、幻灯机 1 台。

(二)人员
工服、工帽、工鞋穿戴整齐。

二、操作规程

(1)准备工作。

（2）进行计算机开机操作。

（3）启动 PowerPoint 程序。

（4）按要求创建 PowerPoint 幻灯片。

（5）按要求编辑 PowerPoint 幻灯片。

（6）放映 PowerPoint 幻灯片。

（7）保存 PowerPoint 幻灯片。

（8）退出 PowerPoint 程序。

三、注意事项

制作的多媒体要简单明了。

理论知识练习题

高级工理论知识练习题及答案

一、单项选择题(每题有4个选项,只有1个是正确的,将正确的选项号填入括号内)

1. AA001　从开发工作进程角度看,一个油田的开发,一般划分为(　　)阶段。
　　A. 两个　　　　　　B. 三个　　　　　　C. 四个　　　　　　D. 五个

2. AA001　油田开发的第二阶段是(　　)油田开发设计方案并组织实施,根据油田实际情况和开发规律,选择最佳的油田开发方案,同时组织投产。
　　A. 设计　　　　　　B. 研究　　　　　　C. 确定　　　　　　D. 编制

3. AA002　石油是一种重要的(　　)物资,对国民经济发展有特殊意义。
　　A. 应急　　　　　　B. 救援　　　　　　C. 战略　　　　　　D. 储备

4. AA002　各个油田地质特点和发育状况不同,应针对具体情况,制定出适合油田的、合理的(　　)。
　　A. 计划成本　　　　B. 调整措施　　　　C. 开发方针　　　　D. 开发方案

5. AA003　油田投入开发后,如果没有相应的驱油能量补充,(　　)就会随着开发时间的延长而下降。
　　A. 地层压力　　　　B. 油层压力　　　　C. 开采速度　　　　D. 采油速度

6. AA003　油田注水开发是指利用人工注水来(　　)油层压力开发油田。
　　A. 保持　　　　　　B. 提高　　　　　　C. 降低　　　　　　D. 控制

7. AA004　注水方式是指注水井在油田上所处的部位以及注水井和采油井的(　　)关系。
　　A. 数量　　　　　　B. 相对　　　　　　C. 排列　　　　　　D. 分布

8. AA004　多数油田采用(　　)注水。
　　A. 边缘　　　　　　B. 切割　　　　　　C. 点状　　　　　　D. 面积

9. AA005　对于(　　)进行面积注水开发的油田,注水井经过适当排液即可转入全面注水。
　　A. 早期　　　　　　B. 中期　　　　　　C. 末期　　　　　　D. 长期

10. AA005　采油井处于注水受效第一线上,直接受注水井影响,为了均衡开发,(　　)必须一次投注或投产。
　　A. 注水井　　　　　B. 采油井　　　　　C. 钻井　　　　　　D. 各类井

11. AA006　四点法面积井网中注水井与采油井井数比例为(　　)。
　　A. 1∶1　　　　　　B. 1∶2　　　　　　C. 2∶1　　　　　　D. 1∶3

12. AA006　五点法面积井网中注水井与采油井井数比例为(　　)。
　　A. 1∶1　　　　　　B. 1∶2　　　　　　C. 2∶1　　　　　　D. 1∶3

13. AA007　对于分布不稳定、含油面积小、形状不规则、渗透率低的油层,(　　)注水方式比行列注水方式适应性更强。
　　A. 边缘　　　　　　B. 切割　　　　　　C. 面积　　　　　　D. 点状

14. AA007　面积注水（　　　）的注水方式多种多样，不同性质油层所适应的注水方式是不同的。

    A. 油田　　　　　　B. 油层　　　　　　C. 油井　　　　　　D. 油藏

15. AA008　从油管向油层注水的方法称为（　　　）。

    A. 笼统注水　　　　B. 分层注水　　　　C. 正注　　　　　　D. 反注

16. AA008　从套管向油层注水的方法称为（　　　）。

    A. 笼统注水　　　　B. 分层注水　　　　C. 正注　　　　　　D. 反注

17. AA009　分层正注井的套管压力只反映全井注水层段中（　　　）的注入压力。

    A. 最上面一层　　　B. 第二层　　　　　C. 中间层　　　　　D. 最下面一层

18. AA009　油压（　　　）的是克服地下水嘴损失等压力后剩余的压力。

    A. 显示　　　　　　B. 反映　　　　　　C. 控制　　　　　　D. 计算

19. AA010　如果不考虑井网和油水井工作制度的影响，注入水总是首先沿着油层高渗透部位窜入油井后再向（　　　）扩展。

    A. 上面　　　　　　B. 下面　　　　　　C. 中间　　　　　　D. 四周

20. AA010　在正韵律的厚油层中表现尤为突出的是（　　　）矛盾。

    A. 平面　　　　　　B. 层间　　　　　　C. 层内　　　　　　D. 层外

21. AA011　使受效差的区域受到注水效果，提高驱油能量，达到提高注水波及面积和原油采收率的目的是（　　　）的调整。

    A. 平面矛盾　　　　B. 层间矛盾　　　　C. 层内矛盾　　　　D. 层外矛盾

22. AA011　调整吸水剖面，扩大注水波及厚度，从而调整受效情况；同时调整出油剖面，以达到多出油少出水的目的是（　　　）的调整。

    A. 平面矛盾　　　　B. 层间矛盾　　　　C. 层内矛盾　　　　D. 层外矛盾

23. AA012　充分利用天然资源，保证油田获得最高的（　　　）。

    A. 采收率　　　　　B. 可采率　　　　　C. 完成率　　　　　D. 开采率

24. AA012　针对油田的具体地质开发特点，提出应采用的采油工艺手段，使地面建设符合（　　　）实际情况，使增产增注措施能够充分发挥作用。

    A. 地面　　　　　　B. 地下　　　　　　C. 地层　　　　　　D. 油层

25. AA013　要提高油藏注水开发整体经济效益，必须动用（　　　）油层的储量，使多油层都能得到动用。

    A. 第一　　　　　　B. 中间　　　　　　C. 各类　　　　　　D. 最底

26. AA013　确定了开发层系，就相应确定了各层系（　　　）的井数，这样才能进一步确定井网的套数和地面设施规划。

    A. 采油井　　　　　B. 注水井　　　　　C. 井架　　　　　　D. 井网

27. AA014　开发层系的划分直接关系到（　　　）开发效果。

    A. 油层　　　　　　B. 地层　　　　　　C. 圈闭　　　　　　D. 油藏

28. AA014　对于（　　　）、渗透率、注水和注水受效程度不同的油层，应采用不同的开采方式，并划分成不同的开发层系。

    A. 密度　　　　　　B. 黏度　　　　　　C. 厚度　　　　　　D. 重度

29. AA015　认识矛盾,(　　)矛盾,直到油田开发结束为止。

　　A. 分析　　　　　　B. 研究　　　　　　C. 解决　　　　　　D. 处理

30. AA015　研究油层内部的韵律性,以便划分小层和进行油田的分层工作,韵律性在一定程度上也同时(　　)油层沉积条件。

　　A. 显示　　　　　　B. 反映　　　　　　C. 控制　　　　　　D. 影响

31. AA016　认识、(　　)油田开发全过程的客观规律,科学、合理地划分开发阶段,具有重要意义。

　　A. 掌握　　　　　　B. 了解　　　　　　C. 学习　　　　　　D. 研究

32. AA016　明确开发阶段后,可以分阶段有步骤地部署(　　),重新组合划分层系和确定注水方式等,做到不同开发部署适合不同开发阶段的要求。

　　A. 井位　　　　　　B. 井数　　　　　　C. 网距　　　　　　D. 井网

33. AA017　油藏投产阶段一般为(　　)。

　　A. 3~10 年　　　　B. 10~15 年　　　　C. 15~30 年　　　　D. 40~50 年

34. AA017　高产稳产阶段一般为(　　)。

　　A. 3~10 年　　　　B. 10~15 年　　　　C. 15~30 年　　　　D. 40~50 年

35. AA018　一次采油阶段可采出地质储量的(　　)。

　　A. 5%~10%　　　　B. 10%~15%　　　　C. 10%~25%　　　　D. 20%~25%

36. AA018　二次采油阶段可采出地质储量的(　　)。

　　A. 5%~10%　　　　B. 10%~15%　　　　C. 10%~25%　　　　D. 20%~25%

37. AA019　按开采的油层划分的第一阶段可采地质储量为(　　)。

　　A. 5%~10%　　　　B. 10%~15%　　　　C. 10%~25%　　　　D. 20%~25%

38. AA019　按开采的油层划分的第一阶段综合含水率达到(　　)。

　　A. 30%~40%　　　B. 40%~50%　　　C. 50%~60%　　　D. 60%~70%

39. AA020　低含水阶段的含水率为(　　)。

　　A. 0~25%　　　　B. 25%~75%　　　　C. 75%~90%　　　　D. 90%~98%

40. AA020　中含水阶段的含水率为(　　)。

　　A. 0~25%　　　　B. 25%~75%　　　　C. 75%~90%　　　　D. 90%~98%

41. AA021　如同一开发层系内,各层的分布状况、岩石特性、原油性质差异较大,油层(　　)过多和厚度过大,开采井段过长等,都会影响储量动用状况,降低开发效果。

　　A. 含水　　　　　　B. 含油　　　　　　C. 孔隙　　　　　　D. 层数

42. AA021　同一开发层系内,油层的构造形态、压力系统、(　　)分布、原油性质等应比较接近。

　　A. 孔隙　　　　　　B. 油水　　　　　　C. 井数　　　　　　D. 井网

43. AA022　选择(　　)方式应根据油层非均质特点,尽可能做到调整后的油井多层、多方向受效,水驱程度高。

　　A. 开采　　　　　　B. 射孔　　　　　　C. 注水　　　　　　D. 布井

44. AA022 要处理好新老井的关系,因为调整井的井位受原井网制约,新老井的分布尽可能均匀,注采(　　)。

　　A. 平衡　　　　　　B. 协调　　　　　　C. 平均　　　　　　D. 一致

45. AA023 原来采用的(　　)注水,中间井排受不到注水效果或受效很差,应在中间井排增加点状注水或调整为不规则的面积注水方式。

　　A. 行列　　　　　　B. 边缘　　　　　　C. 切割　　　　　　D. 边外

46. AA023 当调整为不完整的五点法井网时,注采井数比为(　　)。

　　A. 1∶1　　　　　　B. 1∶2　　　　　　C. 2∶1　　　　　　D. 1∶3

47. AA024 对采油井来说,(　　)是通过提高井底压力,即减小生产压差以降低油井产量的办法进行的。

　　A. 调节生产　　　　B. 限制生产　　　　C. 停止生产　　　　D. 分配生产

48. AA024 对(　　)无效的区域,应对注采井采取关井停产、停注的办法。

　　A. 调节　　　　　　B. 限制　　　　　　C. 控制　　　　　　D. 分配

49. AB001 用来判别流体在流道中流态的无量纲准数,称为(　　)。

　　A. 摩尔数　　　　　B. 雷诺数　　　　　C. 达西数　　　　　D. 当量数

50. AB001 当 $Re<$(　　)时,管内液体流态为层流。

　　A. 1500　　　　　　B. 1800　　　　　　C. 2000　　　　　　D. 2500

51. AB002 当液体流动时,由于液体质点的相对运动,在液体中产生摩擦力,其对液体运动形成阻力——液流阻力,克服阻力所需的能量称为(　　)损失。

　　A. 沿程　　　　　　B. 局部　　　　　　C. 容积　　　　　　D. 能量

52. AB002 在管道中流动的单位质量流体质点之间和质点与管路之间的摩擦所消耗的能量称为管道摩阻损失,也称(　　)损失。

　　A. 沿程　　　　　　B. 水头　　　　　　C. 局部　　　　　　D. 容积

53. AB003 h_f 表示整个流程中的(　　)水头损失。

　　A. 沿程　　　　　　B. 总　　　　　　　C. 局部　　　　　　D. 密封

54. AB003 沿程水头损失公式中 d 表示(　　)。

　　A. 流速　　　　　　B. 长度　　　　　　C. 管内径　　　　　D. 管外径

55. AC001 伴随有发光、发热现象的剧烈的化学反应称为(　　)。

　　A. 闪燃　　　　　　B. 自燃　　　　　　C. 燃烧　　　　　　D. 爆炸

56. AC001 常见的助燃物有空气、(　　)等。

　　A. 氮气　　　　　　B. 氢气　　　　　　C. 氧气　　　　　　D. 氩气

57. AC002 发生闪燃往往是(　　)的先兆,决不可因未构成连续燃烧而轻视,相反,应对此引起高度警觉。

　　A. 闪燃　　　　　　B. 着火　　　　　　C. 自燃　　　　　　D. 爆燃

58. AC002 可燃物质在没有外界明火等火源的直接作用下,因受热或自身发热并蓄热升温所产生的自行着火燃烧现象称为(　　)。

　　A. 闪燃　　　　　　B. 着火　　　　　　C. 自燃　　　　　　D. 爆燃

59. AC003　液体处于过热状态时,瞬间急剧蒸发汽化引起的爆炸称为(　　)爆炸。

A. 蒸气　　　　　　B. 粉尘　　　　　　C. 气体分解　　　　D. 混合气体

60. AC003　气体分子分解过程中,有时会发热而发生分解爆炸称为(　　)爆炸。

A. 蒸气　　　　　　B. 粉尘　　　　　　C. 气体分解　　　　D. 混合气体

61. AC004　炸药处于密闭的状态下,燃烧产生的高温气体增大了压力,使(　　)转化为爆炸。

A. 着火　　　　　　B. 燃烧　　　　　　C. 爆炸　　　　　　D. 自燃

62. AC004　燃烧面积不断(　　),使燃速加快,形成冲出波,从而使燃烧转化为爆炸。

A. 变化　　　　　　B. 增大　　　　　　C. 缩小　　　　　　D. 反复

63. AC005　无论是固体或液体爆炸物,还是气体爆炸混合物,都可以在一定的条件下进行(　　),但当条件变化时,它们又可转化为爆炸。

A. 燃烧　　　　　　B. 闪燃　　　　　　C. 自燃　　　　　　D. 着火

64. AC005　炸药量较大时,炸药燃烧形成的(　　)反应区将热量传给了尚未反应的炸药,使其余的炸药受热而爆炸。

A. 低温　　　　　　B. 恒温　　　　　　C. 高温　　　　　　D. 常温

65. AC006　要防止火灾爆炸事故,就应根据物质燃烧和爆炸(　　),采取各种有效安全技术措施,避免燃爆条件的形成。

A. 条件　　　　　　B. 温度　　　　　　C. 极限　　　　　　D. 原理

66. AC006　易燃易爆危险场所的建筑物,需按爆炸危险场所有关规定的(　　)进行设计和建设。

A. 方法　　　　　　B. 条件　　　　　　C. 要求　　　　　　D. 规划

67. AC007　实践证明,完善的安全法规和管理制度,是预防、控制火灾爆炸的重要(　　)。

A. 措施　　　　　　B. 条件　　　　　　C. 方法　　　　　　D. 特点

68. AC007　在储存易燃易爆物料之前,必须首先(　　)其物理化学性质及危险特性。

A. 知道　　　　　　B. 查明　　　　　　C. 了解　　　　　　D. 清楚

69. AC008　工业生产中的火源有加热炉、反应热、电热、电火花、机械摩擦热、撞击火星、高温表面、生活用火等,这些火源是引起易燃易爆物质燃烧爆炸的(　　)原因。

A. 一般　　　　　　B. 常见　　　　　　C. 主要　　　　　　D. 次要

70. AC008　控制火源,消除生产中不需要的火源,严格(　　)管理,是十分重要的防火防爆措施。

A. 动火　　　　　　B. 用火　　　　　　C. 防火　　　　　　D. 控火

71. AC009　焊接切割时,飞散的火花及金属熔融碎粒的温度高达(　　)。

A. 1000~1500℃　　B. 1500~2000℃　　C. 2000~2500℃　　D. 3000~3500℃

72. AC009　高空作业焊接切割时,火花及金属熔融碎粒飞散距离可达到(　　)远。

A. 10m　　　　　　B. 15m　　　　　　C. 20m　　　　　　D. 25m

73. AC010　爆炸压力的作用和火灾的(　　),不仅会使生产设备遭受损失,而且使建筑物破坏,甚至致人死亡。

A. 发生　　　　　　B. 蔓延　　　　　　C. 原因　　　　　　D. 危险

74. AC010 在石油工业生产中,采取的惰性气体主要有氮气、(　　)、水蒸气、烟道气等。

    A. 氧气　　　　　　B. 一氧化碳　　　　　C. 二氧化碳　　　　D. 氩气

75. AC011 阻火器有(　　)、砾石和波纹金属片等形式。

    A. 石棉网　　　　　B. 钢丝网　　　　　　C. 金属网　　　　　D. 铁丝网

76. AC011 安全封液一般装在压力低于(　　)的气体管线与生产设备之间。

    A. 11. 69kPa　　　B. 16. 19kPa　　　　C. 19. 16kPa　　　D. 19. 61kPa

77. AC012 当设备或窗口内压力升高超过一定限度时,(　　)即自动开启,泄放部分气体,降低压力到安全范围内,再自动关闭,从而实现设备和容器压力的自动控制,防止设备和窗口破裂爆炸。

    A. 截止阀　　　　　B. 止回阀　　　　　　C. 安全阀　　　　　D. 电动阀

78. AC012 发生爆炸或压力过高时,(　　)作为人为设计的薄弱环节自行破裂,排出受压流体,使爆炸压力难以继续升高,从而保住设备或容器主体,避免更大损害。

    A. 防爆片　　　　　B. 防爆帽　　　　　　C. 排气管　　　　　D. 排气阀

79. AD001 有色金属中的(　　)是人类最早使用的金属材料之一。

    A. 金　　　　　　　B. 银　　　　　　　　C. 铝　　　　　　　D. 铜

80. AD001 有色合金是以一种(　　)为基体(通常大于50%),加入一种或几种其他元素而构成的合金。

    A. 有色金属　　　　B. 黑色金属　　　　　C. 非金属　　　　　D. 铁

81. AD002 金属材料在塑性变形和断裂过程中吸收(　　)的能力,称为金属材料的韧度。

    A. 压力　　　　　　B. 振动　　　　　　　C. 热量　　　　　　D. 能量

82. AD002 金属材料抵抗外来冲击负荷的能力称为金属的(　　)。

    A. 冲击韧度　　　　B. 断裂韧度　　　　　C. 疲劳强度　　　　D. 脆性

83. AD003 金属的塑性好,易于锻造成形而不发生破裂,就认为(　　)好。

    A. 韧度　　　　　　B. 刚度　　　　　　　C. 锻造性　　　　　D. 铸造性

84. AD003 金属材料的工艺性能是指金属材料适应(　　)工艺要求的能力。

    A. 制造　　　　　　B. 生产　　　　　　　C. 加工　　　　　　D. 维护

85. AD004 铸造性是指金属熔化成(　　)后,再铸造成型时所具有的一种特性。

    A. 液态　　　　　　B. 半液态　　　　　　C. 气态　　　　　　D. 半固态

86. AD004 熔融金属的流动性不好,铸型就不容易被金属(　　),会逐渐由于形状不全而成废品。

    A. 冲击　　　　　　B. 充满　　　　　　　C. 切削　　　　　　D. 氧化

87. AD005 金属的切削加工性也称(　　),是指金属在切削加工时的难易程度。

    A. 切割性　　　　　B. 剪切性　　　　　　C. 热处理　　　　　D. 加工性

88. AD005 金属材料的硬度越高越难切削,(　　),切削也较困难。

    A. 硬度虽不高,但刚度大　　　　　　　　B. 硬度虽不高,但韧度大

    C. 硬度虽不高,但韧度小　　　　　　　　D. 硬度虽不高,但高温强度低

89. AD006 一种金属,如果能用(　　)的焊接工艺获得优质接头,则认为这种金属具有良好的焊接性能。

A. 较多普通又简便   B. 较少普通又简便

C. 较多复杂又困难   D. 较少普通又复杂

90. AD006 钢材焊接性能的好坏主要取决于它的化学组成,而其中影响最大的是(　　)元素。

  A. 铜   B. 碳   C. 铁   D. 锰

91. AD007 生铁是指含碳量(　　)2%的铁碳合金。

  A. <   B. >   C. =   D. ≤

92. AD007 钢铁是铁与(　　)、硅、锰、磷、硫以及少量其他元素所组成的合金。它是工程技术中最重要、用量最大的金属材料。

  A. 钾   B. 铜   C. 硝   D. 碳

93. AD008 钢是含碳量在(　　)之间的铁碳合金。

  A. 0.04%~2.29%   B. 0.20%~3.5%   C. 0.32%~4.5%   D. 0.02%~2.06%

94. AD008 按钢的用途分为专用钢、结构钢、(　　)。

  A. 高碳钢   B. 特殊性能钢   C. 合金钢   D. 普通碳素钢

95. AD009 钢材是钢锭、钢坯或钢材通过压力加工制成所需要的各种形状、尺寸和(　　)的材料。

  A. 密度   B. 硬度   C. 弹性   D. 性能

96. AD009 钢号为"45",表示平均碳含量为(　　)的钢。

  A. 45%   B. 4.5%   C. 0.45%   D. 0.045%

97. BA001 控制仪表系统一般多采用直径为(　　)的压力表。

  A. 40mm   B. 60mm   C. 80mm   D. 100mm

98. BA001 应根据(　　)压力选择压力表的量程。

  A. 工作   B. 设计   C. 试验   D. 试压

99. BA002 注水泵润滑油系统中总油压表一般采用(　　)来指示压力。

  A. 弹簧管压力表   B. 远传压力表   C. 耐震压力表   D. 电接点压力表

100. BA002 当总油压降低到一定数值后时,(　　)启动。

  A. 冷却水泵   B. 备用油泵   C. 备用水泵   D. 事故油箱

101. BA003 电接点压力表的允许使用范围是测量正压时,均匀负荷不超过全量程的(　　)。

  A. 1/2   B. 1/3   C. 2/3   D. 3/4

102. BA003 电接点压力表的允许使用范围是测量变动负荷时不超过全量程的(　　)。

  A. 2/3   B. 1/3   C. 1/2   D. 3/4

103. BA004 当被测介质压力导入压力变送器的传感器,(　　)通过金属膜片将压力传至传感室内的填充硅油。

  A. 介质压力   B. 介质流量   C. 进口压力   D. 出口压力

104. BA004 电动压力变送器工作时,(　　)的作用使传感基片产生微小变形,贴附在基片上的电阻也随之发生变化,硅电阻的变化导致桥路输出变化。

  A. 压力   B. 压差   C. 流量   D. 出口

105. BA005 压力变送器测量液体压力时,取压点应取在工艺管道的下半部与(　　)的水平中心线成 0°~45°夹角的范围内。

　　A. 工艺介质　　　　　B. 工艺管道　　　　　C. 被测管道　　　　　D. 被测介质

106. BA005 压力变送器的压力取源部件的安装位置,应选择在工艺介质(　　)的管段。

　　A. 流速为零　　　　　B. 流速过快　　　　　C. 流速缓慢　　　　　D. 流速稳定

107. BA006 启动压力变送器时,应接通电源,预热(　　),再缓慢打开引压阀。

　　A. 1min　　　　　　　B. 3min　　　　　　　C. 5min　　　　　　　D. 10min

108. BA006 压力变送器在运行(　　)后,应进行外观检查和常规校验。

　　A. 1~3 个月　　　　　B. 3~6 个月　　　　　C. 6~12 个月　　　　　D. 2 年

109. BA007 容积式流量仪表以固定(　　)为其结构特征,以在单位时间内所排出的流体次数作为计量的依据。

　　A. 压力　　　　　　　B. 容积　　　　　　　C. 流量　　　　　　　D. 流速

110. BA007 速度式流量仪表的检测结构以(　　)状况为基本特征。

　　A. 流体流动　　　　　B. 气体流动　　　　　C. 液体流动　　　　　D. 流量

111. BA008 椭圆齿轮流量计安装时,应在流量计的上游侧加设(　　),滤去被测介质中的杂质。

　　A. 回流管线　　　　　B. 过滤器　　　　　　C. 放空管　　　　　　D. 过滤网

112. BA008 电磁流量计传感器安装位置应远离(　　),安装位置附近应无动力设备或磁力启动器等。

　　A. 弱电场　　　　　　B. 强电场　　　　　　C. 弱磁场　　　　　　D. 强磁场

113. BA009 标准流量计的精度等级要求必须(　　)被校验的水表。

　　A. 等于　　　　　　　B. 低于　　　　　　　C. 明显低于　　　　　D. 明显高于

114. BA009 校验准确度为±0.2%的水表所选择的标准表准确度应优于(　　)。

　　A. ±0.4%　　　　　　B. ±0.5%　　　　　　C. ±0.6%　　　　　　D. ±0.7%

115. BA010 更换流量计应开(　　),关流量计进出口阀门,开放空阀门泄压。

　　A. 旁通阀门　　　　　B. 进口阀门　　　　　C. 出口阀门　　　　　D. 放空阀门

116. BA010 拆卸流量计时,应(　　)法兰面,露出水纹线。

　　A. 擦净　　　　　　　B. 清理　　　　　　　C. 透出　　　　　　　D. 看清

117. BA011 数字式显示仪表是一种以(　　)数码形式显示被测量值的仪表。

　　A. 二进制　　　　　　B. 十进制　　　　　　C. 十六进制　　　　　D. 百进制

118. BA011 数字式显示仪表按输入信号形式分类可分为电压型和(　　)两类。

　　A. 分散型　　　　　　B. 功率型　　　　　　C. 频率型　　　　　　D. 电流型

119. BA012 显示型与各种传感器或(　　)配合使用,可对工业过程中的各种工艺参数进行数字显示。

　　A. 变送器　　　　　　B. 显示仪　　　　　　C. 数字表　　　　　　D. 压力表

120. BA012 采用模块化设计的数字式显示仪表的机芯由各种(　　)模块组合而成。

　　A. 无线　　　　　　　B. 程序　　　　　　　C. 数字　　　　　　　D. 功能

121. BA013　数字式仪表基本上克服了(　　),因此准确率高。

　　A. 摩擦误差　　　　B. 视觉误差　　　　C. 相角误差　　　　D. 变比误差

122. BA013　数字式电压表测量的精度高,是因为仪表的(　　)。

　　A. 准确度高　　　　　　　　　　B. 输入阻抗高

　　C. 所用电源的稳定性好　　　　　　D. 能读取的有效数字多

123. BA014　接触式温度检测仪表的测温元件直接与(　　)接触,这样可以使被测介质与测温元件进行充分的热交换,而达到测温目的。

　　A. 测量元件　　　B. 物体表面　　　C. 被测介质　　　D. 测量温包

124. BA014　非接触式温度检测仪表的测温元件与被测介质不相接触,通过辐射或(　　)实现热交换来达到测温的目的。

　　A. 发射　　　　　B. 对流　　　　　C. 红外线　　　　D. 热传导

125. BA015　膨胀式温度计当泡球内液体受热膨胀时,其液体体积的增量部分进入毛细管,在毛细管内以(　　)的高度反映被测介质的温度量值。

　　A. 测量　　　　　B. 汞柱　　　　　C. 水柱　　　　　D. 液柱

126. BA015　压力式温度计既可就地测量,又可在(　　)之内的其他地方测量。

　　A. 40m　　　　　B. 60m　　　　　C. 80m　　　　　D. 100m

127. BA016　液体膨胀式温度计工作原理是基于被测介质的(　　)或冷量通过温度计外层玻璃的热传导,玻璃气包内的液体吸收热或释放热。

　　A. 质量　　　　　B. 温度　　　　　C. 热量　　　　　D. 压力

128. BA016　压力式温度计温包的材质应具有较快的(　　)和能耐被测物料的腐蚀。

　　A. 感温元件　　　B. 导热速度　　　C. 测量速度　　　D. 测量精度

129. BA017　由热电阻感温元件、连接导线和显示仪表所组成的测温仪表装置称为(　　)温度计。

　　A. 压力式　　　　B. 感应　　　　　C. 热电阻　　　　D. 热电偶

130. BA017　铠装热电阻的优点是测量(　　)。

　　A. 压力快　　　　B. 速度快　　　　C. 压力慢　　　　D. 速度慢

131. BA018　热电偶是利用(　　)来工作的。

　　A. 电阻丝　　　　B. 感温元件　　　C. 热电效应　　　D. 铜电阻

132. BA018　适用于测量高温的液体、气体和蒸气的是(　　)温度计。

　　A. 热电阻　　　　B. 膨胀式　　　　C. 辐射　　　　　D. 热电偶

133. BA019　液体膨胀式温度计常见的有玻璃水银温度计和(　　)温度计。

　　A. 热电偶温度计　　　　　　　　B. 有机液体玻璃温度计

　　C. 压力式温度计　　　　　　　　D. 辐射高温计

134. BA019　工业上限制使用(　　),多使用金属膨胀式温度计作为就地温度指示仪表。

　　A. 热电阻温度计　　B. 压力式温度计　　C. 玻璃水银温度计　　D. 热电偶温度计

135. BA020　为提高双金属温度计的灵敏度,常把双金属片做成(　　)结构。

　　A. 直线　　　　　B. 螺旋　　　　　C. 粗细　　　　　D. 包装

136. BA020 双金属温度计是在当温度变化时,一端固定的双金属片由于两种金属膨胀系数不同而产生弯曲,自由端的(　　)通过传动机构带动指针指示出相应温度。

A. 位移　　　　　　B. 旋转　　　　　　C. 变化　　　　　　D. 距离

137. BB001 用百分表测量工件时,长指针转一圈,测杆移动(　　)。

A. 0.1mm　　　　　B. 1mm　　　　　　C. 1cm　　　　　　D. 0.1m

138. BB001 用百分表测量泵的径向偏差时,确定好下压量,手动校零合格后,还可以盘泵(　　),表针回到原来的位置为合格。

A. 90°　　　　　　B. 180°　　　　　　C. 270°　　　　　　D. 360°

139. BB002 不是百分表传动放大机构的部件是(　　)。

A. 杠杆　　　　　　B. 表盘　　　　　　C. 齿轮　　　　　　D. 齿条

140. BB002 百分表为了消除齿轮啮合间隙对回程误差的影响,由(　　)在游丝产生的扭力矩的作用下,使整个传动机构中齿轮正、反转时均为单面啮合。

A. 片齿轮　　　　　B. 轴齿轮　　　　　C. 中心齿轮　　　　D. 传动齿轮

141. BB003 测量机泵同轴度时,将百分表架在(　　)上,使表测量头与轴上面垂直接触。

A. 电动机　　　　　B. 泵轴　　　　　　C. 联轴器　　　　　D. 底座

142. BB003 记下0°点数值后,将泵轴轻轻转动到90°、180°、270°时百分表(　　)顺时针旋转读正值,若逆时针旋转读负值。

A. 轴头　　　　　　B. 表盘　　　　　　C. 表针　　　　　　D. 齿轮

143. BC001 储水罐主体是无力矩钢结构,承受压力是正压200m水柱,负压(　　)水柱。

A. 30mm　　　　　B. 50mm　　　　　　C. 100mm　　　　　D. 150mm

144. BC001 储水罐的(　　)是保持水罐内外气压平衡的。

A. 呼吸阀　　　　　B. 进水管　　　　　C. 出水管　　　　　D. 溢流管

145. BC002 控制进罐水量平稳,保持储水罐的液位高度在罐高的(　　)区间运行。

A. 10%~50%　　　B. 15%~60%　　　　C. 20%~70%　　　D. 25%~80%

146. BC002 保证储水罐的(　　)畅通,防止储水罐抽瘪或胀裂。

A. 进口阀　　　　　B. 出口阀　　　　　C. 呼吸阀　　　　　D. 溢流管

147. BC003 检查储水罐水位时,应先关闭(　　)阀。

A. 排污　　　　　　B. 进口　　　　　　C. 出口　　　　　　D. 回流

148. BC003 使用球形浮漂检测储水罐液位时,最重要的是要保证浮漂的(　　)合适。

A. 体积　　　　　　B. 密度　　　　　　C. 表面粗糙度　　　D. 精确度

149. BC004 管线结垢,使管径(　　),降低了设备的使用寿命。

A. 不变　　　　　　B. 收缩　　　　　　C. 扩张　　　　　　D. 损坏

150. BC004 滤膜系数是一个综合系数,是指在特定的条件下水通过滤膜所需时间的(　　)。

A. 对数　　　　　　B. 常数　　　　　　C. 函数　　　　　　D. 绝对值

151. BC005 含油污泥的处理方法有固化技术、生物处理技术、(　　)和微波处理技术。

A. 焚烧处理技术　　B. 离心处理技术　　C. 脱水处理技术　　D. 过滤处理技术

152. BC005 微波是频率为 $300 \sim 300 \times 10^3$ MHz 的一种(　　)电磁波(波长 1~1000mm)。

A. 低频　　　　　　B. 高频　　　　　　C. 宽频　　　　　　D. 窄频

153. BC006　各类杀菌剂对污水的(　　)要求严格。

　　A. 水温　　　　　　B. pH 值　　　　　　C. 氧含量　　　　　D. 水质

154. BC006　采用季铵盐类杀菌时,由于水温高易溶解,所以水温最好控制在(　　)。

　　A. 40~50℃　　　　B. 45~55℃　　　　C. 50~60℃　　　　D. 60~70℃

155. BC007　不能堆放在露天或易受潮湿地方的有毒有害物质是(　　)。

　　A. 遇热分解物质　　B. 遇水发生危险物质　C. 液体　　　　　D. 固体

156. BC007　遇热分解的物品必须存放在阴凉通风的地方,必要时采取(　　)措施。

　　A. 烘干　　　　　　B. 降温　　　　　　C. 强制通风　　　　D. 冷冻

157. BC008　采用分光光度计比色法测污水中的含油量时,将水样移入分液漏斗后要加入 1∶1 的(　　)。

　　A. 盐酸　　　　　　B. 硫酸　　　　　　C. 硝酸　　　　　　D. 草酸

158. BC008　采用分光光度计比色法测污水中的含油量时,一般需要取水样(　　)。

　　A. 30mL　　　　　　B. 50mL　　　　　　C. 100mL　　　　　D. 150mL

159. BC009　两台同型号的离心泵串联工作时,总扬程等于两泵的扬程之(　　)。

　　A. 差　　　　　　　B. 和　　　　　　　C. 乘积　　　　　　D. 比值

160. BC009　两台同型号的离心泵串联工作时,总流量等于(　　)。

　　A. 单台泵流量的 1/2　　　　　　　　　B. 两泵流量之差
　　C. 单台泵流量　　　　　　　　　　　　D. 两泵流量的比值

161. BC010　两台同型号的离心泵并联工作时,总扬程等于(　　)。

　　A. 单台泵扬程　　B. 两泵扬程之和　　C. 两泵扬程之差　　D. 两泵扬程的 1/2

162. BC010　两台同型号的离心泵并联工作时,总流量等于(　　)。

　　A. 两泵流量的 1/2　B. 两泵流量之差　　C. 两泵流量之和　　D. 两泵流量的比值

163. BC011　温差法测量注水泵泵效时,在进出口测温孔内插入(　　)的标准温度计。

　　A. ±0.05℃　　　　B. ±0.1℃　　　　　C. ±0.5℃　　　　　D. ±1℃

164. BC011　液体在泵内的各种损失都可转换为(　　)。

　　A. 做功　　　　　　B. 热能　　　　　　C. 压能　　　　　　D. 位能

165. BC012　注水泵进、出口压力差用(　　)表示。

　　A. Δp　　　　　　　B. ΔC　　　　　　　C. ΔT　　　　　　　D. ΔS

166. BC012　温差法测试注水泵泵效时,温度计插入测温孔的深度不得小于(　　)。

　　A. 50mm　　　　　　B. 80mm　　　　　　C. 100mm　　　　　D. 120mm

167. BC013　流量法测泵效是用计量仪表求出泵的(　　),然后再用电工仪表测出电动机输出功率并计算泵效。

　　A. 流量　　　　　　B. 扬程　　　　　　C. 电流　　　　　　D. 电压

168. BC013　采用流量法测量泵效时,应将泵进口压力表换成(　　)压力表。

　　A. 普通　　　　　　B. 真空　　　　　　C. 标准　　　　　　D. 防爆

169. BC014　在流量法测量泵效中,计算公式为 $N_有 = \dfrac{\rho g Q H}{1000}$,其中 Q 的单位为(　　)。

　　A. m^3/s　　　　　B. m^3　　　　　　C. m^3/h　　　　　D. MPa

170. BC014　在泵机组正常运行平稳时,采用流量法测泵效,(　　)参数不需要记录。
　　A. 压力　　　　　　B. 流量　　　　　　C. 电压　　　　　　D. 温度

171. BC015　电动机效率是指电动机的输出功率与(　　)之比。
　　A. 无效功率　　　　B. 总功率　　　　　C. 轴功率　　　　　D. 有效功率

172. BC015　电动机效率一般根据铭牌取(　　)。
　　A. 0.80~0.85　　　B. 0.85~0.90　　　C. 0.92~0.95　　　D. 0.85~1

173. BC016　提高机泵效率是(　　)的一个途径。
　　A. 节约成本　　　　B. 创造效益　　　　C. 节能降耗　　　　D. 提高生产率

174. BC016　不同类型的泵,产生的效率不同,其(　　)有明显的差别。
　　A. 形状　　　　　　B. 规格　　　　　　C. 耗电量　　　　　D. 泵流量

175. BC017　注水(　　)与注水系统效率有着密切的关系。
　　A. 管网效率　　　　B. 压力　　　　　　C. 机泵流量　　　　D. 连接方式

176. BC017　注水管网效率的高低,体现在从注水泵出口到注水井口为止的管线压力损耗大小,如(　　)。
　　A. 压降小,管网效率就低;压降大,效率就高
　　B. 压降小,管网效率就高;压降大,效率也高
　　C. 压降小,管网效率就高;压降大,效率就低
　　D. 管网效率的大小与压力大小无关

177. BC018　注水管线的压力损失与管线长度有关。管线越长,压力损失(　　),管线越短,压力损失(　　)。
　　A. 越大,越小　　　　　　　　　　　B. 越小,越大
　　C. 越大,不变　　　　　　　　　　　D. 不变,越小

178. BC018　泵出口阀门的节流损失也就是人们常说的(　　)。
　　A. 管网压力　　　　B. 出口压力　　　　C. 泵管压差　　　　D. 进出口压差

179. BD001　注水站多座储水罐成排布置时,罐中心宜在(　　)上。
　　A. 一条直线　　　　B. 两条直线　　　　C. 一个平面　　　　D. 两个平面

180. BD001　变电所的主控室和(　　)应靠近注水泵房。
　　A. 值班室　　　　　B. 载波室　　　　　C. 高压开关室　　　D. 操作控制室

181. BD002　选用的注水泵应符合(　　)及长周期平稳运转的要求。
　　A. 便于运输　　　　B. 维修简便　　　　C. 高效节能　　　　D. 通用性强

182. BD002　来水稳定的小型注水设施可不设(　　)。
　　A. 储水罐　　　　　B. 冷却罐　　　　　C. 增压泵　　　　　D. 注水泵

183. BD003　注水泵入口应设压力检测、(　　)保护。
　　A. 过低　　　　　　B. 过高　　　　　　C. 波动　　　　　　D. 连锁

184. BD003　注水泵轴承应设温度检测、(　　)保护。
　　A. 低温　　　　　　B. 超温　　　　　　C. 波动　　　　　　D. 连锁

185. BD004　注水泵房通往室外的门不应少于(　　)。
　　A. 2个　　　　　　B. 3个　　　　　　C. 4个　　　　　　D. 5个

186. BD004   不设桥吊的注水泵房净高不宜大于(   )。

    A. 4m   B. 4.1m   C. 4.2m   D. 4.3m

187. BD005   注水泵吸水管直径小于250mm时,流速宜为(   )。

    A. 0.8~1.2m/s   B. 1.0~1.2m/s

    C. 0.8~1.0m/s   D. 0.8~1.5m/s

188. BD005   注水泵出水管直径不应小于泵出口直径,流速不宜大于(   )。

    A. 1.0m/s   B. 2.0m/s   C. 3.0m/s   D. 4.0m/s

189. BD006   当清水与污水两罐出水管相连通时,清水罐进水管口高度必须高于污水罐溢流液位(   )以上。

    A. 0.1m   B. 0.3m   C. 0.5m   D. 1.0m

190. BD006   滩海陆采油田注水站储水罐可设(   )。

    A. 1座   B. 2座   C. 3座   D. 4座

191. BD007   注水管道与铁路平行敷设时,管道中心距铁路用地范围边界不宜小于(   )。

    A. 2m   B. 3m   C. 5m   D. 7m

192. BD007   注水管线与建(构)筑物净距不应小于(   )。

    A. 1m   B. 2m   C. 5m   D. 8m

193. BD008   辖(   )注水井的注水干线两端宜设截断阀。

    A. 5~10口   B. 6~10口   C. 5~12口   D. 6~12口

194. BD008   辖(   )多井配水间的注水干线两端宜设截断阀。

    A. 1~3个   B. 2~3个   C. 1~4个   D. 2~4个

195. BD009   6(10)kV的注水站、聚合物配制站宜按(   )负荷供电。

    A. 一级   B. 二级   C. 三级   D. 四级

196. BD009   0.4kV电动机的注水站、聚合物注入站、注配间、增压间宜按(   )负荷供电。

    A. 一级   B. 二级   C. 三级   D. 四级

197. BD010   容纳聚合物溶液的容器应设置用于连续(   )报警的液位检测仪表。

    A. 计量   B. 指示   C. 控制   D. 调节

198. BD010   压力仪表宜采用(   )、总线或无线压力变送器。

    A. 单线制   B. 二线制   C. 三线制   D. 多线制

199. BD011   注水站值班室冬季采暖室内计算温度为(   )。

    A. 18℃   B. 19℃   C. 20℃   D. 21℃

200. BD011   注水站泵房冬季采暖室内计算温度为(   )。

    A. 5~10℃   B. 3~12℃   C. 5~12℃   D. 5~15℃

201. BD012   配置站汽车装卸场地宜采用水泥混凝土场地,场地坡度宜为(   )。

    A. 0.5%~0.8%   B. 0.5%~1.0%   C. 0.8%~1.0%   D. 1.0%~1.5%

202. BD012   站场内的道路的停车视距不应小于(   )。

    A. 10m   B. 15m   C. 20m   D. 25m

203. BD013   站场埋地管道及立式储罐宜联合采用区域性(   )。

    A. 阳极保护   B. 阴极保护   C. 外涂层   D. 内外涂层

204. BD013 钢质储罐、容器、管道及附件与聚合物水溶液相接触的表面,应选取(　　)防腐措施。

A. 内涂层　　　　　B. 外涂层　　　　　C. 外加直流电源　　D. 牺牲阴极

205. BD014 在机械制图中,为了清晰表达它的内部结构,国家标准规定用(　　)的方法来解决机件内部结构的表达问题。

A. 剖视　　　　　　B. 分割　　　　　　C. 全剖　　　　　　D. 半剖

206. BD014 在机械制图中,假想用剖切面剖开机件,将处在观察者与剖切面之间的部分移去,而将其余部分向投影面投射所得的图形,称为(　　)。

A. 主视图　　　　　B. 剖视图　　　　　C. 局部视图　　　　D. 俯视图

207. BD015 在机械制图中,国家标准规定用简明易画的(　　)作为剖面符号,且特称为剖面线。

A. 平行细实线　　　B. 垂直细实线　　　C. 平行粗实线　　　D. 垂直粗实线

208. BD015 在剖视图中,当机件的某一视图画成剖视图后,其他视图仍应按(　　)机件画出。

A. 主要　　　　　　B. 部分　　　　　　C. 完整　　　　　　D. 一半

209. BD016 在机械制图中,用剖切平面完全地剖开机件所得的剖视图,称为(　　)。

A. 全剖视图　　　　B. 半剖视图　　　　C. 斜剖视图　　　　D. 局部剖视图

210. BD016 在剖视图中,(　　)适用于内外形状都比较复杂、需要表达的对称机件。

A. 全剖视图　　　　B. 半剖视图　　　　C. 斜剖视图　　　　D. 局部剖视图

211. BD017 在机械制图中,表达单个零件的结构形状、尺寸和技术要求的图样称为(　　)。

A. 视图　　　　　　B. 剖视图　　　　　C. 零件图　　　　　D. 装配图

212. BD017 在零件图中,(　　)是指用规定的符号、代号、标记和简要的文字表示制造和检验零件时应达到的各项技术指标和要求。

A. 技术要求　　　　B. 设计要求　　　　C. 性能要求　　　　D. 特性要求

213. BD018 在机械制图中,轴、套、轮盘等零件的主要加工工序是在车床或磨床上进行的,因此,这类零件的主视图应将其轴线(　　)放置。

A. 水平　　　　　　B. 垂直　　　　　　C. 倾斜　　　　　　D. 相对

214. BD018 在零件图中,应使主视图尽可能反映零件的主要(　　)或在机器中的工作位置。

A. 技术要求　　　　B. 设计要求　　　　C. 特性要求　　　　D. 加工位置

215. BD019 零件图的尺寸是零件加工制造和(　　)的重要依据。

A. 安装　　　　　　B. 检验　　　　　　C. 设计　　　　　　D. 装配

216. BD019 零件图的尺寸基准是指零件在机器中或在加工测量时用以确定其位置的一些(　　)。

A. 点和线　　　　　B. 面和线　　　　　C. 点和面　　　　　D. 线

217. BD020 零件图标注形式要符合工艺加工要求,便于(　　),反之,标注得则不合理。

A. 加工测量　　　　B. 检验　　　　　　C. 设计　　　　　　D. 装配

218. BD020　在零件图中,表示轴或者(　　)上键槽的深度尺寸以圆柱面素线为基准进行
　　　　　 标注,便于测量。

　　　A. 盘　　　　　　　B. 轮毂　　　　　　C. 箱体　　　　　　D. 销钉

219. BD021　零件图的尺寸标注中,◁表示(　　)。

　　　A. 角度　　　　　　B. 三角　　　　　　C. 斜度　　　　　　D. 锥度

220. BD021　零件图的尺寸标注中,⌒表示(　　)。

　　　A. 半径　　　　　　B. 半圆　　　　　　C. 弧长　　　　　　D. 弧度

221. BD022　零件图技术要求一般用符号、(　　)等标记在图形上。

　　　A. 代号　　　　　　B. 数字　　　　　　C. 文字　　　　　　D. 字母

222. BD022　零件图表面粗糙度常用轮廓算术平均值(　　)来作为评定参数。

　　　A. Ra　　　　　　B. Rb　　　　　　C. Rc　　　　　　D. Rd

223. BD023　零件图中(　　)是允许尺寸变动的两个极限值,它以基本尺寸为基数来确定。

　　　A. 基本尺寸　　　　B. 极限尺寸　　　　C. 设计尺寸　　　　D. 实际尺寸

224. BD023　零件图中(　　)是设计给定的尺寸。

　　　A. 基本尺寸　　　　B. 设计尺寸　　　　C. 极限尺寸　　　　D. 实际尺寸

225. BD024　Excel 2010 中,开始页次就是基本的操作功能,像是(　　)、对齐方式等的
　　　　　 设定。

　　　A. 字型　　　　　　B. 颜色　　　　　　C. 大小　　　　　　D. 表格

226. BD024　Excel 2010 中,各页次中收录相关的功能群组方便使用者(　　)、选用。

　　　A. 设置　　　　　　B. 执行　　　　　　C. 切换　　　　　　D. 查错

227. BD025　Excel 2010 视窗上半部的面板称为(　　),放置了编辑工作表时需要使用的
　　　　　 工具按钮。

　　　A. 工作表　　　　　B. 功能区　　　　　C. 快速存取工具列　D. 工作表页次标签

228. BD025　开启 Excel 2010 时预设会显示"(　　)"页次下的工具按钮。

　　　A. 插入　　　　　　B. 开始　　　　　　C. 页面布局　　　　D. 引用

229. BD026　工作簿是 Excel 2010 使用的文件(　　),可以将它想象成是一个工作夹,在这
　　　　　 个工作夹里面有许多工作纸,这些工作纸就是工作表。

　　　A. 架构　　　　　　B. 说明　　　　　　C. 表格　　　　　　D. 方式

230. BD026　Excel 2010 中将列标题和行标题组合起来,就是单元格的"(　　)"。

　　　A. 数量　　　　　　B. 位址　　　　　　C. 名称　　　　　　D. 属性

231. BD027　Excel 2010 单元格计算的数字资料由数字0~9及一些(　　)所组成。

　　　A. 字母　　　　　　B. 表格　　　　　　C. 符号　　　　　　D. 标点

232. BD027　Excel 2010 中,若想在一个单元格内输入多行资料,可在换行时按下(　　)+
　　　　　 Enter 键。

　　　A. Tab　　　　　　 B. Alt　　　　　　　C. Shift　　　　　　D. Ctrl

233. BD028　Excel 2010 设置单元格格式中,对齐的文本控制包括(　　)、缩小字体填充、
　　　　　 合并单元格。

　　　A. 放大字体填充　　B. 居中对齐　　　　C. 自动调整　　　　D. 自动换行

234. BD028 Excel 2010 设置单元格格式中,字体的特殊效果包括(　　)、上标、下标。

　　A. 删除线　　　　　　B. 下划线　　　　　　C. 波浪线　　　　　　D. 点画线

235. BD029 Excel 2010 设置单元格格式中,数字的常规单元格格式不包含任何特定的(　　)。

　　A. 数字格式　　　　　B. 文字格式　　　　　C. 文本格式　　　　　D. 图片格式

236. BD029 Excel 2010 设置单元格格式中,数值的设置是指设置(　　)位数格式。

　　A. 整数　　　　　　　B. 小数　　　　　　　C. 分数　　　　　　　D. 负数

237. BD030 Excel 2010 中在单元格内按一下(　　),可选取该单元格。

　　A. 鼠标左键　　　　　B. 鼠标右键　　　　　C. F1 键　　　　　　　D. F2 键

238. BD030 Excel 2010 中若要取消选取范围,只要在工作表内按下任一个(　　)即可。

　　A. 空格　　　　　　　B. 单元格　　　　　　C. 字符　　　　　　　D. 字母

239. BD031 Excel 2010 中在输入同一列的资料时,若内容重复,就可以通过"(　　)"功能快速输入。

　　A. 回车　　　　　　　B. 插入　　　　　　　C. 格式刷　　　　　　D. 自动完成

240. BD031 Excel 2010 中若自动填入的资料正好是想输入的文字,按下(　　)键就可以将资料存入单元格中。

　　A. Shift　　　　　　　B. Enter　　　　　　　C. Ctrl　　　　　　　D. Alt

241. BD032 Excel 2010 中复制内容时,可选择需要移动的单元格或单元格区域,选择剪贴板中的"(　　)"按钮,定位光标到目的单元格或单元格区域的左上角单元格,选择剪贴板中的"粘贴"按钮。

　　A. 复制　　　　　　　B. 移动　　　　　　　C. 剪切　　　　　　　D. 替换

242. BD032 Excel 2010 中移动内容时,可选择需要移动的单元格区域,将鼠标指针放在单元格的边框线上,当鼠标指针变为(　　)时按住鼠标左键不放,拖动鼠标到目标位置。

　　A. 向上箭头　　　　　B. 向下箭头　　　　　C. 两侧箭头　　　　　D. 四向箭头

243. BD033 Excel 2010 自动填入数列是属于不可计算的(　　)数据。

　　A. 文字　　　　　　　B. 数字　　　　　　　C. 文本　　　　　　　D. 特定

244. BD033 Excel 2010 中要想建立数列,可将指针移到填满控点上,按住(　　)不放,向下拉曳至需要填满格。

　　A. 键盘 Shift 键　　　B. 键盘 Ctrl 键　　　C. 鼠标左键　　　　　D. 鼠标右键

245. BD034 Excel 2010 一本工作簿预设有(　　)工作表。

　　A. 2 张　　　　　　　B. 3 张　　　　　　　C. 4 张　　　　　　　D. 5 张

246. BD034 Excel 2010 目前使用中的工作表,页次卷标会呈(　　),如果想要编辑其他工作表,只要按下该工作表的页次标签,即可将它切换成作用工作表。

　　A. 白色　　　　　　　B. 黄色　　　　　　　C. 红色　　　　　　　D. 绿色

247. BD035 Excel 2010 中公式是对工作表中数值执行(　　)的等式。

　　A. 统计　　　　　　　B. 计算　　　　　　　C. 处理　　　　　　　D. 表达

248. BD035 Excel 2010 中公式必须以(　　)开始。

　　A. 等号　　　　　　　B. 冒号　　　　　　　C. 句号　　　　　　　D. 问号

249. BD036　Excel 2010 中函数是预先编写的(　　),可以对一个或多个值执行运算,并返回一个或多个值。

　　A. 公式　　　　　　B. 程序　　　　　　C. 文字　　　　　　D. 样式

250. BD036　Excel 2010 中函数设置的三种操作途径首先都要选择存放结果的(　　)。

　　A. 位置　　　　　　B. 单元格　　　　　C. 工作簿　　　　　D. 工作表

251. BD037　Excel 2010 中函数 SUN(A1:A7)表示(　　)。

　　A. 单元格 A1 到 A7 的和　　　　　　B. 单元格 A1 和 A7 的和

　　C. 单元格 A1 到 A7 的乘积　　　　　D. 单元格 A1 和 A7 的乘积

252. BD037　Excel 2010 中函数 SUN(A1,B5)表示(　　)。

　　A. 单元格 A1 到 B5 的和　　　　　　B. 单元格 A1 和 B5 的和

　　C. 单元格 A1 到 B5 的乘积　　　　　D. 单元格 A1 和 B5 的乘积

253. BD038　Excel 2010 中函数 IF 表示执行真假值判断,根据(　　)的真假值,返回不同结果。

　　A. 公式计算　　　　B. 逻辑计算　　　　C. 函数计算　　　　D. 给定值计算

254. BD038　Excel 2010 中函数 IF 的参数用逗号分开,最多可以指定(　　)。

　　A. 10 个　　　　　　B. 20 个　　　　　　C. 30 个　　　　　　D. 40 个

255. BD039　Excel 2010 中计算一组数字的算术平均值的函数是(　　)。

　　A. AUERAGE　　　　B. COUNTIF　　　　C. OR　　　　　　　D. MIN

256. BD039　Excel 2010 中计算单元格 A1、A2、A3、A4 平均值使用公式正确的是(　　)。

　　A. AUERAGE(A1,A4)　　　　　　　　B. AUERAGE(A1:A4)

　　C. AUERAGEIF(A1,A4)　　　　　　　D. AUERAGEIF(A1:A4)

257. BD040　Excel 2010 中由于单元格的公式使用(　　)地址,因此复制到指定位置后,公式参照的地址会随着位置调整。

　　A. 相对引用　　　　B. 绝对引用　　　　C. 相对位置　　　　D. 绝对位置

258. BD040　Excel 2010 中数据复制到粘贴区域后,源数据的(　　)仍然存在,所以可再选取其他要粘贴的区域继续复制。

　　A. 文字框　　　　　B. 数字框　　　　　C. 实线框　　　　　D. 虚线框

259. BD041　Excel 2010 中开始菜单下的 A 表示(　　)。

　　A. 增大字体　　　　B. 缩小字体　　　　C. 增大行距　　　　D. 缩小行距

260. BD041　Excel 2010 中开始菜单下的 ≣ 表示(　　)。

　　A. 居中　　　　　　B. 两端对齐　　　　C. 下一行输入　　　D. 自动换行

261. BD042　Excel 2010 中输入身份证号时,应设置有效性条件为"(　　)",选择"数据"为"等于",长度栏根据需要填写,如身份证为"18"。

　　A. 字体长度　　　　B. 字体宽度　　　　C. 文本长度　　　　D. 文本宽度

262. BD042　Excel 2010 中创建组的快捷键为(　　)。

　　A. Shift+Alt+向上键　　　　　　　　B. Shift+Alt+向下键

　　C. Shift+Alt+向左键　　　　　　　　D. Shift+Alt+向右键

263. BD043　Excel 2010 中折线图显示一段时间内的连续数据,适合用来显示(　　)的资料趋势。

    A. 相等间隔　　　　　　B. 不等间隔　　　　　　C. 相等时间　　　　　　D. 不等时间

264. BD043　Excel 2010 中直条图是柱形图中最普遍使用的图表类型,它很适合用来表现一段期间内(　　)上的变化,或是比较不同项目之间的差异。

    A. 文字　　　　　　　　B. 数量　　　　　　　　C. 特征　　　　　　　　D. 时间

265. BD044　Excel 中在选取源数据后,直接按下(　　)键,快速在工作表中建立图表。

    A. Alt+F1　　　　　　　B. Alt+F2　　　　　　　C. Alt+F3　　　　　　　D. Alt+F4

266. BD044　Excel 2010 中建立图表物件后,图表会呈选取状态,功能区还会自动出现一个图表工具页次,可以在此页次中进行图表的各项美化、(　　)工作。

    A. 输入　　　　　　　　B. 调整　　　　　　　　C. 修改　　　　　　　　D. 编辑

267. BD045　Excel 2010 条件格式中用"(　　)"规则表示单元格范围中,符合特定字符串或数值的数据。

    A. 重复值　　　　　　　B. 文本中包含　　　　　C. 介于　　　　　　　　D. 等于

268. BD045　Excel 2010 中色阶规则会使用不同深浅或不同色系的色彩,来显示(　　)。

    A. 数字　　　　　　　　B. 文本　　　　　　　　C. 数据　　　　　　　　D. 图片

269. BD046　Excel 2010 页面设置中居中方式包含水平居中和(　　)。

    A. 垂直居中　　　　　　B. 上居中　　　　　　　C. 下居中　　　　　　　D. 局部居中

270. BD046　Excel 2010 中在页面设置里默认的纸张是(　　)。

    A. A3　　　　　　　　　B. A4　　　　　　　　　C. B4　　　　　　　　　D. B5

271. BD047　在 Excel 中选择"(　　)""隐藏",可以把当前处于活动状态的工作簿隐藏起来。

    A. 视图　　　　　　　　B. 审阅　　　　　　　　C. 页面布局　　　　　　D. 引用

272. BD047　Excel 2010 中要保护工作表,应选定需要锁定的单元格,选择"(　　)""保护工作表"。

    A. 开始　　　　　　　　B. 插入　　　　　　　　C. 审阅　　　　　　　　D. 引用

273. BD048　用于测量泵轴窜量的量具是(　　)。

    A. 游标卡尺　　　　　　B. 直尺　　　　　　　　C. 外径千分尺　　　　　D. 水平尺

274. BD048　测量泵轴窜量时,用撬杠撬泵前轴套(　　)处,将泵的转子移向后止点。

    A. 前端　　　　　　　　B. 后端　　　　　　　　C. 锁紧螺母　　　　　　D. 填料压盖

275. BE001　工作中常用缩短平衡盘前面的长度或(　　)背面加垫子的办法来调整泵轴窜量过大故障。

    A. 平衡鼓　　　　　　　B. 平衡板　　　　　　　C. 平衡套　　　　　　　D. 平衡座

276. BE001　泵轴窜量过大可能是转子反扣背帽没有(　　),在运行中松动倒扣,使平衡盘等部件向后滑动。

    A. 安装　　　　　　　　B. 拧紧　　　　　　　　C. 润滑　　　　　　　　D. 调整

277. BE002　属于启泵后不出水、泵压很高、电流小、吸入压力正常原因的是(　　)。

    A. 出口阀门未打开　　　　　　　　　　　　B. 进口阀门未打开

    C. 汽蚀　　　　　　　　　　　　　　　　　D. 平衡盘损坏

278. BE002　启泵后不出水,泵压过低且泵压表指针波动的原因是(　　)。
　　A. 出口阀门未打开　　　　　　　　　B. 进口阀门未打开
　　C. 汽蚀　　　　　　　　　　　　　　D. 平衡盘损坏

279. BE003　离心式注水泵整体发热,后部温度比前部略高,这是由于(　　)。
　　A. 泵内各部件磨损严重
　　B. 平衡盘损坏
　　C. 泵启动后进口阀门未打开,轴功率全部变成了热能
　　D. 泵启动后出口阀门未打开,轴功率全部变成了热能

280. BE003　离心式注水泵整体发热,后部温度比前部略高,这是由于泵启动后(　　),轴功率全部变成了热能的缘故。
　　A. 出口阀门未打开　　　　　　　　　B. 进口阀门未打开
　　C. 大罐水位过低　　　　　　　　　　D. 平衡盘未打开

281. BE004　离心式注水泵密封填料冷却水不通会导致(　　)。
　　A. 泵内各部件磨损严重　　　　　　　B. 泵体漏失严重
　　C. 泵体发热　　　　　　　　　　　　D. 密封填料发热

282. BE004　离心式注水泵水封环未加或加的位置不对,密封填料堵塞了冷却水通道会导致(　　)。
　　A. 冷却水堵塞　　B. 密封填料发热　　C. 泵体发热　　　　D. 泵体漏失严重

283. BE005　属于离心式注水泵密封圈刺出高压水原因的是(　　)。
　　A. 泵内各部件磨损严重　　　　　　　B. 泵体漏失严重
　　C. 轴套表面磨损严重　　　　　　　　D. 密封填料发热

284. BE005　属于离心式注水泵密封圈刺出高压水原因的是(　　)。
　　A. 密封圈质量差、规格不合适　　　　B. 密封填料磨损、冷却水不通
　　C. 泵体发热　　　　　　　　　　　　D. 平衡盘磨损严重

285. BE006　离心式注水泵汽蚀抽空会导致泵(　　)。
　　A. 润滑油温度过高　　B. 振动　　　　C. 泵压过高　　　　D. 轴瓦漏油

286. BE006　离心式注水泵叶轮损坏或转子不平衡会造成(　　)。
　　A. 排量过高　　　　　B. 泵压过高　　C. 振动　　　　　　D. 平衡盘发热

287. BE007　离心式注水泵轴瓦向外窜油是由于(　　)。
　　A. 润滑油进水　　　　　　　　　　　B. 冷却水压力过高
　　C. 电动机振动　　　　　　　　　　　D. 轴瓦损坏或部分损坏

288. BE007　离心式注水泵润滑油挡油环密封不好会造成(　　)。
　　A. 轴瓦向外窜油　　B. 润滑油进水　　C. 电动机高温　　　D. 泵振动

289. BE008　离心式注水泵启泵后有异常响声的原因是(　　)。
　　A. 润滑油压力过高　　　　　　　　　B. 冷却水压力过高
　　C. 启泵前未放空或泵内空气未放净　　D. 轴瓦漏油

290. BE008　离心式注水泵进口端连接部位或密封圈密封不严、漏气会造成(　　)。
　　A. 窜油　　　　　　　B. 泵压过高　　C. 高温　　　　　　D. 异常响声

291. BE009　离心式注水泵启动后不上水,压力表无读数,吸入真空压力表有较高负压是由于(　　)。
　　　A. 泵平衡管压力过高　　　　　　　　　B. 泵前过滤器被杂物堵死
　　　C. 泵出口管线堵塞　　　　　　　　　　D. 泵出口阀门未打开

292. BE009　离心式注水泵进口阀门的闸板脱落会造成(　　)。
　　　A. 吸入压力较高　　　　　　　　　　　B. 吸入压力较低
　　　C. 吸入压力为负压　　　　　　　　　　D. 吸入压力为零

293. BE010　离心式注水泵启动后,流量不够,达不到额定排量的原因是(　　)。
　　　A. 泵平衡管压力过高　　　　　　　　　B. 管网压力过低
　　　C. 开泵数太多,来水不足　　　　　　　D. 泵出口压力过低

294. BE010　罐内积砂太多,出口管路堵塞会造成离心式注水泵启动后(　　)。
　　　A. 泵出口温度过高　　　　　　　　　　B. 平衡管压力过高
　　　C. 出口压力过高　　　　　　　　　　　D. 流量不够,达不到额定排量

295. BE011　离心式注水泵不能启动或启泵后轴功率过大的原因是(　　)。
　　　A. 密封填料压得太紧　　　　　　　　　B. 轴套磨损严重
　　　C. 介质温度过高　　　　　　　　　　　D. 排量过小

296. BE011　轴承磨损严重会造成离心式注水泵(　　)。
　　　A. 出口温度过高　　　　　　　　　　　B. 平衡管压力过高
　　　C. 出口压力过高　　　　　　　　　　　D. 轴功率过大

297. BE012　离心式注水泵轴瓦高温的原因是(　　)。
　　　A. 密封填料压得太紧　　　　　　　　　B. 轴套磨损严重
　　　C. 介质温度过高　　　　　　　　　　　D. 排量过小

298. BE012　轴瓦上油阀未打开会造成离心式注水泵(　　)。
　　　A. 轴瓦进水　　　　B. 轴瓦高温　　　　C. 分油压过低　　　　D. 总油压过高

299. BE013　离心式注水泵电动机不能启动的原因是(　　)。
　　　A. 轴瓦进水　　　　B. 轴瓦高温　　　　C. 电压过低　　　　D. 总油压过高

300. BE013　电动机启动按钮损坏会造成离心式注水泵(　　)。
　　　A. 电动机高温　　　　　　　　　　　　B. 电动机不能启动
　　　C. 电动机振动　　　　　　　　　　　　D. 电动机电流高

301. BE014　没有冷却水或冷却水系统不通畅会引起离心式注水泵电动机(　　)。
　　　A. 不能启动　　　　B. 低温　　　　　　C. 高温　　　　　　D. 接线柱高温

302. BE014　离心式注水泵电动机高温是(　　)引起的。
　　　A. 三相电压不平衡　　　　　　　　　　B. 轴瓦高温
　　　C. 润滑油高温　　　　　　　　　　　　D. 泵体高温

303. BE015　地脚螺栓或其他连接螺栓松动会引起离心式注水泵电动机(　　)。
　　　A. 声音异常　　　　B. 轴瓦高温　　　　C. 高温　　　　　　D. 接线柱高温

304. BE015　离心式注水泵电动机声音异常是(　　)引起的。
　　　A. 接线柱高温　　　　B. 烧瓦抱轴　　　　C. 润滑油高温　　　　D. 泵体高温

305. BE016 泵出现严重刺水或站上注水系统( )时,必须紧急停泵。
    A. 仪表出现故障　　B. 管线破裂　　　　C. 阀门填料渗漏　　D. 来水压力过低

306. BE016 离心式注水泵有严重的转子移位现象,必须( )。
    A. 调整排量　　　　B. 调整泵轴　　　　C. 调整泵压　　　　D. 紧急停泵

307. BE017 柱塞泵声音异常,同时伴有泵压、排量降低,异常振动,是因为缸体内吸液阀片
    和排液阀片( ),密封不严。
    A. 磨损　　　　　　B. 脱离　　　　　　C. 间隙大　　　　　D. 缺失

308. BE017 造成柱塞泵泵缸发出敲击声的原因是( )头部的连接螺纹退出。
    A. 拉杆与曲轴　　　B. 拉杆与活塞　　　C. 曲轴与活塞　　　D. 拉杆与阀片

309. BE018 柱塞泵曲轴箱内润滑油不足,油使用时间太长、失效,会造成曲轴箱( )。
    A. 磨损严重　　　　B. 温度过高　　　　C. 间隙过大　　　　D. 声音异常

310. BE018 润滑油杂质过多会造成柱塞泵( )。
    A. 漏失　　　　　　B. 振动　　　　　　C. 声音异常　　　　D. 高温

311. BE019 柱塞泵溢流阀泄漏会造成( )。
    A. 振动过大　　　　　　　　　　　　　　B. 温度过高
    C. 泵压达不到正常值　　　　　　　　　　D. 声音异常

312. BE019 柱塞泵排出压力达不到正常值可能原因是( )。
    A. 压力表损坏　　　B. 振动　　　　　　C. 声音异常　　　　D. 高温

313. BE020 柱塞泵出现剧烈振动是因为( )。
    A. 吸入软管直径偏大　　　　　　　　　　B. 吸入软管直径偏小
    C. 油温过高　　　　　　　　　　　　　　D. 压力表损坏

314. BE020 柱塞泵基础固定螺栓或连接部件螺栓松动会造成泵( )。
    A. 压力表损坏　　　B. 振动　　　　　　C. 排量降低　　　　D. 高温

315. BF001 油中进水过多后在油环的拨动下,从看窗观察油液显( )。
    A. 乳白色　　　　　B. 炭灰色　　　　　C. 黑褐色　　　　　D. 黄锈色

316. BF001 若油中进水,可以通过在( )下部的放油孔,放油液出来看一下油中是否有
    水珠。
    A. 轴瓦　　　　　　B. 分油压管线　　　C. 总油压管线　　　D. 油箱

317. BF002 造成齿轮油泵打不起压力的原因是( )。
    A. 油温过高　　　　B. 仪表损坏　　　　C. 润滑油进水　　　D. 冷却器堵塞

318. BF002 润滑油出油管线穿孔或个别( )开得过大或跑油,会导致打不起压力。
    A. 分油压阀　　　　B. 总油压阀　　　　C. 安全阀　　　　　D. 冷却水阀

319. BF003 齿轮油泵进油管直径太小,检查流速低于( ),也会产生振动与噪声。
    A. 0.8m/s　　　　　B. 1.0m/s　　　　　C. 1.2m/s　　　　　D. 1.5m/s

320. BF003 润滑油泵齿轮的齿向误差与齿形误差超差,会影响载荷分布不均匀和传动时
    产生冲击,从而导致( )。
    A. 振动　　　　　　B. 高温　　　　　　C. 压力过低　　　　D. 泵效过高

二、多项选择题(每题有4个选项,至少有2个是正确的,将正确的选项号填入括号内)

1. AA001　开发阶段的第一阶段是开发前期的准备工作,通过对勘探资料和开发试验的分析对比,基本搞清油田的(　　)等地质特点。

　　A. 地质构造　　　　B. 地质环境　　　　C. 地质储量　　　　D. 储层物性

2. AA002　油田开发必须遵守的方针包括(　　)。

　　A. 经济效益　　　　B. 稳产年限　　　　C. 采收率如何　　　　D. 技术工艺

3. AA003　利用油藏的天然能量进行开采,包括利用(　　)开采。

　　A. 溶解气膨胀能量　　　　　　　　　　B. 气顶压缩气膨胀能量

　　C. 边、底水压力能量　　　　　　　　　D. 重力能量

4. AA004　注水方式一般分为(　　)。

　　A. 边缘注水　　　　B. 切割注水　　　　C. 面积注水　　　　D. 点状注水

5. AA005　采用面积注水方式的油田,(　　)。

　　A. 水淹状况复杂　　B. 动态分析难度大　　C. 调整比较困难　　D. 采收率较低

6. AA006　属于面积注水类型的是(　　)面积井网。

　　A. 四点法　　　　　B. 五点法　　　　　C. 六点法　　　　　D. 七点法

7. AA007　当(　　)时,一般采用不规则的点状注水方式。

　　A. 含油面积小　　　　　　　　　　　　B. 含油面积大

　　C. 油层分布不规则　　　　　　　　　　D. 规则的面积井网难以部署

8. AA008　对于(　　)的油田不适用笼统注水。

　　A. 不同压力　　　　B. 分层段　　　　C. 渗透率差异大　　　D. 多油层

9. AA009　分层注水是针对(　　)油田注水开发的工艺技术。

　　A. 油管横截面积小　　B. 非均质　　　C. 多油层　　　　D. 水流速度快

10. AA010　注水开发过程中包括(　　)矛盾。

　　A. 平面　　　　　　B. 层间　　　　　　C. 层内　　　　　　D. 层外

11. AA011　解决平面矛盾调整这一问题的根本措施包括(　　)。

　　A. 分注分采工艺　　　　　　　　　　　B. 对高含水带油堵水

　　C. 调整注水强度　　　　　　　　　　　D. 加强受效差区域的注水强度

12. AA012　油田的客观条件是指(　　)。

　　A. 地质储量　　　　B. 可采储量　　　　C. 油层物性　　　　D. 流体物性

13. AA013　划分开发层系就是根据油藏地质特点和开发条件,将性质相近的油层组合在一起,采用与之相适应的(　　)。

　　A. 注水方式　　　　B. 采油速度　　　　C. 井网　　　　　　D. 工作制度

14. AA014　一套层系内的油层要(　　)。

　　A. 沉积条件相同　　　　　　　　　　　B. 分布形态相近

　　C. 分布面积大体相当　　　　　　　　　D. 渗透率级差较小

15. AA015　具体划分与组合层系时,应根据层系划分的原则,对油区取得的所有资料进行(　　),确定合理的开发组合。

　　A. 整理　　　　　　B. 分析　　　　　　C. 对比　　　　　　D. 研究

16. AA016　油田开发同其他事物一样,必然有其(　　　)的过程。

　　A. 发生　　　　　　　B. 发展　　　　　　　C. 衰退　　　　　　　D. 衰亡

17. AA017　按产量划分开发阶段,开发阶段划分为(　　　)。

　　A. 油藏投产阶段　　　　　　　　　　B. 高产稳产阶段

　　C. 产量迅速下降阶段　　　　　　　　D. 收尾阶段

18. AA018　按开采方法划分的开发阶段分为(　　　)。

　　A. 一次采油阶段　　　B. 二次采油阶段　　　C. 三次采油阶段　　　D. 四次采油阶段

19. AA019　按开采的油层划分的开发阶段的第一阶段是(　　　)、发育较好的油层充分发挥
　　　　　　　作用。

　　A. 整个油层　　　　　B. 主力油层　　　　　C. 中渗透油层　　　　D. 低渗透油层

20. AA020　以含水上升率的变化趋势作为划分水驱油藏开发阶段的标准,可分为(　　　)。

　　A. 低含水阶段　　　　B. 中含水阶段　　　　C. 高含水阶段　　　　D. 特高含水阶段

21. AA021　层系调整的主要做法是(　　　)。

　　A. 层系调整和井网调整同时进行

　　B. 细分开发层系调整

　　C. 井网开发层系互换

　　D. 层系局部调整

22. AA022　选择井距要有较高的水驱控制程度,要能满足(　　　)的要求。

　　A. 注采压差　　　　　B. 生产压差　　　　　C. 注水方式　　　　　D. 采油速度

23. AA023　开发实践证明,原来采用的(　　　),油藏内部的采油井受效差,应在油藏内部增
　　　　　　　加注水井。

　　A. 边缘注水　　　　　B. 切割注水　　　　　C. 边外注水　　　　　D. 点状注水

24. AA024　生产制度调整中包括(　　　)。

　　A. 控制生产　　　　　B. 计划生产　　　　　C. 调整生产　　　　　D. 强化生产

25. AB001　计算雷诺数需要(　　　)参数。

　　A. 管内流体速度　　　B. 管内径　　　　　　C. 管线长度　　　　　D. 液体的运动黏度

26. AB002　水头损失包括(　　　)。

　　A. 沿程水头损失　　　B. 能量水头损失　　　C. 部分水头损失　　　D. 局部水头损失

27. AB003　液柱在铅垂方向上力的平衡方程定量地(　　　),一般称为水静力学基本方
　　　　　　　程式。

　　A. 揭示了液面上的压强是外力作用于液面上引起的

　　B. 提示了静止液体中静水压强与深度的关系

　　C. 揭示了静水压强的大小与深度成反比

　　D. 反映了静水压强的分布规律

28. AC001　以下是可燃物的有(　　　)。

　　A. 木材　　　　　　　B. 原油　　　　　　　C. 水泥　　　　　　　D. 天然气

29. AC002　燃烧现象按其发生瞬间的特点,可分为闪燃、(　　　)等类型。

　　A. 爆炸　　　　　　　B. 着火　　　　　　　C. 自燃　　　　　　　D. 爆燃

30. AC003　常见爆炸类型是（　　　）。
　　A. 混合气体爆炸　　　B. 气体分解爆炸　　　C. 粉尘爆炸　　　D. 蒸气爆炸

31. AC004　在一定的条件下进行燃烧,当条件变化时,又可以转化为爆炸的有（　　　）。
　　A. 固体爆炸物　　　B. 液体爆炸物　　　C. 蒸气爆炸物　　　D. 气体爆炸混合物

32. AC005　使燃烧转化为爆炸的条件是（　　　）。
　　A. 燃烧面积不断增大　　　　　　　　B. 燃烧温度降低
　　C. 燃速加快　　　　　　　　　　　　D. 形成冲击波

33. AC006　根据火灾发展过程的特点,采取的基本措施有（　　　）。
　　A. 通风除尘　　　　　　　　　　　　B. 密闭和负压操作
　　C. 惰性气体保护　　　　　　　　　　D. 严格控制火源

34. AC007　易燃易爆化学物品,品种繁多,性质各异,要按照分类、分区、（　　　）的方法储存。
　　A. 定品　　　　B. 定数量　　　　C. 定库房　　　　D. 定人员

35. AC008　摩擦和撞击往往成为（　　　）等燃烧爆炸的原因。
　　A. 可燃气体　　　B. 蒸气　　　C. 粉尘　　　D. 爆炸物品

36. AC009　引起火灾的着火源一般有（　　　）。
　　A. 明火　　　　B. 冲击　　　C. 摩擦　　　D. 日照

37. AC010　一旦发生爆炸,一般可采取的紧急措施有（　　　）。
　　A. 修筑临时防溢堤或挖沟使液流导向安全地带
　　B. 尽快逃离现场
　　C. 消除障碍物,留出足够的安全距离
　　D. 启动事故状态下应急预案

38. AC011　阻火装置的作用是防止外部火焰窜入火灾爆炸危险的（　　　）,或阻止火焰在设备与管道间蔓延扩展。
　　A. 设备　　　　B. 房屋　　　C. 管道　　　D. 容器

39. AC012　泄压装置主要有（　　　）、防爆帽和易熔塞、放空阀。
　　A. 单流阀　　　B. 安全阀　　　C. 防爆片　　　D. 防爆门

40. AD001　有色金属是指（　　　）以外的所有金属。
　　A. 铁　　　　B. 铬　　　C. 铝　　　D. 锰

41. AD002　断裂韧度是材料阻止宏观裂纹失稳扩展能力的度量,它和裂纹本身的（　　　）及外加应力大小无关。
　　A. 材料　　　　B. 大小　　　C. 形状　　　D. 热处理

42. AD003　按工艺方法的不同,金属材料的工艺性能包括（　　　）、切削加工性。
　　A. 铸造性　　　B. 耐腐蚀性　　　C. 锻造性　　　D. 焊接性

43. AD004　金属材料的铸造性指标有（　　　）。
　　A. 偏析　　　　B. 温度　　　C. 流动性　　　D. 收缩率

44. AD005　具有良好切削性能的金属材料,必须具有（　　　）。
　　A. 适宜的硬度　　　B. 合适的延展性　　　C. 良好的韧度　　　D. 足够的脆性

45. AD006　焊接性是指金属材料在采用一定的焊接工艺,包括(　　)等条件下,获得优良焊接接头的难易程度。

A. 焊接方法　　　B. 焊接材料　　　C. 焊接规范　　　D. 焊接结构形式

46. AD007　钢铁根据含碳量不同分为(　　)。

A. 钢　　　　　　B. 生铁　　　　　C. 铸钢　　　　　D. 纯铁

47. AD008　钢按品质分为(　　)。

A. 优质钢　　　　B. 低碳钢　　　　C. 普通钢　　　　D. 高级优质钢

48. AD009　大部分钢材加工都是钢材通过压力加工,使被加工的(　　)等产生塑性变形。

A. 铁锭　　　　　B. 钢管　　　　　C. 钢板　　　　　D. 钢坯

49. BA001　为了便于操作和定期检查校验,(　　)一般安装外壳直径为 100mm 的压力表。

A. 工艺管网　　　B. 连通阀门　　　C. 电动机　　　　D. 机泵

50. BA002　分油压表采用电接点压力表,当分油压降低到下限设定值时,使(　　)跳闸。

A. 润滑油泵　　　B. 注水泵　　　　C. 电动机　　　　D. 星点柜

51. BA003　电接点压力表适用于测量对(　　)不腐蚀的非凝固和结晶的液体、气体的压力或真空,但不适于振动场所,避免触点烧坏。它可与继电器等配合使用,实现自动控制和报警。

A. 铜合金　　　　B. 铝合金　　　　C. 钢　　　　　　D. 铝

52. BA004　电动压力变送器的种类、型号较多,(　　)。

A. 量程范围宽　　B. 量程范围窄　　C. 可选择的余地大　D. 可选择的余地小

53. BA005　在垂直工艺管道上测量带有(　　)等浑浊介质的压力时,取源部件应倾斜向上安装,与水平线的夹角应大于 30°。

A. 灰尘　　　　　B. 固体颗粒　　　C. 悬浮物　　　　D. 沉淀物

54. BA006　压力变送器维护检查时,要检查(　　)等不得渗漏。

A. 压力表　　　　B. 阀门　　　　　C. 接头　　　　　D. 引压管

55. BA007　速度式流量仪表的种类最多,如靶式、(　　)、旋涡式等。

A. 推导式　　　　B. 差压式　　　　C. 电磁式　　　　D. 超声波式

56. BA008　涡街流量计与工艺管道之间的连接,无论是分体型还是一体型,一般连接方式有(　　)三种连接方式。

A. 法兰式　　　　B. 捆绑式　　　　C. 插入式　　　　D. 夹持式

57. BA009　用标准流量计法检定校验流量计是一种(　　)的方法。

A. 最经济　　　　B. 最费时　　　　C. 最昂贵　　　　D. 最简单

58. BA010　更换流量计时应对角紧固螺栓,流量计(　　)与(　　)一致。

A. 安装方法　　　B. 安装标向　　　C. 水流方向　　　D. 标准流量计

59. BA011　电压型数字式显示仪表的输入信号是模拟式传感器输出的(　　)等连续信号。

A. 电流　　　　　B. 电量　　　　　C. 电压　　　　　D. 功率

60. BA012　数字式显示仪表普遍采用中、大规模集成电路,线路简单,可靠性好,(　　),重量轻。

A. 功率大　　　　B. 耐振性强　　　C. 功耗低　　　　D. 体积小

61. BA013 数字式显示仪表首先要把连续变化的模拟量转换成断续变化的数字量（A/D 转换），再上计数器（如果输入信号是数字量,则直接上计数器）、（　　　）,最后在 LED 数码管上显示出来。

　　A. 寄存器　　　　　　B. 继电器　　　　　　C. 译码器　　　　　　D. 转换器

62. BA014 温度检测仪表按工作原理分,可分为（　　　）、热电偶温度计和辐射高温计五类。

　　A. 膨胀式温度计　　　　　　　　　　　B. 压力式温度计

　　C. 热电阻温度计　　　　　　　　　　　D. 水银温度计

63. BA015 压力式温度计的结构主要由（　　　）和压力表的弹簧管组成一个封闭系统。

　　A. 金属杆　　　　　　B. 毛细管　　　　　　C. 传导管　　　　　　D. 温包

64. BA016 变送器模块上有两个对（　　　）起微调作用的精密微调电位器,用于零点及量程的校正。

　　A. 零点　　　　　　　B. 温度　　　　　　　C. 量程　　　　　　　D. 压力

65. BA017 制造热电阻的材料需要大的温度系数、（　　　）及良好的复现性。

　　A. 大的电阻率　　　　B. 稳定的化学性质　　C. 良好的膨胀性　　　D. 稳定的物理性质

66. BA018 热电偶是将两种不同材料的（　　　）连接起来,构成一个闭合回路。

　　A. 物质　　　　　　　B. 金属　　　　　　　C. 导体　　　　　　　D. 半导体

67. BA019 膨胀式温度计分为（　　　）温度计。

　　A. 液体膨胀式　　　　B. 金属膨胀式　　　　C. 气体膨胀式　　　　D. 压力膨胀式

68. BA020 金属膨胀式温度计有螺旋式、（　　　）。

　　A. 金属式　　　　　　B. 片式　　　　　　　C. 杆式　　　　　　　D. 直线式

69. BB001 用百分表测量平面时,（　　　）成 90°。

　　A. 测量头　　　　　　B. 平面　　　　　　　C. 侧面　　　　　　　D. 表架

70. BB002 百分表是利用（　　　）或传动,将测杆的直线位移变为指针的角位移的计量器具。

　　A. 中心齿轮　　　　　B. 齿条齿轮　　　　　C. 杠杆齿轮　　　　　D. 传动齿轮

71. BB003 检查百分表时,擦洗百分表、（　　　）,推动表杆检查百分表灵敏度和表杆有无发卡现象。

　　A. 表盘　　　　　　　B. 测杆　　　　　　　C. 测量头　　　　　　D. 表架

72. BC001 液位传感器是显示水罐液位,有（　　　）功能。

　　A. 就地显示　　　　　B. 微机显示　　　　　C. 压力显示　　　　　D. 远传至值班室信号

73. BC002 定期检查储水罐的工艺管线、（　　　）,要求管线连接良好,阀门开关灵活、性能良好,仪表工作正常。

　　A. 流量计　　　　　　B. 阀门　　　　　　　C. 仪表　　　　　　　D. 压力表

74. BC003 测量储水罐储水量时,为了提高测量精度,测量储水罐（　　　）时,应多取几点,然后取其平均值。

　　A. 压力　　　　　　　B. 液位　　　　　　　C. 周长　　　　　　　D. 壁厚

75. BC004 溶解氧对注入水的（　　　）都有明显的影响。

　　A. 腐蚀性　　　　　　B. 渗透性　　　　　　C. 堵塞　　　　　　　D. 含油量

76. BC005 生物处理是比较有效的含油污泥处理技术,其处理方式有( )和污泥生物反应器法等。

  A. 地耕法   B. 真空法   C. 堆肥法   D. 压力法

77. BC006 水中含有( )和其他还原性物质含量较高时,则氯的耗量太高且水质不稳定,一般不宜用氯气杀菌。

  A. H_2S B. $CaSO_4$ C. Fe_2O_3 D. $CaSO_3$

78. BC007 化学药品库房设专人负责,严格执行出入库制度,严禁( )入内。

  A. 车辆   B. 闲杂人员   C. 员工   D. 领导

79. BC008 测定水中原油含量时,若原油的质量浓度低于 10mg/L,则采用红外法、( )测定。

  A. 激光法   B. 荧光法   C. 紫外法   D. 浊度法

80. BC009 两台离心泵串联工作时,必须是( )的泵。

  A. 同型号   B. 流量相近   C. 扬程相近   D. 厂家一样

81. BC010 两台离心泵并联工作时,必须是( )的泵。

  A. 温度相近   B. 同型号   C. 出口一样   D. 扬程相近

82. BC011 注水泵效测试方法有( )两种。

  A. 压力法   B. 流量法   C. 热力法   D. 温差法

83. BC012 各种测量仪器、仪表和测量工具的( )应符合技术规范和工艺要求,校验合格,指示准确,灵敏可靠。

  A. 压力   B. 量程   C. 精度等级   D. 温度

84. BC013 用流量法测算离心泵效率时,在泵机组运行正常平稳、电压、电流、压力、流量等参数稳定的工况下,同时录取泵进出口压力( )等相关资料数据

  A. 压力   B. 流量   C. 电压   D. 电流

85. BC014 测量注水泵进出口压力时,安装的压力表应不渗不漏,取压阀( )。

  A. 处于半开状态   B. 处于全开状态   C. 稍微节流   D. 不得有节流

86. BC015 损耗系数随电动机( )功率的增大而增加。

  A. 杂散耗   B. 总损耗   C. 可变损耗   D. 转子铜耗

87. BC016 运用( ),对旧电动机进行技术改造。

  A. 新工艺   B. 新技术   C. 新设计   D. 新方法

88. BC017 注水管网效率是指注水管网内有效( )比值的百分数。

  A. 输出功率   B. 视在功率   C. 电动机功率   D. 输入功率

89. BC018 注水管线压力损失主要包括注水泵出口阀门节流损失、( )。

  A. 管网的阻力损失   B. 配水间的节流损失

  C. 地层的阻力损失   D. 油层的阻力损失

90. BD001 注水站站址宜选在地势较高或缓坡地区,宜避开( )或可能遭受水淹地区。

  A. 平原   B. 河滩   C. 沼泽   D. 局部低洼地

91. BD002 注水站工艺流程应满足来水( )的要求。

  A. 计量   B. 储存   C. 升压   D. 水量分配

92. BD003　柱塞泵应设（　　　）。

    A. 出口压力检测　　　　B. 超温保护　　　　C. 超限保护　　　　D. 波动保护

93. BD004　注水泵机组间突出部分净距应满足泵整体（　　　）的要求。

    A. 装拆　　　　B. 搬运　　　　C. 维护　　　　D. 检修

94. BD005　注水泵进水管应有来水截断阀、（　　　）。

    A. 流量计　　　　B. 过滤器　　　　C. 偏心大小头　　　　D. 压力表

95. BD006　每座储水罐应设有梯子、（　　　）。

    A. 透光孔　　　　B. 人孔　　　　C. 通气孔　　　　D. 清扫孔

96. BD007　注水管道所用钢管、管道组件的选择，应根据（　　　）经技术经济比选后确定。

    A. 设计压力　　　　B. 设计温度　　　　C. 地质条件　　　　D. 介质特性

97. BD008　钢质注水干管、支干管在管道（　　　）处宜设管道标志桩。

    A. 起点　　　　B. 折点　　　　C. 终点　　　　D. 下侧

98. BD009　采用6(l0)kV电动机的注水站宜设置（　　　）变电所。

    A. 100(30)kV　　　　B. 110(35)kV　　　　C. 6(10)kV　　　　D. 5(10)kV

99. BD010　对（　　　）的测量介质，应选用与介质性质相适应的仪表或采取隔离措施。

    A. 高温　　　　B. 黏稠　　　　C. 易堵　　　　D. 腐蚀

100. BD011　放置（　　　）的场所，宜采用电采暖。

    A. 设备　　　　B. 电力设备　　　　C. 自控仪表盘柜　　　　D. 资料

101. BD012　站场内道路和进站路计算行车速度宜分别为（　　　）。

    A. 10km/h　　　　B. 15km/h　　　　C. 20km/h　　　　D. 25km/h

102. BD013　在金属储罐中，要求保温的（　　　）等需要拆卸检修的部位，可制成金属或非金属盒式保温结构。

    A. 法兰　　　　B. 阀门　　　　C. 人孔　　　　D. 管线

103. BD014　在剖视图中，剖切符号▨▨代表（　　　）和电抗器等的叠钢片。

    A. 转子　　　　B. 电枢　　　　C. 线圈绕组元件　　　　D. 变压器

104. BD015　在剖视图中，同一机件的零件图中的剖面线，应画成间隔相等、方向相同且为与水平方向成45°（　　　）倾斜均可的细实线。

    A. 向上　　　　B. 向下　　　　C. 向左　　　　D. 向右

105. BD016　在剖视图中，（　　　）的分界线应以对称中心的细点画线为界，不能画成粗实线。

    A. 半个视图　　　　B. 半个剖视图　　　　C. 整个视图　　　　D. 全剖视图

106. BD017　零件图中应正确、齐全、清晰、合理地标注出表示零件各部分的（　　　）尺寸。

    A. 形状大小　　　　B. 放置方向　　　　C. 相对位置　　　　D. 相对大小

107. BD018　零件图中，合理地选择（　　　），用最少的视图、最清楚地表达零件的内外形状和结构，必须确定一个比较合理的表达方案是表示零件结构形状的关键。

    A. 主视图　　　　B. 左视图　　　　C. 俯视图　　　　D. 其他视图

108. BD019　零件图按用途基准可分为（　　　）。

    A. 设计基准　　　　B. 工艺基准　　　　C. 尺寸基准　　　　D. 装配基准

109. BD020　零件图中,轴套类零件上常制有(　　)等工艺结构,标注尺寸时应将这类结构要素的相关尺寸单独注出。

　　A. 毛面　　　　　　B. 退刀槽　　　　　C. 砂轮越程槽　　　D. 阶梯孔

110. BD021　零件图的尺寸标注中,⌐⌐表示(　　)。

　　A. 沉孔　　　　　　B. 锪平　　　　　　C. 深度　　　　　　D. 沉孔

111. BD022　零件表面结构是指(　　)和表面几何形状的总称。

　　A. 表面粗糙度　　　B. 表面波纹度　　　C. 表面缺陷　　　　D. 表面纹理

112. BD023　零件图的极限偏差是极限尺寸减去基本尺寸所得的代数差,分别为(　　)。

　　A. 上偏差　　　　　B. 下偏差　　　　　C. 最大偏差　　　　D. 最小偏差

113. BD024　Excel 2010 中所有的功能操作分为 8 大页次,包括(　　)、开始、插入、审阅和视图。

　　A. 文件　　　　　　B. 页面布局　　　　C. 公式　　　　　　D. 数据

114. BD025　Excel 2010 中在功能区中按下　■　钮,还可以开启专属的"(　　)"来做更细部的设定。

　　A. 交谈窗　　　　　B. 工作窗格　　　　C. 公式　　　　　　D. 图表

115. BD026　Excel 2010 中工作表内的方格一级上面的每一栏分别称为"(　　)"。

　　A. 单元格　　　　　B. 列标题　　　　　C. 行标题　　　　　D. 图表

116. BD027　Excel 2010 中单元格的不可计算的文字资料包括(　　)的组合。

　　A. 特殊数字　　　　B. 中文字样　　　　C. 英文字样　　　　D. 中文数字

117. BD028　Excel 2010 中设置单元格格式的内容包括数字、对齐、(　　)的组合。

　　A. 字体　　　　　　B. 边框　　　　　　C. 填充　　　　　　D. 保护

118. BD029　Excel 2010 中设置单元格格式的特殊数字包括(　　)。

　　A. 电话号码　　　　B. 邮政编码　　　　C. 中文小写数字　　D. 中文大写数字

119. BD030　Excel 2010 中若要一次选取多个相邻的单元格,按住 Shift 键,将鼠标指在欲选取范围的(　　)。

　　A. 第一个单元格　　　　　　　　　　B. 最后一个单元格

　　C. 最左边一个单元格　　　　　　　　D. 最右边一个单元格

120. BD031　Excel 2010 中当你要将相同的内容连续填入数个单元格,除了可(　　)单元格内容外,更有效率的方法是利用自动填满功能来达成。

　　A. 复制　　　　　　B. 剪切　　　　　　C. 粘贴　　　　　　D. 格式刷

121. BD032　Excel 2010 中"清除"的内容包括"(　　)""内容""超链接"五项。

　　A. 格式　　　　　　B. 全部　　　　　　C. 图片　　　　　　D. 批注

122. BD033　Excel 2010 中建立数列后,自动填满选项按钮　■　又再度出现了,而且下拉选项菜单中包含(　　)。

　　A. 复制单元格　　　B. 填充序列　　　　C. 仅填充格式　　　D. 不带格式填充

123. BD034　Excel 2010 中保存文件时保存位置的快捷选项有(　　)、我的电脑和网上邻居。

　　A. 我最近的文档　　B. 桌面　　　　　　C. 我的收藏夹　　　D. 我的文档

124. BD035　Excel 2010 中公式的组成包含引用、(　　)。
　　A. 函数　　　　　　　　B. 名称　　　　　　　C. 运算符　　　　　　　D. 常量

125. BD036　Excel 2010 中函数的设置有三个途径,分别是(　　)。
　　A. 菜单法　　　　　　　　　　　　　B. 使用"函数"按钮
　　C. 单击编辑栏上的"插入函数"按钮　　D. 鼠标右键选择设置"函数"

126. BD037　Excel 2010 中计算单元格 A1+A3+A6 使用公式错误的是(　　)。
　　A. =A1+A3+A6　　　　　　　　　　B. SUN(A1,A3,A6)
　　C. SUN(A1:A3:A6)　　　　　　　　　D. SIN(A1,A3,A6)

127. BD038　Excel 2010 逻辑函数中能和 IF 函数嵌套使用的函数是(　　)等。
　　A. OR　　　　　　　　B. NOT　　　　　　　C. MAX　　　　　　　D. MIN

128. BD039　Excel 2010 中计算区域内包含数字单元格个数和非空单元格格式的函数是
　　(　　)。
　　A. MAX　　　　　　　　B. MIN　　　　　　　C. COUNT　　　　　　D. COUNTA

129. BD040　Excel 2010 中用于复制粘贴的快捷键分别是(　　)。
　　A. Ctrl+C　　　　　　　B. Ctrl+V　　　　　　C. Ctrl+X　　　　　　D. Ctrl+A

130. BD041　Excel 2010 中字体的文本控制包括(　　)。
　　A. 自动换行　　　　　B. 缩小字体填充　　　C. 放大字体填充　　　D. 合并单元格

131. BD042　Excel 2010 中利用数据菜单中的有效性设置包含设置、(　　)。
　　A. 属性　　　　　　　　B. 输入信息　　　　　C. 出错警告　　　　　D. 输入法模式

132. BD043　Excel 2010 中常见图表样式不包括(　　)。
　　A. 散点图　　　　　　　B. 气泡图　　　　　　C. 波浪图　　　　　　D. 雪花图

133. BD044　Excel 2010 中图表样式中气泡图包括(　　)。
　　A. 气泡图　　　　　　　B. 合并气泡图　　　　C. 分离气泡图　　　　D. 三维气泡图

134. BD045　Excel 2010 中条件格式包含突出显示单元格规则、(　　)和图标集。
　　A. 项目选取规则　　　B. 数据条　　　　　　C. 色阶　　　　　　　D. 文字集

135. BD046　Excel 2010 中页面设置有(　　)。
　　A. 页面　　　　　　　　B. 页边距　　　　　　C. 页眉页脚　　　　　D. 工作表

136. BD047　Excel 2010 中文件另存为中的设置包含文件名、(　　)等。
　　A. 存放位置　　　　　B. 保存类型　　　　　C. 作者　　　　　　　D. 标记

137. BD048　用于测量泵轴窜量的工具包含(　　)、石笔、擦布等。
　　A. 撬杠　　　　　　　　B. F 扳手　　　　　　C. 手锤　　　　　　　D. 活动扳手

138. BE001　泵轴窜量过大可能是(　　)级间积累误差过大,装上平衡盘之后,没有进行适
　　当的调整就投入运行。
　　A. 定子　　　　　　　　B. 转子　　　　　　　C. 泵轴　　　　　　　D. 泵段

139. BE002　启泵后不出水、泵压过低且泵压表波动大、电流小、吸入压力正常,且伴随着泵
　　体振动、噪声大,是由于(　　)。
　　A. 启泵前泵内气体未放净　　　　　B. 密封圈漏气严重
　　C. 打开出口阀门过快　　　　　　　D. 打开进口阀门过快

140. BE003　泵前段温度明显高于后段,这是由于(　　),泵出现抽空汽化所致。

A. 启动前空气未排尽　　　　　　　　B. 启动时出口阀门开得过快

C. 大罐水位过低　　　　　　　　　　D. 平衡盘损坏

141. BE004　密封填料发热是(　　)的原因所致。

A. 密封填料材质不好　　　　　　　　B. 填料压盖或水封环加偏

C. 轴套磨损严重　　　　　　　　　　D. 与轴套或背帽相摩擦

142. BE005　轴两端的(　　),轴向力将轴上的部件密封面拉开,造成间隙窜渗出高压水。

A. 密封填料压得不紧　　　　　　　　B. 填料压盖或水封环加偏

C. 反扣锁紧螺栓没有锁紧　　　　　　D. 锁紧螺栓倒扣

143. BE006　离心式注水泵振动过大的原因是(　　)。

A. 润滑油压力过高　　　　　　　　　B. 轴承轴瓦磨损严重

C. 间隙过大　　　　　　　　　　　　D. 密封填料过松

144. BE007　离心式注水泵(　　),造成轴瓦向外窜油。

A. 润滑油回油不畅　　　　　　　　　B. 润滑油温度过高

C. 润滑油有堵塞现象　　　　　　　　D. 轴承轴瓦磨损严重

145. BE008　离心式注水泵启泵后有异常响声是因为(　　)。

A. 叶轮损坏　　　　　　　　　　　　B. 润滑油温度过高

C. 转子不平衡引起振动,有堵塞现象　D. 轴承轴瓦窜油严重

146. BE009　离心式注水泵启动后不上水,压力表无读数,吸入真空压力表有较高负压的原因是(　　)。

A. 有空气进入泵内　　　　　　　　　B. 泵吸入端阻力过大

C. 填料漏失严重　　　　　　　　　　D. 供水不畅

147. BE010　供水管线(　　),会导致离心式注水泵启动后,流量不够达不到额定排量。

A. 直径太小　　　B. 直径太大　　　C. 阻力过大　　　D. 压力过低

148. BE011　与离心式注水泵不能启动或启泵后轴功率过大无关的因素是(　　)。

A. 电动机与泵严重不同心　　　　　　B. 泵出口温度过高

C. 平衡管压力过高　　　　　　　　　D. 介质温度过高

149. BE012　因轴瓦磨损导致离心式注水泵轴瓦高温,应(　　)。

A. 更换润滑油　　B. 清理轴瓦杂质　　C. 重新刮瓦　　　D. 换瓦

150. BE013　离心式注水泵电动机不能启动的原因是(　　)。

A. 电流差动保护动作　　　　　　　　B. 低管压保护动作

C. 低泵压保护动作　　　　　　　　　D. 接地保护动作

151. BE014　因环境温度过高引起离心式注水泵电动机高温,应(　　)。

A. 降低泵压　　　B. 开窗通风　　　C. 降低冷却水温度　　D. 降低排量

152. BE015　离心式注水泵电动机润滑油(　　),出现烧瓦抱轴现象。

A. 油质不好　　　B. 温度过高　　　C. 严重缺油　　　D. 进水

153. BE016　离心式注水泵轴瓦(　　),必须紧停泵。

A. 温度超过规定　　B. 供油中断　　　C. 润滑油进水　　D. 振动

154. BE017　出现下列(　　)情况不会造成柱塞泵声音异常。
    A. 润滑油温度过高　　　　　　　　　B. 润滑油进水
    C. 排液阀片损坏　　　　　　　　　　D. 密封填料过紧

155. BE018　柱塞泵润滑油高温的原因是(　　)。
    A. 润滑不良　　　　　　　　　　　　B. 运动部分装配不良
    C. 润滑油进水　　　　　　　　　　　D. 密封填料过紧

156. BE019　缸体内吸液阀片和排液阀片(　　),会造成柱塞泵泵压过低。
    A. 磨损　　　　　B. 密封不严　　　　C. 安装错误　　　　D. 振动

157. BE020　柱塞泵缸体内吸液阀片和排液阀片磨损,密封不严,并有异常振动,会造成(　　)。
    A. 效率升高　　　B. 泵压降低　　　　C. 排量降低　　　　D. 温度升高

158. BF001　润滑油进水量大,会造成(　　)。
    A. 泵效率降低　　B. 轴瓦润滑不好　　C. 泵排量降低　　　D. 泵温度升高

159. BF002　齿轮油泵(　　)等处漏失严重,会导致齿轮油泵打不起压力。
    A. 吸油管路　　　B. 法兰　　　　　　C. 泵体　　　　　　D. 出口管线

160. BF003　润滑油泵吸油腔形成气穴现象,产生振动与噪声是由于(　　)。
    A. 吸油管路漏失　　　　　　　　　　B. 过滤器被脏物堵塞
    C. 齿轮泵转速过高　　　　　　　　　D. 润滑油高温

三、判断题(对的画"√",错的画"×")

(　　)1. AA001　油田开发阶段包括针对不同开发阶段的开发方案进行不断调整。

(　　)2. AA002　根据国家对产油量的需求以及市场的变化,选择合理的开发方案,包括井网部署、能量补充方式、开发速度、产能预测、开发年限及经济效益,以达到高效合理开发油田的目的。

(　　)3. AA003　油田投入开发后,需要向油田注水补充地层能量,以保持地层压力,达到提高最终采收率的目的。

(　　)4. AA004　边缘注水根据油水过渡带情况分为三种。

(　　)5. AA005　面积注水是一种强化注水方式。

(　　)6. AA006　七点法面积井网呈等边三角形。

(　　)7. AA007　不规则点状注水井网可以根据油层的具体情况选择合适的井作为注水井,周围布置数口采油井受注水效果。

(　　)8. AA008　注水井不分层段,多层合在一起,在同一压力下的注水方式称为笼统注水。

(　　)9. AA009　能否使层间矛盾获得较好地解决,是油井能否长期稳定生产、油田能否获得较高采收率的关键所在。

(　　)10. AA010　在油井生产过程中,矛盾主要表现为层间干扰。

(　　)11. AA011　油田开发过程中需解决的问题很多,对不同的矛盾用不同的方法解决,才能取得预期的效果。

(   )12. AA012   我国合理开发油田的总原则可归纳为:在总的投资最少、同时原油损失尽可能最少的条件下,能保证国家或企业原油需求量,获取最大利润。

(   )13. AA013   分层开采可扩大注入水波及体积,增加储量动用程度。

(   )14. AA014   划分开发层系,应考虑与之相适应的采油工艺,不要分得过细。

(   )15. AA015   研究各类油砂体特性,了解合理划分与组合开发层系的地质基础。

(   )16. AA016   油田开发阶段的划分,就是要研究油田开发过程不同阶段的矛盾特点和解决矛盾的措施办法,从而合理地安排油田开发工作,指导油田开发。

(   )17. AA017   高产稳产阶段主要受稳产期采油速度和最高采液速度高低的控制。

(   )18. AA018   三次采油阶段是利用各种驱替剂,即用注水以外的技术提高驱油效率,扩大水淹体积,提高最终采收率。

(   )19. AA019   按开采的油层划分的开发阶段的第三阶段可采地质储量的20%左右。

(   )20. AA020   高含水阶段水油比值较大,注水量也需大量增加,而使原油成本上升。

(   )21. AA021   对于原层系井网中开发状况不好、储量又多的差油层,可以单独作为一套开发层系。

(   )22. AA022   注水方式的确定要留有余地,便于今后继续进行必要的调整,同时还要有利于油藏开发后期向强化注水方向的转化。

(   )23. AA023   油藏驱动方式的调整也是阶段性油藏开发的内容。

(   )24. AA024   实行笼统注水、笼统采油的油田,调整生产制度的工作也往往只能笼统地进行。

(   )25. AB001   流体流动时,如果质点没有横向脉动,不引起流体质点的混杂,而是层次分明,能够维持稳定的流束状态,这种流动状态称为层流。

(   )26. AB002   整个管路的局部水头损失等于各管路局部水头损失之积。

(   )27. AB003   压强随着水的多少的变化而变化。

(   )28. AC001   可燃气体的燃烧极限与温度有关,与压力无关。

(   )29. AC002   爆炸的一个本质特征,是爆炸点周围介质压力的急剧下降。

(   )30. AC003   粉尘爆炸的燃烧速度和压力上升速度比混合气体爆炸时快。

(   )31. AC004   从技术上杜绝一切由燃烧转化为爆炸的可能性,则是防火防爆技术的一个次要方面。

(   )32. AC005   大的爆炸之后常伴随有一般的火灾。

(   )33. AC006   及时泄出燃爆开始时的压力是防火的基本措施。

(   )34. AC007   仓库进出货物后,对遗留或散落在操作现场的物品,要及时摆放。

(   )35. AC008   检查防火防爆的技术措施只有工艺参数的控制。

(   )36. AC009   机动车辆排气管喷火、电瓶车打火,不会引燃可燃气体。

(   )37. AC010   由于火灾灾害发生在意想不到的瞬间,其破坏力和杀伤力远大于爆炸造成的伤害。

(   )38. AC011   常用的安全液封只有敞开式一种。

(   )39. AC012   为防止燃烧气体喷出时伤人,防爆门(窗)应设置在人不常在的位置,高度不低于12m。

（　　）40. AD001　有色合金的强度和硬度一般比纯金属高，电阻比纯金属大，电阻温度系数小，具有良好的综合机械性能。

（　　）41. AD002　金属材料都是韧性材料。

（　　）42. AD003　铸铁的铸造性能好于钢，钢的锻造性能很好。

（　　）43. AD004　液态金属充满铸模的能力称为流动性。

（　　）44. AD005　切削加工性好坏常用加工后工件的表面粗糙度、允许的切削速度以及刀具的磨损程度来衡量。

（　　）45. AD006　含碳量小于 0.25% 的低碳钢和低合金钢，塑性和冲击韧度优良，焊后的焊接接头塑性和冲击韧度不太好。

（　　）46. AD007　生铁性能为坚硬、耐磨、铸造性好，但生铁脆，不能浇铸。

（　　）47. AD008　钢按炉种分为平炉钢、转炉钢、电炉钢。

（　　）48. AD009　钢材一般分为型材、板材、管材、金属制品四大类。

（　　）49. BA001　受压容器（加热炉、锅炉、缓冲罐、注水泵进出口管线等）及振动较大的部位，一般安装直径为 60~80mm 的压力表。

（　　）50. BA002　防爆型电接点压力表与一般电接点压力表的区别仅在于触点不同。

（　　）51. BA003　在开启仪表出线盒或调整给定值范围时，需在接通电源后进行，以免发生传爆危险。

（　　）52. BA004　电动压力变送器的电阻基片参比侧紧贴于壳体上盖与大气相通的中心孔处。

（　　）53. BA005　压力取源部件的端部不应超出工艺设备和工艺管道的内壁。

（　　）54. BA006　变送器的定检周期为 2 年，或与生产装置检修周期同步。

（　　）55. BA007　油田注水生产中所用的水计量仪表属于三级计量仪表，流量计的准确度一般在 1%~2.5% 即可满足工艺要求。

（　　）56. BA008　安装仪表前，管道应清洗干净。

（　　）57. BA009　流量计检定过程中检定介质温度必须恒定。

（　　）58. BA010　倒流程时，要侧身关闭上流阀门和下流阀门。

（　　）59. BA011　巡回检测型仪表可定时地对各路信号进行巡回检测和显示。

（　　）60. BA012　显示报警型仪表除可显示各种被测参数，还可用作有关参数的超限报警等。

（　　）61. BA013　采用模块化设计的数字式显示仪表的机芯由各种功能模块组合而成，外围电路少，配接灵活，有利于降低生产成本，便于调试和维修。

（　　）62. BA014　温度是表征物体冷热程度的物理量，是集输生产中重要的热工参数之一。

（　　）63. BA015　液体膨胀式温度计温度值为液柱面所对应的标尺刻度数值。

（　　）64. BA016　毛细管是压力传导管，由铜或钢拉制而成，为减小传递滞后和环境温度的影响，管子外径一般很细（为 1.2mm），毛细管极易被器物击损或折伤，其外面通常用金属软管或金属丝编织软管加以保护。

（　　）65. BA017　电阻体的断路修理必须要改变电阻丝的长短而影响电阻值，为此更换新的电阻体为好,若采用焊接修理,焊后要检验合格后才能使用。

( )66. BA018 当工作端的被测介质温度发生变化时,热电势随之发生变化,将热电势送入显示仪表进行指示或记录,或送入微机进行处理,即可获得温度值。

( )67. BA019 玻璃液体温度计不抗振,易损坏,水银外泄会产生汞蒸气,对人体有害。

( )68. BA020 玻璃液体温度计金属套管的端部应有一的定自由空间。

( )69. BB001 百分表刻度盘上刻有 100 个刻度,分度值为 0.01mm。

( )70. BB002 百分表通过传动放大机构,将测杆的微小直线位移转变为指针的直线位移。

( )71. BB003 用对称两条螺栓将电动机和泵联轴器连接在一起。

( )72. BC001 透光孔的用途是透光、通风,安装在罐顶,一般安装 1 个。

( )73. BC002 应保持液位计的准确性,防止出现假液位,造成判断失误,导致发生事故。

( )74. BC003 根据储水罐下部压力表的显示值,可以折算出水罐水位。

( )75. BC004 油田污水中的 Ca^{2+},在一定条件下与水中的 CO_3^{2-} 发生化学反应,生成 $CaCO_3$。

( )76. BC005 含油污泥的处理目的主要是除去注水系统中的悬浮物,改善注水水质和外排污水水质,同时解决清罐污泥对环境的污染问题。

( )77. BC006 一种化学药剂对某一种细菌有灭杀或抑制生长繁殖作用,对于另一种细菌可能没有影响。

( )78. BC007 化学药品的库房应设在厂区的边缘及上风向。

( )79. BC008 用分光光度计比色法测污水中的含油量时,取水样要分 3 次以上完成。

( )80. BC009 串联就是将两台或两台以上排量基本相同的泵连接起来。

( )81. BC010 离心泵的并联可以增加供水量。

( )82. BC011 温差法测泵效时,应选用精密压力表。

( )83. BC012 用温差法测泵效率过程中,在测出入口温度时,应稳定 5min 再读取数据。

( )84. BC013 流量法测泵效的计算公式:$\eta_泵 = (N_有/N_轴) \times 100\%$。

( )85. BC014 流量法测泵效时,电动机效率可以通过仪器测试获得。

( )86. BC015 电动机从电源吸取的有功功率,称为电动机的输入功率或轴功率,用 $N_轴$ 表示。

( )87. BC016 与电动机生产厂家协作,努力减少定子损耗,制作高效节能电动机。

( )88. BC017 注水管网效率的高低,直接影响系统效率的大小。

( )89. BC018 当管道流量大时,阻力大,压力损失大。

( )90. BD001 注水站宜设在所辖注水系统负荷中心和注水压力较高或有特定要求的地区。

( )91. BD002 当注水站不设调速装置且站外高压管网未与其他注水站连通时,注水泵设计宜选择不同排量的泵型组合。

( )92. BD003 柱塞泵应设入口压力检测、过低保护。

（　　）93. BD004　辅助房间宜设置在注水泵房一端,且应与注水泵房总体布置相协调。

（　　）94. BD005　柱塞泵出水管应有压力缓冲器、安全阀、止回阀、回流阀、截断阀和压力表。

（　　）95. BD006　当注水来水为单一水质时,宜设 2 座储水罐;两种以上水质时,宜设 3 座储水罐。

（　　）96. BD007　地上敷设的注水管道应根据当地气候条件,确定是否采取防冻保温措施。

（　　）97. BD008　高压管道截断阀宜地面安装。

（　　）98. BD009　各类站场均应设置无功补偿装置,补偿后的功率因数不宜低于 0.9。

（　　）99. BD010　聚合物水溶液的流量检测宜采用电磁流量计。

（　　）100. BD011　站场内建筑的暖通设计,应符合现行国家标准《工业建筑供暖通风与空气调节设计规范》（GB 50019—2015）的有关规定。

（　　）101. BD012　注水站、配制站进出站路,站内主要道路宽度为 4m 或 6m。

（　　）102. BD013　当埋地管道与电气化铁路、110kV 及以上高压交流输电线路距离小于1000m 时,应根据现行国家标准《埋地钢质管道交流干扰防护技术标准》（GB/T 50698—2010）的有关规定确定干扰防护措施。

（　　）103. BD014　在剖视图中,剖切面与机件接触部分称为剖面区域。为了在剖视图上区分剖面和其他表面,应在剖面上画出剖面符号（也称剖面线）。

（　　）104. BD015　剖视图的标注方法可分为三种情况,即全标、不标和省标。

（　　）105. BD016　用剖切平面局部地剖开机件所得的剖视图称为局部剖视图。

（　　）106. BD017　主视图的投射方向一般应将最能反映零件结构形状和相互位置关系的方向作为主视图的投射方向。

（　　）107. BD018　在选择视图时,应优先选用基本视图和在基本视图上作适当剖视,在充分表达清楚零件结构形状的前提下,尽量减少视图数量,力求画图和读图简便。

（　　）108. BD019　零件图中,设计基准是以面或线来确定零件在部件中准确位置的基准。

（　　）109. BD020　零件图中,毛面是指始终不进行加工的表面。

（　　）110. BD021　零件图的尺寸标注中,□表示正方形。

（　　）111. BD022　零件表面粗糙度是评定零件表面质量的一项重要的技术指标,对于零件的配合性、耐磨性、抗腐蚀性、密封性都有影响,是零件图中必不可少的一项技术要求。

（　　）112. BD023　零件图的尺寸公差为允许尺寸的变动量,即最大极限尺寸减去最小极限尺寸,或上偏差减去下偏差。

（　　）113. BD024　Excel 2010 视窗的左上角是快速存取工具列。

（　　）114. BD025　Excel 2010 中想要美化储存格的设定,就可以切换到"开始"页次,按下"字体"区右下角的　钮,开启储存格格式交谈窗来设定。

（　　）115. BD026　每一张工作表会有一个页次标签,可以利用页次标签来区分不同的工作表。

（　）116. BD027　Excel 2010 中单元格输入完请按下 Backspace 键或是资料编辑列的"输入"按钮确认。

（　）117. BD028　Excel 2010 中设置单元格格式时,预设边框包括内部和外边框。

（　）118. BD029　Excel 2010 设置单元格格式中,数字分母的设置只有分母为一位数、两位数、三位数。

（　）119. BD030　Excel 2010 中若要选取整张工作表,按下右上角的"全选"按钮即可一次选取所有的单元格。

（　）120. BD031　Excel 2010 中"自动完成"功能适用于各种资料。

（　）121. BD032　Excel 2010 单元格中内容包括数值、公式和图片。

（　）122. BD033　Excel 2010 中终止值是设定数列的结束数字,如未设定,则数列无限延伸。

（　）123. BD034　Excel 2010 中若想要保留原来的文件,又要储存新的修改内容,需要切换至文件页次,按下"另存新档"按钮,以另一个文档名来保存。

（　）124. BD035　Excel 2010 公式中的引用是指参与计算的单元格或单元格区域。

（　）125. BD036　Excel 2010 中函数可以简化和缩短工作表中的公式,尤其在用公式执行很长或复杂的计算时。

（　）126. BD037　Excel 2010 中"函数"选项在"插入"菜单中。

（　）127. BD038　Excel 2010 中函数 OR 是判断多个条件中是否有任意一个条件为真,条件用"Logical"(逻辑表达式)指定。

（　）128. BD039　Excel 2010 中函数 COUNTIF 表示计算区域中满足给定条件的单元格的个数。

（　）129. BD040　Excel 2010 中如果贴上区域已有数据存在,直接将复制的数据贴上去,会盖掉贴上区域中原有的资料。

（　）130. BD041　Excel 2010 中储存格内的资料预设是横式走向,若字数较多,储存格宽度较窄,还可以设为直式文字,更特别的是可以将文字旋转角度,将文字斜着放。

（　）131. BD042　Excel 2010 中数据有效性可以帮助防止、避免错误的发生。

（　）132. BD043　Excel 2010 中饼图只能有一组数列数据,每个数据项都有唯一的色彩或是图样,饼图适合用来表现各个项目在全体数据中所占的比率。

（　）133. BD044　Excel 2010 中调整过图表的大小后,图表中的文字变得太小或太大,那么你可以先选取要调整的文字,并切换到开始页次,在字型区拉下字号列示窗来调整。

（　）134. BD045　Excel 2010 中数据横条会使用不同长度的色条来显示数据,数字越大色条越短,反之,数字越小则色条越长。

（　）135. BD046　Excel 2010 在编辑工作表时,想预先知道工作表将会如何列印,可按下主视窗左下角的"整页模式"按钮。

（　）136. BD047　Excel 2010 在"单元格格式"对话框中选择"设置"标签并选中"锁定",可以设置取消保护密码,即完成对单元格的锁定设置。

（   ）137. BD048　测量泵轴窜量需要在泵的端盖处画参照点。

（   ）138. BE001　平衡盘或平衡套材质较差,磨损较快,也会使泵轴窜量变大。

（   ）139. BE002　止回阀卡死不是启泵后不出水、泵压很高、电流小的原因。

（   ）140. BE003　合理调整密封填料松紧度可以有效避免填料发热。

（   ）141. BE004　填料压盖或水封环加偏,与轴套或背帽相摩擦,需要重新更换填料。

（   ）142. BE005　离心式注水泵轴套要是磨损严重,就必须更换。

（   ）143. BE006　离心式注水泵泵基础地脚螺栓松动,会导致振动过大。

（   ）144. BE007　离心式注水泵轴承盖石棉垫片破裂或轴承盖螺栓没有拧紧,会造成轴瓦窜油。

（   ）145. BE008　进出口管线支座固定不牢,管线悬空而引起振动,是造成离心式注水泵启泵后泵压过高的主要原因。

（   ）146. BE009　离心式注水泵泵前过滤器内堵塞,可以通过清洗滤网、清理过滤器内杂物来处理。

（   ）147. BE010　注水干线回压过高,会导致离心式注水泵启动后流量不够,达不到额定排量。

（   ）148. BE011　泵或电动机窜动量过大,轴瓦端面研磨,会造成离心式注水泵不能启动或启泵后轴功率过大。

（   ）149. BE012　分油压低于0.03MPa会造成离心式注水泵轴瓦高温。

（   ）150. BE013　因电流差动引起的离心式注水泵电动机不能启动,需要通知电工维修。

（   ）151. BE014　离心式注水泵电动机冷却器堵塞,可以通过疏通冷却水管线、更换阀门的方法排除。

（   ）152. BE015　离心式注水泵电动机基础设计不规范,会导致启动时声音异常、振动。

（   ）153. BE016　泵出现抽空或汽蚀现象,泵压变化异常,泵段发热,必须立即停泵。

（   ）154. BE017　柱塞泵缸体内吸液阀片和排液阀片磨损,密封不严,需要重新检修研磨或更换阀片。

（   ）155. BE018　柱塞泵柱塞高温主要是由于密封填料压得过紧。

（   ）156. BE019　柱塞泵密封填料漏失严重会造成压力过低。

（   ）157. BE020　柱塞吸入软管直径偏大会造成泵剧烈振动。

（   ）158. BF001　润滑油温度低,油中微小气泡很多时,也显乳黄色。

（   ）159. BF002　叶轮、侧盖板磨损,间隙过大,会造成齿轮泵油温过高。

（   ）160. BF003　齿轮泵进油管中有气泡存在时,要仔细听转动部分的声音,若在连接部分加一点油,噪声变小,说明润滑油油质不好。

四、简答题

1. AA004　油田采用的注水方式有几类?

2. AA010　注水开发的三大矛盾是什么?

3. AB001　什么是层流?

4. AB001　什么是紊流?

5. AC002　燃烧现象按发生瞬间的特点可分为几种类型？

6. AC004　常见的爆炸类型有哪些？

7. AD008　碳素钢的类型有几种？

8. BC010　离心式注水泵并联的运行特性是什么？

9. BC012　列出温差法测泵效的计算公式，并说明符号意义及单位。

10. BC014　列出流量法测泵效的计算公式，并说明符号意义及单位。

11. BC016　如何提高电动机的效率？

12. BE001　离心式注水泵启泵后泵轴窜量过大的原因是什么？

13. BE002　离心注水泵启泵后不出水或泵压波动的现象是什么？

14. BE003　离心式注水泵启泵后发热是什么原因？

15. BE004　离心式注水泵密封填料发热的原因是什么？

16. BE007　电动机或注水泵轴瓦处窜油的原因是什么？

17. BE013　电动机不能启动的原因是什么？

18. BE016　什么情况下必须紧急停泵？

19. BF001　判断润滑油进水的方法有哪些？

20. BF002　油泵打不起压力的原因是什么？

五、计算题

1. AB001　某输水管道直径为 100mm，管中水的流速为 1m/s，若水的运动黏度为 1cS，试判断输水管中水的流动状态（$\nu = 1.3 \times 10^{-2} \times 10^{-4} = 1.3 \times 10^{-6} m^2/s$）。

2. AB001　有一输油管道，油的黏度为 $1.2cm^2/s$，管的直径为 200mm，油的流速为 1m/s，试判断管中油的流动状态（$\nu = 1.2 \times 10^{-4} m^2/s$）。

3. AB002　一条长为 1.5km 的输水管，输送量为 25L/s，管径为 100mm，水的黏度为 1cS，试计算其管路的水头损失（根据 $d = 100mm$，$Q = 25L/s$，$\nu = 0.01S$，查水力计算手册可得 $I_e = 0.11523$）。

4. AB002　一条长为 2.5km 的输水管，输送量为 25L/s，管径为 100mm，水的黏度为 1cS，试计算其管路的水头损失（根据 $d = 100mm$，$Q = 25L/s$，$\nu = 0.01S$，查水力计算手册可得 $I_e = 0.11523$）。

5. AB003　已知某输水管线长 12km，管内径为 263mm，水力摩阻系数为 0.045，水在管道内流速为 1m/s，求沿程水头损失是多少？

6. AB003　某污水站滤罐排污管的内径为 100mm，管线长为 50m，水力摩阻系数为 0.042，排污时流速约为 2m/s，试计算排污时的沿程水头损失。

7. BC003　某注水站一储水罐，直径为 10m，用下卷尺测量液位，第一次测量结果为 6.3m，第二次测量结果为 6.5m，求这储水罐水量为多少（不考虑罐壁厚因素，π 按 3.14 计算，结果保留两位小数）？

8. BC003　某注水站一储水罐，直径为 12m，内储水量为 $1020m^3$，求这储水罐液位为多少（不考虑罐壁厚因素，π 按 3.14 计算，结果保留两位小数）？

9. BC009　已知两台离心泵串联工作，一级泵流量为 $55m^3/h$，扬程为 80m，二级泵流量为

$50m^3/h$，扬程为85m，求串联后的流量和扬程各是多少？

10. BC009 已知一台流量为 $216m^3/h$、扬程为120m 的离心泵，若与另一台同型号的泵串联使用，求串联后的流量和扬程各是多少？

11. BC010 已知一台流量为 $300m^3/h$、扬程为1760m 的离心泵，若与另一台同型号的泵并联使用，求并联后的流量和扬程各是多少？

12. BC010 某注水站，有一台流量为 $250m^3/h$、扬程为1600m 的注水泵，与另一台流量为 $300m^3/h$、扬程为1600m 的注水泵并联运行，求并联后的流量和扬程各是多少？

13. BC012 某注水站注水泵的出口压力为 16.1MPa，进口压力为 0.06MPa，泵进口温度是 36.4℃，出口温度是 37.7℃，等熵值是 0.418，电动机电流为 245A，电压为 6.0kV，功率因数为 0.87，电动机效率为 0.955。求泵效率是多少？

14. BC012 有一注水站，其注水泵进口压力为 0.06MPa，泵出口压力为 16MPa，泵入口水温为 50℃，出口水温为 55℃，等熵温升修正值忽略不计，用温差法计算注水泵泵效是多少？

15. BC014 有一台注水泵，排量为 $140m^3/h$，扬程为 1500m，电动机电压为 6000V，电流为 97A，电动机效率为 0.95，功率因数为 0.87，求该泵的平均效率。

16. BC014 某泵运行时，排量为 $250m^3/h$，泵扬程为 1650m，电动机电压为 6000V，电流为 170A，电动机效率为 0.95，功率因数为 0.86，求该泵的运行效率为多少？

17. BC017 有一注水系统，注水井口平均压力约为 14.3MPa，注水支线压降为 0.053MPa，泵站压降为 0.4MPa，配水间控制压降为 2.8MPa，注水干线压降为 0.85MPa，且管网无漏失，求管网效率是多少？

18. BC017 有一注水系统，系统效率是 0.688，电动机效率为 0.95，注水泵效率经计算为 0.81，求管网效率是多少？

19. BD023 某轴颈的加工尺寸为 $\phi 65^{+0.054}_{-0.028}$，请用其尺寸偏差计算出它的尺寸公差和最大、最小极限尺寸各是多少？

20. BD023 某轴颈的加工尺寸为 $\phi 75^{+0.050}_{+0.022}$，请用其尺寸偏差计算出它的尺寸公差和最大、最小极限尺寸各是多少？

答　案

一、单项选择题

1. B	2. D	3. C	4. D	5. B	6. A	7. C	8. D	9. A	10. D
11. B	12. A	13. C	14. D	15. C	16. D	17. A	18. B	19. D	20. C
21. A	22. C	23. A	24. B	25. C	26. D	27. D	28. C	29. C	30. B
31. A	32. D	33. A	34. B	35. B	36. D	37. D	38. C	39. A	40. B
41. D	42. B	43. C	44. B	45. A	46. B	47. B	48. B	49. B	50. C
51. D	52. A	53. A	54. C	55. C	56. C	57. B	58. C	59. A	60. C
61. B	62. B	63. A	64. C	65. D	66. C	67. A	68. B	69. B	70. A
71. B	72. C	73. B	74. C	75. C	76. D	77. C	78. A	79. D	80. A
81. D	82. A	83. C	84. C	85. A	86. B	87. D	88. B	89. A	90. B
91. B	92. D	93. D	94. B	95. D	96. C	97. B	98. A	99. D	100. B
101. D	102. A	103. A	104. B	105. B	106. D	107. B	108. C	109. B	110. A
111. B	112. D	113. D	114. D	115. A	116. B	117. B	118. C	119. A	120. D
121. B	122. B	123. C	124. B	125. D	126. D	127. C	128. B	129. C	130. B
131. C	132. D	133. B	134. C	135. B	136. A	137. B	138. D	139. B	140. A
141. B	142. C	143. B	144. A	145. D	146. C	147. A	148. B	149. B	150. C
151. A	152. B	153. B	154. A	155. B	156. B	157. A	158. C	159. B	160. C
161. A	162. C	163. B	164. B	165. A	166. C	167. A	168. C	169. A	170. D
171. D	172. C	173. C	174. C	175. A	176. C	177. A	178. C	179. B	180. C
181. C	182. B	183. A	184. B	185. A	186. C	187. A	188. C	189. B	190. A
191. B	192. C	193. B	194. B	195. B	196. C	197. B	198. B	199. A	200. C
201. B	202. B	203. B	204. A	205. A	206. B	207. A	208. C	209. A	210. B
211. C	212. A	213. A	214. D	215. B	216. B	217. A	218. B	219. D	220. C
221. A	222. A	223. A	224. A	225. A	226. C	227. B	228. B	229. A	230. B
231. C	232. B	233. D	234. A	235. A	236. B	237. B	238. B	239. D	240. B
241. A	242. D	243. A	244. C	245. B	246. A	247. B	248. A	249. B	250. B
251. A	252. B	253. B	254. C	255. A	256. B	257. A	258. D	259. A	260. D
261. C	262. D	263. A	264. B	265. A	266. D	267. B	268. C	269. A	270. B
271. A	272. C	273. A	274. C	275. C	276. B	277. A	278. B	279. D	280. A
281. D	282. B	283. C	284. A	285. B	286. C	287. D	288. A	289. C	290. D
291. B	292. C	293. C	294. D	295. A	296. D	297. A	298. B	299. C	300. B
301. C	302. A	303. A	304. B	305. B	306. D	307. A	308. B	309. B	310. D

311. C　312. A　313. B　314. B　315. A　316. D　317. B　318. A　319. D　320. A

二、多项选择题

1. ACD　　2. ABCD　　3. ABCD　　4. ABCD　　5. ABC　　6. ABD　　7. ACD
8. CD　　9. BC　　10. ABC　　11. ABCD　　12. ACD　　13. ACD　　14. ABCD
15. BCD　16. ABD　17. ABCD　18. ABC　19. BCD　20. ABCD　21. ABCD
22. ABD　23. AC　24. AD　25. ABD　26. AD　27. BD　28. ABD
29. BCD　30. ABCD　31. ABD　32. ACD　33. ABCD　34. ABCD　35. ABCD
36. ABC　37. ACD　38. ACD　39. BCD　40. ABD　41. BD　42. ACD
43. ACD　44. AD　45. ABCD　46. AB　47. ACD　48. AD　49. AD
50. BC　51. AC　52. AC　53. ABD　54. BCD　55. BCD　56. ACD
57. AD　58. BC　59. AC　60. BCD　61. AC　62. ABC　63. BD
64. AC　65. ABD　66. CD　67. AB　68. BC　69. AB　70. BC
71. AB　72. AD　73. BC　74. CD　75. AC　76. AC　77. AC
78. AB　79. BC　80. AB　81. BD　82. BD　83. BC　84. BCD
85. BD　86. AD　87. ABD　88. AD　89. AB　90. BCD　91. ABCD
92. ABC　93. AB　94. ABCD　95. ABCD　96. ABD　97. ABC　98. BC
99. BCD　100. BC　101. BC　102. ABC　103. ABC　104. CD　105. AB
106. AC　107. AD　108. AB　109. BC　110. BC　111. ABCD　112. AB
113. ABCD　114. AB　115. AB　116. BCD　117. ABCD　118. BCD　119. AB
120. AC　121. ABD　122. ABCD　123. ABD　124. ACD　125. ABC　126. CD
127. AB　128. CD　129. AB　130. ABD　131. BCD　132. CD　133. AD
134. ABC　135. ABCD　136. ABCD　137. AB　138. AB　139. ABC　140. ABC
141. ABD　142. CD　143. BC　144. AC　145. AC　146. BD　147. AC
148. BCD　149. CD　150. AD　151. BC　152. AC　153. AB　154. ABD
155. AB　156. AB　157. BC　158. BD　159. ABCD　160. BC

三、判断题

1. √　2. √　3. √　4. √　5. √　6. √　7. √　8. √　9. √　10. √　11. √　12. √
13. √　14. √　15. √　16. √　17. √　18. √　19. √　20. √　21. √　22. √　23. √
24. √　25. √　26. ×　正确答案:整个管路的局部水头损失等于各管路局部水头损失之和。　27. ×　正确答案:压强随着水的深度的变化而变化。　28. ×　正确答案:可燃气体的燃烧极限与温度、压力有关。　29. ×　正确答案:爆炸的一个本质特征,是爆炸点周围介质压力的急剧升高。　30. ×　正确答案:粉尘爆炸的燃烧速度和压力上升速度没有混合气体爆炸时那么快。　31. ×　正确答案:从技术上杜绝一切由燃烧转化为爆炸的可能性,则是防火防爆技术的一个重要方面。　32. ×　正确答案:大的爆炸之后常伴随有巨大的火灾。　33. ×　正确答案:及时泄出燃爆开始时的压力是防爆的基本措施。　34. ×　正确答案:仓库进出货物后,对遗留或散落在操作现场的物品,要及时清扫处理。　35. ×　正确答案:检查防火防爆的技术措施包括工艺参数的控制、燃爆监测系统、安全阻火装置等。

36.×　正确答案:机动车辆排气管喷火、电瓶车打火,会引燃可燃气体。　37.×　正确答案:由于爆炸灾害发生在意想不到的瞬间,其破坏力和杀伤力远大于火灾造成的伤害。

38.×　正确答案:常用的安全液封有敞开式和封闭式两种。　39.×　正确答案:为防止燃烧气体喷出时伤人,防爆门(窗)应设置在人不常在的位置,高度不低于2m。　40.√

41.×　正确答案:金属材料不都是韧性材料。　42.√　43.√　44.√　45.×　正确答案:含碳量小于0.25%的低碳钢和低合金钢,塑性和冲击韧度优良,焊后的焊接接头塑性和冲击韧度也很好。　46.×　正确答案:生铁性能为坚硬、耐磨、铸造性好,但生铁脆,不能锻压。　47.√　48.√　49.×　正确答案:受压容器(加热炉、锅炉、缓冲罐、注水泵进出口管线等)及振动较大的部位,一般安装直径为100~150mm的压力表。　50.×　正确答案:防爆型电接点压力表与一般电接点压力表的区别仅在于外壳不同。　51.×　正确答案:在开启仪表出线盒或调整给定值范围时,需在切断电源后进行,以免发生传爆危险。　52.√

53.√　54.×　正确答案:变送器的定检周期为1年,或与生产装置检修周期同步。　55.√

56.√　57.×　正确答案:流量计检定过程中,检定介质温度波动不能大于10℃。　58.√

59.√　60.√　61.√　62.√　63.√　64.√　65.√　66.√　67.√　68.×　正确答案:双金属温度计金属套管的端部应有一定的自由空间。　69.√　70.×　正确答案:百分表通过传动放大机构,将测杆的微小直线位移转变为指针的角位移。　71.√　72.√　73.√

74.√　75.√　76.√　77.√　78.×　正确答案:化学药品的库房应设在厂区的边缘及下风向。　79.×　正确答案:用分光光度计比色法测污水中的含油量时,取含油水样时要一次完成,不能重复进行或用水样洗涤取样瓶。　80.√　81.√　82.×　正确答案:温差法测泵效时,应选用精密压力表和真空精密压力表。　83.×　正确答案:用温差法测泵效率过程中,在测出入口温度时,应稳定15min再读取数据。　84.√　85.×　正确答案:流量法测泵效时,电动机效率是铭牌给定的。　86.√　87.×　正确答案:与电动机生产厂家协作,努力减少转子和定子损耗,制作高效节能电动机。　88.√　89.√　90.√　91.√

92.√　93.√　94.√　95.√　96.√　97.√　98.√　99.√　100.√　101.√　102.√

103.√　104.√　105.√　106.√　107.√　108.√　109.√　110.√　111.√　112.√

113.√　114.√　115.√　116.×　正确答案:Excel 2010中单元格输入完请按下Enter键或是资料编辑列的"输入"按钮确认。　117.×　正确答案:Excel 2010中设置单元格格式时,预设边框包括无、内部和外边框。　118.×　正确答案:Excel 2010设置单元格格式中,数字分母的设置包括分母为一位数、两位数、三位数和分母为2、4、8、10、16、百分之几两种情况。　119.×　正确答案:Excel 2010中若要选取整张工作表,按下左上角的"全选"按钮即可一次选取所有的单元格。　120.×　正确答案:Excel 2010中"自动完成"功能只适用于文字资料。　121.×　正确答案:Excel 2010单元格中内容包括数值、公式和格式。　122.×　正确答案:Excel 2010中终止值是设定数列的结束数字,如未设定,则延伸到选取范围为止。

123.√　124.√　125.√　126.√　127.√　128.√　129.√　130.√　131.√　132.√

133.√　134.×　正确答案:Excel 2010中数据横条会使用不同长度的色条来显示数据,数字越大色条越长,反之,数字越小则色条越短。　135.×　正确答案:Excel 2010在编辑工作表时,想预先知道工作表将会如何列印,可按下主视窗右下角的"整页模式"按钮。　136.×

正确答案：Excel 2010 在"单元格格式"对话框中选择"保护"标签并选中"锁定"，可以设置取消保护密码，即完成对单元格的锁定设置。 137. √ 138. √ 139. × 正确答案：止回阀卡死会造成启泵后不出水、泵压很高、电流小。 140. √ 141. √ 142. √ 143. √ 144. √ 145. × 正确答案：进出口管线支座固定不牢，管线悬空而引起振动，是造成离心式注水泵启泵后异常响声的主要原因。 146. √ 147. √ 148. √ 149. × 正确答案：分油压低于 0.05MPa 会造成离心式注水泵轴瓦高温。 150. × 正确答案：因电流差动引起的离心式注水泵电动机不能启动，需要通知电力维修部门维修。 151. × 正确答案：离心式注水泵电动机冷却器堵塞，可以通过疏通冷却水器、更换新冷却器的方法排除。 152. √ 153. √ 154. √ 155. √ 156. √ 157. × 正确答案：柱塞吸入软管直径偏小会造成泵剧烈振动。 158. × 正确答案：润滑油温度低，油中微小气泡很多时，也显乳白色。 159. × 正确答案：叶轮、侧盖板磨损，间隙过大，会造成齿轮油泵打不起压力。 160. × 正确答案：齿轮泵进油管中有气泡存在时，要仔细听转动部分的声音，若在连接部分加一点油，噪声变小，说明密封不好、漏气。

四、简答题

1. ①一般分为四类，②即边缘注水、③切割注水、④面积注水和⑤点状注水。

评分标准：答对①占 40%，答对②③④⑤各占 15%。

2. ①平面矛盾；②层间矛盾；③层内矛盾。

评分标准：答对①②各占 30%，答对③占 40%。

3. ①流体流动时，如果质点没有横向脉动，②不引起流体质点的混杂，而是层次分明，能够维持稳定的流束状态，这种流动状态称为层流。

评分标准：答对①②各占 50%。

4. ①流体流动时，随速度上升，质点具有横向脉动，②引起流层质点的相互错杂交换，质点这种无规则运动状态称为紊流。

评分标准：答对①②各占 50%。

5. 燃烧现象按发生瞬间的特点，可分为①闪燃、②着火、③自燃、④爆燃等类型。

评分标准：答对①②③④各占 25%。

6. ①混合气体爆炸；②气体分解爆炸；③粉尘爆炸；④危险性混合物质的爆炸；⑤爆炸性化合物的爆炸；⑥蒸气爆炸；⑦雾滴爆炸。

评分标准：答对①②④各占 20%，答对③⑤⑥⑦各占 10%。

7. ①低碳钢；②中碳钢；③高碳钢。

评分标准：答对①②各占 30%，答对③占 40%。

8. ①两台同型号的离心泵并联工作时，总扬程等于单泵扬程，②总流量等于两台泵流量之和。

评分标准：答对①②各占 50%。

9. ①

$$\eta_{泵} = \frac{\Delta p}{\Delta p + 4.1868(\Delta t - \Delta ts)} \times 100\%$$

②式中　$\eta_泵$——注水泵泵效,%;

　　　　Δp——注水泵出口、进口压差,MPa;

　　　　Δt——注水泵进、出口温差,℃;

　　　　Δts——等熵温升修正值(查等熵温升表求得)。

评分标准:答对①②各占 50%。

10.①

$$\eta_泵 = \frac{N_有}{N_轴} \times 100\%$$

$$N_有 = \frac{\rho g Q H}{1000}$$

$$N_轴 = \frac{\sqrt{3} IU\cos\phi\eta_机}{1000}$$

②式中　$\eta_泵$——注水泵泵效,%;

　　　　$N_有$——注水泵的有效功率,kW;

　　　　$N_轴$——注水泵的轴功率,kW;

　　　　ρ——液体密度,kg/m^3;

　　　　g——重力加速度,m/s^2;

　　　　H——扬程,m;

　　　　Q——注水泵的流量,m^3/s;

　　　　I——注水电动机的电流,A;

　　　　U——注水电动机电源电压,V;

　　　　$\cos\phi$——功率因数(给定);

　　　　$\eta_机$——注水电动机的效率(查表或给定),%。

评分标准:答对①②各占 50%。

11.①合理地选用电动机,采用高效节能电动机;②运用新技术、新工艺和新方法,对旧电动机进行技术改造,与电动机生产厂家协作,努力减少转子和定子损耗,制作高效节能电动机;③选用电动机时要功率和负荷匹配合理,减少功率损耗;④逐步淘汰更新耗能大、效率低的电动机;⑤采用变频及技能控制技术。

评分标准:答对①②③④⑤各占 20%。

12.①定子或转子级间积累误差过大,装上平衡盘之后,没有进行适当的调整就投入运行,这是叶轮、挡套的尺寸精度不高或转子的组装质量不好的结果。②转子反扣背帽没有拧紧,在运行中松动倒扣,使平衡盘等部件向后滑动。③启泵时,平衡盘未打开,与平衡套相研磨,致使平衡盘严重磨损,窜量过大。④平衡盘或平衡套材质较差,磨损较快,也会使窜量变大。

评分标准:答对①②③④各占 25%。

13.①启泵后不出水,泵压很高,电流小,吸入压力正常。②启泵后不出水,泵压过低且泵压表指针波动。③启泵后不出水,泵压过低,且泵压表波动大,电流小,吸入压力正常,且伴随着泵体振动、噪声大。④启泵后不出水,泵压过低,电流小。

评分标准:答对①②③④各占 25%。

14. ①整体发热,后部温度比前部略高。这是由于泵启动后出口阀门未打开,轴功率全部变成了热能的缘故。②泵前段温度明显高于后段。这是由于启动前空气未排尽,启动时出口阀门开得过快,或大罐水位过低,泵出现抽空汽化所致。③泵体不热,平衡机构尾盖和平衡回水管发热。这是由于平衡机构失灵或未打开而造成平衡盘与平衡套发生严重研磨发热。④密封填料处发热。这是由于密封填料未加好或压得过紧;密封填料加偏;也可能是密封填料漏气发生干磨的原因所致。

评分标准:答对①②③④各占25%。

15. 答:注水泵密封填料发热的原因主要有:①密封填料加得过紧或压盖压得过紧。②密封填料冷却水不通。③水封环未加或加的位置不对,密封填料堵塞了冷却水通道。④密封填料压盖或水封环加偏,与轴套或背帽相摩擦。

评分标准:答对①②各占30%,答对③④各占20%。

16. ①进瓦润滑油压力过高,超过了规定值。②上下瓦紧固螺栓松动。③轴承盖石棉垫片破裂或轴承盖螺栓没拧紧。④轴瓦接触不好,间隙过大或过小。⑤轴瓦损坏或部分损坏。⑥回油不畅,有堵塞。⑦挡油密封不好。

评分标准:答对①②③④各占10%,答对⑤⑥⑦各占20%。

17. ①电源电压不在规定范围内。②电动机启动按钮损坏。③机泵的低油压、低水压保护动作。④电动机绝缘不够。

评分标准:答对①②各占30%,答对③④各占20%。

18. 当出现下列情况之一时,必须紧停泵:①由于设备运行而引起人身事故或设备着火;②轴瓦温度超过规定或供油中断;③机泵出现不正常的响声及剧烈振动;④电动机电流突然波动±10%以上;⑤泵出现抽空或汽蚀现象,泵压变化异常,泵段发热;⑥电动机温度超过规定值,出现焦味或冒烟;⑦有严重的转子移位现象;⑧泵轴瓦进水严重,润滑油严重变色或润滑油含水过高;⑨管压太高,泵排量很小或排不出水;⑩泵出现严重刺水或站上注水系统管线破裂。

评分标准:答对①②③④⑤⑥⑦⑧⑨⑩各占10%。

19. ①油中进水过多后在油环的拨动下,从看窗观察油液显乳白色(温度低,油中微小气泡很多时,也显乳白色)。②从放油孔放油,可以发现油水一起流出来,如果运行时间过长,轴瓦比较热,油液就变为黄锈色或灰黑色,证明锈蚀和磨蚀较严重。③强制循环的油进(含)水,可以取样化验,立即得出结果;也可以在油箱下部的放油孔放油液出来看一下油中是否有水珠。④润滑油进水量大,轴瓦润滑不好,温度升高。⑤检查板框式精滤器低质滤纸,也可判断油中是否进水。

评分标准:答对①②③④⑤各占20%。

20. ①油箱油面低,吸不上油或吸气太多。②吸油管路、法兰等处漏气严重或泵体漏气、不密封。③组装不合格,叶轮装反或两侧盖板间隙过大。④叶轮、侧盖板磨损,间隙过大。⑤油泵反转。⑥回流旋塞阀门开得过大或安全阀失灵,回油量过大。⑦出油管线穿孔或个别分油压阀门开得过大或跑油。⑧过滤器有污物堵塞,管道不畅通。⑨仪表损坏或油品变质严重。

评分标准:答对①②③④⑤各占12%,答对⑥⑦⑧⑨占10%。

五、计算题

1. 已知：$D=100\text{mm}=0.1\text{m}$，$v=1\text{m/s}$，$\nu=1.3\times10^{-2}\times10^{-4}=1.3\times10^{-6}\text{m}^2/\text{s}$。

求：$Re=?$

解：$Re=\dfrac{Dv}{\nu}=\dfrac{1\times0.1}{1.3\times10^{-6}}\approx76923$（$Re>2000$ 为紊流）

答：输水管中的流动状态为紊流。

评分标准：公式对占 40%，过程对占 40%，结果对占 20%，公式、过程不对，结果对不得分。

2. 已知：$D=200\text{mm}=0.2\text{m}$，$v=1\text{m/s}$，$\nu=1.2\times10^{-4}\text{m}^2/\text{s}$。

求：$Re=?$

解：$Re=\dfrac{Dv}{\nu}=\dfrac{1\times0.2}{1.2\times10^{-4}}\approx1667$（$Re<2000$ 为层流）

答：管内的流动状态为层流。

评分标准：公式对占 40%，过程对占 40%，结果对占 20%，公式、过程不对，结果对不得分。

3. 已知：$L=1.5\text{km}=1500\text{m}$，$d=100\text{mm}$，$Q=25\text{L/s}$，$\nu=0.01\text{S}$，查表得 $I_e=0.11523$。

求：$h_t=?$

解：$h_t=I_eL=0.11523\times1500\text{m}=173(\text{m})$

答：管路的水头损失为 173m。

评分标准：公式对占 40%，过程对占 40%，结果对占 20%，公式、过程不对，结果对不得分。

4. 已知：$L=2.5\text{km}=2500\text{m}$，$d=100\text{mm}$，$Q=25\text{L/s}$，$\nu=0.01\text{S}$，查表得 $I_e=0.11523$。

求：$h_t=?$

解：$h_t=I_eL=0.11523\times2500\text{m}=288(\text{m})$

答：管路的水头损失为 288m。

评分标准：公式对占 40%，过程对占 40%，结果对占 20%，公式、过程不对，结果对不得分。

5. 已知：$L=12\text{km}=12000\text{m}$，$d=263\text{mm}=0.263\text{m}$，$\lambda=0.045$，$v=1\text{m/s}$。

求：$h_f=?$

解：$h_f=\lambda\dfrac{L}{d}\dfrac{v^2}{2g}=0.045\times\dfrac{12\times10^3}{0.263}\times\dfrac{1}{2\times9.8}\approx104.7(\text{m})$

答：沿程摩阻损失为 104.7m。

评分标准：公式对占 40%，过程对占 40%，结果对占 20%，公式、过程不对，结果对不得分。

6. 已知：$d=100\text{mm}=0.1\text{m}$，$L=50\text{m}$，$v=2\text{m/s}$，$\lambda=0.042$。

求：$h_f=?$

解：$h_f = \lambda \dfrac{L}{d} \dfrac{v^2}{2g} = 0.042 \times \dfrac{50}{0.1} \times \dfrac{2^2}{2 \times 9.8} \approx 4.29$（m）

答：排污时沿程水头损失为 4.29m。

评分标准：公式对占 40%，过程对占 40%，结果对占 20%，公式、过程不对，结果对不得分。

7. 已知：$H_1 = 6.3$m，$H_2 = 6.5$m，$\pi = 3.14$，$D = 10$m。

求：$V = ?$

解：$H = (H_1 + H_2)/2 = (6.3 + 6.5)/2 = 6.4$（m）

$V = 1/4 \pi D^2 H = 1/4 \times 3.14 \times 10^2 \times 6.4 = 502.40$（m³）

答：这储水罐水量为 502.40m³。

评分标准：公式正确占 40%；过程正确占 40%；结果正确占 20%；无公式、过程，只有结果不得分。

8. 已知：$V = 1020$m³，$\pi = 3.14$，$D = 12$m。

求：$H = ?$

解：由 $V = 1/4 \pi D^2 H$

得 $H = \dfrac{V}{1/4 \pi D^2} = \dfrac{1020}{1/4 \times 3.14 \times 12^2} \approx 9.02$（m）

答：这储水罐液位为 9.02m。

评分标准：公式正确占 40%；过程正确占 40%；结果正确占 20%；无公式、过程，只有结果不得分。

9. 已知：$Q_1 = 55$m³/h，$Q_2 = 50$m³/h，$H_1 = 80$m，$H_2 = 85$m。

解：由离心泵串联特点可知：

①$Q = Q_2 = 50$（m³/h）

②$H = H_1 + H_2 = 80 + 85 = 165$（m）

答：两台泵串联后总流量为 50m³/h，总扬程为 165m。

评分标准：①②公式、过程、结果都对得满分；公式、过程对但结果错可得 30%；公式对但过程和结果错可得 20%；无公式、过程，只有结果不得分。

10. 已知：$Q_1 = Q_2 = 216$m³/h，$H_1 = H_2 = 120$m。

解：由离心泵串联特点可知：

①$Q = Q_1 = Q_2 = 216$（m³/h）

②$H = H_1 + H_2 = 120 + 120 = 240$（m）

答：两台泵串联后总流量为 216m³/h，总扬程为 240m。

评分标准：①②公式、过程、结果都对得满分；公式、过程对但结果错可得 30%；公式对但过程和结果错可得 20%；无公式、过程，只有结果不得分。

11. 已知：$Q_1 = Q_2 = 300$m³/h，$H_1 = H_2 = 1760$m。

解：由离心泵并联特点可知：

①$Q = Q_1 + Q_2 = 300 + 300 = 600$（m³/h）

②$H = H_1 = H_2 = 1760$（m）

答:两台泵并联后总流量为 $600\mathrm{m^3/h}$,总扬程为 $1760\mathrm{m}$ 。

评分标准:公式正确占 40% ;过程正确占 40% ;结果正确占 20% ;无公式、过程,只有结果不得分。

12. 已知: $Q_1=250\mathrm{m^3/h}$, $Q_2=300\mathrm{m^3/h}$, $H_1=H_2=1600\mathrm{m}$ 。

解:由离心泵并联特点可知:

①$Q=Q_1+Q_2=250+300=550(\mathrm{m^3/h})$

②$H=H_1=H_2=1600(\mathrm{m})$

答:两台泵并联后总流量为 $550\mathrm{m^3/h}$,并联后扬程为 $1600\mathrm{m}$ 。

评分标准:公式正确占 40% ;过程正确占 40% ;结果正确占 20% ;无公式、过程,只有结果不得分。

13. 已知: $p_1=16.1\mathrm{MPa}$, $p_2=0.06\mathrm{MPa}$, $\Delta p=p_1-p_2=16.1-0.06=16.04\mathrm{MPa}$, $\Delta T=T_1-T_2=37.7-36.4=1.3℃$, $\Delta T_\mathrm{s}=0.418$ 。

求: $\eta_泵=?$

解: $\eta_泵=\dfrac{\Delta p}{\Delta p+4.1868\times(\Delta T-\Delta T_\mathrm{s})}\times100\%$

$\qquad=\dfrac{16.04}{16.04+4.1868\times(1.3-0.418)}\times100\%=81.30\%$

答:注水泵泵效为 81.30% 。

评分标准:公式正确占 40% ;过程正确占 40% ;结果正确占 20% ;无公式、过程,只有结果不得分。

14. 已知: $p_1=16\mathrm{MPa}$, $p_2=0.06\mathrm{MPa}$, $\Delta p=p_1-p_2=16-0.06=15.94\mathrm{MPa}$, $\Delta T=T_1-T_2=55-50=5℃$ 。

求: $\eta_泵=?$

解: $\eta_泵=\dfrac{\Delta p}{\Delta p+4.1868\times\Delta T}\times100\%=\dfrac{15.94}{15.94+4.1868\times5}\times100\%=43.23\%$

答:注水泵泵效为 43.23% 。

评分标准:公式正确占 40% ;过程正确占 40% ;结果正确占 20% ;无公式、过程,只有结果不得分。

15. 已知: $U=6000\mathrm{V}$, $I=97\mathrm{A}$, $\eta=0.95$, $\cos\phi=0.87$, $Q=140\mathrm{m^3/h}\approx0.038\mathrm{m^3/s}$, $H=1500\mathrm{m}$, $g=9.8\mathrm{m/s^2}$, $\rho=1000\mathrm{kg/m^3}$ 。

求: $\eta_泵=?$

解: $N_有=\dfrac{\rho gQH}{1000}=\dfrac{1000\times9.8\times0.038\times1500}{1000}\approx558.60(\mathrm{kW})$

$N_轴=\dfrac{\sqrt{3}IU\cos\phi\cdot\eta_机}{1000}=\dfrac{1.732\times97\times6000\times0.87\times0.95}{1000}\approx833.13(\mathrm{kW})$

$\eta_泵=\dfrac{N_有}{N_轴}\times100\%=\dfrac{558.60}{833.13}\times100\%\approx67.04\%$

答:该泵的平均效率为 67.04% 。

评分标准:公式正确占 40%;过程正确占 40%;结果正确占 20%;无公式、过程,只有结果不得分。

16. 已知 $Q=250\text{m}^3/\text{h}\approx0.069\text{m}^3/\text{s}, H=1650\text{m}, U=6000\text{V}, I=170\text{A}, \eta=0.95, \cos\phi=0.86, g=9.8\text{m/s}^2, \rho=1000\text{kg/m}^3$。

求: $\eta_泵=?$

解: $N_有=\dfrac{\rho gQH}{1000}=\dfrac{1000\times9.8\times0.069\times1500}{1000}\approx1014.3(\text{kW})$

$N_轴=\dfrac{\sqrt{3}IU\cos\phi\cdot\eta_机}{1000}=\dfrac{1.732\times170\times6000\times0.86\times0.95}{1000}\approx1443.34(\text{kW})$

$\eta_泵=\dfrac{N_有}{N_轴}\times100\%=\dfrac{1014.3}{1443.34}\times100\%\approx70.3\%$

答:泵的运行效率为 70.3%。

评分标准:公式正确占 40%;过程正确占 40%;结果正确占 20%;无公式、过程,只有结果不得分。

17. 已知: $p_平=14.3\text{MPa}, p_支=0.053\text{MPa}, p_{压降}=0.4\text{MPa}, p_配=2.8\text{MPa}, p_干=0.85\text{MPa}$。

求: $\eta_管=?$

解: $\eta_管=\dfrac{p}{p+\Delta p}\times100\%=\dfrac{p_平}{p_平+(p_支+p_{压降}+p_配+p_干)}\times100\%$

$=\dfrac{14.3}{14.3+(0.053+0.4+2.8+0.85)}\times100\%\approx77.7\%$

答:管网效率为 77.7%。

评分标准:公式正确占 40%;过程正确占 40%;结果正确占 20%;无公式、过程,只有结果不得分。

18. 已知: $\eta_{系统}=0.688, \eta_电=0.95, \eta_泵=0.81$。

求: $\eta_{管网}=?$

解:由 $\eta_{系统}=\eta_电\ \eta_泵\ \eta_{管网}$

得 $\eta_{管网}=\dfrac{\eta_{系统}}{\eta_电\eta_泵}=\dfrac{0.688}{0.95\times0.81}\approx0.8941\approx89.4\%$

答:管网效率是 89.4%。

评分标准:公式正确占 40%;过程正确占 40%;结果正确占 20%;无公式、过程,只有结果不得分。

19. 已知:公称尺寸=65mm,上偏差=0.054mm,下偏差=−0.028mm。

解:(1)尺寸公差=上偏差−下偏差=0.054−(−0.028)=0.054+0.028=0.082(mm)

(2)最大极限尺寸=公称尺寸+上偏差=65+0.054=65.054(mm)

(3)最小极限尺寸=公称尺寸+下偏差=65+(−0.028)=64.972(mm)

答:尺寸公差为 0.082mm,最大极限尺寸为 65.054mm,最小极限尺寸为 64.972mm。

评分标准:公式对占 40%,过程对占 40%,结果对占 20%,公式、过程不对,结果对不得分。

20. 已知：公称尺寸 = 75mm，上偏差 = 0.050mm，下偏差 = 0.022mm。

解：(1)尺寸公差 = 上偏差 − 下偏差 = 0.050 − 0.022 = 0.028(mm)

(2)最大极限尺寸 = 公称尺寸 + 上偏差 = 75 + 0.048 = 75.048(mm)

(3)最小极限尺寸 = 公称尺寸 + 下偏差 = 75 + 0.022 = 75.022(mm)

答：尺寸公差为 0.028mm，最大极限尺寸为 75.048mm，最小极限尺寸为 75.022mm。

评分标准：公式对占 40%，过程对占 40%，结果对占 20%，公式、过程不对，结果对不得分。

技师理论知识练习题及答案

一、单项选择题（每题有 4 个选项，只有 1 个是正确的，将正确的选项号填入括号内）

1. AA001　用来判别流体在流道中流态的无量纲准数，称为（　　）。
　　A. 摩尔数　　　　　B. 雷诺数　　　　　C. 达西数　　　　　D. 当量数

2. AA001　当 $Re<$（　　）时，管内液体流态为层流。
　　A. 1500　　　　　B. 1800　　　　　C. 2000　　　　　D. 2500

3. AA002　水动力学是研究（　　）运动规律的科学。
　　A. 流体　　　　　B. 液体　　　　　C. 气体　　　　　D. 固体

4. AA002　运动是绝对的，静止是相对的，静止只是运动的一种（　　）形式。
　　A. 表现　　　　　B. 观察　　　　　C. 特殊　　　　　D. 描述

5. AA003　串联管路中管径不同，与管径小的相比，管径大的流速（　　）。
　　A. 快　　　　　B. 恒定不变　　　　　C. 不一定　　　　　D. 慢

6. AA003　串联管路特点：各节点处流量（　　）。
　　A. 不等　　　　　B. 小于　　　　　C. 平衡　　　　　D. 不平衡

7. AA004　进入各并联管的总流量等于流出各并联管路流量的（　　）。
　　A. 和　　　　　B. 差　　　　　C. 商　　　　　D. 积

8. AA004　自一点分离而又汇合到一点处的两条以上的（　　）称为并联管路。
　　A. 流程　　　　　B. 管线　　　　　C. 管道　　　　　D. 管路

9. AB001　当燃烧区内无氧化剂存在，且燃烧部位较小，容易堵塞封闭时，适用（　　）。
　　A. 冷却灭火法　　　　　　　　　B. 窒息灭火法
　　C. 隔离灭火法　　　　　　　　　D. 化学抑制灭火法

10. AB001　将燃烧物与附近的可燃物隔离或疏散开，使燃烧停止的是（　　）。
　　A. 冷却灭火法　　　　　　　　　B. 窒息灭火法
　　C. 隔离灭火法　　　　　　　　　D. 化学抑制灭火法

11. AB002　甲烷着火属于（　　）类火灾。
　　A. A　　　　　B. B　　　　　C. C　　　　　D. D

12. AB002　镁着火属于（　　）类火灾。
　　A. A　　　　　B. B　　　　　C. C　　　　　D. D

13. AB003　资源丰富、取用方便的常用灭火剂是（　　）。
　　A. 水　　　　　B. 泡沫灭火剂　　　C. 干粉灭火剂　　　D. 二氧化碳灭火剂

14. AB003　二氧化碳灭火剂喷出（　　）的雪花状固体二氧化碳，汽化吸热降温，并覆盖燃烧区，其灭火主要依靠窒息作用和部分冷却作用。
　　A. $-87℃$　　　　B. $-78℃$　　　　C. $78℃$　　　　D. $87℃$

15. AB004　手提式泡沫灭火器因无控制(　　),在提往火场途中,筒身不能倾斜或振荡,更不能扛在肩上,否则使内外药液混合而喷出。

　　A. 喷筒　　　　　　B. 胶管　　　　　　C. 喷嘴　　　　　　D. 开关

16. AB004　灭火时,人宜站在上风位置,尽量接近火源,喷射时就从(　　)开始,由点到面,逐渐覆盖整个燃烧面。

　　A. 中心　　　　　　B. 边缘　　　　　　C. 小火　　　　　　D. 大火

17. AB005　用湿手拧灯泡属于(　　)。

　　A. 缺乏用电安全知识　　　　　　B. 违反操作规程

　　C. 电气设备不合格　　　　　　　D. 维修不善

18. AB005　用手触摸遭破坏的胶盖开关属于(　　)。

　　A. 缺乏用电安全知识　　　　　　B. 违反操作规程

　　C. 电气设备不合格　　　　　　　D. 维修不善

19. AB006　在每年的(　　)事故最集中。

　　A. 3~5 月　　　　B. 5~8 月　　　　C. 6~9 月　　　　D. 8~10 月

20. AB006　低压触电事故占总触电事故的(　　)以上。

　　A. 50%　　　　　B. 60%　　　　　C. 70%　　　　　D. 80%

21. AB007　人体站立地面,手部或其他部位触及带电导体造成的电击称为(　　)。

　　A. 电击　　　　　　　　　　　　B. 单相电击

　　C. 双相电击　　　　　　　　　　D. 跨步电压电击

22. AB007　电流通过人体内部,人体吸收局外能量而受到伤害称为(　　)。

　　A. 电击　　　　　　　　　　　　B. 单相电击

　　C. 双相电击　　　　　　　　　　D. 跨步电压电击

23. AB008　从触电后 1min 开始救治的(　　)有良好效果。

　　A. 10%　　　　　B. 30%　　　　　C. 60%　　　　　D. 90%

24. AB008　从触电后 6min 开始救治的(　　)有良好效果。

　　A. 10%　　　　　B. 30%　　　　　C. 60%　　　　　D. 90%

25. AB009　救护人员不可直接用手或其他金属或潮湿的物件作为救护工具,而必须使用干燥(　　)的工具。

　　A. 卫生　　　　　　B. 消毒　　　　　　C. 止血　　　　　　D. 绝缘

26. AB009　救护人员在救护触电人时最好只用一只手操作,以防自己(　　)。

　　A. 受伤　　　　　　B. 触电　　　　　　C. 疲劳　　　　　　D. 失误

27. AC001　钢铁整体热处理大致有退火、(　　)、淬火和回火四种基本工艺。

　　A. 正火　　　　　　B. 冷却　　　　　　C. 高温　　　　　　D. 裂变

28. AC001　冷却是热处理工艺过程中不可缺少的步骤,冷却方法因工艺不同而不同,主要是控制冷却(　　)。

　　A. 速度　　　　　　B. 温度　　　　　　C. 部位　　　　　　D. 介质

29. AC002　淬火后钢件变硬,但同时变脆,为了及时消除脆性,一般需要及时(　　)。

　　A. 退火　　　　　　B. 回火　　　　　　C. 正火　　　　　　D. 冷却

30. AC002　钢件淬火后存在很大内应力和脆性,如不及时(　　)往往会使钢件发生变形甚至开裂。

　　A. 退火　　　　　B. 加热　　　　　C. 加热　　　　　D. 回火

31. AC003　金属材料的物理性能是指不发生(　　)反应就能体现出来的一些本征性能。

　　A. 切割　　　　　B. 化学　　　　　C. 熔化　　　　　D. 通电

32. AC003　设计电动机、电气零件时,常要考虑金属材料的(　　)。

　　A. 熔点　　　　　B. 密度　　　　　C. 导热性　　　　D. 导电性

33. AC004　金属材料在室温或高温下,抵抗介质对它化学侵蚀的能力,称为金属材料的(　　)性能。

　　A. 物理　　　　　B. 化学　　　　　C. 力学　　　　　D. 工艺

34. AC004　金属材料抵抗周围(　　)腐蚀破坏作用的能力称为耐腐蚀性。

　　A. 水　　　　　　B. 润滑油　　　　C. 介质　　　　　D. 空气

35. AC005　碳含量越高,钢的(　　),但塑性及韧度越差。

　　A. 延性越好,展性越差　　　　　　　B. 硬度越高,耐磨性越好

　　C. 硬度越高,耐磨性越差　　　　　　D. 弹性越好,强度越差

36. AC005　硫是钢中的有害元素,含硫较多的钢在高温下进行压力加工时,容易脆裂,这种现象通常称为(　　)。

　　A. 弹性　　　　　B. 韧度　　　　　C. 热脆性　　　　D. 屈服性

37. AC006　碳与硅是铸铁中的两个主要元素,它们能促使铸铁中的碳以(　　)形式存在,即能促进石墨化。

　　A. 游离　　　　　B. 石墨　　　　　C. 分子　　　　　D. 聚集

38. AC006　硫是一种有害元素,它强烈阻止石墨碳的形成,降低铸铁的(　　),铸铁的含硫量越少,其质量越好。

　　A. 导电性　　　　B. 导热性　　　　C. 流动性　　　　D. 延展性

39. AC007　镁是铝中常见的元素,能提高合金的耐腐蚀能力,并使其具有良好的(　　)性能。

　　A. 切削　　　　　B. 冷脆　　　　　C. 导电　　　　　D. 焊接

40. AC007　含氧的铜在有氢气和一氧化碳等还原气体中加热时,会产生(　　)。

　　A. 裂纹　　　　　B. 气泡　　　　　C. 变形　　　　　D. 腐蚀

41. AC008　型钢是一种有一定(　　)形状和尺寸的条形钢材。

　　A. 表面　　　　　B. 特定　　　　　C. 标准　　　　　D. 截面

42. AC008　角钢,俗称角铁,是两边(　　)的长条钢材,有等边角钢和不等边角钢之分。

　　A. 互相平行成 H 形　　　　　　　　B. 互相交叉成 X 形

　　C. 互相垂直成角形　　　　　　　　D. 互不相交

43. AC009　注水站常用的钢管为 $\phi219mm×13mm$,表示钢管的(　　)。

　　A. 公称直径为 219mm,壁厚为 13mm　　　B. 内径为 219mm,壁厚为 13mm

　　C. 外径为 219mm,壁厚为 13mm　　　　　D. 内径为 219mm,壁厚为 13/2mm

44. AC009　钢管与圆钢等实心钢材相比,在(　　)相同时,重量较轻,是一种经济截面钢材。

A. 形状　　　　　　B. 长度　　　　　　C. 环境温度　　　　D. 抗弯抗扭强度

45. AC010　钢板是用钢水浇注,冷却后(　　)而成的平板状钢材。

A. 铸造　　　　　　B. 锻造　　　　　　C. 轧制　　　　　　D. 拉伸

46. AC010　压力容器用钢板:用大写 R 在牌号尾表示,其牌号可用屈服点表示,也可用含碳量或含合金元素表示。如 Q345R,Q345 为(　　)。

A. 含碳量　　　　　B. 含铝量　　　　　C. 含锰量　　　　　D. 屈服点

47. AC011　钢丝是钢材的板、管、型、丝四大品种之一,是用(　　)盘条经冷拉制成的再加工品。

A. 冷轧　　　　　　B. 热轧　　　　　　C. 拉伸　　　　　　D. 锻制

48. AC011　钢丝生产中为利于(　　)过程的进行和成品获得要求的性能,会进行热处理。

A. 加热　　　　　　B. 打磨　　　　　　C. 拉丝　　　　　　D. 烘干

49. BA001　取样测量水中含铁量的目的是检测(　　)的程度。

A. 腐蚀　　　　　　B. 结垢　　　　　　C. 堵塞　　　　　　D. 污染

50. BA001　取样测量水中含钙量的目的是检测形成(　　)的趋势。

A. 腐蚀　　　　　　B. 结垢　　　　　　C. 堵塞　　　　　　D. 污染

51. BA002　在交流电路中,电压与电流之间的相位差(ϕ)的余弦称为(　　),用符号 $\cos\phi$ 表示。

A. 相角　　　　　　B. 功率因数　　　　C. 三角函数　　　　D. 转数

52. BA002　注水电动机的功率一般在(　　)。

A. 800~1600kW　　B. 100~2500kW　　C. 100~3000kW　　D. 1800~3600kW

53. BA003　在计算注水泵的单耗时,一般采用(　　)来计算。

A. 流量法　　　　　B. 温差法　　　　　C. 容积法　　　　　D. 平方法

54. BA003　注水单耗的定义中,注水单耗为单位时间内(　　)的比值。

A. 耗费用电量、注水泵输出的水量

B. 耗费水量、耗费用电量

C. 注水泵输出的水量、耗费用电量

D. 耗费用电量、耗费水量

55. BA004　注水系统中,机泵效率和管网效率的综合效率称为(　　)。

A. 注水效率　　　　B. 地面系统效率　　C. 综合系统效率　　D. 总效率

56. BA004　在一个注水系统中,注水井平均井口压力为 13.3MPa,干线、支线压降为 2.97MPa,泵站压降为 0.668MPa,因无管网漏失,该注水管网效率为(　　)。

A. 0.771　　　　　B. 0.785　　　　　C. 0.817　　　　　D. 0.775

57. BA005　管线越长,压力损失越(　　)。

A. 小　　　　　　　B. 大　　　　　　　C. 平稳　　　　　　D. 不变

58. BA005　注水管线的(　　)与管径有关,还与管线的长度成正比。

A. 长度　　　　　　B. 粗细　　　　　　C. 远近　　　　　　D. 压降

59. BB001　AutoCAD 2012 提供有世界坐标系和(　　)两种坐标系。

　　A. 绝对坐标系　　　B. 相对坐标系　　　C. 地心坐标系　　　D. 用户坐标系

60. BB001　AutoCAD 2012 坐标系图标通常位于绘图窗口的(　　)。

　　A. 左上角　　　　　B. 左下角　　　　　C. 右上角　　　　　D. 左下角

61. BB002　AutoCAD 2012 需要打开文件,选择"文件""打开"命令,即执行(　　)命令。

　　A. OPEN　　　　　B. STARTUP　　　　C. QSAVE　　　　　D. NEW

62. BB002　AutoCAD 2012 需要新建文件,选择"文件""新建"命令,即执行(　　)命令。

　　A. OPEN　　　　　B. STARTUP　　　　C. QSAVE　　　　　D. NEW

63. BB003　AutoCAD 2012 设置图形界限即执行(　　)命令。

　　A. LINE　　　　　B. STARTUP　　　　C. CIRCLE　　　　　D. LIMITS

64. BB003　AutoCAD 2012 设置图形单位格式即执行(　　)命令。

　　A. UNITS　　　　　B. STARTUP　　　　C. QSAVE　　　　　D. CIRCLE

65. BB004　AutoCAD 2012 中根据指定的端点绘制一系列直线段是(　　)命令。

　　A. LINE　　　　　B. STARTUP　　　　C. CIRCLE　　　　　D. LIMITS

66. BB004　AutoCAD 2012 中选择"绘图""射线"命令,即执行(　　)命令。

　　A. UNITS　　　　　B. STARTUP　　　　C. RAY　　　　　　D. CIRCLE

67. BB005　AutoCAD 2012 绘制矩形的命令是(　　)。

　　A. LINE　　　　　B. RECTANG　　　　C. CIRCLE　　　　　D. LIMITS

68. BB005　AutoCAD 2012 绘制正多边形的命令是(　　)。

　　A. UNITS　　　　　B. STARTUP　　　　C. POLYGON　　　　D. CIRCLE

69. BB006　AutoCAD 2012 中绘制圆的命令是(　　)。

　　A. CIRCLE　　　　B. RECTANG　　　　C. POLYGON　　　　D. LIMITS

70. BB006　AutoCAD 2012 中绘制圆环的命令是(　　)。

　　A. UNITS　　　　　B. STARTUP　　　　C. POLYGON　　　　D. DONUT

71. BB007　AutoCAD 2012 中绘制点的命令是(　　)。

　　A. CIRCLE　　　　B. POINT　　　　　C. DDPTYPE　　　　D. LIMITS

72. BB007　AutoCAD 2012 中设置点样式的命令是(　　)。

　　A. CIRCLE　　　　B. POINT　　　　　C. DDPTYPE　　　　D. LIMITS

73. BB008　AutoCAD 2012 中删除指定对象的命令是(　　)。

　　A. ROTATE　　　　B. ERASE　　　　　C. MOVE　　　　　D. COPY

74. BB008　AutoCAD 2012 中移动指定对象的命令是(　　)。

　　A. ROTATE　　　　B. ERASE　　　　　C. MOVE　　　　　D. COPY

75. BB009　AutoCAD 2012 中设置新绘图形线型的命令是(　　)。

　　A. LINETYPE　　　B. TYPE　　　　　C. MOVE　　　　　D. ERASE

76. BB009　AutoCAD 2012 中利用特性工具栏,快速、方便地设置绘图(　　)、线型以及线宽。

　　A. 属性　　　　　B. 颜色　　　　　C. 尺寸　　　　　D. 图层数量

77. BB010　公称尺寸相同并且互相(　　)的孔和轴公差带之间的关系称为配合。

　　A. 结合　　　　　　B. 啮合　　　　　　C. 平行　　　　　　D. 垂直

78. BB010　间隙配合是指孔的实际尺寸总比轴的实际尺寸(　　),装配在一起后,能自由转动或移动。

　　A. 长　　　　　　　B. 短　　　　　　　C. 大　　　　　　　D. 小

79. BB011　国家标准对孔和轴分别规定了(　　)基本偏差。

　　A. 10 种　　　　　B. 18 种　　　　　C. 20 种　　　　　D. 28 种

80. BB011　基本偏差确定公差带的(　　)。

　　A. 大小　　　　　　B. 位置　　　　　　C. 方向　　　　　　D. 配合方法

81. BB012　为了满足零件的使用要求和保证(　　),零件的几何形状和相对位置由几何公差来保证。

　　A. 互换性　　　　　B. 可塑性　　　　　C. 柔韧性　　　　　D. 抗压性

82. BB012　位置公差中(　　)用━━表示。

　　A. 同心度　　　　　B. 同轴度　　　　　C. 对称度　　　　　D. 位置度

83. BB013　测绘尺寸是零件测绘过程中必要的步骤,零件上的全部尺寸的测量应集中进行,这样可以提高工作效率,避免(　　)。

　　A. 遗漏　　　　　　B. 错误　　　　　　C. 重复　　　　　　D. 延误时间

84. BB013　选定尺寸基准,按正确、完整、合理的要求画出所有尺寸界线、尺寸线和(　　)。

　　A. 端点　　　　　　B. 尺寸数值　　　　C. 箭头　　　　　　D. 位置

85. BB014　螺纹是指在(　　)表面上,沿螺旋线所形成的,具有相同断面的连续凸起和沟槽。

　　A. 圆柱或圆锥　　　B. 长方体　　　　　C. 正方体　　　　　D. 球体

86. BB014　螺纹的大径是指螺纹的最大直径,又称公称直径,即(　　)的假想圆柱面的直径。

　　A. 与外螺纹的牙底或内螺纹的牙顶相重合

　　B. 与外螺纹的牙顶或内螺纹的牙底相重合

　　C. 其母线上牙型的沟槽宽度和凸起宽度相等

　　D. 外螺纹的小径和内螺纹的大径相等

87. BB015　沿两条或两条以上,且在(　　)分布的螺旋线所形成的螺纹,称为多线螺纹。

　　A. 径向等距离　　　　　　　　　　B. 轴向等距离

　　C. 径向长距离　　　　　　　　　　D. 轴向长距离

88. BB015　螺纹的线数用(　　)来表示。

　　A. c　　　　　　　B. C　　　　　　　C. n　　　　　　　D. N

89. BB016　国家标准中统一规定了螺纹的画法,螺纹结构要素均已(　　),因此绘图时不必画出螺纹的真实投影。

　　A. 标准化　　　　　B. 规范化　　　　　C. 格式化　　　　　D. 矢量化

90. BB016　外螺纹大径用(　　)表示。

　　A. 细实线　　　　　B. 粗实线　　　　　C. 虚线　　　　　　D. 点画线

91. BB017 普通螺纹是最常用的连接螺纹,牙型角为(　　)。

A. 50° 　　　　B. 55° 　　　　C. 60° 　　　　D. 65°

92. BB017 管螺纹也是连接螺纹,牙型角为(　　)。

A. 50° 　　　　B. 55° 　　　　C. 60° 　　　　D. 65°

93. BB018 螺纹公差带代号由中径公差带和(　　)两组组成,它们都由表示公差等级的数字和表示公差带位置的字母组成。

A. 顶径公差 　　B. 底径公差 　　C. 直径公差 　　D. 半径公差

94. BB018 螺纹的代号为 M20×1.5,表示(　　)。

A. 普通细牙外螺纹,大径为 20mm 　　　B. 普通粗牙外螺纹,大径为 20mm

C. 普通细牙外螺纹,中径为 20mm 　　　D. 普通粗牙外螺纹,中径为 20mm

95. BB019 螺栓 M24×100 表示:该紧固件是螺栓,(　　)。

A. 公称直径为 24mm,细牙普通螺纹,公称长度为 100mm

B. 公称直径为 24mm,粗牙普通螺纹,公称长度为 100mm

C. 大径为 24mm,细牙普通螺纹,公称长度为 100mm

D. 大径为 24mm,粗牙普通螺纹,公称长度为 100mm

96. BB019 垫圈 24-140HV 表示:该紧固件名称是垫圈,(　　)。

A. 外径尺寸为 24mm,安全等级为 140HV 级

B. 外径尺寸为 24mm,性能等级为 140HV 级

C. 公称尺寸为 24mm,安全等级为 140HV 级

D. 公称尺寸为 24mm,性能等级为 140HV 级

97. BB020 螺纹连接的相邻两零件表面接触时,只画一条(　　)。

A. 粗实线 　　B. 细实线 　　C. 虚线 　　D. 波浪线

98. BB020 两零件表面不接触时,应画成(　　)线,如间隙太小,可夸大画出。

A. 一条 　　B. 两条 　　C. 三条 　　D. 四条

99. BB021 齿轮模数的大小直接反映出轮齿的(　　)。

A. 数量 　　B. 硬度 　　C. 大小 　　D. 间距

100. BB021 齿顶圆是指通过齿轮轮齿顶端的圆,其直径用(　　)表示。

A. d_a 　　B. d_c 　　C. d_e 　　D. d_f

101. BB022 单个齿轮的表达一般只采用(　　)视图。

A. 一个 　　B. 两个 　　C. 三个 　　D. 四个

102. BB022 分度线和分度圆用(　　)绘制。

A. 粗实线 　　B. 细实线 　　C. 粗点画线 　　D. 细点画线

103. BB023 钩头楔键的底面和轮毂的底面都有(　　)的斜度,连接时将键打入槽内,键的顶面与毂槽底面接触,画图时只画一条线。

A. 1:10 　　B. 1:20 　　C. 1:50 　　D. 1:100

104. BB023 在主视图中,键和轴均按不剖来绘制,为了表达键在轴上的装配情况,主视图又采用了(　　)。

A. 全剖 　　B. 半剖 　　C. 局部剖 　　D. 局部放大

105. BB024　滚动轴承的基本代号表示轴承的基本类型、(　　)和尺寸,是滚动轴承代号的基础。

　　A. 特征　　　　　　　B. 结构　　　　　　　C. 特性　　　　　　　D. 外观

106. BB024　滚动轴承基本代号由轴承类型代号、尺寸系列代号、(　　)三部分构成。

　　A. 滚动体代号　　　B. 内径代号　　　　C. 外径代号　　　　D. 支架代号

107. BB025　在装配图中,螺旋弹簧被剖切时,允许只画簧丝剖面。当簧丝直径不大于(　　)时,其剖面可涂黑表示。

　　A. 2mm　　　　　　　B. 3mm　　　　　　　C. 4mm　　　　　　　D. 5mm

108. BB025　有效圈数在(　　)以上的螺旋弹簧,中间部分可以省略。

　　A. 2 圈　　　　　　　B. 3 圈　　　　　　　C. 4 圈　　　　　　　D. 5 圈

109. BB026　在明细栏中依次列出零件序号、名称、数量、(　　)等。

　　A. 规格　　　　　　　B. 特性　　　　　　　C. 比例　　　　　　　D. 材料

110. BB026　在装配图中用一组视图表达机器或部件的(　　),零件间的装配关系、连接方式,以及主要零件的结构形状。

　　A. 特性　　　　　　　B. 使用要求　　　　C. 工作原理　　　　D. 技术要求

111. BB027　在装配图中,为表达某些结构,可假想沿两零件的结合面剖切后进行投影,称为(　　)等。

　　A. 假想画法　　　　　　　　　　　B. 沿结合面剖切画法
　　C. 夸大画法　　　　　　　　　　　D. 拆卸画法

112. BB027　在剖视图中,对于标准键和实心的轴、手柄、连杆等零件,当剖切平面通过其基本轴线时,这些零件均按(　　)。

　　A. 全剖绘制　　　　B. 半剖绘制　　　　C. 不剖绘制　　　　D. 放大绘制

113. BC001　离心式注水泵的频繁启停会造成(　　)。

　　A. 密封填料磨损严重　　　　　　　B. 平衡盘磨损严重
　　C. 轴瓦磨损严重　　　　　　　　　D. 轴套磨损严重

114. BC001　离心式注水泵平衡盘颈部(　　),平衡盘推不开。

　　A. 产生摩擦　　　B. 产生撞击　　　C. 间隙小　　　　　D. 间隙大

115. BC002　离心式注水泵来水压力过高会造成(　　)。

　　A. 平衡套磨损严重　　　　　　　　B. 平衡盘磨损严重
　　C. 平衡管压力过高　　　　　　　　D. 泵压过高

116. BC002　离心式注水泵平衡管(　　)会造成平衡管压力过高。

　　A. 振动　　　　　　B. 渗漏　　　　　　C. 腐蚀　　　　　　D. 结垢

117. BC003　冷却水没有或冷却水系统不通畅,会引起离心式注水泵电动机(　　)。

　　A. 不能启动　　　B. 轴瓦高温　　　C. 高温　　　　　　D. 接线柱高温

118. BC003　离心式注水泵电动机机体高温是(　　)引起的。

　　A. 三相电压不平衡　B. 轴瓦高温　　　C. 润滑油高温　　　D. 泵体高温

119. BC004　离心式注水泵密封填料过紧,会造成离心式注水泵停泵后(　　)。

　　A. 轴瓦漏油　　　B. 联轴器损坏　　　C. 倒转　　　　　　D. 盘不动泵

120. BC004 离心式注水泵停泵后,盘不动泵是因为(　　)。

　　A. 操作不合理　　　B. 轴瓦漏油　　　C. 联轴器损坏　　　D. 漏失量大

121. BC005 离心式注水泵密封口环严重磨损,导致(　　)。

　　A. 轴瓦高温　　　B. 联轴器振动　　　C. 倒转　　　D. 总扬程不够

122. BC005 离心式注水泵(　　)严重磨损,导致总扬程不够。

　　A. 轴承　　　B. 平衡机构　　　C. 密封填料　　　D. 联轴器

123. BC006 在汽蚀严重时,可以听到泵内有"噼噼、啪啪"的爆炸声,同时机组振动,在这种情况下,(　　)。

　　A. 应该控制泵出口阀门　　　　　　B. 机组就不应继续工作

　　C. 不影响泵继续工作　　　　　　　D. 应提高泵的来水压力

124. BC006 离心泵开始发生汽蚀时,汽蚀(　　)较小,对泵的正常工作没有明显影响。

　　A. 区域　　　B. 压力　　　C. 温度　　　D. 危害

125. BC007 柱塞泵的汽化压力用(　　)表示。

　　A. p_r　　　B. p_s　　　C. p_t　　　D. p_u

126. BC007 柱塞泵在吸入过程中,液缸内的压力一般都比较低,在液体温度为某一数值情况下,液缸内的压力有时可能不大于汽化压力,部分液体在液缸内开始(　　)。

　　A. 汽化　　　B. 沸腾　　　C. 凝结　　　D. 蒸发

127. BC008 离心式注水泵的汽蚀余量用(　　)表示。

　　A. Δh_s　　　B. Δh_i　　　C. Δh_t　　　D. Δh_r

128. BC008 诱导轮装在泵的第一级叶轮的前面,又称为(　　)诱导轮。

　　A. 前置　　　B. 后置　　　C. 提升　　　D. 泵前

129. BC009 柱塞泵吸入管接头(　　)会造成泵的上水不良。

　　A. 密封不严　　　B. 振动大　　　C. 温度高　　　D. 压力低

130. BC009 柱塞泵的吸入是由于(　　)内形成真空实现的。

　　A. 进出口　　　B. 管线　　　C. 液缸　　　D. 泵体

131. BC010 连杆大头与小头两孔中心线的平行度偏差应在(　　)以内。

　　A. 0.10mm/m　　　B. 0.20mm/m　　　C. 0.30mm/m　　　D. 0.40mm/m

132. BC010 柱塞泵柱塞的圆柱度偏差不超过(　　)。

　　A. 0.10~0.20mm　B. 0.15~0.20mm　C. 0.10~0.25mm　　D. 0.15~0.25mm

133. BC011 柱塞泵烧轴瓦、曲轴一般发生在(　　)的季节。

　　A. 炎热　　　B. 寒冷　　　C. 潮湿　　　D. 干燥

134. BC011 润滑油缺油过多会导致柱塞泵(　　)。

　　A. 漏失　　　B. 流量波动过大　　C. 压力异常　　　D. 烧轴瓦、曲轴

135. BC012 离心式注水泵泵壳件检验时,检查轴颈圆度(轴颈两端轴径的差)允许为(　　)。

　　A. 0.08mm　　　B. 0.06mm　　　C. 0.04mm　　　D. 0.02mm

136. BC012 离心式注水泵泵壳件检验时,泵轴允许弯曲程度,轴颈处不得大于(　　)。

　　A. 0.010mm　　　B. 0.012mm　　　C. 0.015mm　　　D. 0.020mm

137. BC013　离心式注水泵机泵的基础验收合格后,方能进行(　　)。

　　A. 搬运　　　　　　B. 吊装找正　　　　C. 安装　　　　　　D. 试运

138. BC013　离心式注水泵底座抄平找正时,先用水平仪将底座初步抄平,并用垫铁进行调整,上紧地脚螺栓,进行(　　)灌浆。

　　A. 四次　　　　　　B. 三次　　　　　　C. 二次　　　　　　D. 一次

139. BC014　电动机为了方便找平,在机爪下允许垫(　　)。

　　A. 木质垫片　　　　B. 塑料垫片　　　　C. 绝缘垫片　　　　D. 金属垫片

140. BC014　电动机外壳应有良好的(　　)。

　　A. 接地　　　　　　B. 接触　　　　　　C. 外观　　　　　　D. 连接

141. BC015　试运离心式注水泵前,按泵旋转方向盘泵(　　)。

　　A. 1~3 圈　　　　　B. 2~4 圈　　　　　C. 3~5 圈　　　　　D. 4~6 圈

142. BC015　离心式注水泵机泵同心度标准为轴向和径向不超过(　　)。

　　A. 0.06mm　　　　　B. 0.08mm　　　　　C. 0.10mm　　　　　D. 0.12mm

143. BC016　试运注水电动机前,电压波动在额定值的(　　)之内。

　　A. 2%　　　　　　　B. 5%　　　　　　　C. 8%　　　　　　　D. 10%

144. BC016　试运注水电动机,需请示上级领导并与(　　)取得联系,得到允许后,方可进行空载试运。

　　A. 调度　　　　　　B. 电力调度　　　　C. 变电所　　　　　D. 污水站

145. BC017　电动往复泵大修周期为(　　)。

　　A. 9 个月　　　　　B. 12 个月　　　　　C. 24 个月　　　　　D. 48 个月

146. BC017　电动往复泵机体找水平,曲轴及缸重新找正是(　　)项目。

　　A. 大修　　　　　　B. 小修　　　　　　C. 一保　　　　　　D. 二保

147. BC018　电动往复泵缸体内径的圆度、圆柱度公差值为(　　)。

　　A. 0.02mm　　　　　B. 0.03mm　　　　　C. 0.04mm　　　　　D. 0.05mm

148. BC018　电动往复泵曲轴安装水平度公差值为(　　)。

　　A. 0.02mm/m　　　　B. 0.03mm/m　　　　C. 0.04mm/m　　　　D. 0.05mm/m

149. BC019　电动往复泵启动主机空运(　　),检查应无撞击和异常现象。

　　A. 1h　　　　　　　B. 2h　　　　　　　C. 3h　　　　　　　D. 4h

150. BC019　负荷试运电动往复泵时,需要检查密封填料泄漏情况,泄漏量不大于(　　)。

　　A. 10 滴/min　　　　B. 12 滴/min　　　　C. 15 滴/min　　　　D. 20 滴/min

151. BC020　多级离心泵转子小组装时,需将百分表架到任意一点上,下压量为(　　)。

　　A. 1~2mm　　　　　B. 2~3mm　　　　　C. 1~4mm　　　　　D. 2~4mm

152. BC020　多级离心泵轴的最大弯曲度不大于(　　)为合格。

　　A. 0.01mm　　　　　B. 0.02mm　　　　　C. 0.03mm　　　　　D. 0.04mm

153. BC021　泵轴摆动引起(　　)会导致机械密封发生振动。

　　A. 摩擦　　　　　　B. 碰撞　　　　　　C. 噪声　　　　　　D. 高温

154. BC021　机械密封发生振动、发热是因为端面(　　)过大。

　　A. 压力　　　　　　B. 温度　　　　　　C. 长度　　　　　　D. 宽度

155. BC022 弹簧弹力不够,造成端面比压不足而(   ),导致机械密封端面漏失严重。

    A. 磨损   B. 碰撞   C. 产生距离   D. 间隙过大

156. BC022 机械密封端面漏失严重可能是因为(   )端面歪斜。

    A. 密封胶圈   B. 泵轴   C. 摩擦副   D. 弹簧

157. BD001 润滑油泵的(   ),造成油压过高。

    A. 给油量过少   B. 给油量过多   C. 油温过低   D. 油温过高

158. BD001 总油压阀门(   ),造成油压过高。

    A. 闸板脱落   B. 开关失灵   C. 填料漏失严重   D. 开得过大

159. BD002 润滑油压力过低可能是因为(   )。

    A. 油箱液位过低   B. 油箱液位过高   C. 油温过低   D. 油温过高

160. BD002 润滑油(   ),造成油压过低。

    A. 进水   B. 高温   C. 严重变质   D. 杂质过多

161. BD003 单级单吸离心泵密封填料盒里面的衬垫磨损严重与轴套间隙过大,造成密封填料(   )。

    A. 变质   B. 高温   C. 严重漏失   D. 振动

162. BD003 单级单吸离心泵密封填料严重漏失,可能是因为(   )超过标准。

    A. 填料温度   B. 填料压入   C. 填料变质   D. 泵轴弯曲

163. BD004 罐收油或检查罐位时,(   )。

    A. 不准穿雨靴   B. 不准穿带钉子的鞋

    C. 不准穿工鞋   D. 不准戴工帽

164. BD004 收油罐车运输过程中要防止造成(   )。

    A. 泄漏   B. 安全事故   C. 环境污染   D. 失窃

165. BD005 申请(   ),经上级同意后方可进行清罐操作。

    A. 清罐施工作业单   B. 清淤施工作业单

    C. 进入有限空间作业单   D. 管线开孔作业单

166. BD005 清罐操作需关闭待清淤储水罐的进水阀门,降低储水罐的液位,待液位降至(   )关闭该储水罐出口阀门。

    A. 3.0m   B. 3.5m   C. 4.0m   D. 4.5m

167. BD006 金属物体由于受到周围环境及介质的化学与电化学作用而受到(   )的现象称为金属腐蚀。

    A. 破坏   B. 离解   C. 腐蚀   D. 形变

168. BD006 金属在腐蚀性较强的气体作用下,在金属表面上完全没有湿气冷凝情况下的腐蚀为(   )。

    A. 大气腐蚀   B. 气体腐蚀   C. 水质腐蚀   D. 细菌腐蚀

169. BD007 化学腐蚀是指金属表面与周围(   )中的化学物质发生反应而产生的腐蚀。

    A. 空气   B. 土壤   C. 水质   D. 介质

170. BD007 暴露在大气中的金属管道与水接触产生氧化铁,在金属表面留下氧化层等都属于(   )的现象。

    A. 氧化腐蚀   B. 电离腐蚀   C. 化学腐蚀   D. 电化学腐蚀

171. BD008　金属产生腐蚀电池有(　　)必要条件。
　　A. 一个　　　　　　B. 两个　　　　　　C. 三个　　　　　　D. 四个

172. BD008　阴阳极之间的电位差是腐蚀过程的(　　)。
　　A. 阻碍力　　　　　B. 推动力　　　　　C. 必要条件　　　　D. 条件因素

173. BD009　金属在油田水中的腐蚀是(　　)。
　　A. 气体腐蚀　　　　B. 大气腐蚀　　　　C. 化学腐蚀　　　　D. 电化学腐蚀

174. BD009　如果腐蚀分布在金属表面上,就称为(　　)。
　　A. 局部腐蚀　　　　B. 全面腐蚀　　　　C. 表面腐蚀　　　　D. 均匀腐蚀

175. BD010　油田水中溶解氧浓度在小于(　　)的情况下,也能引起碳钢的严重腐蚀。
　　A. 1mg/L　　　　　B. 2mg/L　　　　　C. 3mg/L　　　　　D. 4mg/L

176. BD010　碳钢在室温不含气的纯水中的腐蚀速度小于(　　)。
　　A. 0.02mm/a　　　B. 0.04mm/a　　　C. 0.05mm/a　　　D. 0.06mm/a

177. BD011　水中含有的 Ca^{2+}、Mg^{2+},在一定的条件下与 SO_4^{2-}、CO_3^{2-}、HCO_3^- 等离子化合成为 $CaCO_3$、$MgCO_3$ 或 $CaSO_4$、$MgSO_4$(　　),这种化合物就是我们常说的水垢。
　　A. 变色物　　　　　B. 沉淀物　　　　　C. 混浊物　　　　　D. 悬浮物

178. BD011　大部分地层水均为 $NaHCO_3$ 型,所以一般垢类以(　　)类较多。
　　A. Na_2SO_3　　　B. $CaSO_3$　　　C. Na_2CO_3　　　D. $CaCO_3$

179. BD012　水垢一般都是具有反常溶解度的难溶或微溶(　　)。
　　A. 酸类　　　　　　B. 碱类　　　　　　C. 盐类　　　　　　D. 菌类

180. BD012　水垢具有固定晶格,(　　)水垢较坚硬致密。
　　A. 单质　　　　　　B. 多质　　　　　　C. 短期　　　　　　D. 长期

181. BD013　碳酸钙是一种重要的成垢物质,它在水中的(　　)很低。
　　A. 溶解度　　　　　B. 稳定度　　　　　C. 紧密度　　　　　D. 活跃度

182. BD013　当油田水中二氧化碳含量低于碳酸钙溶解平衡所需含量时,水中出现碳酸钙(　　)。
　　A. 腐蚀　　　　　　B. 氧化　　　　　　C. 沉淀　　　　　　D. 结垢

183. BD014　金属腐蚀倾向是通过测量腐蚀点(　　)进行判断的。
　　A. 现在　　　　　　B. 未来　　　　　　C. 面积　　　　　　D. 活跃度

184. BD014　把整个腐蚀体系当作一个半电池并和参比电极作比较,则可以测得腐蚀(　　)的相对值。
　　A. 电流　　　　　　B. 强度　　　　　　C. 电位　　　　　　D. 面积

185. BD015　水中碳酸钙达到溶解平衡,即达到饱和状态时的 pH 值称为饱和 pH 值,用(　　)表示。
　　A. pH_a　　　　　B. pH_c　　　　　C. pH_s　　　　　D. pH_t

186. BD015　在计算碳酸钙的结垢倾向公式中(　　)表示碳酸钙的溶度积。
　　A. Ca_s　　　　　B. K_s　　　　　C. H_s　　　　　D. P_s

187. BD016　金属材料的耐腐蚀程度,与原接触的(　　)有着密切的关系。
　　A. 空气　　　　　　B. 土壤　　　　　　C. 水质　　　　　　D. 介质

188. BD016 正确地选用耐腐蚀的管材,是延长金属材料的寿命、(   )金属腐蚀的一个有
效办法。
   A. 减少　　　　　　 B. 增加　　　　　　 C. 抵抗　　　　　　 D. 避免

189. BD017 化学防垢的主要方法就是在注水或注水的(   )加入少量的能防止或减缓结
垢的化学药剂。
   A. 储罐　　　　　　 B. 阀组　　　　　　 C. 首端　　　　　　 D. 末端

190. BD017 防垢剂一般在注水站加入,可单独投药,也可以和降黏剂、破乳剂、絮凝剂交配
使用,但应注意它们的(   )。
   A. 顺序性　　　　　 B. 浓度　　　　　　 C. 混合性　　　　　 D. 配伍性

191. BD018 将被保护金属进行外加阴极极化以减少或防止金属腐蚀的方法称为(   )。
   A. 阴极保护法　　　　　　　　　　 B. 阳极保护法
   C. 牺牲阴极保护法　　　　　　　　 D. 牺牲阳极保护法

192. BD018 将被保护金属与直流电源的负极相连,利用外加阴极电流进行(   ),这种方
法称为外加电流阴极保护法。
   A. 阴极保护　　　　 B. 阳极保护　　　　 C. 阴极极化　　　　 D. 阳极极化

193. BD019 要使金属达到完全保护,必须将金属加以阴极极化,使它的总电位达到其腐蚀
微电池的阳极平衡电位,称为(   )。
   A. 最小保护电位　　　　　　　　　 B. 最大保护电位
   C. 最小保护电流密度　　　　　　　 D. 最大保护电流密度

194. BD019 金属最小保护电流密度的数值与金属的(   )、金属表面状态介质条件等
有关。
   A. 环境　　　　　　 B. 种类　　　　　　 C. 温度　　　　　　 D. 材料

195. BD020 外加电流阴极保护系统对阳极材料的要求是,在一定(   )下阳极单位面积
上能通过的电流大。
   A. 电阻　　　　　　 B. 电压　　　　　　 C. 温度　　　　　　 D. 湿度

196. BD020 由于阴极的不同表面电位状态不一样,与阳极的距离也不相同,特别是当设备
的结构复杂时,电流的(   )现象十分严重。
   A. 遮蔽　　　　　　 B. 增大　　　　　　 C. 减少　　　　　　 D. 波动

197. BD021 控制电流法是以保护电流作为(   )的控制参数。
   A. 阴极保护　　　　 B. 阳极保护　　　　 C. 牺牲阴极保护　　 D. 牺牲阳极保护

198. BD021 阴极保护的控制方式中,控制槽压法又称(   )系统。
   A. 单电极保护　　　 B. 双电极保护　　　 C. 单电压保护　　　 D. 双电压保护

199. BD022 保护电位是阴极保护中最重要的必须常(   )的参数。
   A. 保护　　　　　　 B. 控制　　　　　　 C. 选择　　　　　　 D. 使用

200. BD022 采用恒电位仪控制电位,只需定时检查各部位电位是否(   )。
   A. 分布均匀　　　　 B. 完好　　　　　　 C. 齐全　　　　　　 D. 电压稳定

201. BD023 阳极的电位要负,它与被保护金属之间的有效(   )要大。
   A. 电位差　　　　　 B. 电位和　　　　　 C. 电流差　　　　　 D. 电流和

202. BD023　锌与铁的有效电位差较小,如果钢铁在海水、纯水、土壤中的保护电位为
　　　　　　　$-0.85V$,则锌与铁的有效电位差只有(　　　)左右。
　　　A. 0.1V　　　　　　B. 0.2V　　　　　　C. 0.3V　　　　　　D. 0.4V

203. BD024　将牺牲阳极内部的钢质芯棒焊接在被保护金属基体上时,必须注意阳极与金
　　　　　　　属本体间应有良好的(　　　)。
　　　A. 保护　　　　　　B. 绝缘　　　　　　C. 接地　　　　　　D. 保温

204. BD024　为了改善分散能力,使电位分布均匀,应在阳极周围的阴极表面上加涂绝缘涂
　　　　　　　层作为(　　　)。
　　　A. 屏蔽层　　　　　B. 防腐层　　　　　C. 防垢层　　　　　D. 保护层

205. BE001　全面质量管理是用最经济的手段,生产出用户满意的(　　　)。
　　　A. 产品　　　　　　B. 质量　　　　　　C. 需求　　　　　　D. 货物

206. BE001　推行全面质量管理的工作就要认真贯彻"(　　　)"的方针。
　　　A. 安全第一　　　　B. 质量第一　　　　C. 技术第一　　　　D. 售后第一

207. BE002　产品的质量取决于工作质量,工作质量取决于(　　　)。
　　　A. 人的效率　　　　B. 外界因素　　　　C. 物的因素　　　　D. 人的因素

208. BE002　掌握全面质量管理知识,提高业务水平,并运用科学的理论和方法,为改善和
　　　　　　　提高(　　　)创造条件。
　　　A. 责任管理　　　　B. 体系管理　　　　C. 质量管理　　　　D. 教育管理

209. BE003　建立质量责任制是企业建立经济责任制的(　　　)。
　　　A. 首要环节　　　　B. 次要环节　　　　C. 重要环节　　　　D. 中间环节

210. BE003　建立质量责任制可以追查责任、总结经验,以便提高(　　　)。
　　　A. 责任意识　　　　B. 教育质量　　　　C. 人的质量　　　　D. 产品的质量

211. BE004　标准化是对重复性事物和概念,通过制定、发布和实施标准达到统一,以获得
　　　　　　　最佳(　　　)和社会效益。
　　　A. 要求　　　　　　B. 秩序　　　　　　C. 效果　　　　　　D. 目的

212. BE004　标准化工作的任务是标准的制定、修订、发布、组织实施和对标准实施进行(　　　)。
　　　A. 规范　　　　　　B. 考核　　　　　　C. 管理　　　　　　D. 监督

213. BE005　计量工作是企业开展全面质量管理的一项重要的(　　　)。
　　　A. 管理手段　　　　B. 重要环节　　　　C. 基础工作　　　　D. 检验标准

214. BE005　计量工作的主要要求是,必需的量具和化验、(　　　)仪器,必须配备齐全、完整
　　　　　　　无缺。
　　　A. 传输　　　　　　B. 计量　　　　　　C. 分析　　　　　　D. 报警

215. BE006　质量信息是指在质量形成的全过程中发生的有关质量的(　　　)。
　　　A. 信息　　　　　　B. 环节　　　　　　C. 基础　　　　　　D. 标准

216. BE006　凡是涉及产品质量的信息都是质量(　　　)的内容。
　　　A. 基础　　　　　　B. 信息　　　　　　C. 环节　　　　　　D. 标准

217. BE007　质量管理小组简称为(　　　)小组。
　　　A. QA　　　　　　　B. QB　　　　　　　C. QC　　　　　　　D. QD

218. BE007　质量管理小组有利于改变旧的（　　）习惯。

A. 管理　　　　　　　B. 生活　　　　　　　C. 模式　　　　　　　D. 思想

219. BE008　QHSE 管理体系的全称是（　　）管理体系。

A. 质量效率安全环境　　　　　　　　B. 质量健康安全环境

C. 健康宣传安全环境　　　　　　　　D. 质量健康安全

220. BE008　QHSE 管理体系鼓励组织分析顾客、员工、社会及其他相关方的要求，规定相关的过程，并使其持续（　　）。

A. 完善　　　　　　　B. 管理　　　　　　　C. 创新　　　　　　　D. 受控

221. BE009　QHSE 管理体系有利于组织对其过程能力及实现预期目标树立（　　）。

A. 标准　　　　　　　B. 信心　　　　　　　C. 依据　　　　　　　D. 目标

222. BE009　QHSE 管理体系为持续改进提供（　　），从而提高顾客、员工、社会和其他相关方满意度，并使组织成功。

A. 依据　　　　　　　B. 保障　　　　　　　C. 基础　　　　　　　D. 目标

223. BE010　最高管理者能够方便 QHSE 管理体系在这种环境中（　　）运行。

A. 有效　　　　　　　B. 高效　　　　　　　C. 规范　　　　　　　D. 合规

224. BE010　最高管理者通过增强员工的意识、积极性和（　　），在整个组织内促进质量健康安全环境方针和目标的实现。

A. 执行程度　　　　　B. 参与程度　　　　　C. 认知程度　　　　　D. 思想意识

225. BE011　QHSE 管理手册是文件的（　　），它向组织内部和外部提供关于 QHSE 管理体系的一致信息。

A. 第 1 层　　　　　　B. 第 2 层　　　　　　C. 第 3 层　　　　　　D. 第 4 层

226. BE011　程序文件提供如何一致地完成活动和过程的（　　）。

A. 办法　　　　　　　B. 信息　　　　　　　C. 依据　　　　　　　D. 标准

227. BE012　QHSE 管理体系审核是用于确定符合 QHSE 管理体系要求的（　　）。

A. 依据　　　　　　　B. 程度　　　　　　　C. 标准　　　　　　　D. 方法

228. BE012　QHSE 管理体系的评审，是评价系统的适宜性、充分性、有效性和（　　）。

A. 依据　　　　　　　B. 需求　　　　　　　C. 效率　　　　　　　D. 方法

229. BF001　从满足企业经营需要的角度讲，企业培训大致有（　　）方面的目的。

A. 两个　　　　　　　B. 三个　　　　　　　C. 四个　　　　　　　D. 五个

230. BF001　培训的长期目的是满足企业战略发展对人力资源的需要而采取的培训（　　）。

A. 活动　　　　　　　B. 策略　　　　　　　C. 手段　　　　　　　D. 方法

231. BF002　培训的意义可以从（　　）角度来说。

A. 两个　　　　　　　B. 三个　　　　　　　C. 四个　　　　　　　D. 五个

232. BF002　通过培训，员工素质整体水平会不断提高，从而提高（　　）。

A. 员工工作能力　　　B. 员工效率　　　　　C. 产品合格率　　　　D. 劳动生产率

233. BF003　教学方法是教师在教学过程中为完成（　　），达到教学目的而采用的工作方法和在教师指导下学生的学习方法。

A. 教学任务　　　　　B. 讲课任务　　　　　C. 培训任务　　　　　D. 工作任务

234. BF003 理论培训中的谈话法也称为(　　　　)。
    A. 练习法　　　　　B. 讲述法　　　　　C. 问答法　　　　　D. 示范法

235. BF004 技能培训教学的基本方法是(　　　　)。
    A. 操作练习法　　　B. 讲述法　　　　　C. 谈话法　　　　　D. 参观法

236. BF004 技能培训教学的最终目的,是把学员的(　　　)转化为技能、技巧。
    A. 文化知识　　　　B. 专业知识　　　　C. 理论知识　　　　D. 相关知识

237. BF005 PowerPoint 2010 属于 Microsoft(　　　)里的一个软件。
    A. Word　　　　　　B. Office　　　　　C. Excel　　　　　D. Access

238. BF005 PowerPoint 2010 中如果要选择连续多张幻灯片,可选中第一张幻灯片,按住键
        盘上的(　　　)键,点击最后一张幻灯片。
    A. Ctrl　　　　　　B. Alt　　　　　　C. Shift　　　　　D. Backspace

239. BF006 PowerPoint 2010 中删除文本的方法是,选中文本点(　　　)键。
    A. Ctrl　　　　　　B. End　　　　　　C. Shift　　　　　D. Delete

240. BF006 PowerPoint 2010 中粘贴的快捷键是(　　　　)。
    A. Ctrl+C　　　　　B. Ctrl+V　　　　　C. Shift+C　　　　D. Shift+V

二、多项选择题(每题有 4 个选项,至少有 2 个是正确的,将正确的选项号填入括号内)

1. AA001 计算雷诺数需要(　　　)参数。
    A. 管内流体速度　　B. 管内径　　　　　C. 管线长度　　　　D. 液体的运动黏度

2. AA002 实际液体总流的伯努利方程式的适用条件为(　　　)、缓变流断面。
    A. 稳定流　　　　　　　　　　　　　B. 不可压缩液体
    C. 流量沿流程不变　　　　　　　　　D. 质量力只有重力

3. AA003 在长输液管的某段上(　　　),达到延长输送距离的目的。
    A. 加长管线长度　　　　　　　　　　B. 加大管路直径
    C. 降低水力坡降　　　　　　　　　　D. 加大输水量

4. AA004 在输油管路上,常利用铺设并联的副管以达到(　　　)的目的。
    A. 增大输送量　　　B. 降低水头损失　　C. 降低成本　　　　D. 缩短工时

5. AB001 灭火的基本方法有(　　　)。
    A. 冷却灭火法　　　B. 窒息灭火法　　　C. 隔离灭火法　　　D. 化学抑制灭火法

6. AB002 属于 A 类火灾的有(　　　)。
    A. 煤气火灾　　　　B. 木材火灾　　　　C. 汽油火灾　　　　D. 毛火灾

7. AB003 灭火剂可分为(　　　)和卤代烷灭火剂。
    A. 水　　　　　　　B. 泡沫灭火剂　　　C. 干粉灭火剂　　　D. 二氧化碳灭火剂

8. AB004 灭火器由(　　　)等部件组成。
    A. 标签　　　　　　B. 筒体　　　　　　C. 器头　　　　　　D. 喷嘴

9. AB005 发生触电事故的原因有(　　　)、维修不善和偶然因素。
    A. 缺乏用电安全知识　　　　　　　　B. 违反操作规程
    C. 电气设备不合格　　　　　　　　　D. 无证操作

10. AB006 低压触电事故多于高压触电事故的主要原因是(　　　)，加上低压设备管理不严，思想麻痹等。

  A. 低压设备多 B. 低压电网广泛 C. 与人接触机会多 D. 设备老化多

11. AB007 电击按其形成方式可分为(　　　)。

  A. 电流电击 B. 单线电击 C. 双线电击 D. 跨步电压电击

12. AB008 如果电源开关或电源插头不在触电地点附近，可用(　　　)隔断电源。

  A. 铁棒   B. 有绝缘柄的电工钳

  C. 有干燥柄的斧头   D. 干木板插入触电者身下

13. AB009 如果触电者还没有失去知觉，只是在触电过程中曾一度昏迷，或因触电时间较长而感到不适，必须(　　　)。

  A. 使触电者保持安静   B. 严密观察

  C. 请医生前来诊治   D. 送往医院救治

14. AC001 金属热处理工艺大体可分为(　　　)。

  A. 整体热处理 B. 表面热处理 C. 内部热处理 D. 化学热处理

15. AC002 退火目的是使金属内部组织达到或接近平衡状态，获得良好的(　　　)，或者为进一步淬火作组织准备。

  A. 硬度   B. 使用性能 C. 工艺性能 D. 切削性能

16. AC003 金属材料的物理性能主要有(　　　)导热性、导电性和磁性等。

  A. 熔点   B. 抗氧化性 C. 密度   D. 热膨胀性

17. AC004 金属材料的化学性能主要有(　　　)。

  A. 耐腐蚀性 B. 抗氧化性 C. 热加工性 D. 化学稳定性

18. AC005 钨可提高钢的(　　　)。

  A. 红硬性   B. 热强性   C. 延展性   D. 耐磨性

19. AC006 铸铁中除了含有碳以外，还(　　　)等杂质。

  A. 锰   B. 硅   C. 硫   D. 磷

20. AC007 锌是黄铜的主要元素，当含锌量<32%时，黄铜的(　　　)随着含锌量的增加而提高。

  A. 硬度   B. 强度   C. 塑性   D. 耐腐蚀性

21. AC008 普通型钢按其断面形状又可分为(　　　)等。

  A. 工字钢   B. 槽钢   C. 角钢   D. 圆钢

22. AC009 钢管按生产方法分为(　　　)。

  A. 焊接钢管 B. 热轧钢管 C. 无缝钢管 D. 冷轧钢管

23. AC010 钢板按厚度分为(　　　)。

  A. 超薄钢板 B. 薄钢板   C. 厚钢板   D. 特厚钢板

24. AC011 钢丝生产的主要工序包括原料选择、清除氧化铁皮、(　　　)、涂层处理、热处理、镀层处理等。

  A. 清洗   B. 打磨   C. 烘干   D. 拉丝

25. BA001 重点监测的来水水质指标包括(　　　)。

  A. 含油量   B. 溶解氧含量 C. 细菌含量 D. 含铁量

26. BA002　在数值上,功率因数是(　　)的比值,即 $\cos\phi = P/S$。

  A. 空载功率　　　　B. 有功功率　　　　C. 视在功率　　　　D. 无功功率

27. BA003　注水单耗包括(　　)。

  A. 注水站单耗　　B. 注水泵机组单耗　C. 注水系统单耗　　D. 注水管网单耗

28. BA004　注水系统效率是指注水系统中,(　　)的综合效率。

  A. 电动机效率　　B. 管网效率　　　　C. 井筒效率　　　　D. 注水泵效率

29. BA005　降低管网压力损失,可采取(　　)的方法。

  A. 提高压力　　　B. 增建复线　　　　C. 增大管径　　　　D. 减少节流

30. BB001　AutoCAD 2012 菜单栏包含(　　)、格式、工具、绘图、标注、修改、参数、窗口等菜单按钮。

  A. 文件　　　　　B. 编辑　　　　　　C. 视图　　　　　　D. 插入

31. BB002　AutoCAD 2012 中可以用(　　)打开图形文件。

  A. "打开"　　　　　　　　　　　B. "以只读方式打开"

  C. "局部打开"　　　　　　　　　　D. "以只读方式局部打开"

32. BB003　AutoCAD 2012 设置绘图(　　)的格式以及它们的精度。

  A. 长度单位　　　B. 宽度单位　　　　C. 角度单位　　　　D. 弧度单位

33. BB004　AutoCAD 2012 中绘制直线时,首先输入第一点,输入第一点后提示,指定下一点或(　　)。

  A. 闭合(C)　　　B. 放弃(U)　　　　C. 尺寸(D)　　　　D. 旋转(R)

34. BB005　AutoCAD 2012 中单击"绘图"工具栏上的"矩形"按钮,指定第一个角点或(　　)、宽度(W)。

  A. 倒角(C)　　　B. 标高(E)　　　　C. 圆角(F)　　　　D. 厚度(T)

35. BB006　AutoCAD 2012 中输入绘制椭圆命令后提示,指定椭圆的轴端点或(　　)。

  A. 两点(2P)　　　　　　　　　　B. 圆弧(A)

  C. 相切、相切、半径(T)　　　　　　D. 中心点(C)

36. BB007　AutoCAD 2012 中点的样式设置中包括点的各种样式和(　　)。

  A. 数量　　　　　　　　　　　　B. 点大小

  C. 相对于屏幕设置大小　　　　　　D. 按绝对单位设置大小

37. BB008　AutoCAD 2012 中复制模式选项中包括(　　)。

  A. 任意　　　　　B. 全部　　　　　　C. 单个　　　　　　D. 多个

38. BB009　AutoCAD 2012 中一般情况下,位于一个图层上的对象应该是(　　)。

  A. 一种绘图线型　B. 两种绘图线型　　C. 一种绘图颜色　　D. 两种绘图颜色

39. BB010　根据实际需要,配合分为(　　)。

  A. 重叠配合　　　B. 间隙配合　　　　C. 过渡配合　　　　D. 过盈配合

40. BB011　标准公差等级代号由(　　)组成。

  A. 字母 IT　　　　B. 字母 IE　　　　C. 字符　　　　　　D. 数字

41. BB012　形状公差包括(　　)、线轮廓、面轮廓度。

  A. 直线度　　　　B. 平面度　　　　　C. 圆度　　　　　　D. 圆柱度

42. BB013 根据零件的结构特点,按其( ),确定主视图的投射方向,再按零件结构形状的复杂程度选择其他视图的表达方案。

    A. 加工位置   B. 工作位置   C. 配合方式   D. 材质

43. BB014 内外螺纹成对使用,可用于各种( )。

    A. 管路安装   B. 机械连接   C. 传递运动和动力   D. 零部件组成

44. BB015 螺纹按转动方向分为( )。

    A. 左旋   B. 右旋   C. 正旋   D. 侧旋

45. BB016 外螺纹螺杆的( )部分也要画出。

    A. 螺距   B. 螺孔深   C. 倒角   D. 倒圆

46. BB017 根据管螺纹的特性,又可将其分为( )。

    A. 螺纹密封的管螺纹   B. 非螺纹密封的管螺纹

    C. 螺纹连接的管螺纹   D. 非螺纹连接的管螺纹

47. BB018 普通螺纹的完整标记由( )组成。

    A. 牙型代号   B. 螺纹代号   C. 螺纹公差带代号   D. 螺纹旋合长度代号

48. BB019 螺纹紧固件包括螺栓、( )等。

    A. 螺柱   B. 螺钉   C. 螺母   D. 垫圈

49. BB020 常用螺纹紧固件的连接形式有( )等。

    A. 螺栓连接   B. 双头螺柱连接   C. 螺钉连接   D. 螺钉紧定

50. BB021 齿轮分度圆大小与( )有关。

    A. 齿距   B. 齿数   C. 齿厚   D. 齿高

51. BB022 绘制单个齿轮时,当要求表示( )的齿线方向时,可用三条与齿线方向一致的细实线表示。

    A. 斜齿轮   B. 直齿   C. 人字齿轮   D. 圆齿

52. BB023 普通平键应用最广,按轴槽结构可分为( )。

    A. 尖头普通平键   B. 圆头普通平键   C. 方头普通平键   D. 单圆头普通平键

53. BB024 滚动轴承是标准组件,一般不单独绘出零件图,国家标准规定在装配图中采用( )来表示。

    A. 简化画法   B. 假想画法   C. 特征画法   D. 规定画法

54. BB025 弹簧是一种常用件,它通常用来( )。

    A. 减振   B. 夹紧   C. 测力   D. 储存能量

55. BB026 装配图的内容有( )。

    A. 一组视图   B. 必要的尺寸

    C. 技术要求   D. 序号、明细栏和标题栏

56. BB027 装配图重点表达( )等。

    A. 零件之间的装配关系   B. 零件的主要形状结构

    C. 装配体的内外结构形状   D. 装配体的工作原理

57. BC001 离心式注水泵( ),会造成平衡盘磨损严重。

    A. 平衡管堵塞   B. 出口管线堵塞   C. 进出口孔道堵塞   D. 润滑油管线堵塞

58. BC002 离心式注水泵(   ),会造成平衡管压力过高。

    A. 平衡环磨损   B. 泄压套磨损   C. 平衡腔磨损   D. 安装套磨损

59. BC003 环境温度过高引起离心式注水泵电动机高温,应(   )。

    A. 降低泵压   B. 开窗通风   C. 降低冷却水温度   D. 提高排量

60. BC004 对清水、污水混注的离心式注水泵停泵后,盘不动泵可能是因为(   )。

    A. 空气进入   B. 腐蚀严重   C. 结垢严重   D. 间隙过小

61. BC005 离心式注水泵(   )导致总扬程不够。

    A. 压力表失灵   B. 压力表指示不准

    C. 压力表损坏   D. 水温过高

62. BC006 当汽蚀发展到一定程度时,气泡大量产生,堵塞流道,使泵内液体流动的连续性遭到破坏,泵的(   )均会明显下降。

    A. 流量   B. 温度   C. 扬程   D. 效率

63. BC007 柱塞泵发生汽蚀时,泵的(   )都随之下降。

    A. 流量   B. 扬程   C. 效率   D. 温度

64. BC008 提高离心泵本身抗汽蚀性能的措施有(   )。

    A. 采用双吸式叶轮   B. 采用诱导轮

    C. 采用抗汽蚀材料   D. 采用合理的叶片进口边位置

65. BC009 提高柱塞泵抗汽蚀性能的措施有(   )。

    A. 降低泵的安装高度   B. 尽量缩短吸入管线

    C. 采用抗汽蚀材料   D. 采用合理的柱塞

66. BC010 柱塞泵柱塞不应弯曲变形,表面不应有(   )。

    A. 脏污   B. 凹痕   C. 松动   D. 裂纹

67. BC011 柱塞泵烧轴瓦、曲轴的原因是(   )。

    A. 机油温度低   B. 机油黏度大

    C. 没有充分盘泵   D. 轴瓦与曲轴工作面没用进入足量的机油

68. BC012 离心式注水泵泵壳件检验时,检查接合面的(   )及介质导向机械密封孔道是否畅通。

    A. 接触程度   B. 加工精度

    C. 表面粗糙度   D. 松紧度

69. BC013 大型机泵中心校正后,拧紧(   )。

    A. 机组与底座连接螺栓   B. 机组与泵体连接螺栓

    C. 机组与管线连接螺栓   D. 联轴器螺栓

70. BC014 检查电动机轴承底面与支撑框架结合面,必须(   )。

    A. 达到出厂要求   B. 清理干净   C. 接触均匀良好   D. 外观完好

71. BC015 离心式注水泵试运前,应打开(   )。

    A. 泵进口阀门   B. 平衡管阀门

    C. 各种压力表取压阀   D. 出口阀

72. BC016 试运注水电动机前,检查确认所有(   )工作都已经完成。

    A. 安装   B. 保养   C. 维修   D. 清洁

73. BC017　电动往复泵大修包括检查清洗(　　)。

　　A. 油箱　　　　　　B. 进出口管线　　　　C. 过滤器　　　　　　D. 油泵

74. BC018　电动往复泵检修时,检查连杆螺栓孔,螺栓孔若损坏,用(　　)修理,并配制新的连杆螺栓。

　　A. 锉刀　　　　　　B. 铰刀　　　　　　　C. 铰孔　　　　　　　D. 磨石

75. BC019　电动往复泵试车前检查(　　)。

　　A. 润滑油　　　　　B. 油位　　　　　　　C. 油压　　　　　　　D. 油温

76. BC020　多级离心泵转子小组装前,分别检测(　　)等是否合格。

　　A. 泵轴　　　　　　B. 叶轮　　　　　　　C. 平衡盘　　　　　　D. 轴套

77. BC021　机械密封发热是因为(　　)间隙过小。

　　A. 弹簧　　　　　　B. 转动体　　　　　　C. 密封腔　　　　　　D. 密封端面

78. BC022　固体颗粒进入摩擦副(　　)端面,会导致机械密封端面漏失严重。

　　A. 动环　　　　　　B. 静环　　　　　　　C. 密封腔　　　　　　D. 胶圈

79. BD001　总回油阀门(　　),造成总润滑油压过高。

　　A. 开得过小　　　　B. 开得过大　　　　　C. 回油量过少　　　　D. 回油量过大

80. BD002　吸油管路(　　),造成总润滑油压过低。

　　A. 堵塞　　　　　　　　　　　　　　　　B. 过长

　　C. 过短　　　　　　　　　　　　　　　　D. 漏失严重,回油量过大

81. BD003　单级单吸离心泵转动部位(　　),造成密封填料严重漏失。

　　A. 磨损　　　　　　B. 振动过大　　　　　C. 有间隙　　　　　　D. 高温

82. BD004　遇有(　　)天气,禁止上罐检查或进行收油操作。

　　A. 打雷　　　　　　B. 雨雪　　　　　　　C. 三级以上大风　　　D. 五级以上大风

83. BD005　进罐清淤操作前现场必须(　　)。

　　A. 有施工作业单　　B. 设立警戒线　　　　C. 有灭火器　　　　　D. 有运送污泥车辆

84. BD006　土壤腐蚀与当地土壤的(　　)有关。

　　A. 酸碱度　　　　　B. 湿度　　　　　　　C. 含盐量　　　　　　D. 与金属接触的程度

85. BD007　化学腐蚀的特点是(　　)。

　　A. 腐蚀过程中没有电流产生

　　B. 腐蚀过程中有电流产生

　　C. 腐蚀产物直接生成于发生化学反应的表面区域

　　D. 腐蚀产物间接生成于发生化学反应的表面区域

86. BD008　腐蚀体系中必须有电解质存在,电解质中的去极化剂如(　　)可吸收电子。

　　A. H^-　　　　　　　B. H^+　　　　　　　C. 氧分子　　　　　　D. 氧离子

87. BD009　全面腐蚀可以是(　　)。

　　A. 均匀的　　　　　B. 不均匀的　　　　　C. 表面的　　　　　　D. 内部的

88. BD010　一般常见的金属腐蚀有(　　)、硫酸盐还原菌腐蚀几种形式。

　　A. 溶解氧腐蚀　　　　　　　　　　　　　B. 缝隙腐蚀和孔蚀

　　C. 选择性腐蚀　　　　　　　　　　　　　D. 磨蚀和空蚀

89. BD011 地层水中含的金属离子有( )、Fe^{2+}、Fe^{3+}等。

    A. Ca^{2+} B. Mg^{2+} C. K^+ D. Na^+

90. BD012 水垢的生成主要取决于盐类( )过程。

    A. 浓度变化   B. 是否过饱   C. 生长   D. 混合

91. BD013 油田水中硫酸钙受( )影响。

    A. 温度   B. 含盐量   C. 压力   D. 浓度

92. BD014 在电化学腐蚀过程中,金属阳极不断( )并放出电子。

    A. 溶解   B. 被腐蚀   C. 增加   D. 减少

93. BD015 在硫酸钙的结垢倾向判断中,想要计算石膏溶解度,需要知道( )。

    A. 钙离子与硫酸根离子的浓度差   B. 溶度积常数

    C. 水中总碱度   D. 碳酸钙的溶度积

94. BD016 对腐蚀性较强的介质输送管道可选择( )。

    A. 无缝钢管   B. 沥青防腐钢管   C. 不锈钢   D. 玻璃钢管

95. BD017 影响结垢速度的主要因素是( )等参数。

    A. 湿度   B. 压力   C. 温度   D. pH 值

96. BD018 在阴极保护法中原理相同的是( )。

    A. 外加电流法   B. 外加电压法   C. 牺牲阳极法   D. 牺牲阴极法

97. BD019 最小保护电位的数值与金属的( )有关,并可通过经验数据和实验来确定。

    A. 种类   B. 介质成分   C. 介质浓度   D. 温度

98. BD020 外加电流阴极保护系统的主要组成部分有( )。

    A. 辅助阳极   B. 直流电源

    C. 交流电源   D. 测量和控制电位的参比电极

99. BD021 间歇保护法可采用( )方法控制。

    A. 时间   B. 空间   C. 压力控制   D. 脉冲控制

100. BD022 如果阴极各部位电位相差较大,说明阳极布置不合适,需要( )。

    A. 增加阳极个数   B. 调整阳极位置   C. 增加阴极个数   D. 减少阴极个数

101. BD023 阳极电位比铁负而适合做牺牲阳极的材料有( )等合金。

    A. 锌基   B. 铜基   C. 铝基   D. 镁基

102. BD024 水中结垢,如( )、阀门等的保护,阳极可直接安装在被保护结构的本体上。

    A. 热交换器   B. 储罐   C. 大口径管道内部   D. 船壳

103. BE001 全面质量管理需要企业全体职工及有关部门,同心协力,把( )结合起来。

    A. 专业技术   B. 经营管理   C. 数理统计   D. 思想教育

104. BE002 质量教育包括( )。

    A. 质量意识教育   B. 质量管理理论与方法教育

    C. 质量结果教育   D. 业务、专业技术教育

105. BE003 质量责任制是指在企业中明确规定每个人、每个部门在质量工作中的具体

        ( )的一种制度。

    A. 职责   B. 任务   C. 权力   D. 技术

106. BE004　标准是对重复性事物和概念所作的统一规定,它以（　　）的综合成果为基础。

　　A. 科学技术　　　　B. 理论依据　　　　C. 实践经验　　　　D. 法律法规

107. BE005　计量工作的重要任务是（　　）。

　　A. 进行计量溯源　　　　　　　　B. 统一计量单位制度

　　C. 组织量值传递　　　　　　　　D. 保证量值的统一

108. BE006　质量信息是反映质量和产、供、销各个环节工作质量的（　　）以及产品使用过程中反映出来的各种情报资料。

　　A. 基本数据　　　　B. 综合数据　　　　C. 原始记录　　　　D. 全程监控

109. BE007　质量管理小组是以（　　）的目的而组织起来,并开展活动的小组。

　　A. 改进质量　　　　B. 降低消耗　　　　C. 提高经济效益　　　D. 提高人的素质

110. BE008　QHSE 管理体系能够帮助组织提高（　　）的满意度,树立组织的良好形象。

　　A. 顾客　　　　　　B. 员工　　　　　　C. 社会　　　　　　D. 其他相关方

111. BE009　QHSE 管理体系确定顾客、员工、社会和其他相关方的（　　）。

　　A. 标准　　　　　　B. 需求　　　　　　C. 期望　　　　　　D. 产品

112. BE010　QHSE 管理体系中最高管理者通过（　　）可以创造一个员工充分参与的环境。

　　A. 其领导作用　　　B. 各种有效措施　　C. 各种法规　　　　D. 领导的权限

113. BE011　QHSE 管理体系将各种类型的文件分为（　　）。

　　A. 管理手册　　　　B. 程序文件　　　　C. 职责手册　　　　D. 作业文件

114. BE012　QHSE 管理体系评价,如（　　）,在涉及的范围上可以有所不同,并可包括许多活动。

　　A. 管理体系审核　　B. 评审　　　　　　C. 核定　　　　　　D. 自我评定

115. BF001　培训的目的有（　　）。

　　A. 长期目的　　　　B. 年度目的　　　　C. 职位目的　　　　D. 个人目的

116. BF002　培训的意义可以从（　　）来说。

　　A. 企业角度　　　　　　　　　　B. 企业经营管理者角度

　　C. 个人角度　　　　　　　　　　D. 员工角度

117. BF003　理论知识的教学方法有很多,主要有（　　）。

　　A. 参观法　　　　　B. 讲授法　　　　　C. 谈话法　　　　　D. 练习法

118. BF004　技能培训,是指实习指导教师为完成技能培训教学大纲规定的技能培训教学（　　）进行的培训。

　　A. 目的　　　　　　B. 任务　　　　　　C. 内容　　　　　　D. 要求

119. BF005　PowerPoint 2010 中新建幻灯片的方法有（　　）。

　　A. "开始"选项卡中点"幻灯片"组的"新建幻灯片"

　　B. "新建"选项卡中点"幻灯片"组的"新建幻灯片"

　　C. 选中幻灯片右击"新建幻灯片"

　　D. 直接点击键盘上的回车键

120. BF006　PowerPoint 2010 中调整文本框的方法有（　　）。

A. 当光标变为双向箭头时,鼠标左键直接拖动文本框控制点即可

B. 当光标变为十字箭头时,鼠标左键直接拖动文本框控制点即可

C. 选中文本框—"绘图工具/格式"选项卡—"大小"设置

D. 选中文本框—"开始/格式"选项卡—"大小"设置

三、判断题(对的画"√",错的画"×")

(　　)1. AA001　流体流动时,如果质点没有横向脉动,不引起流体质点的混杂,而是层次分明,能够维持稳定的流束状态,这种流动状态称为层流。

(　　)2. AA002　连续性方程式表明各个过流断面的面积与该断面上平均流速的乘积为一常数,即流体的所有过流断面上的流量都是相等的。

(　　)3. AA003　串联管路是由简单长管组成的。

(　　)4. AA004　根据并联管路的特点,并联管路中 $Q = \sum Q_i$。

(　　)5. AB001　灭火就是破坏燃烧条件,使燃烧反应终止的过程。

(　　)6. AB002　为便于消防灭火,消防部门把火灾分为五类。

(　　)7. AB003　干粉灭火剂是能够与水混溶、通过化学反应或机械方法产生泡沫的灭火剂。

(　　)8. AB004　使用二氧化碳灭火器灭火,当火灾扑灭后,要将剩余药剂用完。

(　　)9. AB005　大风刮断的电线恰巧落在人体上属于偶然因素。

(　　)10. AB006　由于用电安全教育不够,用电安全措施不完备,致使受害本人或他人误操作造成的触电事故较多。

(　　)11. AB007　电伤是电流转变成其他形式的能量造成的人体伤害。

(　　)12. AB008　人们在日常工作和生活中应当尽一切努力防止触电事故。

(　　)13. AB009　不解脱电源千万不能碰触电者的身体,否则将造成不必要的触电事故。

(　　)14. AC001　同一种金属采用不同的热处理工艺,可获得相同的组织,从而具有不同的性能。

(　　)15. AC002　淬火是将工件加热保温后,然后在水、油或其他无机盐、有机水溶液等淬火介质中快速冷却的方法。

(　　)16. AC003　大多数金属为电和热的导体。

(　　)17. AC004　在金属的化学性能中,特别是抗蚀性,对金属的腐蚀疲劳损伤有着重大的意义。

(　　)18. AC005　磷能使钢中的塑性及韧度明显下降,特别在低温时影响更为严重,这一现象称为冷脆性。

(　　)19. AC006　铸铁中的石墨碳越多性质越硬。

(　　)20. AC007　锌中加入少量铝和铜时,能提高其力学性能,同时耐腐蚀性增强。

(　　)21. AC008　槽钢的表示方法中,120 * 53 * 5 表示长为 120mm、腿宽为 53mm、腰厚为 5mm 的槽钢,或称 12#槽钢。

(　　)22. AC009　油田注水常用钢管为高压焊接钢管。

(　　)23. AC010　带材可以看作是宽度小于板材的钢材,其外形特点、生产方法和用途与

板材基本相同。

( )24. AC011　钢筋是钢丝的一种。

( )25. BA001　在系统建成并开始注水后，要建立系统的水质监控方案，观察水处理的实际效果。

( )26. BA002　功率因数是衡量电气设备效率高低的一个系数。

( )27. BA003　在单耗公式中，水量的取值方法是，一段时间内两次记录水表底数的差值。

( )28. BA004　注水系统中，电动机效率是电动机铭牌提供的。

( )29. BA005　在注水管网中，如果压降小，管网效率就高，压降大，管网效率就低。

( )30. BB001　安装 AutoCAD 2012 后，系统会自动在 Windows 桌面上生成对应的快捷方式。

( )31. BB002　AutoCAD 2012 需要将当前绘图以新文件名存盘，需单击"标准"工具栏上的"保存"按钮，或选择"文件""保存"命令。

( )32. BB003　AutoCAD 2012 中设置图形界限类似于手工绘图时选择绘图图纸的大小。

( )33. BB004　AutoCAD 中用"直线"命令绘制出的一系列直线段中的每一条线段均是独立的对象。

( )34. BB005　AutoCAD 中可以根据多边形某一条边的两个端点绘制多边形。

( )35. BB006　AutoCAD 中提供了多种绘制圆弧的方法，可通过"圆弧"子菜单执行绘制圆弧操作。

( )36. BB007　AutoCAD 中输入绘制点命令后，在提示下确定点的位置，就会在该位置绘制出相应的点。

( )37. BB008　AutoCAD 中阵列对象是将选中的对象进行矩形或环形多重复制。

( )38. BB009　AutoCAD 2012 提供了丰富的颜色方案供用户使用，其中最常用的颜色方案是采用索引颜色。

( )39. BB010　介于间隙配合和过盈配合之间的配合称为过渡配合。

( )40. BB011　孔的基本偏差用大写的拉丁字母 A~ZC 表示，轴的基本偏差用小写的拉丁字母 a~zc 表示。

( )41. BB012　形状公差中线轮廓度用〜表示。

( )42. BB013　零件的制造缺陷如砂眼、气孔、刀痕等，以及长期使用所产生的磨损，均不应画出。

( )43. BB014　在圆柱外表面上形成的螺纹，称为外螺纹。

( )44. BB015　沿一条螺旋线形成的螺纹，称为单线螺纹。

( )45. BB016　内螺纹不剖时，在非圆视图上其大径和小径均用虚线表示。

( )46. BB017　用螺纹密封的管螺纹，本身具有一定的密封性，多用于低温高压系统。

( )47. BB018　螺纹公差带的大写字母表示外螺纹，小写字母表示内螺纹。

( )48. BB019　螺纹紧固件都是非标准件。

( )49. BB020　在剖视图中，相邻两被连接件的剖面线方向应相同。

( )50. BB021　齿轮中心距是指两齿轮回转中心的连线，用"c"表示。

( )51. BB022 在垂直于齿轮轴线的投影面的视图中,啮合区内的齿顶圆均用细实线绘制,也可省略不画。

( )52. BB023 画普通平键连接图时,一般采用一个主视图和一个俯视图来表达它们的装配关系。

( )53. BB024 采用规定画法画滚动轴承时,滚动体不画剖面线,各套圈的剖面线方向不可画成一致、间隔相同。

( )54. BB025 在装配图中,弹簧被挡住的结构一般不画,其可见部分应从弹簧的外径或中径画起。

( )55. BB026 装配图中标注尺寸时,标注机器或部件的规格尺寸、零件之间的配合或相对位置尺寸、机器或部件的特性尺寸、安装尺寸以及设计时确定的其他重要尺寸等。

( )56. BB027 画装配图时应将机件的表达方法与装配体的表达方法结合起来,共同完成装配体的表达。

( )57. BC001 离心式注水泵平衡盘颈部间隙大,会造成平衡盘磨损严重。

( )58. BC002 离心式注水泵平衡套与平衡盘间隙过小,会造成平衡管压力过高。

( )59. BC003 调整泵的排量,减少电动机负荷可以有效地降低离心式注水泵电动机高温。

( )60. BC004 离心式注水泵停泵后,盘不动泵的原因可能是,运转时间长,配件有破碎现象。

( )61. BC005 离心式注水泵叶轮流道堵塞,会导致总扬程不够。

( )62. BC006 离心泵开始发生汽蚀时,在泵性能曲线上没有明显反映。

( )63. BC007 汽蚀对柱塞泵水力机械的正常运转威胁很大。

( )64. BC008 离心泵前盖板圆弧半径越小,抗汽蚀性能越好。

( )65. BC009 柱塞泵的吸入充满程度升高,产生水击现象。严重的水击导致泵零件损坏,降低泵的使用寿命。

( )66. BC010 运动机构其他零件松动或损坏,会造成柱塞泵液力端出现撞击声。

( )67. BC011 柱塞泵因轴瓦和曲轴工作面没进入足量机油烧结的故障,极易被发现。

( )68. BC012 离心式注水泵泵壳件检验时,检查轴瓦表面,不应有裂纹、脱层、乌金内夹砂及金属屑等缺陷。

( )69. BC013 离心式注水泵安装时,机泵地脚调整垫片不宜过多。

( )70. BC014 电动机底座与基础框架能保证可靠的接触,则可将基础框架接地。

( )71. BC015 电动机试运无异常后方可试运离心式注水泵。

( )72. BC016 电动机试运前,与变电所配合进行信号装置(合闸开关、各信号指示灯)、启停装置(启动按钮、停机按钮、紧急停机按钮)、保护装置(低油压保护、电动机轴瓦温度保护、定子温度保护)的试验。

( )73. BC017 电动往复泵大修内容包含泵解体,清洗、检查、测量各零部件以及磨损情况。

( )74. BC018 电动往复泵检修时,连杆螺栓拧紧时的伸长不应超过原长度2‰,否则应更换。

( )75. BC019　电动往复泵试运时,缸内应无冲击、碰撞等异常响声。

( )76. BC020　多级离心泵叶轮、挡套、前后轴套端面不平行度最大不超过 0.03mm。

( )77. BC021　为避免机械密封发生振动、发热,可以降低密封腔内径或更换直径较大的转动体,使转动体与密封腔的间隙保持在 0.7mm。

( )78. BC022　为避免机械密封端面漏失过大,可以改善密封胶圈的弹性,适当减小动环、静环与轴的间隙。

( )79. BD001　离心式注水泵轴承前挡板开孔过大,造成油压过高。

( )80. BD002　润滑油杂质过多、流动性差,需要清洗油箱及润滑油管线,更换润滑油。

( )81. BD003　单级单吸离心泵密封填料质量差、不合格或加填方法不对、对接口在多个方向,会造成密封填料严重漏失。

( )82. BD004　收油罐车进站后,大小门要敞开,收油注满油罐车后,由经警及基层队干部共同押运至指定收油点。

( )83. BD005　打开清扫孔清罐前,根据估测淤泥量,在清扫孔下方预先挖出一个适当大小的集泥池,并铺上细砂。

( )84. BD006　对于细菌腐蚀,在腐蚀的过程中,由于某种细菌的大量繁殖而加速了腐蚀的程度。

( )85. BD007　在发生电化学腐蚀的过程中,金属与外部介质发生了电化学反应,产生了电流。

( )86. BD008　金属表面必须有阴极和阳极。阴阳极之间的电位差是腐蚀过程的推动力。

( )87. BD009　内腐蚀设备在外观上没有较为明显的变化,但是设备或构件的机械性能却大为降低,使受力的构件潜伏着很大的危险。

( )88. BD010　泵的叶轮、阀门、弯管等流速变化较大的节流部件,往往会产生磨蚀。

( )89. BD011　金属结垢在油层、井筒、集输管线、油水处理系统和注水系统的任何部位都存在。

( )90. BD012　在油田水中,水垢的形成过程往往是一个混合结晶过程。

( )91. BD013　硫酸钙的晶体比碳酸钙小,所以硫酸钙垢比碳酸钙垢更坚硬致密。

( )92. BD014　电位差值越大,说明腐蚀发生的可能性越大。

( )93. BD015　水中碳酸钙达到溶解平衡,即达到饱和状态。

( )94. BD016　目前油田金属储罐采取的防腐措施主要是油罐内外涂刷防腐漆。

( )95. BD017　磁防垢使用的物质是稀土永磁磁铁,其机理是利用磁铁的强磁性来破坏碳酸钙的形成,从而达到防垢的目的。

( )96. BD018　阴极保护中外加阴极极化可以采用两种方法来实现。

( )97. BD019　凡是增加腐蚀速度、降低阴极极化的因素,都使最小保护电流密度增加。

( )98. BD020　当阳极全部侵入介质时,为了防止导线与阳极接头处被腐蚀,应将接头的地方很好密封。

( )99. BD021　间歇保护可以节约电能和减少阳极材料的消耗。

（　）100. BD022　如果发现电流值增大很多,电源输出电压反而下降,或者恒电位仪输出电流很快上升时,说明有局部断路的情况。

（　）101. BD023　牺牲阳极材料中,锌—铝—镉三元锌合金阳极的自溶量大,电流效率高。

（　）102. BD024　阳极屏蔽层越小,则电流分散能力越好,电位分布越均匀。

（　）103. BE001　全面质量管理的基本特点是,从过去的预防和改进为主,变为事后检验和把关为主。

（　）104. BE002　培训质量水平高低既取决于职工队伍的技术水平,也取决于各个职能部门的工作成就和质量管理水平。

（　）105. BE003　责任和权力是相互依存的,有责就要有权,二者缺一不可。责任是核心,权力是动力,利益是条件,三者相辅相成、互为补充。

（　）106. BE004　标准化是在经济、技术、科学及管理等社会实践中进行的。

（　）107. BE005　计量工作必须保证量具及化验、分析仪器的质量稳定,示值准确一致。

（　）108. BE006　企业要掌握产品质量的运动规律,必须掌握各种质量信息,而且要做到及时、准确、全面、系统。

（　）109. BE007　质量管理小组有利于开拓全员管理的途径。

（　）110. BE008　QHSE 管理体系就组织能够提供持续满足要求的产品或服务,向社会、顾客、员工及其他相关方提供信任。

（　）111. BE009　QHSE 管理体系是建立和应用持续改进 QHSE 管理体系的过程。

（　）112. BE010　QHSE 管理体系的最高管理者确保整个组织关注顾客、员工、社会和其他相关方要求。

（　）113. BE011　QHSE 管理体系的每个组织应确定其所需文件的多少和详略程度及使用的载体和媒体。

（　）114. BE012　审核是发现评定 QHSE 管理体系的有效性和识别改进的机会。

（　）115. BF001　企业在制定自身的培训规划中,应当清楚地体现出培训的不同目的。

（　）116. BF002　企业培训是解决问题的有效措施。

（　）117. BF003　讲授法能充分地发挥教师的主导作用,将科学知识系统连贯地传授给学员,使学员在较短的时间内获得较多的知识。

（　）118. BF004　操作练习是学员动作技能、技巧形成的基本途径。

（　）119. BF005　PowerPoint 2010 中幻灯片放映选项在"动画"选项卡中"开始放映幻灯片"组的"从头开始/从当前幻灯片开始"。

（　）120. BF006　PowerPoint 2010 中插入图片大小的调整方法是当光标变为双向箭头形状时,鼠标右键拖动图片控制点即可对大小进行粗略设置。

四、简答题

1. AA003　串联管路的特点是什么?
2. AA004　并联管路的特点是什么?

3. AB001　灭火方法有几种？

4. AB005　发生触电事故的原因是什么？

5. BA003　注水单耗有几种测定方法？

6. BA005　提高注水系统效率的途径是什么？

7. BB014　根据螺纹的结构特点,将螺纹的直径分为几种？

8. BB020　常用螺纹紧固件的连接形式有几种？

9. BC002　离心式注水泵平衡管压力过高的原因是什么？

10. BC004　运转中的泵停泵后转子盘不动的原因是什么？

11. BC005　泵的总扬程不够的原因是什么？

12. BC008　提高离心泵抗汽蚀性能的措施有哪些？

13. BC009　提高柱塞泵抗汽蚀性能的措施有哪些？

14. BC010　柱塞泵动力端出现撞击声的原因是什么？

15. BC021　机械密封端面漏失严重的原因是什么？

16. BD002　润滑油泵打不起压力的原因是什么？

17. BD007　金属腐蚀分为几种类型？

18. BD008　防止金属腐蚀的方法有哪些？

19. BC014　油田水中常见的水垢有几种类型？

20. BC018　防垢的办法有几种？

五、计算题

1. AA001　某一稳定流动的液体,已知其某点的动力压强 p 为 $0.6×10^6$Pa,液体的重度为 9800N/m^3,试求该点的压能。

2. AA001　某一稳定流动的液体,已知其某点的动力压强 p 为 $0.7×10^6$Pa,液体的重度为 8300N/m^3,试求该点的压能。

3. AC003　某注水站欲加工一个装废弃润滑油的长方形铁槽,要求铁槽长 1.8m,宽 1.2m, 高 0.8m,用厚 5mm 的铁板进行加工,请问该铁槽加工好后,质量大约为多少(铁 板密度为 7.85g/cm^3)？

4. AC003　某注水站有一段长 3.5m 的 ϕ219mm×12mm 的管线,请问用 0.5t 的手动葫芦起 重机,能否吊起(管线的密度为 7.85g/cm^3)？

5. BA002　有一交流铁芯线圈,电源电压 U = 220V,电路中电流 I = 4A,功率表读数 P = 100W,频率 f = 50Hz,漏磁通和线圈电阻上的电压降可忽略不计,试求铁芯线圈 的功率因数。

6. BA002　某注水泵机组,泵机组运行时,有功功率 P 为 1800kW,工作电流 I 为 188A,工作 电压 U 为 6300V,试求该泵机组的功率因数是多少？

7. BA003　某注水泵型号为 D300-150×11,全天 24h 注水泵输出水量为 9880m^3,已知其中 8h 耗电 18300kW·h,试求该泵注水单耗。

8. BA003　有一注水泵机组,采用温差法测注水泵单耗,已知注水泵进口压力为 0.05MPa, 泵出口压力为 16.5MPa,泵入口温度为 35℃,出口水温度为 36℃,电动机的电流为 200A,电压为 6000V,求该注水泵单耗是多少(已知等熵温升为 0.22℃,电动机效率为 95%,功率因数为 0.90)?

9. BA004　有一注水系统,电动机效率为 0.95,注水泵效经测试约为 0.72,注水井口平均压力约为 13.3MPa,注水支线压降为 0.043MPa,泵站压降为 0.3MPa,配水间控制压降为 2.5MPa,注水干线压降为 0.87MPa,且管网无漏失,求系统效率是多少?

10. BA004　有一注水系统,电动机效率为 0.95,注水管网效率经测试约为 0.736,采用温差法测注水泵效率,注水泵进口压力为 0.045MPa,泵出口压力为 15.8MPa,泵入口温度为 35℃,出口水温度为 36℃,求系统效率是多少?

11. BB010　某相互配合的两个零件,孔的实际尺寸为 47.06mm,轴的实际尺寸为 46.98m,求其间隙为多少?

12. BB010　某相互配合的两个零件,已知孔 ϕ50H8 上极限为 +0.035mm,下极限为 0,轴 ϕ50f7 的上极限为 -0.025mm,下极限为 -0.051mm,求轴孔配合的最大间隙为多少?

13. BC003　有一型号为 D250-150×11 的注水泵,运转时泵出口压力为 p_1 为 16.5MPa,管网压力为 p_2 为 14.7MPa,如采用减级的方法来减少泵管压差,应该减去几级叶轮?

14. BC003　某注水站一台 D300-150×11 注水泵运行,其出口压力为 16.5MPa,其管网口压力为 15.2MPa,求其泵管压差是多少? 应该减去几级叶轮?

15. BC005　某注水站一注水泵机组,原叶轮直径为 980mm,流量为 320m³/h。根据油田生产需要,将原来叶轮切削为直径 800mm,问切削后泵的流量是多少?

16. BC005　某注水站一注水泵机组,原叶轮直径为 850mm,扬程为 1650m。根据油田生产需要,将原来叶轮切削为直径 700mm,问切削后泵的扬程是多少?

17. BD002　一对标准直齿圆柱齿轮传动,其传动比 i=2.5,其中一个齿轮的齿轮数为 24,另一个齿轮丢失,问另一个齿轮的齿轮数为多少?

18. BD002　一对齿轮传动,已知主动齿轮数为 30,被动齿轮数为 45,主动轮转速为 300r/min,求被动轮转速为多少?

19. BD008　在实验室做铁腐蚀试验,将表面积 0.09m²、质量 1000g 的铁放在强酸溶液中,48h 后称其质量为 980g,问铁在强酸溶液中的腐蚀速度为多少?

20. BD008　在实验室做铁腐蚀试验,将表面积 0.04m² 的铁放在强酸溶液中,48h 后称其质量减轻 5g,问铁在强酸溶液中的腐蚀速度为多少?

答　案

一、单项选择题

1. B	2. C	3. A	4. C	5. D	6. C	7. A	8. D	9. B	10. C
11. C	12. D	13. A	14. B	15. D	16. B	17. B	18. A	19. C	20. D
21. B	22. A	23. D	24. A	25. D	26. B	27. A	28. A	29. B	30. D
31. B	32. D	33. B	34. C	35. B	36. C	37. B	38. C	39. D	40. A
41. D	42. C	43. C	44. D	45. C	46. D	47. B	48. C	49. A	50. A
51. B	52. B	53. B	54. A	55. B	56. B	57. B	58. D	59. D	60. B
61. A	62. D	63. D	64. D	65. A	66. C	67. B	68. C	69. A	70. D
71. B	72. C	73. B	74. C	75. A	76. B	77. A	78. C	79. D	80. B
81. A	82. C	83. A	84. C	85. A	86. B	87. B	88. C	89. A	90. B
91. C	92. B	93. A	94. A	95. B	96. D	97. A	98. B	99. C	100. A
101. B	102. D	103. D	104. C	105. B	106. B	107. A	108. C	109. D	110. C
111. B	112. C	113. B	114. C	115. C	116. D	117. C	118. A	119. D	120. A
121. D	122. B	123. B	124. A	125. C	126. A	127. D	128. A	129. A	130. C
131. C	132. B	133. B	134. D	135. D	136. C	137. B	138. C	139. D	140. A
141. C	142. A	143. B	144. C	145. C	146. A	147. C	148. D	149. A	150. D
151. A	152. C	153. B	154. D	155. A	156. C	157. B	158. A	159. A	160. C
161. C	162. D	163. B	164. C	165. B	166. C	167. A	168. B	169. D	170. C
171. C	172. B	173. D	174. B	175. A	176. B	177. B	178. D	179. C	180. A
181. A	182. C	183. B	184. C	185. C	186. B	187. D	188. C	189. C	190. D
191. A	192. C	193. A	194. B	195. B	196. A	197. A	198. B	199. B	200. A
201. A	202. B	203. B	204. A	205. A	206. B	207. D	208. C	209. A	210. D
211. B	212. D	213. C	214. C	215. A	216. B	217. C	218. A	219. B	220. D
221. B	222. C	223. A	224. B	225. A	226. B	227. B	228. C	229. C	230. A
231. B	232. D	233. A	234. C	235. A	236. B	237. B	238. C	239. D	240. B

二、多项选择题

1. ABD	2. ABCD	3. BC	4. AB	5. ABCD	6. BD	7. ABCD
8. BCD	9. ABC	10. ABC	11. BCD	12. BCD	13. ABCD	14. ABD
15. BC	16. ACD	17. ABD	18. ABD	19. ABCD	20. BC	21. ABCD
22. AC	23. BCD	24. CD	25. ACD	26. BC	27. ABC	28. ABCD
29. BC	30. ABCD	31. ABCD	32. AC	33. AB	34. ABCD	35. BD

36. BCD	37. CD	38. AC	39. BCD	40. AD	41. ABCD	42. AB
43. BC	44. AB	45. CD	46. AB	47. BCD	48. ABCD	49. ABCD
50. AB	51. AC	52. BCD	53. AD	54. ABCD	55. ABCD	56. ABCD
57. AC	58. BD	59. BC	60. CD	61. ABC	62. ACD	63. ABC
64. ABCD	65. AB	66. BD	67. ABCD	68. BC	69. AD	70. BC
71. ABC	72. BC	73. ACD	74. BC	75. ABCD	76. ABCD	77. BC
78. AB	79. AC	80. AD	81. ABC	82. ABD	83. ABCD	84. AC
85. AC	86. BC	87. AB	88. ABCD	89. ABCD	90. BC	91. ABC
92. AB	93. AB	94. CD	95. BCD	96. AC	97. ABC	98. ABD
99. AD	100. BC	101. ACD	102. ABCD	103. ABCD	104. ABD	105. ABC
106. AC	107. BCD	108. AC	109. ABCD	110. ABCD	111. BC	112. AB
113. ABD	114. ABD	115. ABCD	116. ABD	117. BCD	118. ABC	119. ACD
120. AC						

三、判断题

1. √　2. √　3. √　4. √　5. √　6. ×　正确答案:为便于消防灭火,消防部门把火灾为四类。　7. ×　正确答案:泡沫灭火剂是能够与水混溶、通过化学反应或机械方法产生泡沫的灭火剂。　8. ×　正确答案:使用二氧化碳灭火器灭火,当火灾扑灭后,即可关闭阀门,不必一次用完。　9. √　10. √　11. √　12. √　13. √　14. ×　正确答案:同一种金属采用不同的热处理工艺,可获得不同的组织,从而具有不同的性能。　15. √　16. √　17. √　18. √　19. ×　正确答案:铸铁中的石墨碳越多性质越软。　20. ×　正确答案:锌中加入少量铝和铜时,能提高其力学性能,但耐腐蚀性较差。　21. ×　正确答案:槽钢的表示方法中,120*53*5 表示腰高为 120mm、腿宽为 53mm、腰厚为 5mm 的槽钢,或称 12#槽钢。　22. ×　正确答案:油田注水常用钢管为高压无缝钢管。　23. √　24. ×　正确答案:钢筋是型钢的一种。　25. √　26. √　27. √　28. √　29. √　30. √　31. √　32. √　33. √　34. √　35. √　36. √　37. √　38. √　39. √　40. √　41. √　42. √　43. √　44. √　45. √　46. ×　正确答案:用螺纹密封的管螺纹,本身具有一定的密封性,多用于高温高压系统。　47. ×　正确答案:螺纹公差带的大写字母表示内螺纹,小写字母表示外螺纹。　48. ×　正确答案:螺纹紧固件都是标准件。　49. ×　正确答案:在剖视图中,相邻两被连接件的剖面线方向应相反,必要时也可以相同,但要相互错开或间隔不等。　50. ×　正确答案:齿轮中心距是指两齿轮回转中心的连线,用"a"表示。　51. ×　正确答案:在垂直于齿轮轴线的投影面的视图中,啮合区内的齿顶圆均用粗实线绘制,也可省略不画。　52. ×　正确答案:画普通平键连接图时,一般采用一个主视图和一个左视图来表达它们的装配关系。　53. ×　正确答案:采用规定画法画滚动轴承时,滚动体不画剖面线,各套圈的剖面线方向可画成一致、间隔相同。　54. √　55. ×　正确答案:装配图中标注尺寸时,标注机器或部件的规格尺寸、零件之间的配合或相对位置尺寸、机器或部件的外形尺寸、安装尺寸以及设计时确定的其他重要尺寸等。　56. √　57. ×　正确答案:离心式注水泵平衡盘颈部间隙小,会造成平衡盘磨损严重。　58. ×　正确答案:离心式注水泵平衡套与平衡盘间隙过大,会造成平衡管压力过高。　59. √　60. √　61. √　62. √　63. √　64. ×　正确答案:离心泵前盖板圆弧半径越大,抗汽蚀性能越好。　65. ×　正确答案:柱塞泵的吸入充满程度降低,产生水击现象。严重的水击导致泵零件损坏,降低泵的使用寿命。　66. ×　正确答案:运动机构其他零件松动或损坏,会造成柱塞泵动力端出现撞击声。　67. ×　正确答案:柱塞泵因轴瓦和曲轴工作面没进入足量机油烧结的故障,不易及早发现。　68. √　69. √　70. √　71. √　72. √　73. √　74. √　75. √　76. ×　正确答案:多级离心泵叶轮、挡套、前后轴套端面不平行度最大不超过 0.02mm。　77. ×　正确答案:为避免机械密封发生振动、发热,可以增大密封腔内径或更换直径较小的转动体,使转动体与密封腔的间隙保持在 0.7mm。　78. ×　正确答案:为避免机械密封端面漏失过大,可以改善密封胶圈的弹性,适当增大动环、静环与轴的间隙。　79. ×　正确答案:离心式注水泵轴承前挡板开孔过小,造成油压过高。　80. ×　正确答案:润滑油严重变质、流动性差,需要清洗油箱及润滑油管线,更换润滑油。　81. ×　正确答案:单级单吸离心泵密封填料质量差、不合格或加填方法不对、对接口在同一方向,会造成密封填料严重漏失。　82. ×　正确答案:收油罐车进站后,大小门要上锁,收油注满油罐车后,由经警及基层队干部共同押运至指定收油点。　83. ×　正确答案:打开清扫孔清罐前,根据估测淤泥量,在清扫孔下方预先挖出一个适当大小的集泥池,并铺上防渗布。　84. √　85. √　86. √　87. √　88. √　89. √　90. √　91. √　92. √　93. √　94. √　95. √　96. √　97. √　98. √　99. √　100. ×　正确答案:如果发现电流值增大很多,电源输出电压反而下降,或者恒电位仪输出电流很快上升时,说明有局部短路的情况。　101. ×　正确答案:牺牲阳极材料中,锌—铝—镉三元锌合金阳极的自溶量小,电流效率高。　102. ×　正确答案:阳极屏蔽层越大,则电流分散能力越好,电位分布越均匀。　103. ×　正确答案:全面质量管理的基本特点是,从过去的事后检验和把关为主,变为预防和改进为主。　104. ×　正确答案:产品质量水平高低既取决于职工队伍的技术水平,也取决于各个职能部门的工作成就和质量管理水平。　105. ×　正确答案:责任和权力是相互依存的,有责就要有权,二者缺一不可。责任是核心,权力是条件,利益是动力,三者相辅相成、互为补充。　106. √　107. √　108. √　109. √　110. √　111. √　112. √　113. √　114. √　115. √　116. √　117. √　118. √　119. ×　正确答案:PowerPoint 2010 中幻灯片放映选项在"幻灯片放映"选项卡中"开始放映幻灯片"组的"从头开始/从当前幻灯片开始"。　120. ×　正确答案:PowerPoint 2010 中插入图片大小的调整方法是当光标变为双向箭头形状时,鼠标左键拖动图片控制点即可对大小进行粗略设置。

四、简答题

1. ①串联管路的各连接点(称为节点)处流量平衡,②即流入节点的总流量等于流出节点的总流量。

评分标准:答对①②各占 50%。

2. ①进入各并联管的总流量等于流出各并联管路流量的和,②即 $Q = \sum Q_i$。

评分标准:答对①②各占 50%。

3. ①冷却法;②窒息法;③隔离法;④化学抑制法。

评分标准:答对①②③④各占 25%。

4.①缺乏用电安全知识。②违反操作规程。③电气设备不合格。④维修不善。⑤偶然因素。

评分标准:答对①②③④⑤各占20%。

5.注水单耗的测定方法有①统计法和②观察法。

评分标准:答对①②各占50%。

6.①合理布置注水站,努力降低压力损失。②合理选用注水设备。③减小泵管压差。④降低管网压力损失。⑤局部增压。

评分标准:答对①②③④⑤各占20%。

7.①大径、②小径、③中径、④顶径、⑤底径。

评分标准:答对①②③④⑤各占20%。

8.常用螺纹紧固件的连接形式有:①螺栓连接;②双头螺柱连接;③螺钉连接;④螺钉紧定等。

评分标准:答对①②③④各占25%。

9.①平衡套与平衡盘磨损,间隙过大;②泄压套或安装套磨损;③平衡管结垢;④平衡管压力表损坏;⑤来水压力过高。

评分标准:答对①②③④⑤各占20%。

10.①对清水污水混注的泵可以考虑结垢严重,间隙过小。②运转时间长,配件有破碎现象,卡死泵轴。③操作不合理,平衡盘咬死。④泵轴刚度不够,弯曲严重。⑤脏物进入泵内。⑥密封填料过紧。

评分标准:答对①②③④各占20%;答对⑤⑥各占10%。

11.①电动机转数不够。②出口阀开度过大,排量过大。③叶轮流道堵塞。④泵内过流部件间隙过大。⑤密封口环磨损严重。⑥平衡机构磨损严重。⑦泵压力表失灵,指示不准或压力表损坏。

评分标准:答对①②③各占20%;答对④⑤⑥⑦各占10%。

12.①适当加大叶轮吸入口直径和叶片入口边宽度;改进叶轮吸入口或吸入室的形状,使泵具有尽可能小的汽蚀余量。②采用双吸式叶轮。③采用合理的叶片进口边位置及前盖板的形状。④采用诱导轮。⑤采用抗汽蚀材料。

评分标准:答对①②③④⑤各占20%。

13.①降低泵的安装高度。②尽量缩短吸入管线,装吸入空气包以降低吸入管内液体的惯性水头。③一般情况下,液体在大气压力作用下,是可以保证正常吸入的。④柱塞泵的吸入是由于液缸内形成真空实现的,如果形成真空的条件被破坏,那么泵也不可能进行正常吸入。

评分标准:答对①②③④各占25%。

14.①连杆螺栓螺母松动。②连杆大头瓦磨损。③十字头衬套磨损。④十字头与柱塞相连接的卡箍松动。⑤运动机构其他零件松动或损坏。

评分标准:答对①②③④⑤各占20%。

15.①摩擦副端面歪斜,平直度不够。②传动、止推部件结构不良,有杂质,固化介质黏结,使动环失去浮动性。③固体颗粒进入摩擦副动环、静环端面间。④弹簧弹力不够,造成端面比压不足而磨损,失去补偿作用。⑤摩擦副端面宽度过小。⑥端盖与轴不垂直,偏移量过大。⑦动静环浮动性差。

评分标准:答对②③④各占 20%;答对①⑤⑥⑦各占 10%。

16. ①油箱油面低,吸不上油或吸气太多;②吸油管路、法兰等处漏气严重;③泵体漏气、不密封;④组装不合格,叶轮装反或两侧盖板间隙过大;⑤叶轮、侧盖板磨损,间隙过大;⑥油泵反转;⑦回流旋塞阀门开得过大或安全阀失灵,回油量过大;⑧出油管线穿孔或个别分油压阀门开得过大或跑油;⑨过滤器有污物堵塞,管道不畅通或油品变质严重;⑩仪表损坏。

评分标准:答对①②③④⑤⑥⑦⑧⑨⑩各占 10%。

17. ①气体腐蚀;②大气腐蚀;③土壤腐蚀;④细菌腐蚀;⑤杂散电流的腐蚀;⑥水质腐蚀。

评分标准:答对①②③④各占 20%;答对⑤⑥各占 10%。

18. ①正确地选用金属材料;②改造金属材料所处土壤环境;③绝缘防腐保护;④采用电极保护法;⑤金属储罐的防腐。

评分标准:答对①②③④⑤各占 20%。

19. ①碳酸钙型;②碳酸镁型;③硫酸钙型等。

评分标准:答对①②各占 30%;答对③占 40%。

20. ①化学防垢;②磁防垢;③超声波防垢。

评分标准:答对①②各占 30%;答对③占 40%。

五、计算题

1. 已知:$p = 0.6 \times 10^6 \mathrm{Pa}, \gamma = 9800 \mathrm{N/m^3}$。

求:$p_压 = ?$

解:$p_压 = \dfrac{p}{\gamma} = \dfrac{0.6 \times 10^6}{9800} \approx 61.2 (\mathrm{m})$

答:该点的压能为 61.2m。

评分标准:公式对占 40%,过程对占 40%,结果对占 20%,公式、过程不对,结果对不得分。

2. 已知:$p = 0.7 \times 10^6 \mathrm{Pa}, \gamma = 8300 \mathrm{N/m^3}$。

求:$p_压 = ?$

解:$p_压 = \dfrac{p}{\gamma} = \dfrac{0.7 \times 10^6}{8300} \approx 84.3 (\mathrm{m})$

答:该点的压能为 84.3m。

评分标准:公式对占 40%,过程对占 40%,结果对占 20%,公式、过程不对,结果对不得分。

3. 已知:$a = 1.8 \mathrm{m} = 180 \mathrm{cm}; b = 1.2 \mathrm{m} = 120 \mathrm{cm}; c = 0.8 \mathrm{m} = 80 \mathrm{cm}; \delta = 5 \mathrm{mm} = 0.5 \mathrm{cm}$。

求:$m = ?$

解:加工铁槽所需铁板的面积:

$$S = 2ac + 2bc + ab = 2 \times 180 \times 80 + 2 \times 120 \times 80 + 180 \times 120 = 69600(\text{cm}^2)$$

加工铁槽所需铁板体积：

$$V = S\delta = 69600 \times 0.5 = 34800(\text{cm}^3)$$

加工后铁槽的质量：

$$m = \rho V = 7.85 \times 34800 = 273180(\text{g}) \approx 273(\text{kg})$$

答：该铁槽的质量大约为273kg。

评分标准：公式对占40%，过程对占40%，结果对占20%，公式、过程不对，结果对不得分。

4. 已知：管线规格为 $\phi219\text{mm} \times 12\text{mm}$，则外径 $D_1 = 219\text{mm}$，内径 $D_2 = 219 - 2 \times 12 = 195\text{mm}$；$L = 3.5\text{m} = 350\text{cm}$。

求：$m = ?$

解：管线的截面积：

$$S = \frac{1}{4}\pi(D_1^2 - D_2^2) = \frac{1}{4} \times 3.14 \times (219^2 - 195^2) = 7799.76(\text{mm}^2) = 77.9976(\text{cm}^2)$$

管线的体积：

$$V = SL = 77.9976 \times 350 = 27299.16(\text{cm}^3)$$

管线的质量：

$$m = \rho V = 7.85 \times 27299.16 \approx 214298.4(\text{g}) \approx 214(\text{kg}) = 0.214\text{t} < 0.5\text{t}$$

答：0.5t的手动葫芦可以吊起该管线。

评分标准：公式对占40%，过程对占40%，结果对占20%，公式、过程不对，结果对不得分。

5. 已知：$U = 220\text{V}$，$I = 4\text{A}$，$f = 50\text{Hz}$，$P = 100\text{W}$。

求：$\cos\phi = ?$

解：$\cos\phi = \dfrac{P}{UI} = \dfrac{100}{220 \times 4} \approx 0.114$

答：铁芯线圈的功率因数为0.114。

评分标准：公式对占40%，过程对占40%，结果对占20%，公式、过程不对，结果对不得分。

6. 已知：$P = 1800\text{kW} = 1.8 \times 10^6\text{W}$，$I = 188\text{A}$，$U = 6300\text{V}$。

求：$\cos\phi = ?$

解：$\cos\phi = \dfrac{P}{S} = \dfrac{P}{3UI} = \dfrac{1.8 \times 10^6}{3 \times 6300 \times 188} \approx 0.507$

答：该泵机组的功率因数是0.507。

评分标准：公式对40%，过程对40%，结果对20%，公式、过程不对，结果对不得。

7. 已知：全天流量 $Q = 9880\text{m}^3$，8h耗电 $W = 18300\text{kW} \cdot \text{h}$。

求：$DH = ?$

解：1h流量：$Q = 9880\text{m}^3 \div 24 \approx 411.7(\text{m}^3)$

1h 耗电量：$W = 18300kW \cdot h \div 8 = 2287.5(kW \cdot h)$

$$DH = \frac{W}{Q} = \frac{2287.5}{411.7} \approx 5.5(kW \cdot h/m^3)$$

答：该泵注水单耗为 $5.5kW \cdot h/m^3$。

评分标准：公式对占 40%，过程对占 40%，结果对占 20%，公式、过程不对，结果对不得分。

8. 已知：$\Delta t_s = 0.22℃$，$p_1 = 16.5MPa$，$p_2 = 0.05MPa$，$t_1 = 36℃$，$t_2 = 35℃$，$\eta = 0.95$，$\cos\phi = 0.90$，$U = 6000V$，$I = 200A$。

求：$DH = ?$

解：$\Delta p = p_1 - p_2 = 16.5 - 0.05 = 16.45(MPa)$

$\Delta t = t_1 - t_2 = 37 - 35 = 1℃$

$$N_{轴} = \frac{\sqrt{3}IU\cos\phi\eta_{电}}{1000} = 1.732 \times 200 \times 6000 \times 0.90 \times 0.95 \div 1000 \approx 1777(kW)$$

$$Q = \frac{N_{轴}}{0.2777\Delta p + 1.163(\Delta t - \Delta t_s)} = \frac{1777}{0.2777 \times 16.45 + 1.163(1 - 0.22)} \approx 325(m^3/h)$$

$$N = \frac{\sqrt{3}IU\cos\phi}{1000} = 1.732 \times 200 \times 6000 \times 0.90 \div 1000 \approx 1870(kW)$$

$$DH = \frac{N}{Q} = \frac{1870}{332} \approx 5.6(kW \cdot h/m^3)$$

答：该注水泵单耗为 $5.6kW \cdot h/m^3$。

评分标准：公式对占 40%，过程对占 40%，结果对占 20%，公式、过程不对，结果对不得分。

9. 已知：$\eta_{电} = 0.95$，$\eta_{泵} = 0.72$，$p = 13.3MPa$，$\Delta p = 0.043MPa + 2.5MPa + 0.87MPa + 0.3MPa$，管网无漏失 $\Delta Q = 0$。

求：$\eta_{系统} = ?$

解：$\eta_{管网} = (\frac{p}{p + \Delta p}) = \frac{13.3}{(13.3 + 0.043 + 2.5 + 0.87 + 0.3)} \approx 0.782$

$\eta_{系统} = \eta_{电}\ \eta_{泵}\ \eta_{管网} = 0.95 \times 0.72 \times 0.782 \approx 0.535 = 53.5\%$

答：系统效率为 53.5%。

评分标准：公式对占 40%，过程对占 40%，结果对占 20%，公式、过程不对，结果对不得分。

10. 已知：$\eta_{电} = 0.95$，$\eta_{管网} = 0.736$，$p_1 = 15.80MPa$，$p_2 = 0.045MPa$，$t_1 = 36℃$，$t_2 = 35℃$。

求：$\eta_{系统} = ?$

解：$\Delta p = p_1 - p_2 = 15.8 - 0.045 = 15.755(MPa)$

$\Delta t = t_1 - t_2 = 36 - 35 = 1(℃)$

$$\eta_{泵} = \frac{\Delta p}{(\Delta p + 4.1868 \times \Delta t)} \times 100\% = \frac{15.755}{(15.755 + 4.1868 \times 1)} \times 100\% \approx 79\%$$

$\eta_{系统}=\eta_{电}\ \eta_{泵}\ \eta_{管网}=0.95\times0.79\times0.736\approx0.552=55.2\%$

答：系统效率为55.2%。

评分标准：公式对占40%，过程对占40%，结果对占20%，公式、过程不对，结果对不得分。

11. 已知：孔$_{实}$=47.06mm，轴$_{实}$=46.98mm。

求：间隙=？

解：间隙=孔$_{实}$-轴$_{实}$=47.06-46.98=0.08（mm）

答：其间隙为0.08mm。

评分标准：公式对占40%，过程对占40%，结果对占20%，公式、过程不对，结果对不得分。

12. 已知：孔$_{最大}$=50+（+0.035）=50.035mm，轴$_{最小}$=50+（-0.051）=49.949mm。

求：最大间隙=？

解：最大间隙=孔$_{最大}$-轴$_{最小}$=50.035-49.949=0.086（mm）

答：最大间隙为0.086mm。

评分标准：公式对占40%，过程对占40%，结果对占20%，公式、过程不对，结果对不得分。

13. 已知：p_1=16.5MPa，p_2=14.7MPa。

解：根据已知条件可知该泵的泵管压差为：

$p=p_1-p_2=16.5-14.7=1.8$（MPa）

单级叶轮产生的压力：$16.5\div11=1.5$（MPa）

减少叶轮级数：$(p-0.5)\div1.5=(1.8-0.5)\div1.5\approx0.87<1$

答：减叶轮级数为1级。

评分标准：公式对占40%，过程对占40%，结果对占20%，公式、过程不对，结果对不得分。

14. 已知：p_1=16.5MPa，p_2=15.2MPa。

解：泵管压差为：$p_{泵管}=p_1-p_2=16.5-15.2=1.3$（MPa）

一般要求注水泵泵管压差不超过0.5MPa：$p=1.3$MPa>0.5MPa

单级叶轮产生的压力：$16.5\div11=1.5$（MPa）

减少叶轮级数：$(p-0.5)\div1.5=(1.3-0.5)\div1.5\approx0.53<1$

答：泵管压差为1.3MPa，减叶轮级数为1级。

评分标准：公式对占40%，过程对占40%，结果对占20%，公式、过程不对，结果对不得分。

15. 已知：Q_1=320m³/h，D_1=980mm，D_2=800mm。

求：Q_2=？

解：通过切割定律：$\dfrac{D_1}{D_2}=\dfrac{Q_1}{Q_2}$

$$Q_2 = Q_1 \frac{D_2}{D_1} = 320 \times \frac{800}{980} \approx 261.22(\text{m}^3/\text{h})$$

答：切削后泵的流量为 261.22m³/h。

评分标准：公式正确占 40%；过程正确占 40%；结果正确占 20%；无公式、过程，只有结果不得分。

16. 已知：$H_1 = 1650\text{m}, D_1 = 850\text{mm}, D_2 = 700\text{mm}$。

求：$H_2 = ?$

解：通过切割定律：$\left(\frac{D_1}{D_2}\right)^2 = \frac{H_1}{H_2}$

$$H_2 = H_1 \left(\frac{D_2}{D_1}\right)^2 = 1650 \times \left(\frac{700}{850}\right)^2 \approx 1109.46(\text{m})$$

答：切削后泵的扬程为 1109.46m。

评分标准：公式正确占 40%；过程正确占 40%；结果正确占 20%；无公式、过程，只有结果不得分。

17. 已知：$i = 2.5, Z_1 = 24$。

求：$Z_2 = ?$

解：$i = \frac{Z_2}{Z_1}$

$$Z_2 = iZ_1 = 2.5 \times 24 = 60(\text{齿})$$

答：另一个齿轮的齿轮数为 60 齿。

评分标准：公式正确占 40%；过程正确占 40%；结果正确占 20%；无公式、过程，只有结果不得分。

18. 已知：$Z_1 = 30, Z_2 = 45, n_1 = 300\text{r/min}$。

求：$n_2 = ?$

解：$\frac{Z_1}{Z_2} = \frac{n_2}{n_1}$

$$n_2 = \frac{Z_1 n_1}{Z_2} = \frac{30 \times 300}{45} = 200(\text{r/min})$$

答：被动轮转速为 200r/min。

评分标准：公式正确占 40%；过程正确占 40%；结果正确占 20%；无公式、过程，只有结果不得分。

19. 已知：$S = 0.09\text{m}^2, t = 48\text{h}, W_1 = 1000\text{g}, W_2 = 980\text{g}$。

求：$v = ?$

解：$\Delta W = W_1 - W_2 = 1000 - 980 = 20(\text{g})$

$$v = \frac{\Delta W}{St} = \frac{20}{0.09 \times 48} \approx 4.63\text{g}/(\text{m}^2 \cdot \text{h})$$

答：铁在强酸溶液中的腐蚀速度为 4.63g/($m^2 \cdot h$)。

评分标准：公式对占 40%，过程对占 40%，结果对占 20%，公式、过程不对，结果对不得分。

20. 已知：$S = 0.04m^2$，$t = 48h$，$\Delta W = 5g$。

求：$v = ?$

解：$v = \dfrac{\Delta W}{St}$

$\quad\quad = \dfrac{5}{0.04 \times 48} = 2.6g/(m^2 \cdot h)$

答：铁在强酸溶液中的腐蚀速度为 2.6g/($m^2 \cdot h$)。

评分标准：公式对占 40%，过程对占 40%，结果对占 20%，公式、过程不对，结果对不得分。

附 录

附录1 职业技能等级标准

1. 工种概况

1.1 工种名称

注水泵工。

1.2 工种定义

操作专用高压注水泵等机泵设备,将清水或处理后的含油污水升压、输出至高压注水管网的人员。

1.3 工种等级

本工种共设四个等级,分别为:初级(国家职业资格五级)、中级(国家职业资格四级)、高级(国家职业资格三级)、技师(国家职业资格二级)。

1.4 职业环境

室内作业,有噪声。

1.5 工作内容概述

能操作与维护设备;能使用仪器、仪表、工具、用具及量具;能录取资料、测算并调整参数;能处理机泵与辅助设备故障;能进行全面质量管理;能进行技术培训。

1.6 工种能力特征

身体健康,具有一定的理解、表达、分析、判断能力和形体知觉、色觉能力,动作协调灵活。

1.7 基本文化程度

高中毕业(或同等学力)。

1.8 培训要求

1.8.1 培训期限

全日制职业学校教育,根据其培养目标和教学计划确定期限。晋级培训:初级不少于280标准学时;中级不少于210标准学时;高级不少于200标准学时;技师不少于280标准学时。

1.8.2 培训教师

培训初、中、高级的教师应具有本职业高级以上职业资格证书或中级以上专业技术职务任职资格;培训技师的教师应具有本职业高级技师职业资格证书或相应高级专业技术职务任职资格。

1.8.3　培训场地设备

理论培训应具有可容纳 30 名以上学员的教室,实际操作培训应有相应的设备、工具、安全设施等较为完善的场地。

1.9　鉴定要求

1.9.1　适用对象

(1)新入职的操作技能人员;

(2)在操作技能岗位工作的人员;

(3)其他需要鉴定的人员。

1.9.2　申报条件

具备以下条件之一者可申报初级工:

(1)新入职完成本职业(工种)培训内容,经考核合格人员。

(2)从事本工种工作 1 年及以上的人员。

具备以下条件之一者可申报中级工:

(1)从事本工种工作 5 年以上,并取得本职业(工种)初级工职业技能等级证书。

(2)各类职业、高等院校大专及以上毕业生从事本工种工作 3 年及以上,并取得本职业(工种)初级工职业技能等级证书。

具备以下条件之一者可申报高级工:

(1)从事本工种工作 14 年以上,并取得本职业(工种)中级工职业技能等级证书的人员。

(2)各类职业、高等院校大专及以上毕业生从事本工种工作 5 年及以上,并取得本职业(工种)中级工职业技能等级证书的人员。

技师需取得本职业(工种)高级工职业技能等级证书 3 年以上,工作业绩经企业考核合格的人员。

高级技师需取得本职业(工种)技师职业技能等级证书 3 年以上,工作业绩经企业考核合格的人员。

1.9.3　鉴定方式

分理论知识考试和操作技能考核。理论知识考试采取闭卷笔试方式,操作技能考核采用笔试、现场模拟操作方式。理论知识考试和操作技能考核均实行百分制,成绩皆达 60 分以上(含 60 分)者为合格。技师还需进行综合审评。

1.9.4　考评员与考生配比

理论知识考试考评人员与考生配比为 1∶20,每标准教室不少于 2 名考评人员;操作技能考核考评人员与考生配比为 1∶5,且不少于 3 名考评人员;技师综合评审考评人员不少于 5 人。

1.9.5　鉴定时间

理论知识考试 90 分钟,操作技能考核不少于 60 分钟。

1.9.6　鉴定场所设备

理论知识考试在标准教室进行。操作技能考核在具有相应的设备、工具和安全设施等较为完善的场地进行。

2. 基本要求

2.1　职业道德

(1)爱岗敬业,自觉履行职责;

(2)忠于职守,严于律己;

(3)吃苦耐劳,工作认真负责;

(4)勤劳好学,刻苦钻研业务技术;

(5)谦虚谨慎,团结协作;

(6)安全生产,严格执行生产操作规程;

(7)文明作业,质量环保意识强;

(8)文明守纪,遵纪守法。

2.2　基础知识

2.2.1　采油地质知识

(1)石油和天然气基础知识;

(2)油田水的基础知识;

(3)石油天然气的生成、运移及储集知识;

(4)石油地质基础知识;

(5)油田开发概述;

(6)油田开发方式;

(7)油田开发方案;

(8)油藏开发层系的划分;

(9)油田开发阶段的划分与调整。

2.2.2　流体力学知识

(1)流体的基本知识;

(2)流体静力学知识;

(3)流体动力学知识。

2.2.3　安全生产、环境保护及相关法律法规

(1)采油工程生产安全基础知识;

(2)注水泵工相关职业安全卫生法律法规;

(3)防火防爆知识;

(4)灭火知识;

(5)用电安全知识。

2.2.4　金属工艺学知识

(1)金属及金属材料的基础知识；

(2)金属材料的性能；

(3)常用的金属材料。

3. 工作要求

本标准对初级、中级、高级、技师的技能要求依次递进,高级别包含低级别的要求。

3.1　初级

职业功能	工作内容	技能要求	相关知识
一、操作维护设备	（一）操作设备	1. 能启、停离心式注水泵 2. 能启、停柱塞泵 3. 能启动冷却水系统 4. 能启动润滑油系统	1. 离心泵的结构、分类、工作原理及主要性能参数 2. 离心式注水泵启、停泵操作规程 3. 柱塞泵的结构、分类、工作原理及主要性能参数 4. 柱塞泵启、停泵操作规程 5. 冷却水系统启动操作规程及运行时注意事项 6. 润滑油系统启动操作规程及运行时注意事项 7. 润滑材料的种类及特性
	（二）维护设备	1. 能进行高压离心泵例行保养 2. 能进行柱塞泵例行保养 3. 能检查清洗过滤器滤网 4. 能更换低压离心泵联轴器胶圈 5. 能更换柱塞泵填料	1. 离心式注水泵的保养及操作规程 2. 柱塞泵的保养及操作规程 3. 清洗过滤器滤网的操作步骤 4. 更换低压离心泵联轴器胶圈的操作步骤 5. 更换柱塞泵填料的操作步骤
二、使用器具	（一）使用仪表	1. 能更换压力表 2. 能校对安装压力表	1. 压力表的结构、工作原理及使用要求 2. 安装压力表的操作步骤 3. 压力表校验标准
	（二）使用工具、用具、量具	1. 能识别和使用活动扳手 2. 能使用手钢锯割钢管 3. 能更换闸阀密封填料 4. 能使用游标卡尺测量工件	1. 常用工具的规格型号、使用方法及使用时的注意事项 2. 手钢锯割钢管的操作步骤 3. 填料的分类及规格 4. 更换填料的操作步骤 5. 游标卡尺的结构、要求及使用方法
三、管理注水站	（一）录取资料、测算参数	1. 能录取生产数据 2. 能填写生产运行报表 3. 能绘制注水站工艺流程图 4. 能计算储水罐储水量	1. 注水泵、柱塞泵参数的测定要求 2. 填写日报表的标准 3. 注水站工艺流程的绘制要求 4. 绘图基本要求 5. 储水罐储水量的计算方法 6. 污水处理的工艺流程及化验方法 7. 激光浊度仪的结构、工作原理及操作方法 8. 悬浮物分析计算方法
	（二）调整参数	能巡回检查生产中的注水站	1. 离心式注水泵运行中检查的注意事项 2. 离心式注水泵检查的技术要求与规范

3.2 中级

职业功能	工作内容	技能要求	相关知识
一、操作维护设备	（一）操作设备	1. 能调整润滑油系统压力 2. 能切换润滑油泵 3. 能倒运离心式注水泵	1. 注水泵润滑系统运行中的检查内容 2. 注水泵冷却系统的操作要求 3. 齿轮油泵的结构及工作原理 4. 冷却塔的结构、分类及工作原理 5. 离心式注水泵的倒运步骤
	（二）维护设备	1. 能加注低压电动机润滑脂 2. 能更换柱塞泵油封 3. 能更换柱塞泵柱塞 4. 能更换低压离心泵密封填料 5. 能进行离心式注水泵的一级保养	1. 电动机的结构、参数、工作原理及技术规范 2. 润滑油管理方法和技术要求 3. 轴承的分类及使用要求 4. 加注低压电动机润滑脂的操作步骤 5. 板框式滤油机的结构及工作原理 6. 真空式滤油机的结构及工作原理 7. 柱塞泵油封漏油的原因及油封的更换方法 8. 柱塞泵柱塞的更换方法 9. 更换低压离心泵填料的操作步骤 10. 离心式注水泵一级保养的方法及注意事项
二、使用器具	（一）使用电气仪表	能用兆欧表测量电动机绝缘电阻	1. 兆欧表的概念及结构 2. 万用表的使用方法 3. 钳型电流表的使用方法 4. 电路的连接方法
	（二）使用工具、用具、量具	1. 能用外径千分尺测量工件 2. 能测量滚动轴承游隙 3. 能使用直尺法校正低压离心泵同轴度 4. 能使用管子铰板套扣 5. 能制作、更换法兰垫片	1. 千分尺的结构、分类、工作原理 2. 测量滚动轴承游隙的操作步骤 3. 塞尺的使用方法 4. 直尺法测量同轴度的操作步骤 5. 管子铰板的使用及保养方法 6. 制作、更换法兰垫片的操作步骤 7. 常用阀门型号、种类、工作原理、注意事项及安装要求
三、管理注水站	（一）录取资料、测算参数	1. 能使用容积法测算离心式注水泵流量 2. 能测算离心式注水泵扬程	1. 离心式注水泵流量、扬程、效率、有效功率、轴功率的测算方法 2. 含油污水的特点和除油方法
	（二）调整参数	1. 能绘制离心式注水泵流量与扬程关系（Q-H）曲线 2. 能绘制离心式注水泵流量与轴功率关系（Q-N）曲线 3. 能绘制离心式注水泵流量与效率关系（Q-η）曲线 4. 能制作 Word 文件	1. 离心式注水泵工况点的测定要求 2. 离心式注水泵参数的调节方法 3. 计算机 Word 文档的操作 4. 机械制图基本要求

3.3　高级

职业功能	工作内容	技能要求	相关知识
一、使用器具	（一）使用仪表	1. 能校对安装电接点压力表 2. 能更换流量计	1. 电接点压力表的结构及工作原理 2. 安装电接点压力表的操作步骤 3. 数字压力表的工作原理及维护 4. 流量计的种类及使用要求 5. 流量计校验方法 6. 更换流量计的操作步骤
	（二）使用工具、用具、量具	1. 能测量滑动轴承间隙 2. 能使用百分表测量泵轴径向跳动 3. 能使用百分表校正低压离心泵同轴度	1. 百分表的工作原理及使用方法 2. 百分表测量同轴度的操作步骤
二、管理注水站	（一）录取资料、测算参数	1. 能使用温差法测算离心式注水泵效率 2. 能使用流量法测算离心式注水泵效率 3. 能处理注水站紧急停电情况	1. 温差法、流量法测算效率的方法 2. 提高电动机效率的途径 3. 注水站紧急停电的注意事项
	（二）调整参数	1. 能测量离心式注水泵轴窜量 2. 能测量工件并标注尺寸 3. 能制作 Excel 表格	1. 测量离心式注水泵窜量的操作步骤 2. 离心式注水泵窜量的调整方法 3. 机械制图的规定 4. Excel 基本操作方法
三、处理设备故障	（一）处理机泵故障	1. 能判断离心式注水泵泵压突然升高或降低的原因 2. 能判断处理离心式注水泵密封填料过热故障 3. 能判断处理离心式注水泵温度过高故障 4. 能更换柱塞泵皮带 5. 能更换柱塞泵曲轴箱机油 6. 能拆装柱塞泵泵阀 7. 能拆装齿轮泵	1. 离心式注水泵压力异常的原因及处理 2. 离心式注水泵温度异常的原因及处理 3. 离心式注水泵声音异常的原因及处理 4. 离心式注水泵振动过大的原因及处理 5. 柱塞泵液力端异常的原因及处理 6. 柱塞泵动力端异常的原因及处理 7. 齿轮泵运行异常的原因及处理
	（二）处理辅助设备故障	1. 能更换低压电动机轴承 2. 能更换法兰阀门	1. 更换低压电动机轴承的操作步骤及注意事项 2. 更换法兰阀门的操作步骤及注意事项

3.4 技师

职业功能	工作内容	技能要求	相关知识
一、管理注水站	（一）录取资料、测算参数	1. 能测算分析注水管网效率 2. 能测算分析注水系统效率 3. 能测算分析流体流动状态 4. 能测算注水单耗	1. 水质的监控目的 2. 功率因数的概念和计算公式 3. 注水单耗的概念及测算方法 4. 管网效率、管网损失的计算方法 5. 注水系统效率的计算公式 6. 提高注水系统效率的途径 7. 流体的流动状态特点
	（二）调整参数	1. 能用 AudoCAD 绘制零件图 2. 能识读注水站工艺安装图	1. AudoCAD 绘制零件图的基本操作要求 2. 零件图的绘制及识读要求 3. 装配图的识读要求
二、处理设备故障	（一）处理机泵故障	1. 能判断分析电动机温度过高的原因 2. 能试运离心式注水电动机 3. 能试运离心式注水泵 4. 能检查验收整装离心式注水泵机组 5. 能进行多级离心泵转子小组装 6. 能判断处理柱塞泵温度过高的故障	1. 注水系统试运行的流程和注意事项 2. 离心式注水机泵故障的原因及处理方法 3. 高压离心泵机组安装的工艺方法 4. 柱塞泵机组安装的技术要求 5. 柱塞泵故障的原因及处理方法 6. 汽蚀对泵的影响及提高泵抗汽蚀的措施
	（二）处理辅助设备故障	1. 能拆装单级单吸离心泵 2. 能判断处理油箱液位升高、降低的故障 3. 能进行注水站收油操作 4. 能倒运注水站事故流程 5. 能拆装机械密封 6. 能测量阴极保护效果	1. 拆装单级单吸离心泵的操作步骤 2. 润滑油系统故障的判断与处理 3. 注水站储水罐的内部结构 4. 注水站收油的操作步骤 5. 机械密封的工作原理及拆装步骤 6. 金属腐蚀的原理、类型及危害性 7. 金属的防腐措施及方法 8. 阴极保护的原理 9. 结垢的产生和防垢原理
三、综合管理	（一）全面质量管理	能进行班组经济核算	1. 全面质量管理的基本要求 2. QHSE 管理体系的基本要求
	（二）制定培训计划	1. 能编制培训计划及培训方案 2. 能制作多媒体	1. 培训目的、意义和方法 2. PowerPoint 的基本操作方法

4. 比重表

4.1 理论知识

项 目		初级(%)	中级(%)	高级(%)	技师(%)
基本要求	基础知识	30	30	30	20

项	目		初级(%)	中级(%)	高级(%)	技师(%)
相关知识	操作维护设备	操作设备	14	6		
		维护设备	6	10		
	使用器具	使用电气仪表	10	7		
		使用仪表	8	5	12	
		使用工具、用具、量具	11	13	2	
	管理注水站	录取资料、测算参数	15	11	11	4
		调整参数	6	18	30	23
	处理设备故障	处理机泵故障			13	18
		处理辅助设备故障			2	20
	综合管理	全面质量管理				10
		培训				5
合	计		100	100	100	100

4.2 操作技能

项	目		初级(%)	中级(%)	高级(%)	技师(%)
技能要求	操作维护设备	操作设备	20	15		
		维护设备	25	25		
	使用器具	使用电气仪表		5		
		使用仪表	10		10	
		使用工具、用具、量具	20	25	15	
	管理注水站	录取资料测算参数	20	10	15	20
		调整参数	5	20	15	10
	处理设备故障	处理机泵故障			35	30
		处理辅助设备故障			10	30
	综合管理	全面质量管理				
		培训				10
合	计		100	100	100	100

附录 2　初级工理论知识鉴定要素细目表

行业:石油天然气　　　　工种:注水泵工　　　　等级:初级工　　　　鉴定方式:理论知识

行为领域	代码	鉴定范围（重要程度比例）	鉴定比重	代码	鉴定点	重要程度	备注
基础知识 A 30%	A	采油地质基础知识（26:04:01）	15%	001	石油的概念	X	
				002	石油在地面条件下的物理性质	X	
				003	石油在地层条件下的物理性质	X	
				004	石油的元素组成	X	
				005	石油的组分组成	X	
				006	石油的馏分组成	X	
				007	天然气的相对密度	X	
				008	天然气的黏度	X	
				009	天然气的溶解性	X	
				010	天然气的压缩系数	X	
				011	天然气的组成	X	
				012	天然气按重烃含量的分类	X	
				013	天然气按矿藏的分类	X	
				014	油田水的物理性质	X	
				015	油田水的化学成分	X	
				016	油田水的矿化度	X	
				017	油田水的产状	X	
				018	油田水的类型	X	
				019	油气生成的原因	Y	
				020	油气生成的物理化学条件	Y	
				021	油气运移的概念	Y	
				022	油气运移的过程	Y	
				023	生油层的特性	Z	
				024	储层的特性	X	
				025	孔隙度的概念	X	
				026	影响孔隙度的因素	X	
				027	渗透性的概念	X	
				028	渗透率的分类	X	
				029	影响参透率的因素	X	
				030	含油饱和度的概念	X	
				031	储层非均质性的概念	X	

行为领域	代码	鉴定范围（重要程度比例）	鉴定比重	代码	鉴定点	重要程度	备注
基础知识 A 30%	B	流体力学基础知识（04：00：00）	2%	001	流体的定义	X	
				002	连续介质的概念	X	
				003	流体的物理性质	X	
				004	流体的压缩性	X	
	C	安全生产（20：04：01）	13%	001	采油工程生产产物的特点	X	上岗要求
				002	采油工程工艺过程的密闭化	X	上岗要求
				003	机械性事故的概念	X	上岗要求
				004	机械性事故的类型	X	上岗要求
				005	火灾爆炸事故的概念	X	上岗要求
				006	爆炸事故的防范	X	上岗要求
				007	生产中腐蚀的事故隐患	X	上岗要求
				008	电气事故的概念	X	上岗要求
				009	中毒事故的概念	X	上岗要求
				010	地震灾害事故的概念	X	上岗要求
				011	有关火灾预防的条例	X	上岗要求
				012	有关火灾法律责任的条例	X	上岗要求
				013	有关劳动过程中的防护条例	Y	上岗要求
				014	有关从业人员权利义务的条例	Y	上岗要求
				015	有关机械设备的条例	X	上岗要求
				016	有关危险物品的条例	Z	上岗要求
				017	有关电气设备的条例	X	上岗要求
				018	有关事故处理的条例	X	上岗要求
				019	安全生产责任制的要求	X	上岗要求
				020	安全生产的定期检查内容	X	上岗要求
				021	伤亡事故的调查处理	Y	上岗要求
				022	危险化学品的使用要求	Y	上岗要求
				023	危险场所的技术安全要求	X	上岗要求
				024	危险场所的安全管理要求	X	上岗要求
				025	有关重大事故隐患评估报告的条例	X	上岗要求
专业知识 B	A	操作设备（21：04：02）	14%	001	离心泵的分类	X	上岗要求
				002	离心泵的结构	X	上岗要求
				003	离心泵的工作原理	X	上岗要求
				004	离心泵型号意义	X	上岗要求

续表

行为领域	代码	鉴定范围（重要程度比例）	鉴定比重	代码	鉴定点	重要程度	备注
专业知识 B	A	操作设备（21：04：02）	14%	005	离心泵的基本参数	X	上岗要求
				006	离心泵主要零部件的作用	X	上岗要求
				007	离心式注水泵机组的特点	Y	上岗要求
				008	注水泵机组选择的原则	Y	上岗要求
				009	离心泵的能量损失	Y	上岗要求
				010	柱塞泵的分类	X	上岗要求
				011	柱塞泵的结构	Y	上岗要求
				012	柱塞泵的工作原理	X	上岗要求
				013	柱塞泵的主要性能参数	X	上岗要求
				014	柱塞泵主要部件的作用	X	上岗要求
				015	柱塞泵实际流量与理论流量的关系	X	
				016	离心式注水泵机组的主要保护措施	X	上岗要求
				017	柱塞泵机组的主要保护措施	X	上岗要求
				018	注水站冷却系统的组成	X	上岗要求
				019	注水站润滑系统的组成	X	上岗要求
				020	稀油站的结构特点	X	上岗要求
				021	启动润滑油系统的步骤	Z	上岗要求
				022	离心式注水泵启泵前的准备内容	Z	上岗要求
				023	离心式注水泵启泵的操作程序	X	上岗要求
				024	离心式注水泵停运的操作程序	X	上岗要求
				025	离心式注水泵紧急停泵操作的要求	X	上岗要求
				026	柱塞泵启动的操作程序	X	上岗要求
				027	柱塞泵运转中的注意事项	X	上岗要求
	B	维护设备（10：02：01）	6%	001	离心式注水泵启泵前设备的检查方法	X	上岗要求
				002	离心式注水泵启动后设备的检查方法	X	上岗要求
				003	离心式注水泵启动时的注意事项	X	上岗要求
				004	离心式注水泵停运时的注意事项	X	上岗要求
				005	离心式注水泵的例行保养	X	上岗要求
				006	柱塞泵启泵前的检查方法	Y	上岗要求
				007	柱塞泵启动时的注意事项	Y	上岗要求
				008	柱塞泵例行保养的内容	X	上岗要求
				009	柱塞泵一级保养的内容	X	上岗要求
				010	柱塞泵机组的巡回检查点	X	上岗要求
				011	过滤器的结构特点	X	上岗要求
				012	检查注水泵过滤器技术要求	Z	上岗要求
				013	清洗过滤器的步骤	X	上岗要求

续表

行为领域	代码	鉴定范围（重要程度比例）	鉴定比重	代码	鉴定点	重要程度	备注
专业知识B	C	使用电气仪表（15：03：01）	10%	001	电路的基本概念	X	
				002	交流电的基本概念	X	
				003	电流的概念	X	
				004	电压的概念	X	
				005	电阻的概念	X	
				006	欧姆定律的概念	X	
				007	串联电路的特性	X	
				008	并联电路的特性	X	
				009	短路的概念	X	
				010	电路图的概念	X	
				011	电气事故的分类	X	
				012	电工仪表的分类	X	
				013	电工仪表的型号	X	
				014	保护接地的方式	X	
				015	中性接地的方式	X	
				016	仪用互感器的作用	Y	
				017	电流互感器的工作原理	Y	
				018	电压互感器的工作原理	Y	
				019	验电笔的使用方法	Z	
	D	使用仪表（13：02：01）	8%	001	压力表的规格	X	上岗要求
				002	压力表的结构	X	上岗要求
				003	压力表的原理	X	
				004	弹簧管压力表的校验方法	X	
				005	压力表的安装操作步骤	X	上岗要求
				006	电流的测量方法	X	上岗要求
				007	电压的测量方法	X	上岗要求
				008	电阻的测量方法	X	
				009	常用注水仪表的种类	X	上岗要求
				010	常用流量计的种类	X	上岗要求
				011	椭圆齿轮流量计的使用要求	Z	上岗要求
				012	电磁流量计的使用要求	X	上岗要求
				013	涡街流量计的使用要求	X	上岗要求
				014	水平螺翼式水表的使用要求	X	上岗要求
				015	插入式涡轮流量计的使用要求	Y	上岗要求
				016	干式高压螺翼式水表的使用要求	Y	上岗要求

续表

行为领域	代码	鉴定范围（重要程度比例）	鉴定比重	代码	鉴定点	重要程度	备注
专业知识B	E	使用工具、用具、量具（18：03：01）	11%	001	梅花扳手的使用方法	X	上岗要求
				002	套筒扳手的使用方法	X	上岗要求
				003	呆扳手的使用方法	X	上岗要求
				004	活动扳手的使用方法	X	上岗要求
				005	F扳手的使用方法	X	上岗要求
				006	管钳的使用方法	X	上岗要求
				007	手钳的使用方法	X	上岗要求
				008	管子割刀的使用方法	X	
				009	台钻的使用方法	X	
				010	锉刀的使用方法	X	
				011	手钢锯的使用方法	X	
				012	螺钉旋具的使用方法	X	
				013	卡钳的使用方法	Z	
				014	游标卡尺的工作原理	X	
				015	游标卡尺的使用方法	X	
				016	游标卡尺的结构	Y	
				017	游标卡尺的种类	Y	
				018	螺栓的种类	X	上岗要求
				019	螺钉的种类	Y	上岗要求
				020	螺母的种类	X	上岗要求
				021	垫圈的作用	X	上岗要求
				022	密封填料的种类	X	上岗要求
	F	录取资料、测算参数（24：04：02）	15%	001	柱塞泵的工作特性	X	上岗要求
				002	柱塞泵扬程的测定	X	上岗要求
				003	柱塞泵流量的测定	X	上岗要求
				004	柱塞泵往复次数的测定	X	上岗要求
				005	绘制注水站工艺流程图中图幅的要求	X	上岗要求
				006	绘制注水站工艺流程图中管线的绘制要求	X	上岗要求
				007	绘制注水站工艺流程图的方法	X	上岗要求
				008	绘制注水站工艺流程图图例的样式	X	上岗要求
				009	绘制注水站工艺流程图的步骤	X	上岗要求
				010	计算注水量的方法	X	上岗要求
				011	常用污水处理化学药剂	X	

行为领域	代码	鉴定范围（重要程度比例）	鉴定比重	代码	鉴定点	重要程度	备注
专业知识B	F	录取资料、测算参数（24：04：02）	15%	012	污水处理化学药剂的作用	X	
				013	注水水源的分类	X	
				014	地面水源的特点	X	
				015	地面水净化流程	Z	
				016	地下浅层水的概念	Y	
				017	含油污水处理流程	X	
				018	除油罐的分类	Z	
				019	斜板除油罐的结构	Y	
				020	沉淀池的作用	X	
				021	化验室常用的容器类玻璃仪器	X	
				022	水中的各种离子	X	
				023	过滤罐的种类	X	
				024	压力式过滤罐的结构	Y	
				025	粗粒化罐的结构	Y	
				026	过滤罐进出口取水样操作方法	X	
				027	污水含油量的测定方法	X	
				028	悬浮物的危害性	X	上岗要求
				029	激光浊度仪测量悬浮物含量的方法	X	上岗要求
				030	填写报表的要求	X	上岗要求
	G	调整参数（10：02：01）	6%	001	离心式注水泵正常运行时注意事项	X	上岗要求
				002	柱塞泵的参数调节方法	X	上岗要求
				003	离心式注水泵检查技术要求	X	上岗要求
				004	离心泵串联运行方式	X	
				005	离心泵并联运行方式	X	
				006	注水水质基本要求	X	上岗要求
				007	注水水质的标准	X	上岗要求
				008	污水含油的指标	X	上岗要求
				009	水质标准的分级	X	
				010	注水水质辅助性指标	Z	
				011	悬浮物的指标	X	
				012	水中杂质存在的形式	Y	
				013	油气田水处理常用的 pH 值调节剂	Y	

注：X—核心要素；Y—一般要素；Z—辅助要素。

附录3　初级工操作技能鉴定要素细目表

行业:石油天然气　　　　工种:注水泵工　　　　等级:初级工　　　　鉴定方式:操作技能

行为领域	代码	鉴定范围	鉴定比重	代码	鉴定点	重要程度	备注
操作技能A	A	操作维护设备	45%	001	启、停离心式注水泵	X	
				002	启、停柱塞泵	X	
				003	启动冷却水系统	X	
				004	启动运行润滑系统	X	
				005	进行高压离心泵的例行保养	X	
				006	进行柱塞泵例行保养	X	
				007	检查清洗过滤器滤网	X	
				008	更换低压离心泵联轴器胶圈	Y	
				009	更换柱塞泵填料	X	
	B	使用器具	30%	001	更换压力表	X	
				002	校对安装压力表	X	
				003	识别与使用活动扳手	X	
				004	使用手钢锯割钢管	Z	
				005	更换闸阀密封填料	Y	
				006	使用游标卡尺测量工件	Y	
	C	管理注水站	25%	001	录取生产数据	X	
				002	填写生产运行报表	X	
				003	绘制注水站工艺流程图	X	
				004	计算储水罐水量	X	
				005	巡回检查生产中的注水站	X	

注:X—核心要素;Y——般要素;Z—辅助要素。

附录4 中级工理论知识鉴定要素细目表

行业:石油天然气　　　　工种:注水泵工　　　　等级:中级工　　　　鉴定方式:理论知识

行为领域	代码	鉴定范围 （重要程度比例）	鉴定比重	代码	鉴定点	重要程度	备注
基础知识A 30%	A	采油地质基础知识 （28∶06∶02）	18%	001	岩石的概念	X	
				002	沉积岩的概念	X	
				003	沉积岩的破坏阶段	X	
				004	沉积岩的搬运阶段	X	
				005	沉积岩的沉积作用阶段	X	
				006	沉积岩的成岩作用阶段	X	
				007	沉积岩的结构	X	
				008	沉积岩的构造	X	
				009	沉积岩颜色的成因类型	X	
				010	常见沉积岩的颜色	X	
				011	岩层的产状	X	
				012	褶曲的基本类型	X	
				013	褶曲的几何要素	X	
				014	褶曲的形态分类	Z	
				015	断裂构造的概念	X	
				016	断层的几何要素	X	
				017	断层的主要类型	X	
				018	圈闭的概念	X	
				019	圈闭的类型	X	
				020	油气藏的基本概念	X	
				021	构造油气藏的概念	X	
				022	断层油气藏的概念	X	
				023	地层油气藏的概念	X	
				024	岩性油气藏的概念	X	
				025	油气藏描述有关术语	X	
				026	油气藏的水压驱动	X	
				027	油气藏的溶解气驱动	Y	
				028	油气藏的气压驱动	Y	

行为领域	代码	鉴定范围 （重要程度比例）	鉴定比重	代码	鉴定点	重要程度	备注
基础知识 A 30%	A	采油地质 基础知识 （28：06：02）	18%	029	油气藏的重力驱动	Z	
				030	油气田包含的意义	Y	
				031	油气田的分类	X	
				032	沉积相的分类	Y	
				033	油田储量的概念	X	
				034	油田储量的分类	X	
				035	探明储量的分类	Y	
				036	储量计量的方法	Y	
	B	流体力学 基础知识 （03：01：00）	2%	001	流体的膨胀性	X	
				002	流体的黏滞性	X	
				003	流体的温变特性	Y	
				004	流体静压强的概念	X	
	C	安全生产 （11：01：00）	6%	001	站库检修的特点	X	
				002	站库检修的组织实施	X	
				003	禁火区与动火区的划定	X	
				004	动火安全要求	X	
				005	油罐动火的注意事项	X	
				006	管线动火的注意事项	X	
				007	罐内作业的安全要求	X	
				008	电气检修的安全要求	X	
				009	高空作业的安全要求	X	
				010	防腐蚀涂装安全技术的意义	Y	
				011	涂装作业防火防爆的安全措施	X	
				012	涂装作业防毒安全技术要求	X	
	D	金属工艺 学知识 （07：01：00）	4%	001	金属的概念	X	
				002	金属材料的分类	X	
				003	金属材料的力学性能	X	
				004	强度的概念	X	
				005	塑性的概念	X	
				006	延展性的概念	X	
				007	硬度的概念	X	
				008	硬度的测定方法	Y	

续表

行为领域	代码	鉴定范围 （重要程度比例）	鉴定 比重	代码	鉴定点	重要 程度	备注
专 业 知 识 B 70%	A	操作设备 （09：02：00）	6%	001	冷却塔的结构	X	
				002	冷却塔的分类	Y	
				003	冷却塔的工作原理	X	
				004	稀油站的工作原理	X	
				005	齿轮油泵的工作原理	X	
				006	齿轮油泵的结构	X	
				007	齿轮泵的性能参数	Y	
				008	连续压力润滑的优点	X	
				009	切换润滑油泵的操作要领	X	
				010	润滑油系统压力的调节方法	X	
				011	离心式注水泵倒运的操作程序	X	
	B	维护设备 （16：03：01）	10%	001	注水电动机组成	X	
				002	注水电动机润滑油选用	Z	
				003	电动机型号的意义	X	
				004	电动机的主要参数	X	
				005	注水电动机的结构	X	
				006	电动机的工作原理	Y	
				007	润滑油的检查方法	X	
				008	轴承的种类	X	
				009	润滑脂的作用	Y	
				010	润滑油的作用	Y	
				011	润滑油的使用要求	X	
				012	强制润滑机组润滑油的日常管理	X	
				013	事故油箱的作用	X	
				014	过滤润滑油的技术要求	X	
				015	柱塞泵骨架油封漏油的原因	X	
				016	更换柱塞泵油封的技术要求	X	
				017	更换柱塞泵柱塞的技术要求	X	
				018	板框式滤油机的使用方法	X	
				019	真空式滤油机的使用方法	X	
				020	更换离心泵密封填料的注意事项	X	
	C	使用电气仪表 （11：02：01）	7%	001	万用表的概念	X	
				002	万用表的使用方法	X	

行为领域	代码	鉴定范围 （重要程度比例）	鉴定比重	代码	鉴定点	重要程度	备注
专业知识 B 70%	C	使用电气仪表 （11：02：01）	7%	003	钳形电流表的概念	X	
				004	钳形电流表的使用方法	X	
				005	串联电路的计算方法	X	
				006	并联电路的计算方法	X	
				007	电功的概念	X	
				008	电功率的概念	X	
				009	变压器的工作原理	Y	
				010	继电器的种类	Y	
				011	继电保护装置的作用	Z	
				012	星点柜的作用	X	
				013	配电柜的作用	X	
				014	常用电工仪器仪表的选择要求	X	
	D	使用仪表 （08：01：01）	5%	001	直尺法测同轴度的操作步骤	X	
				002	常用温度计的种类	X	
				003	温度计的安装使用要求	X	
				004	常见温度计的原理	X	
				005	测量误差的概念	Z	
				006	压力变送器的结构	Y	
				007	千分尺的结构	X	
				008	千分尺的使用方法	X	
				009	千分尺测滚动轴承游隙的操作步骤	X	
				010	塞尺的使用方法	X	
	E	使用工具、 用具及量具 （20：04：01）	13%	001	管子铰板套扣的方法	X	
				002	使用管子铰板的注意事项	X	
				003	常见阀门的型号	X	
				004	阀门的分类	X	
				005	阀门的基本参数	Y	
				006	阀门的选用原则	Y	
				007	阀门的维护保养	X	
				008	阀门的操作方法	X	
				009	阀门的检修方法	X	
				010	闸阀的结构特点	X	
				011	截止阀的结构特点	X	

行为领域	代码	鉴定范围 （重要程度比例）	鉴定比重	代码	鉴定点	重要程度	备注
专业知识 B 70%	E	使用工具、用具及量具 （20：04：01）	13%	012	球阀的结构特点	X	
				013	蝶阀的结构特点	X	
				014	止回阀的结构特点	X	
				015	电动阀的组成	X	
				016	安全阀的分类	Y	
				017	安全阀的作用	X	
				018	阀门的压力试验	X	
				019	阀门使用的注意事项	X	
				020	阀门安装的一般要求	X	
				021	管道的连接方式	X	
				022	埋地管道的要求	Y	
				023	管件的种类	Z	
				024	管件的连接方式	X	
				025	法兰垫片的选用要求	X	
	F	录取资料、测算参数 （16：04：01）	11%	001	地下浅层水净化的方法	Y	
				002	水质处理的方法	X	
				003	过滤的原理	Z	
				004	压力式过滤罐的工作原理	X	
				005	压力式过滤罐的反冲洗操作方法	Y	
				006	除油罐的除油操作	Y	
				007	地下水源的特点	Y	
				008	含油污水的特点	X	
				009	硫化氢的危害性	X	
				010	溶解氧的危害	X	
				011	悬浮物固体含量分析方法	X	
				012	悬浮物固体含量计算方法	X	
				013	分光光度计测定污水含油量的要求	X	
				014	绘制离心式注水泵 $Q-H$ 特性曲线的方法	X	
				015	绘制离心式注水泵 $Q-N$ 特性曲线的方法	X	
				016	绘制离心式注水泵 $Q-\eta$ 特性曲线的方法	X	
				017	离心式注水泵流量的测定方法	X	
				018	离心式注水泵扬程的测定方法	X	
				019	离心式注水泵有效功率的测定方法	X	
				020	离心式注水泵轴功率的测定方法	X	
				021	离心式注水泵效率的测定方法	X	

行为领域	代码	鉴定范围 （重要程度比例）	鉴定比重	代码	鉴定点	重要程度	备注
专业知识B 70%	G	调整参数 （32：06：01）	18%	001	离心式注水泵的工况点	X	
				002	离心式注水泵的参数调节方法	X	
				003	泵管压差的合理控制方法	X	
				004	Windows 7 的安装要求	Y	
				005	Windows 7 鼠标的使用方法	X	
				006	Windows 7 窗口的操作方法	X	
				007	Windows 7 中文输入方法	X	
				008	Windows 7 桌面的设置方法	X	
				009	Windows 7 任务栏的作用	Y	
				010	Windows 7 开始菜单的作用	X	
				011	Windows 7 文件夹的设置方法	X	
				012	Windows 7 写字板的使用方法	Y	
				013	Windows 7 画图工具的使用方法	Y	
				014	Word 2010 文档创建的方法	X	
				015	Word 2010 文档保存的方法	X	
				016	Word 2010 编辑文档的方法	X	
				017	Word 2010 文档的操作方法	X	
				018	Word 2010 文档的视图设置方法	X	
				019	Word 2010 文档的打印方法	X	
				020	Word 2010 文档字体格式的设置方法	X	
				021	Word 2010 文档段落格式的设置方法	X	
				022	Word 2010 文档页面背景格式的设置方法	Y	
				023	Word 2010 审阅文档的设置方法	Y	
				024	Word 2010 设置封面的方法	Z	
				025	Word 2010 快捷键的使用方法	X	
				026	图纸幅面对尺寸的规定	X	
				027	绘图中对字体的要求	X	
				028	机械制图中图线的应用	X	
				029	机械制图的尺寸注法的基本规则	X	
				030	标准尺寸的要素	X	
				031	特殊位置的尺寸注法	X	
				032	锥度的概念	X	
				033	弧连接的绘制方法	X	

续表

行为领域	代码	鉴定范围 （重要程度比例）	鉴定 比重	代码	鉴定点	重要 程度	备注
专业知识 B 70%	G	调整参数 （32：06：01）	18%	034	平面图形的分析方法	X	
				035	投影法的分类	X	
				036	正投影法的基本性质	X	
				037	三视图投影的对应关系	X	
				038	视图的分类	X	
				039	局部视图的标准规定	X	

注：X—核心要素；Y——一般要素；Z—辅助要素。

附录 5   中级工操作技能鉴定要素细目表

行业:石油天然气　　　　工种:注水泵工　　　　等级:中级工　　　　鉴定方式:操作技能

行业领域	代码	鉴定范围	鉴定比重	代码	鉴定点	重要程度	备注
操作技能A	A	操作维护设备	40%	001	调整润滑油系统压力	X	
				002	切换润滑油泵	X	
				003	倒运离心式注水泵	X	
				004	加注低压电动机润滑脂	X	
				005	更换柱塞泵油封	X	
				006	更换柱塞泵柱塞	X	
				007	更换低压离心泵密封填料	X	
				008	进行离心式注水泵一级保养	X	
	B	使用器具	30%	001	用兆欧表测量电动机绝缘电阻	X	
				002	用外径千分尺测量工件	Y	
				003	测量滚动轴承游隙	X	
				004	使用直尺法校正低压离心泵同轴度	Y	
				005	使用管子铰板套扣	Z	
				006	制作、更换法兰垫片	Y	
	C	管理注水站	30%	001	用容积法测算离心式注水泵流量	X	
				002	测算离心式注水泵扬程	X	
				003	绘制离心式注水泵流量与扬程关系($Q-H$)曲线	X	
				004	绘制离心式注水泵流量与轴功率关系($Q-N$)曲线	X	
				005	绘制离心式注水泵流量与效率关系($Q-\eta$)曲线	X	
				006	制作 Word 文件	X	

注:X—核心要素;Y——一般要素;Z—辅助要素。

附录6 高级工理论知识
鉴定要素细目表

行业:石油天然气   工种:注水泵工   等级:高级工   鉴定方式:理论知识

行为领域	代码	鉴定范围（重要程度比例）	鉴定比重	代码	鉴定点	重要程度	备注
基础知识 A 30%	A	采油地质基础知识（19：04：01）	15%	001	油田开发的概念	X	
				002	油田开发的方针	X	
				003	油田常用开发方式	X	
				004	注水方式分类	Y	JD
				005	面积注水的特点	X	
				006	面积注水的类型	X	
				007	不规则点状注水井网	X	
				008	笼统注水的概念	X	
				009	分层注水的概念	Y	
				010	注水开发中的三大矛盾	X	JD
				011	三大矛盾的调整方法	X	
				012	油田开发的原则	X	
				013	划分开发层系的必要性	Y	
				014	划分和组合开发层系的原则	X	
				015	划分和组合开发层系的基本方法	X	
				016	划分油田开发阶段的意义	X	
				017	按产量划分的开发阶段	X	
				018	按开采方法划分的开发阶段	X	
				019	按开采的油层划分的开发阶段	X	
				020	按综合含水率划分的开发阶段	X	
				021	层系的调整方法	X	
				022	注水的方式及井网调整	X	
				023	注水系统的调整类型	Z	
				024	生产制度的调整	Y	
	B	流体力学基础知识（03：00：00）	2%	001	流体的流动状态	X	JD JS
				002	水头损失的概念	X	JD JS
				003	沿程水头损失的计算公式	X	JS

行为领域	代码	鉴定范围（重要程度比例）	鉴定比重	代码	鉴定点	重要程度	备注
基础知识 A 30%	C	安全生产（09∶02∶01）	7%	001	防火防爆的基本概念	X	
				002	燃烧的类型	X	JD
				003	爆炸的概念	X	
				004	常见爆炸的类型	Y	JD
				005	燃烧爆炸的转化	X	
				006	防火防爆技术措施	X	
				007	易燃易爆物料的管理	X	
				008	火源的管理	Y	
				009	火源的控制	X	
				010	爆炸灾害的预防对策	X	
				011	阻火装置的类型	Z	
				012	泄压装置的类型	X	
	D	金属工艺学知识（08∶01∶00）	6%	001	有色金属的分类	X	
				002	金属材料的韧度	X	
				003	金属材料的工艺性能	X	
				004	金属材料的铸造性	X	
				005	金属材料的切削加工性	Y	
				006	金属材料的焊接性	X	
				007	铁的分类	X	
				008	钢的分类	X	JD
				009	钢材的分类	X	
专业知识 B 70%	A	使用仪表（16∶03∶01）	12%	001	压力表选用的技术要求	X	
				002	电接点压力表在润滑油系统中的作用	X	
				003	电接点压力表的使用方法	X	
				004	电动压力变送器的原理	X	
				005	电动压力变送器的安装要求	X	
				006	使用压力变送器的注意事项	X	
				007	流量计的选择方法	X	
				008	流量计的安装使用要求	X	
				009	流量计的校验方法	X	
				010	更换流量计的操作步骤	X	
				011	数字显示仪的分类	Y	
				012	数字显示仪的结构	X	

行为领域	代码	鉴定范围（重要程度比例）	鉴定比重	代码	鉴定点	重要程度	备注
专业知识 B 70%	A	使用仪表（16：03：01）	12%	013	数字显示仪的工作原理	X	
				014	温度变送器的分类	Y	
				015	温度变送器的结构	X	
				016	温度变送器的工作原理	X	
				017	热电阻的测温原理	X	
				018	热电偶的测温原理	X	
				019	膨胀式温度计的分类	Y	
				020	双金属温度计测温特性	Z	
	B	使用工具、用具、量具（03：00：00）	2%	001	百分表的使用方法	X	
				002	百分表的传动原理	X	
				003	使用百分表的操作步骤	X	
	C	录取资料、测算参数（14：03：01）	11%	001	储水罐的结构	X	
				002	储水罐运行时的注意事项	X	
				003	储水罐的测定方法	X	JS
				004	注入水与油层水的离子浓度标准	X	
				005	含油污泥的处理方法	Y	
				006	杀菌剂的选择	Z	
				007	水处理过程中有毒有害物质的防护	Y	
				008	分光光度计比色法测污水中含油量的方法	X	
				009	离心式注水泵串联的运行特性	X	JS
				010	离心式注水泵并联的运行特性	X	JD JS
				011	温差法测泵效的内容	X	
				012	温差法测泵效的计算公式	X	JD JS
				013	流量法测泵效的内容	X	
				014	流量法测泵效的计算公式	Y	JD JS
				015	注水泵电动机的效率计算公式	X	
				016	提高电动机效率的途径	X	JD
				017	管网效率的计算公式	X	JS
				018	管网的压力损失	X	
	D	调整参数（38：07：03）	30%	001	注水站地面布局设计应符合的规定	X	
				002	注水站工艺流程设计应符合的规定	Y	
				003	注水站应有的保护	X	
				004	注水站注水泵房设计应符合的规定	X	

续表

行为领域	代码	鉴定范围 （重要程度比例）	鉴定 比重	代码	鉴定点	重要 程度	备注
专业 知识 B 70%	D	调整参数 （38：07：03）	30%	005	注水站储水罐设计应符合的规定	X	
				006	注水站注水管道设计应符合的规定	X	
				007	注水站注水管道敷设应符合的规定	X	
				008	注水站注水管阀设计应符合的规定	Y	
				009	注水站供配电设计应符合的规定	X	
				010	注水站仪表设计应符合的规定	X	
				011	注水站采暖设计应符合的规定	X	
				012	注水站站场道路设计应符合的规定	X	
				013	注水站防腐设计应符合的规定	X	
				014	剖视图的形成	Y	
				015	剖视图的画法	Z	
				016	剖视图的种类	X	
				017	零件图包含的内容	X	
				018	零件图形状的表达方法	X	
				019	零件图尺寸标注方法	Y	
				020	合理标注尺寸的原则	X	
				021	尺寸标注常用的符号	X	
				022	零件图的技术要求	X	
				023	零件图的尺寸公差	X	JS
				024	Excel 2010 界面的布局	X	
				025	Excel 2010 功能区的作用	X	
				026	Excel 2010 工作表的作用	X	
				027	Excel 2010 在单元格输入资料的方法	Z	
				028	Excel 2010 设置单元格格式的内容	X	
				029	Excel 2010 设置单元格格式中数字的使用方法	X	
				030	Excel 2010 选取单元格的方法	X	
				031	Excel 2010 快速输入资料的方法	X	
				032	Excel 2010 单元格数据设置的方法	Y	
				033	Excel 2010 序列建立方法	X	
				034	Excel 2010 工作表操作方法	X	
				035	Excel 2010 公式的输入方法	X	
				036	Excel 2010 函数设置方法	X	
				037	Excel 2010 数学函数输入方法	X	

行为领域	代码	鉴定范围（重要程度比例）	鉴定比重	代码	鉴定点	重要程度	备注
专业知识 B 70%	D	调整参数（38：07：03）	30%	038	Excel 2010 逻辑函数输入方法	Y	
				039	Excel 2010 统计函数输入方法	Y	
				040	Excel 2010 工作表的编辑方法	X	
				041	Excel 2010 工作表中文字的设置	X	
				042	Excel 2010 工作表中数据的设置	X	
				043	Excel 2010 图表的样式	X	
				044	Excel 2010 建立图表的步骤	X	
				045	Excel 2010 用条件格式分析数据的方法	X	
				046	Excel 2010 打印的设置方法	Z	
				047	Excel 2010 文件的管理方法	X	
				048	测量多级离心泵轴窜量的操作步骤	X	
	E	处理机泵故障（16：03：01）	13%	001	离心式注水泵启泵后泵轴窜量过大的处理方法	X	JD
				002	离心式注水泵启泵后泵压波动的处理方法	X	JD
				003	离心式注水泵启泵后泵体发热的处理方法	X	JD
				004	离心式注水泵启泵后密封填料发热的处理方法	X	JD
				005	离心式注水泵启泵后密封填料刺高压水的处理方法	Y	
				006	离心式注水泵启泵后振动的处理方法	X	
				007	离心式注水泵轴瓦窜油的处理方法	X	JD
				008	离心式注水泵运行中有异常响声的处理方法	X	
				009	离心式注水泵启动后不出水、吸入压力表有较高负数的处理方法	X	
				010	离心式注水泵启泵后流量达不到额定排量的处理方法	Y	
				011	离心式注水泵不能启动或启动后轴功率过大的处理方法	Y	
				012	离心式注水泵启泵后轴瓦高温的处理方法	X	
				013	离心式注水泵电动机不能启动的处理方法	X	JD
				014	离心式注水泵电动机运行温度过高的处理方法	X	

行为领域	代码	鉴定范围 （重要程度比例）	鉴定比重	代码	鉴定点	重要程度	备注
专业知识 B 70%	E	处理机泵故障 （16：03：01）	13%	015	离心式注水泵电动机声音异常的处理方法	X	
				016	离心式注水泵立即停泵的原因	X	JD
				017	柱塞泵声音异常的处理方法	X	
				018	柱塞泵高温的处理方法	X	
				019	柱塞泵压力达不到正常值的处理方法	Z	
				020	柱塞泵剧烈振动的处理方法	X	
	F	处理辅助 设备故障 （03：00：00）	2%	001	判断润滑油进水的方法	X	JD
				002	齿轮泵打不起压力的原因	X	JD
				003	齿轮泵声音异常的原因	X	

注：X—核心要素；Y——般要素；Z—辅助要素。

附录 7 高级工操作技能鉴定要素细目表

行业:石油天然气　　　　工种:注水泵工　　　　等级:高级工　　　　鉴定方式:操作技能

行业领域	代码	鉴定范围	鉴定比重	代码	鉴定点	重要程度	备注
操作技能	A	使用器具	25%	001	校对安装电接点压力表	X	
				002	更换流量计	Y	
				003	用百分表测量泵轴的径向跳动	Y	
				004	用百分表法校正低压离心泵同轴度	Y	
				005	测量滑动轴承间隙	Z	
	B	管理注水站	30%	001	用温差法测算离心式注水泵效率	X	
				002	用流量法测算离心式注水泵效率	Y	
				003	处理注水站紧急停电情况	Z	
				004	测量离心式注水泵轴窜量	Y	
				005	测量并标注工件尺寸	Y	
				006	制作 Excel 表格	Y	
	C	处理设备故障	45%	001	判断离心式注水泵泵压突然升高或降低的原因	X	
				002	判断处理离心式注水泵密封填料过热故障	X	
				003	判断处理离心式注水泵温度过高故障	X	
				004	更换柱塞泵皮带	Y	
				005	更换柱塞泵曲轴箱机油	Y	
				006	拆装柱塞泵泵阀	Z	
				007	拆装齿轮泵	X	
				008	更换低压电动机轴承	Y	
				009	更换法兰阀门	X	

注:X——核心要素;Y——一般要素;Z——辅助要素。

附录8　技师理论知识鉴定要素细目表

行业:石油天然气　　　　工种:注水泵工　　　　等级:技师　　　　鉴定方式:理论知识

行为领域	代码	鉴定范围 （重要程度比例）	鉴定比重	代码	鉴定点	重要程度	备注
基础知识 A 20%	A	流体力学 基础知识 （03：01：00）	4%	001	水静力学基本方程式	X	JD
				002	水动力学基本方程式	Y	JD
				003	串联管路的特点	X	JD
				004	并联管路的特点	X	JD
	B	安全生产 （08：01：00）	7%	001	灭火的方法	X	JD
				002	火灾的分类	X	
				003	灭火剂的类型	X	
				004	灭火器的类型	X	
				005	触电事故的原因	X	JD
				006	触电事故的规律	X	
				007	触电事故的种类	X	
				008	触电急救的方法	X	
				009	触电急救中的注意事项	Y	
	C	金属工艺 学知识 （09：02：00）	9%	001	金属材料热处理工艺的分类	Y	
				002	热处理工艺手段	X	
				003	金属材料的物理性能	X	
				004	金属材料的化学性能	X	
				005	常见元素对钢性能的影响	X	
				006	常见元素对铸铁性能的影响	X	
				007	常见元素对有色金属性能的影响	Y	
				008	型钢的作用	X	
				009	钢管的作用	X	
				010	钢板的作用	X	
				011	钢丝的作用	X	
专业知识 B 80%	A	录取资料、 测算参数 （04：01：00）	4%	001	水质的监控目的	Y	
				002	功率因数的概念	X	
				003	注水单耗的测量	X	JD
				004	注水系统效率的计算公式	X	
				005	提高注水系统效率的途径	X	JD

续表

行为领域	代码	鉴定范围（重要程度比例）	鉴定比重	代码	鉴定点	重要程度	备注
专业知识B 80%	B	调整参数（22：04：01）	23%	001	AutoCAD 2012 中工作界面包含的内容	X	
				002	AutoCAD 2012 中图形文件的管理方法	X	
				003	AutoCAD 2012 中绘图格式的设置	X	
				004	AutoCAD 中绘制直线的方法	Y	
				005	AutoCAD 2012 中绘制多边形的方法	Z	
				006	AutoCAD 2012 中绘制曲线的方法	Y	
				007	AutoCAD 2012 中绘制点的方法	Y	
				008	AutoCAD 2012 中编辑图形的方法	X	
				009	AutoCAD 2012 中图层的设置方法	Y	
				010	零件图中配合的分类	X	
				011	零件图中标准公差与基本偏差的区别	X	
				012	零件图几何公差的标注方法	X	
				013	零件图测绘的步骤	X	
				014	螺纹的特点	X	JD
				015	螺纹的结构要素	X	
				016	螺纹的规定画法	X	
				017	螺纹的种类	X	
				018	螺纹的标记	X	
				019	螺纹紧固件的标记	X	
				020	螺纹连接的规定画法	X	JD
				021	直齿圆柱齿轮的结构要素	X	
				022	齿轮的规定画法	X	
				023	键连接的规定画法	X	
				024	滚动轴承的规定画法	X	
				025	弹簧的规定画法	X	
				026	装配图包含的内容	X	
				027	装配图画法的基本规则	X	
	C	处理机泵故障（18：03：01）	18%	001	离心式注水泵平衡盘严重磨损的处理方法	X	
				002	离心式注水泵平衡管压力过高的处理方法	X	JD
				003	离心式注水泵电动机运行温度过高的处理方法	X	
				004	离心式注水泵停泵后，盘不动泵的处理方法	X	JD
				005	离心式注水泵总扬程不够的处理方法	X	JD
				006	汽蚀对离心泵的危害	X	

续表

行为领域	代码	鉴定范围 （重要程度比例）	鉴定比重	代码	鉴定点	重要程度	备注
专业知识 B 80%	C	处理机泵故障 （18：03：01）	18%	007	汽蚀对柱塞泵的危害	X	
				008	提高离心泵抗汽蚀的措施	X	JD
				009	提高柱塞泵抗汽蚀的措施	X	JD
				010	柱塞泵动力端出现撞击声的处理方法	X	JD
				011	柱塞泵烧轴瓦、曲轴故障的处理方法	X	
				012	离心式注水泵的验收要求	X	
				013	离心式注水泵的安装要求	X	
				014	离心式注水泵电动机的安装要求	Y	
				015	试运离心式注水泵的要求	X	
				016	试运离心式注水泵电动机的要求	X	
				017	电动往复泵检修时的检查内容	Z	
				018	电动往复泵检修时的质量标准	X	
				019	试运电动往复泵的要求	X	
				020	多级离心泵转子小组装的操作要求	X	
				021	机械密封振动发热的原因	Y	
				022	机械密封漏失严重的原因	Y	JD
	D	处理辅助设备故障 （20：03：01）	20%	001	润滑油系统压力高的原因及处理方法	X	
				002	润滑油系统压力低的原因及处理方法	X	JD
				003	单级单吸离心泵密封填料漏失严重的原因及处理方法	X	
				004	储水罐的收油操作要求	X	
				005	储水罐的清罐操作要求	X	
				006	金属腐蚀的类型	X	JD
				007	金属腐蚀的方式	X	
				008	金属腐蚀电池的必要条件	X	
				009	金属腐蚀在油田中的危害	X	
				010	金属腐蚀的几种形式	X	
				011	金属结垢的原因	Y	
				012	水垢的形成过程	Y	
				013	常见水垢类型的影响因素	Y	JD
				014	金属腐蚀倾向的判断	Z	
				015	金属结垢倾向的判断	X	
				016	防腐的方法	X	JD

行为领域	代码	鉴定范围 （重要程度比例）	鉴定 比重	代码	鉴定点	重要 程度	备注
专业知识 B 80%	D	处理辅助 设备故障 （20：03：01）	20%	017	防垢的方法	X	JD
				018	阴极保护的基本原理	X	
				019	阴极保护的基本控制参数	X	
				020	外加电流阴极保护系统的组成	X	
				021	阴极保护的控制方式	X	
				022	阴极保护的日常检查内容	X	
				023	牺牲阳极的材料	X	
				024	牺牲阳极的安装方法	X	
	E	全面质量管理 （10：02：00）	10%	001	全面质量管理的基本概念	X	
				002	质量教育工作的内容	X	
				003	质量责任制的内容	X	
				004	质量标准化工作的内容	X	
				005	计量工作的内容	Y	
				006	质量信息工作的内容	X	
				007	质量管理小组的作用	Y	
				008	QHSE 管理体系的要求	X	
				009	QHSE 管理体系的方法	X	
				010	最高管理者对 QHSE 管理体系的作用	X	
				011	QHSE 管理体系文件的要求	X	
				012	QHSE 管理体系评价的要求	X	
	F	培训 （05：01：00）	5%	001	培训的目的	X	
				002	培训的意义	Y	
				003	理论培训教学方法	X	
				004	技能培训教学方法	X	
				005	PowerPoint 2010 的基础操作方法	X	
				006	PowerPoint 2010 的文本编辑方法	X	

注：X—核心要素；Y——般要素；Z—辅助要素。

附录 9　技师操作技能鉴定要素细目表

行业：石油天然气　　　　工种：注水泵工　　　　等级：技师　　　　鉴定方式：操作技能

行业领域	代码	鉴定范围	鉴定比重	代码	鉴定点	重要程度	备注
操作技能	A	管理注水站	30%	001	测算分析注水管网效率	X	
				002	测算分析注水系统效率	X	
				003	测算分析流体流动状态	Z	
				004	测算注水单耗	X	
				005	用 AutoCAD 绘制零件图	X	
				006	识读注水站工艺安装图	X	
	B	处理设备故障	60%	001	判断分析电动机温度过高的原因	X	
				002	试运离心式注水电动机	X	
				003	试运离心式注水泵	X	
				004	检查验收整装离心式注水泵机组	X	
				005	进行多级离心泵转子小组装	Z	
				006	判断处理柱塞泵温度过高故障	X	
				007	拆装单级单吸离心泵	Y	
				008	判断处理油箱液位升高、降低的故障	X	
				009	进行注水站收油操作	X	
				010	倒运注水站事故流程	X	
				011	拆装机械密封	X	
				012	测量阴极保护效果	X	
	C	综合管理	10%	001	编制培训计划及培训方案	X	
				002	制作多媒体	Y	

注：X—核心要素；Y——般要素；Z—辅助要素。

附录10 操作技能考核内容层次结构表

级别	操作技能					合计
	操作维护设备	使用器具	管理注水站	处理设备故障	综合管理	
初级工	45分 10~20min	30分 8~20min	25分 10~20min			100分 28~60min
中级工	40分 10~20min	30分 8~20min	30分 20min			100分 38~60min
高级工		25分 15~30min	30分 15~20min	45分 15~30min		100分 45~80min
技　师			30分 20~30min	60分 20~60min	10分 40min	100分 80~130min

参 考 文 献

［1］中国石油天然气集团公司职业技能鉴定指导中心.注水泵工.北京：石油工业出版社，2009.

［2］中国石油天然气集团公司职业技能鉴定指导中心.采油工.北京：石油工业出版社，2011.

［3］中国石油天然气集团公司职业技能鉴定指导中心.集输工.北京：石油工业出版社，2011.

［4］万仁溥.采油工程手册.北京：石油工业出版社，2000.

［5］陈洪全，岳智.仪表工程施工手册.北京：化学工业出版社，2005.